高等职业教育畜牧兽医类专业教材

马属动物普通病

蒋晓新　许建国　董林生　主编
丑武江　邓双义　主审

中国轻工业出版社

图书在版编目（CIP）数据

马属动物普通病/蒋晓新，许建国，董林生主编.—北京：中国轻工业出版社，2023.6
ISBN 978-7-5184-4095-5

Ⅰ.①马… Ⅱ.①蒋…②许…③董… Ⅲ.①马病—防治—高等职业教育—教材 Ⅳ.①S858.21

中国版本图书馆CIP数据核字（2022）第151096号

责任编辑：贾 磊 责任终审：白 洁 封面设计：锋尚设计
版式设计：王超男 责任校对：朱燕春 责任监印：张 可

出版发行：中国轻工业出版社（北京东长安街6号，邮编：100740）
印　　刷：三河市国英印务有限公司
经　　销：各地新华书店
版　　次：2023年6月第1版第1次印刷
开　　本：720×1000 1/16 印张：19.5
字　　数：380千字
书　　号：ISBN 978-7-5184-4095-5 定价：55.00元
邮购电话：010-65241695
发行电话：010-85119835 传真：85113293
网　　址：http://www.chlip.com.cn
Email：club@chlip.com.cn
如发现图书残缺请与我社邮购联系调换
211544J2X101ZBW

本书编写人员

主 编

蒋晓新（新疆农业职业技术学院）
许建国（新疆农业职业技术学院）
董林生（新疆昌吉回族自治州动物疾病预防控制中心）

副主编

冯　凯（新疆农业职业技术学院）
李　毅（新疆农业职业技术学院）
张凯丽（新疆农业职业技术学院）
陈玉洁（内蒙古农业大学职业技术学院）
叶　菁（江苏农林职业技术学院）

参 编

魏莲清（新疆农业职业技术学院）
吴满堂（新疆农业职业技术学院）
李伟奇（新疆焉耆回族自治县七个星镇人民政府）
雒维东（新疆奇台县动物疾病预防与控制中心）
王世伟（新疆正大食品有限公司）
郭　瑞（新疆正大食品有限公司）
陈　懿（乌鲁木齐市米东区畜牧兽医站）
张广义（乌鲁木齐市米东区畜牧兽医站）
彭华刚（乌鲁木齐市米东区畜牧兽医站）
季珉珉（新疆苏东农牧科技有限公司）
白　茹（乌鲁木齐市米东区芦草沟乡人民政府）
马　祥（新疆苏东农牧科技有限公司）

主 审

丑武江（新疆农业职业技术学院）
邓双义（新疆农业职业技术学院）

前　言

党的二十大报告指出，我国要全面推进乡村振兴，强化农业科技和装备支撑，到 2035 年基本实现农业现代化，这对于畜牧兽医从业人员提出了新的更高的要求。我们要深入推进乡村振兴战略，大力发展生态畜牧业中的马产业，加快推进现代农牧业进程，加快建设农业强国。农业农村部、国家体育总局颁布的《全国马产业发展规划（2020—2025）》指出，"加强专业人才培养，鼓励有条件的大中专院校开设相关专业，加强马科学、马医教育和执业马医继续教育，培养不同层次的专业人才。逐步建立与国际接轨的从业人员认证体系。支持行业协会、学会开展专业技术培训，提高我国马工、骑手、教练员、马医、调教师、钉蹄师、裁判员、赛事监管等专业化水平。鼓励和支持地方开展马术进校园活动、青少年马术素质教育试点示范工作，加强青少年马术人才储备，支持开展青少年马术教育的'马术育人'工程"。为了适应马产业发展需要，我们组织编写了《马属动物普通病》教材，教材根据全国高校思想政治工作会议精神、相关课程标准和全国执业兽医资格考试大纲编写，力求使高等职业院校学生能够学有所用、打好专业基础，能够更好地学习其他相关的专业课程及提高全国执业兽医资格考试的通过率，从而保障我国兽医队伍的基本素质，为我国兽医队伍建设和发展奠定良好的基础。

马属动物普通病是现代马产业技术专业方向的必修的专业核心课程。本教材介绍了马属动物保定、临床诊疗基本技术、外科手术基础知识，马属动物消化系统、呼吸系统、血液循环系统、泌尿系统、神经系统、被皮系统、营养代谢和中毒性疾病的诊治，以及马属动物外科和产科疾病的诊治。各任务内容设计包括任务目标、必备知识、任务思考等。本教材按照项目式教学法、翻转课堂教学法、"3+1"教学法等混合教学模式相结合进行编写，以知识准备为载体，突出目标引导。教材中还融入了"1+X"证书、全国执业兽医资格考试、《中华人民共和国兽药典》的内容，做到教材内容与国家标准有效衔接，并在教材中融入课程思政内容，真正把思想政治工作贯穿教育教学全过程，实现全程育人、全方位育人，达到"教、学、做"一体化。

本教材的编写采取校企合作的方式，专门聘请临床一线的执业兽医师参与编写，力求知识与实践紧密结合。本教材由蒋晓新、许建国、董林生主编，编写分工如下：项目一任务一由陈懿和马祥共同编写；项目一任务二由吴满堂和季珉珉共同编写；项目一任务三由张广义和白茹共同编写；项目二任务一由蒋晓新和董林生共同编写；项目二任务二由冯凯编写；项目二任务三由李毅编写；项目二任务四由张凯丽编写；项目二任务五由魏莲清编写；项目二任务六、任务七由陈玉洁编写；项目二任务八由郭瑞和雒维东共同编写；项目三任务一由许建国编写；项目三任务二由李伟奇和王世伟共同编写；实操训练由彭华刚和叶菁共同编写。全书由许建国统稿。

本教材由"许建国动物疫病防治技能大师工作室"组织编写。新疆农业职业技术学院丑武江、邓双义教授对本教材进行了审阅并提出了宝贵意见，在此表示衷心的感谢。新疆农业职业技术学院动物科技分院马清贤参与了部分内容的整理工作，在此表示感谢。

本教材可供高等职业院校畜牧兽医、动物医学、宠物医疗技术、中兽医、特种动物养殖技术专业及相关专业的师生使用，也可作为马场、马术俱乐部、马产业相关协会等从业人员的继续教育培训、自学参考书籍。

由于编者水平所限，书中难免存在疏漏和错误，恳请同行及专家批评指正。

编者
2023 年 1 月

目 录

项目一 马属动物普通病临床诊疗基础知识 ……………………………………… 1
  任务一 保定 ………………………………………………………………………… 1
  任务二 临床诊疗基本技术 ………………………………………………………… 9
  任务三 外科手术基础知识 ………………………………………………………… 41
    实操训练一 马属动物接近与保定技术 ………………………………………… 63
    实操训练二 马属动物临床治疗技术 …………………………………………… 65

项目二 马属动物内科疾病 ……………………………………………………………… 68
  任务一 消化系统疾病 ……………………………………………………………… 69
  任务二 呼吸系统疾病 ……………………………………………………………… 104
  任务三 血液循环系统疾病 ………………………………………………………… 125
  任务四 泌尿系统疾病 ……………………………………………………………… 142
  任务五 神经系统疾病 ……………………………………………………………… 157
  任务六 被皮系统疾病 ……………………………………………………………… 172
  任务七 营养代谢疾病 ……………………………………………………………… 182
  任务八 中毒性疾病 ………………………………………………………………… 190
    实操训练三 马属动物的直肠检查技术 ………………………………………… 206
    实操训练四 马口炎的诊断与防治技术 ………………………………………… 208
    实操训练五 马、骡胃肠炎的诊断与防治技术 ………………………………… 209
    实操训练六 马感冒的诊断与防治技术 ………………………………………… 209
    实操训练七 马支气管肺炎的诊断与防治技术 ………………………………… 210
    实操训练八 马、骡心力衰竭的诊断与防治技术 ……………………………… 211
    实操训练九 马属动物的导尿技术 ……………………………………………… 212

实操训练十　马膀胱炎的诊断与防治技术 …………………………… 213
　　实操训练十一　马肌红蛋白尿症的诊断与防治技术 …………………… 214
　　实操训练十二　幼驹佝偻病的诊断与防治技术 ………………………… 215
　　实操训练十三　亚硝酸盐中毒的诊断与防治技术 ……………………… 216
　　实操训练十四　有机磷农药中毒的诊断与防治技术 …………………… 216

项目三　马属动物外科、产科疾病 ……………………………………… 219
　任务一　外科疾病 …………………………………………………… 219
　任务二　产科疾病 …………………………………………………… 264
　　实操训练十五　创伤的诊断与防治技术 ………………………………… 286
　　实操训练十六　角膜炎的诊断与防治技术 ……………………………… 288
　　实操训练十七　蹄叶炎的诊断与防治技术 ……………………………… 289
　　实操训练十八　脐疝的诊断与防治技术 ………………………………… 290
　　实操训练十九　难产的诊断与防治技术 ………………………………… 292
　　实操训练二十　子宫内膜炎的诊断与防治技术 ………………………… 294
　　实操训练二十一　乳腺炎的诊断与防治技术 …………………………… 294

附　录 …………………………………………………………………… 297
　附录一　病例诊断与防治任务单 …………………………………… 297
　附录二　病例诊断与防治技术考核单 ……………………………… 300

参考文献 ………………………………………………………………… 302

项目一　马属动物普通病临床诊疗基础知识

课程思政目标

1. 通过马属动物普通病临床诊疗基础的学习，培养爱护马匹、尊敬马匹、保护马匹的责任心，并形成马匹福利的意识。
2. 通过技能训练，以小组为单位、组员协作的方式，培养合作共赢的意识。
3. 通过思政小课堂的介绍，培养以强农兴农为己任的意识，树立"三农"情怀，做到懂农业、爱农村、爱农民，增强服务农业农村现代化、服务乡村全面振兴的使命感和责任感。
4. 通过相关法律法规的介绍及各地区政策的指引，培养全心全意地投入我国马产业建设发展中去的意愿。

马属动物生物学特性不同于其他动物，我们要根据其生物学特性，掌握马属动物兽医临床诊疗技术，并开展马属动物普通病的诊疗工作。本项目主要从马属动物保定、临床诊疗基本技术、外科手术基础三个方面进行介绍。

任务一　保定

任务目标

（1）掌握马属动物接近的方法和注意事项。
（2）掌握常用绳结的打结方法。
（3）掌握马属动物常用的保定方法。

> **必备知识**

临床兽医在给马属动物诊断疾病时要对其进行临床检查，而检查时需要与其亲密地接触。由于马属动物具有胆小易惊、性情暴烈、记忆力强等生物学特性，造成兽医工作人员不易与其肢体接触，给临床诊疗带来一定的困难。保定是以人力、器械或药物限制马的活动，消除其防卫功能，以保证人畜安全和诊治工作的正常进行。本任务主要介绍兽医工作人员如何接近马属动物及其保定方法，通过掌握合理、有效的操作方法，使诊疗工作能够正常开展，并保护兽医工作人员和马属动物的安全。以下以马的保定为例进行介绍。

（一）动物的接近

接近是指兽医人员靠近被诊治马的过程。兽医人员检查马，要正确接近马，既不惊扰马，又能保证兽医人员进行诊疗活动的安全性，这是完成诊疗工作的基本技能。

1. 接近方法

（1）马忌生人接近，人在接近时如动作粗暴，马会逃跑，甚至对人进行攻击。在接近马时，检查者首先向马发出信号，如发出"吁！吁！"或吹口哨，以示有人在，从而使其不会受到惊吓，然后再用草引诱，让马主动向人靠近。

（2）接近马时应从正前方或侧前方接近。从侧方接近时，也需警惕马后躯"急转弯"后的蹴踢动作。从前方或左前方接近马时，应在马的直视下从容走向马头。接近马头后，迅速抓住笼头，左手牵马，右手抚摸马的头部、颈部，以示安慰。马的躯体大，动作敏捷，又有力气，保定者不宜单靠力气去强行控制，应利用其自身的生物学特性，有策略地接近。

（3）当需要牵马运动时，常用右手牵缰绳，驭手位于马的左前方。性情温驯的马匹，可将缰绳牵长些，性情不好的马匹，可将缰绳牵短些。有"扒"人恶癖的马匹，应将马头低牵，有踢人恶癖的马匹，应将马头高举。

（4）检查时，应将一手放于马的肩部或髋结节部，一旦马剧烈骚动抵抗，即可作为支点向对侧推动并迅速离开。

（5）接近马时，应由马主或饲养员在旁进行协助，以确保安全。

2. 注意事项

（1）接近马前，应向马主了解病马的性情，有无咬、踢、抵等恶癖，并时刻注意马的神态。马竖耳、瞪眼、打响鼻、刨地是紧张吃惊的表现，应停止检查或采取相应措施。

（2）根据马后方蹴踢的防御习性，不能从正后方接近马。

（3）当人需要在马后方工作时，为了防止马踢伤人，与马后躯要保持一定的距离，应在 3m 之外。马的后肢除有向后踢的功能外，还有向前、向外侧"弹"的功能，需要留意。

（4）检查者的着装应符合兽医规范要求。

（5）对于有视力障碍的马应从有视觉的健侧接近。

（二）常用绳结的系法

马属动物保定过程中均需要打结，所有的结都要达到牢固、结实、可靠、易于解脱的效果。常用的绳结系法有以下几种。

1. 单活结

一只手持绳并将绳在另一只手上绕 1 周，然后用被绳绕的手握住绳的另一端并将其经绳环处拉出即可（图 1-1）。

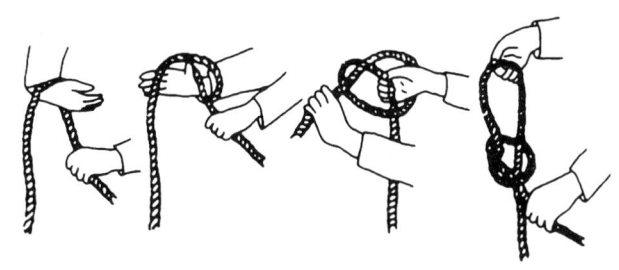

图 1-1　单活结的打法

2. 双活结

两手握绳，左手掌向上，右手掌向下，两手同时右转至两手相对为止，此时绳子形成 2 个圈；再使 2 个圈并拢，左手圈通过右手圈，右手圈通过左手圈，然后两手分别向相反方向拉绳，即形成 2 个套圈（图 1-2）。

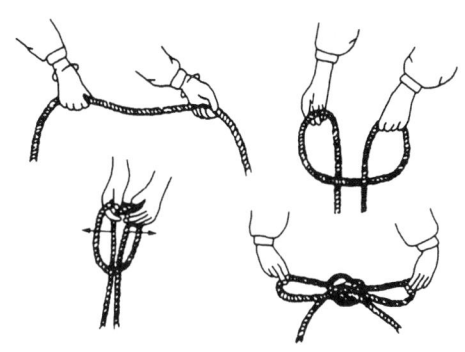

图 1-2　双活结的打法

3. 猪蹄结

猪蹄结又称猪蹄扣。一种方法是将绳端套于柱上后，再绕一圈，把两绳端压在圈的里边，一端向左，一端向右；另一种方法是两手交叉握绳，各向原来的方向移动，最后两手一转即可（图1-3）。

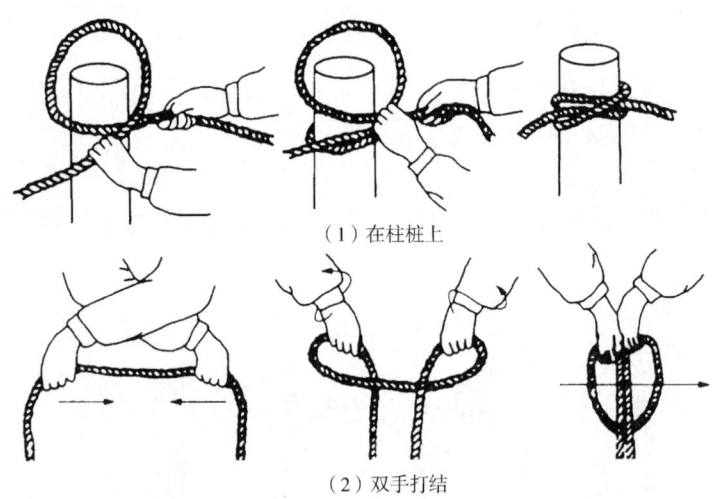

(1) 在柱桩上

(2) 双手打结

图1-3 猪蹄结的系法

4. 拴马结

左手握持缰绳的游离端，右手握持缰绳绕过木桩，再在左手上绕成一个小圈套；将左手的小圈套从大圈套向上向右拉出，同时换右手拉缰绳的游离端；把游离端做成小套穿入左手所拉的小圈内，然后抽出左手，拉紧缰绳的近端即可（图1-4）。

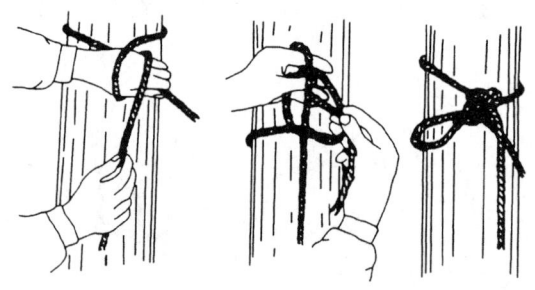

图1-4 拴马结的系法

(三) 保定的方法

马的胆子很小，随时保持警戒状态，很容易受到突然的惊吓。马生性急躁,性情比较暴烈,多属于容易兴奋的类型,为了自卫或是注射时由于疼痛而反抗,马会咬、拍、弹、踢。马具有很好的记忆力,也很好奇,但是理解力很差。在诊治马匹时,要充分了解并运用马的这些心理特质。

1. 简易保定法

(1) 鼻捻保定法　一只手(通常用右手)抓住笼头,将鼻捻子的绳套套于另一只手(通常用左手)上,并夹于指间,该手自鼻梁向下轻轻抚摸至上唇时,迅速有力地抓住马的上唇,将绳套套于唇上(图1-5),此时抓笼头的一只手离开笼头,并迅速向一方捻转把柄,直至拧紧,放松左手,保定者双手持把柄和缰绳面向前站于马的左侧,与马左肩齐平。

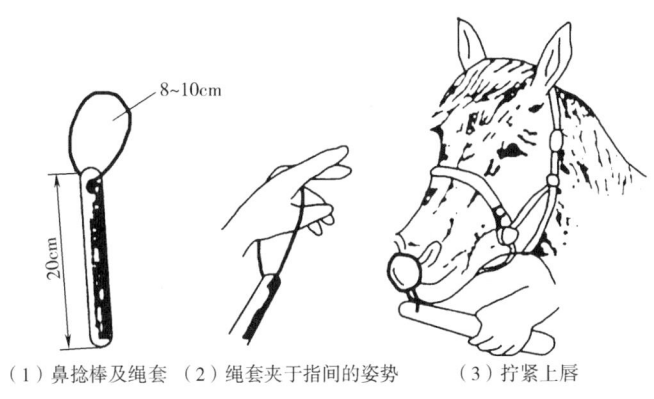

(1) 鼻捻棒及绳套　(2) 绳套夹于指间的姿势　(3) 拧紧上唇

图1-5　马的鼻捻保定法

(2) 耳夹子保定法　耳夹子是一长形夹,夹于马的耳根部,其作用与鼻捻子相似。一手放于马的耳根后方,然后迅速抓住马耳,以持夹子的另一只手迅速将夹子张开,把耳夹子置于耳根部并用力夹紧,此时应握紧耳夹,避免因马骚动、甩头、挣扎而使夹子脱手甩出甚至伤人等。

【2016年执业兽医资格考试真题】最常用耳夹子保定的动物是(　　)。

A. *马*　　　　　　B. 牛　　　　　　C. 羊

D. 猪　　　　　　E. 犬

(注:斜体者为正确答案,后同)

2. 前肢、后肢保定法

(1) 前肢提举保定法　徒手或用绳提举马的一前肢。用手提举时,检查者站于肩胛侧方,面向马体后方,一只手置于鬐甲部,另一只手自颈、肩部向下抚摸,握住掌部。提举时将鬐甲部稍向对侧推动,然后用另一只手握住系部即可。用绳提举时,将绳系于前肢的系部,使绳的游离端经鬐甲部绕向对侧,一人拉绳端使肢提举(图1-6)。

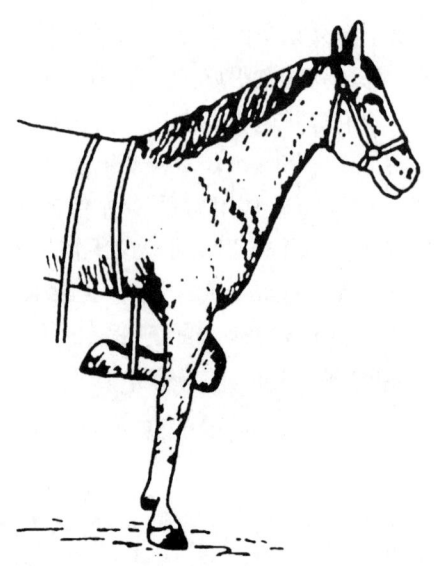

图 1-6　前肢提举保定法

(2) 两后肢保定法　用一条手指粗细、长 7~8m 的绳子，绳中段对折，打一颈套，套于马颈基部，两游离端通过两前肢和两后肢之间，使绳套于马后肢的系部，再分别向左、右两侧返回交叉，并适当抽紧绳索，最后将绳端引回至颈套，分别系结，固定于颈部绳环左、右侧（图 1-7）。

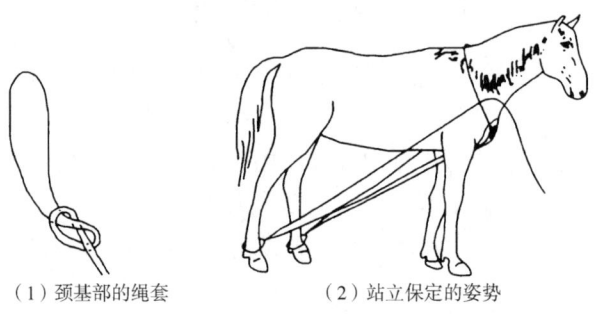

(1) 颈基部的绳套　　　　　(2) 站立保定的姿势

图 1-7　两后肢站立保定法

3. 柱栏保定法

(1) 单柱保定法　将马缰绳系于立柱（或树桩）上，用颈绳绕颈部后，系结固定。此方法适用于灌药或插胃管等。

(2) 二柱栏保定法　先将马引至柱栏的一侧，并令其靠近柱栏，将缰绳系于柱梁横前端的铁环上，再将颈绳系于前柱上，最后缠绕围绳及吊挂胸、腹绳（图 1-8）。

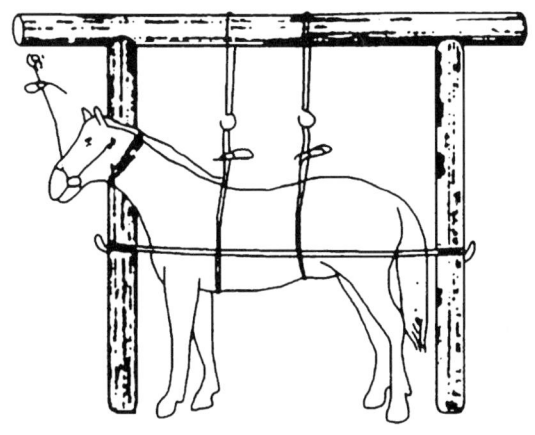

图 1-8 马的二柱栏保定法

（3）四柱栏及六柱栏保定法 保定栏内备有胸革（或用扁绳代替）、肩革（带）及腹革（带），前者是保定栏内必备的，而后两者可依检查的目的及被检动物的具体情况而定（图 1-9）。

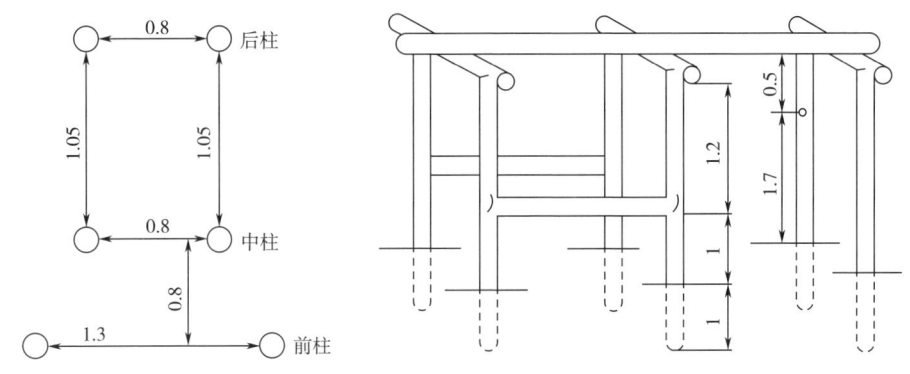

图 1-9 六柱栏及其结构示意图（单位：m）

先挂好胸革，再将马从柱栏后方引进，并把缰绳系于某一柱上，最后挂上臀革。这样，便可对马匹进行一般临床检查。

对某些检查（如检查口腔）或处置，可按需要同时利用两前柱固定头部（或同时系好肩革）。在做直肠检查时，须上好腹革（带）及肩革（带），并将尾举向侧方或固定于两后柱的铁环上。在做导尿（特别是公马）或某些外伤处理时，尚需固定一或两后肢，以防踢蹴；在施行外科手术时，必须全面且确实地保定。

4. 侧卧保定法（倒马法）

（1）双环倒马法　应备有长约12m的绳子1条，固定棒1根（长约25cm、直径3cm）及2个铁环（内径10cm左右）。至少需要3人参与保定，1人固定头部，另外2人分别牵引左、右侧保定绳。

第一步：倒卧。在绳的中央结成一个双活结（图1-10），使其一长一短，并各套一铁环，绳套在马的颈基部，使2个套环在马倒卧的对侧颈部相套，并插入木棒；两游离绳端穿过两前肢及两后肢之间，分别再绕过同侧后肢系部，向前穿过同侧的铁环，此时，左、右侧的保定者同时用力向马体后方平行牵引同侧绳的游离端，使马倒卧。

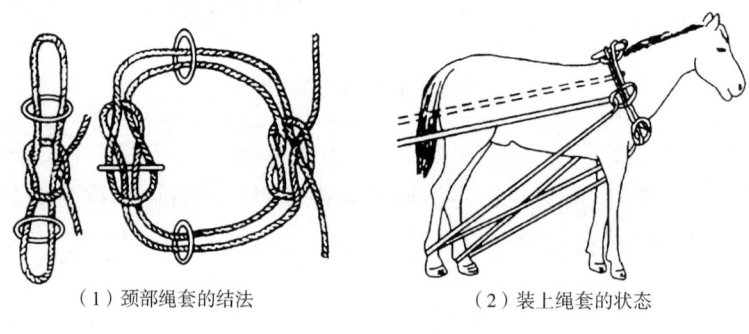

（1）颈部绳套的结法　　　　（2）装上绳套的状态

图1-10　双环倒马法

第二步：固定肢蹄。使两后肢尖靠近前肢肘头，如果是左侧倒卧，则将右侧绳通过右侧颈部，缠于木棒上固定1周，再使该绳从右后肢系部缠绕1周，以活结固定于棒上；左侧绳的游离端从左侧绕过鬐甲至右侧，在木棒缠绕1周，再于左侧系部绕1周，以活结固定于棒上。用左右侧绳余端做双套结，将两前肢系部与两后肢系部固定在一起。

解除保定时，只需抽出木棒，绳即可自行松开。

（2）单绳倒马法　用长约12m的保定绳，其一端系一铁环（内径8~10cm）。先将系有铁环的一端绕颈1周，在欲卧侧的对侧颈基部打结，使铁环放于马肘部后上方，铁环自然下垂；将绳另一游离端通过腹下，再行至卧侧后肢系部，从系部的内侧向后侧、外侧绕行，再将游离端从铁环的下方（靠马体部）插入环内，从环穿过经背腰部，将绳端引向卧侧后方，用右手拉紧，使卧侧后肢悬起，再用左手握紧缰绳，把马头转向卧地的对侧，加大回头的姿势。同时用两肘强压马的背部，马体失去平衡而随即卧倒。当马卧倒以后，应仍使头部保持倒卧的回头姿势，并迅速用绳的游离端固定另一后肢，之后将马头放于平地上，加以固定。

> **任务思考**

（1）在接近马属动物时需要注意哪些问题？
（2）简述拴马结的打结方法。
（3）简述单绳倒马法的操作步骤。

任务二　临床诊疗基本技术

> **任务目标**

（1）掌握马属动物一般临床检查的方法和内容。
（2）掌握马属动物临床检查的程序。
（3）掌握马属动物常用的投药法、注射法、穿刺法等治疗技术。

> **必备知识**

（一）一般临床检查的方法

马属动物一般临床检查的方法包括问诊、视诊、触诊、叩诊、听诊和嗅诊。这些方法简单、易行，对各种动物、在任何场所均可进行。

1. 问诊

问诊是向马属动物主人、饲养管理人员询问有关疾病的情况，以帮助诊断疾病。其主要内容包括既往病史、现病史、日常的饲养管理、使役及利用情况等。

（1）方法　问诊采用交谈或启发式询问的方式进行。一般在患病马属动物的临床检查前进行，也可以边检查边询问。

（2）内容

①饲料的种类、数量与质量以及饲喂制度与方法：饲料品质不良与日粮配合不当通常是营养不良、消化紊乱、代谢失调的根本原因。饲料及饲喂制度的突然改变常引起马属动物的胃肠疾病；饲料加工、调制和保管等方法不当常引起中毒性疾病。

②发病的时间与地点：如饲喂前或饲喂后，训练、使用中或休息时，在舍内或其他地方，清晨或夜间，产前或产后等，可借以推测可能的致病原因。

③临床表现：指马属动物主人或有关人员所见到的马属动物发病时所表现的现象，如呕吐、腹泻、咳嗽、喘息、尿血等，可为临床诊断疾病提供线索。

④发病的经过：目前与开始发病时疾病程度的比较，是减轻还是加重；症状的变化，是否出现新的病状或原有的症状消失；是否经过治疗；治疗方法和药物使用情况及效果如何等。这些均可作为疾病诊断的参考。

【2018年执业兽医资格考试真题】现病史包括本次发病动物的（　　）。
A. 品种　　　　　　B. 用途　　　　　　C. 过敏史
D. 免疫接种情况　　E. 发病经过

⑤主诊者所估计的致病原因：如训练使用不当、被踢打、毒蛇咬伤、饲喂不当等，常可为诊断疾病提供依据。

⑥马属动物群发病情况：动物群体中是否发生相同或相似疾病，临近场是否发生疾病流行，可作为判断是否为群发病或疑似传染病的依据。

⑦免疫接种情况：马是否进行过疫苗接种，接种时间，接种方法，疫苗种类、厂家、产地、批号等。可作为判断是否为某种传染病感染的诊断依据。

⑧饲养管理及环境条件：训练使用过度，运动量过大或运动不足，饲养管理人员操作不熟练及管理制度混乱等，也可能是引起疾病的因素。

（3）注意事项
①语言要通俗，态度要和蔼，要取得饲养管理人员的大力配合。
②内容上既要有重点，又要全面收集情况。可采取启发式询问。
③对问诊所得到的材料，不要简单地加以肯定或否定，应结合现症检查结果进行综合分析，更不要单纯依靠问诊而草率做出诊断或给予处方、用药。

2. 视诊
视诊是用肉眼或借助器械通过观察患病马属动物的异常表现来诊断疾病的方法。

（1）方法　视诊时，先不要靠近患病马属动物，也不宜进行保定，以免惊扰，应尽量使其取自然的姿势。一般来说是先群体后个体，先整体后个体，逐渐缩小诊断范围。具体的方法：检查者提前站在距马属动物一定距离处，一般为2～3m；首先观察其整体状况，然后从前到后、从左到右边走边看；观察其头、颈、胸、腹、脊椎、四肢；当行至其正后方时，应注意尾、肛门及会阴部；并对照观察两侧胸、腹部的对称性是否有异常。若发现异常，再靠近动物，仔细检查。站立视诊过后，必要时进行运步视诊。

【2019年执业兽医资格考试真题】关于视诊检查，表述错误的是（　　）。
A. 先群体后个体　　B. 先静态后动态　　C. 先整体后局部
D. 先保定后检查　　E. 按一定顺序检查

（2）应用范围　患病马属动物外貌（体格、发育、营养及躯体结构等）的观察；精神状态、姿势、运动与行为；被毛、皮肤及体表病变；可视黏膜及与外界直通的体腔；某些生理活动情况，如呼吸动作、采食、咀嚼、吞咽、嗳气活动、排尿与排粪动作；排泄物、分泌物及其他病理产物的数量、性状与混有物等。

【2018年执业兽医资格考试真题】不采用触诊检查的是（　　）。
A. 体表状态　　　　B. 结膜颜色　　　C. 某些组织器官的生理性活动
D. 某些组织器官的病理性活动　　　　E. 动物组织器官的敏感性

（3）注意事项

①对初来的门诊患病马属动物，应让其稍经休息，待其呼吸、心跳平稳，适应新的环境后再进行检查。

②最好在有天然光照的场所进行。

③收集症状要客观全面，不要单纯根据视诊所见症状就确立诊断，要结合其他方法检查的结果进行综合分析与判断。

④视诊方法虽然简单，但对初学者来说，要想具有一定的发现症状和分析问题的能力就必须加强实践。

⑤视诊时原则上对动物不实施保定。

3. 触诊

触诊是用手（手指、手掌、手背或拳）或简单器械，对马属动物组织器官进行触压、感觉，以判定病变部位的大小、形状、硬度、温度、敏感性、移动性等的检查方法。

（1）方法

①按压触诊法：将手掌平放于被检部位，轻轻按压，以感知其内容物的性状与敏感性，适用于检查胸、腹壁的敏感性及中、小动物的腹腔器官与内容物性状。

②冲击触诊法：以拳或手掌在被检部位连续进行2~3次用力地冲击，以感知腹腔深部器官的性状与腹膜腔的状态，如腹侧壁冲击触诊感到有回击波或振荡音，提示腹腔积液或靠近腹壁的胃囊、较大肠管中存有多量液状内容物。

③切入触诊法：将一个或几个并拢的手指，沿一定部位进行深入的切入或压入，以感知内部器官的性状。适用于检查肝、脾的边缘等。

④掌抚触诊法：用手掌轻轻抚摸动物体表，以感知体表的温度、湿度。

（2）内容

①检查体表的温度、湿度，应用手背（对温度的感觉较为灵敏）进行，此时应注意躯干与末梢的对比及左右两侧、健区与病部的对照检查。

②检查局部与肿物的硬度和性状，应以手指进行轻压或揉捏，根据感觉及压后的现象去判断。如手指加压后留有明显的指压痕，一般称为生面团样硬度，此乃皮下浮肿的特征，如感觉有明显的波动感，多提示其内蓄积液体（如脓肿、血肿、淋巴外渗等）；如肿胀柔软、有弹性（呈气枕样）或触压其边缘

处呈捻发感、有气体向周围组织窜动,则为皮下气肿的特点,如肿物位于腹侧或腹下、脐部或阴囊部且其内容物不定,可为固体、液状或气体,经按压可还纳,疑提示疝。

③以刺激为目的而欲判定其敏感性时,在触诊的同时要注意患病马属动物的反应及头部、肢体的动作,当其表现回视、躲闪甚或反抗时,常是敏感、疼痛的表现。此时应先将马属动物的眼睛加以遮盖,以免发生不真实的反应。

④对内脏器官的深部触诊,需依被检查的器官、部位不同而选用适宜的方法,并应首先熟悉其正常的解剖特点,以作判断病变的前提。

为了检查某些管道(如食管、瘘管等)的情况,还可以借助器械(胃管或探针)进行间接触诊(探诊)。

(3) 应用范围

①检查马属动物的体表状态,如判断皮肤表面的温度(整体及局部的温度变化,末梢部位温度分布的均匀性)、湿度(干、湿变化及泌汗状态)、皮肤与皮下组织(脂肪、肌肉、骨骼等)的质地(厚度、平坦与粗糙)、弹性及硬度(柔软、波动感、生面团样、实质性及骨样坚硬),浅在淋巴结及局部病变的位置、大小、形态及其温度、内容物性状、硬度、可动性及疼痛反应等。

【2010年执业兽医资格考试真题】检查浅表淋巴结活动性的基本方法是( )。

A. 视诊　　　　　B. 触诊　　　　　C. 叩诊

D. 听诊　　　　　E. 嗅诊

②检查某些器官、组织,感知其生理性或病理性的冲动。如在心区检查心搏动,判定其强度、频率及节律;检查浅在动脉(如下颌动脉、尾动脉、股内动脉)的脉搏,判定其频率、性质及节律等变化。

③腹部触诊除可判定腹壁的紧张度及敏感性外,马属动物还可通过直肠进行内部触诊,即直肠检查,是兽医临床上对触诊方法的独特运用,对后部腹腔器官与盆腔器官的疾病诊断十分重要,特别在马、骡腹痛病的诊断及产科学上的应用尤具特殊意义。

④触诊也可作为对马属动物机体某一部位所给予的机械刺激,并根据其对刺激所表现的反应,判断其感受力与敏感性。如检查胸壁、胃或肾区的疼痛反应,腰背与脊髓的反射,神经系统的反射功能,体表局部病变的敏感性等。

(4) 注意事项

①注意安全,应了解受检马属动物的习性及有无恶癖,并在必要时进行保定;当需触诊马属动物的四肢及腹下等部位时,要一只手放在动物的适宜部位作支点,用另一只手进行检查;并应从前往后、自上而下地边摸边接近欲检部位,切忌突然直接接触。

②检查某部位的敏感性时，宜先健区后病部、先远后近、先轻后重，并注意与对应部位或健区进行对比；检查前应先遮住马的眼睛；注意不要使用引起马疼痛或妨碍马表现反应动作的保定方法。

触诊虽然是一种简便的方法，但若要判断准确，也必须经过长时间的实践。显然，触诊也不只是单纯地用手去摸，而必须手、脑并用，做到边触诊边思索。

4. 叩诊

叩诊是根据叩击马属动物体表所产生的声响的性质特点，以推断被叩组织和深在器官有无病理改变的一种检查方法。叩诊可作为一种刺激，判断其被叩击部位的敏感性；叩诊时除注意叩诊音的变化外，还应注意锤下抵抗。

（1）方法

①直接叩诊：用手指或叩诊槌直接叩击马属动物体表的方法，常用于检查鼻旁窦、喉囊、心脏、盲肠等，以判断其内容物性状、含气量及紧张度。

②间接叩诊：常用于检查肺脏、心脏及胸腔的病变；也可以检查肝、脾的大小和位置以及靠近腹壁的较大肠管的内容物性状。按是否用器械分为指指叩诊和槌板叩诊两种。

a. 指指叩诊。将一手的中指平贴于动物体表，用另一手弯曲第二指节的中指或食指指尖叩击其上。此法叩击力量较小，振动范围也不广。

b. 槌板叩诊。用特制的叩诊器械（叩诊槌和叩诊板）进行叩击。其方法是，一手拿叩诊板紧贴于动物体表，另一手握叩诊槌叩在叩诊板上，叩击力量根据欲检查的部位可大可小。

（2）注意事项

①叩诊板（或作叩诊板用的手指）须紧贴马属动物体表，其间不得留有空隙。对被毛过长的动物，宜将被毛分开，以使叩诊板与体表皮肤很好地接触；对极度消瘦的患病马属动物，当检查胸部时，叩诊板应沿着肋间放置，以免横放在两条肋骨上面与胸壁之间产生空隙。

②叩诊板不应过于用力压迫，除作叩诊板用的手指外，其余手指不应接触马属动物的体壁，以免妨碍振动。

③应使叩诊槌或用作槌的手指，垂直地向叩诊板上叩击。

④叩打应短促、断续、快速而富有弹性；叩诊槌或用作槌的手指在叩打后应很快地离开。

⑤为了正确地判定声音及有利于听觉印象的积累，应在每一叩诊部位连续进行2~3次、时间间隔均等的叩打。

⑥为了均等地掌握叩诊用力的强度，叩诊的手应以腕关节作轴，轻松地振动与叩击，不要强加臂力。叩诊时用力的强度不仅可影响声音的强度和性质，

同时也决定振动向周围与深部的传播范围。因此，用力的强度应根据检查的目的和被检查器官的解剖特点而不同。对深在的器官、部位及较大的病灶宜用强叩诊；而对浅在的器官与较小的病灶则宜用轻叩诊。一般来说，较轻的叩诊经常能得到清晰而易辨别的声音；用力过强是初学者应注意避免的。

⑦为了比较解剖上相同的对称部位的变化，宜用比较叩诊法。应注意在叩打对称部位时，条件要尽可能地相等，如叩打的力量、叩诊板的压力、马属动物的体位与呼吸周期等均应相同。当用较强的叩诊所得的结果模糊不清时，则应递次进行中等力量与较弱的叩诊再行比较之。

⑧当确定含气器官与无气器官的界限时，应运用极轻的阈界叩诊法。由何方开始并无绝对意义，一般可反复交替实施，以求确实。即先由含气器官的部位开始逐渐转向无气器官部位；之后，再从无气器官部位开始而过渡到含气器官，如此反复之，最后依叩诊音转变的部位而确定其界限。

⑨为便于集音，叩诊检查宜在室内进行；在室外叩诊时，效果不佳。叩诊方法同样需要经常练习以掌握其技巧，因为一方面要熟练叩诊的方法，另一方面要判断其声音，故比其他检查法更需在实践中练习。

⑩要经常检查叩诊槌的完好状况。

(3) 叩诊音　叩诊音是由被叩击的组织器官发出的。其声音的强弱、高低和长短是由发音体振动幅度的大小、振动的频率以及振动持续的时间所决定的。由于肺组织含气多、弹性好、振幅大，所以声音强，持续时间也长，但因频率低，音调也低，这样的声音听之清晰，称为清音。肌肉、肝脏等部位，不含气体且密度较大、弹性差、振幅小，音也就弱，持续时间也短，但频率高，音调也高，此音听起来钝浊，称为浊音（实音）。在盲肠基部、瘤胃的上部，由于含有少量气体，音响较强，持续时间较长，音如鼓响，称为鼓音。在肺的边缘部位，由于含气较少，清音不那么典型，再向周边叩击则呈浊音，它是介于清、浊音之间的过渡音，一般称之为半浊音。马属动物体表叩诊音的特点见表1-1。

表1-1　马属动物体表叩诊音的特点

声音特点	清音（满音）	浊音（实音）	鼓音
声音强度	强	弱	强
持续时间	长	短	长
音调高度	低	高	低或高
正常分布区	肺区	肌肉、肝区、心脏绝对浊音区	盲肠基部、胃上部

5. 听诊

听诊是听取马属动物机体发出的自然或病理性声音，根据声音的性质特点判断疾病。听诊可分为直接听诊法与间接听诊法。

（1）方法

①直接听诊：一般先在马属动物体表放一块听诊布，然后将耳直接贴于其体表的相应部位进行听诊。其具有方法简单、声音真实的优点，但因检查者的姿势不便，应用不够广泛。

②间接听诊：即用听诊器在被检器官的体表相应部位进行听诊。常用于听取心脏、喉、气管、肺脏、胃、肠管等器官的病理性声音。

【2014年执业兽医资格考试真题】听诊不用于检查（　　）。

A. 泌尿系统　　　　B. 生殖系统　　　　C. 消化系统
D. 呼吸系统　　　　E. 心血管系统

【2015年执业兽医资格考试真题】不宜用听诊检查的疾病是（　　）。

A. 喉炎　　　　　　B. 肺炎　　　　　　C. 咽炎
D. 肠炎　　　　　　E. 胃炎

【2016年执业兽医资格考试真题】不适于听诊检查的脏器是（　　）。

A. 心脏　　　　　　B. 肺脏　　　　　　C. 肠
D. 脾脏　　　　　　E. 胃

（2）注意事项

①为排除外界干扰，听诊一般应选择在安静的室内进行。

②听诊器的接耳端，要适宜地插入检查者的外耳道（松紧适度）；接体端（听头）要紧密地放在马属动物体表的检查部位，防止滑动，但也不应过于用力压迫；听诊器胶管不应交叉，也不要与手臂、衣服、马属动物被毛等接触、摩擦，以免产生杂音。

③检查者要将注意力集中在听取的声音上，并且同时要注意观察马属动物的动作，如听呼吸音的同时应观察其呼吸活动。

④听诊胆小易惊或性情暴烈的马属动物时要由远而近的逐渐将听诊器集音头移至听诊区，以免引起动物反抗。听诊过程中仍须注意防止动物踢咬。

⑤每个听诊点要反复多次听诊。

6. 嗅诊

嗅诊是应用检查者嗅觉能力嗅闻呼出的气体、口腔的气味以及分泌物、排泄物和其他病理产物，根据气味的变化判断疾病。

（1）方法　检查者用手掌扇动患病马属动物排出的气体至自己的鼻前来嗅闻。

（2）内容

①马属动物呼吸道疾病检查：呼出的气体如有特殊腐败臭味，多提示呼吸

道及肺脏的坏疽性病变。

②马属动物消化道疾病的检查：当消化道发生严重病变，如口腔炎、咽喉炎时，有严重口臭；当胃肠道发生严重炎症时，其排泄物出现腐败臭味。

（二）临床检查的程序

为了全面而系统地搜集患病马属动物的症状，并通过科学的分析做出正确的诊断，临床检查工作应该有计划、有步骤地按一定程序进行，避免遗漏主要症状，从而获得完整的病史及症状资料。

马属动物临床检查一般可按下述程序进行。

1. 患病马属动物登记

患病马属动物登记就是系统地记录就诊动物的标志和特征。登记的目的在于明确患病动物的个体特征，以便于识别，同时也可为诊疗工作提供参考。

（1）动物种类　马属动物种类有马、骡、驴，不同种类的动物有其固有的传染病，也有其不同的常见病、多发病。

（2）品种　不同品种的马属动物有不同的生产性能，与其个体的抵抗力及体质类型有一定关系，不同品种动物也有不同的常发病。

（3）性别　不同性别马属动物的解剖、生理特性有差异，在发病特点上也有不同，在临诊过程中应给予注意。如因结石而引起的尿道阻塞较常见于公马；至于母马的生殖器官疾病及乳腺病，则应给予更多的注意。在妊娠期间及分娩前后的特定生理阶段，常有特定的多发病及治疗中的特别注意事项，在登记时对妊娠动物应该加以说明。

（4）年龄　马属动物的不同年龄阶段，常有固有的常发病，如幼驹的消化与呼吸道感染在临床上更为常见。此外，不同年龄阶段动物的发育状态，在确定药量以及判断预后上也值得参考。

（5）毛色　毛色既是个体特征的标志之一，也关系到疾病的趋向。

2. 问诊及发病情况调查

一般通过问诊调查发病当时的具体情况，必要时还需深入现场了解患病马属动物的全部情况。

（1）发病时间　询问患病马属动物的发病时间及发病当时的具体环境（如饲前或饲后、使役中或休息时等）。

（2）病后表现　主要了解患病马属动物的采食、饮水、排粪、排尿情况，有无腹痛、腹泻、咳嗽、跛行及其他症状表现等。

（3）饲养管理　对患病马属动物的平时饲养制度、饲料种类及调配方法、使役情况，以及环境、气候的变化等进行了解，以探索发病的原因。

（4）诊治情况　调查本病是否治疗过，治疗时用药情况及效果，供诊断和治疗时参考。

（5）以往的健康情况　患病马属动物之前是否患过病、情况如何，对分析现症常常有帮助。

3. 流行病学调查

对患病马属动物怀疑为传染病、寄生虫病、代谢病和中毒病时，除了询问上述内容外还应对其所在的群体及周围的发病情况或流行病学情况进行调查。

（1）调查内容

①患病马属动物群体中的同种或他种类动物有无类似疾病发生，发病率、死亡率如何；邻居及附近场（队）最近有什么疾病流行；过去的检疫及预防接种情况；动物流动及调拨等情况对传染病和地方病的分析都有重要意义。

②患病马属动物的饲料配合、饲喂方法和制度、饲料的质量、加工调制方法、放置场所、附近有无排出有毒气体及废水的工矿等。对放牧马属动物，则应了解牧场及牧草的组成情况。此外，对饮水水源、饮水情况、气候条件及生产、使役情况等也应加以了解。这些对推断病因，分析中毒、代谢病、地方病等均有实际意义。

③了解患病马属动物及当地既往发病情况，必要时应查阅该单位、地区各种有关兽医文件。如疫情资料、发病和死亡统计资料、病志、剖检记录、化验单等。必要时还须查阅公共卫生方面的有关资料。

【2017年执业兽医资格考试真题】动物流行病学调查不包括(　　)。

A. 动物品种的选育　　B. 动物发病的时间　　C. 动物发病的地点

D. 发病动物数量　　E. 发病动物种类

（2）注意事项　发病情况及流行病学调查，仅靠问诊难免有局限性，特别是在诊断某些群发性疾病时。为了全面搜集资料，尽快做出诊断，应深入现场观察，采取个别访问或开调查会的方式进行调查。在调查中，要客观地听取各种意见，然后加以综合分析，特别是在发生疑似中毒的情况下，调查时更要细致与谨慎。

4. 现症的临床检查

对个体患病马属动物进行客观的临床检查，是发现、判断症状及病变的主要阶段；而症状、病变更是提示诊断的基础和出发点。所以，临床检查必须仔细、认真，一般可按以下程序进行。

（1）整体及一般检查

①整体状态的观察，包括体格、发育、营养状态、精神状态、体态、姿势与运动、行为等。

②被毛、皮肤及皮下组织的检查。

③结膜的检查。

④浅在淋巴结及淋巴管的检查。

⑤体温、脉搏及呼吸数的测定。

（2）部位或系统检查　对马属动物的心血管、呼吸、消化、泌尿、生殖、神经等系统进行相应的检查。

（3）补助或特殊检查　根据实际需要确定并实施某些辅助的或特殊的检查项目和内容，如必要的实验室检验、X射线检查、心电图检查、超声探查、同位素检查或其他的特殊器械的检查等。

应该注意的是，临床检查的程序并不是固定不变的，可根据患病马属动物的具体情况而灵活运用。如对某些急性病例，在刻不容缓的情况下，可先做重点诊查并根据需要进行必要的抢救，待情况允许后再行详细的诊查；对某些主症不清或原因不清、难以确诊的复杂病例，应该进行反复检查等。但是，应该特别强调的是，临床检查首先必须全面而系统，在一般的全面检查的基础上，更要对病变的主要器官和部位再做详细、深入的检查，以期全面地提示病变与征候，为临床诊断提供充分、可靠的资料。对初诊患病马属动物及初学者尤应如此。只重视病变局部而忽视整体的变化，或只做整体检查而无重点病变的深入检查，都是片面的。

5. 病历记录

所有临床检查及特殊检查的结果，均应详细地记录于病历中。病历记录不仅是诊疗机构的法定文件，也是原始的科学资料；不仅供诊疗人员查阅，也可作为同行的参考，并为法医学提供法律依据。因此，必须认真填写、妥善保管。

（1）填写病历应遵循的原则

①全面且详细：包括问诊、临床检查、特殊检验的所见及结果，都要详尽地记入，以求全面而完整。某些检查项目的阴性结果，也应记入，如颌下淋巴结未见肿胀、异常，因其可作为排除诊断的根据。

②系统且科学：为了记录系统化，便于归纳、整理，所有内容应按系统或部位有秩序地记载。各种症状、所见应以通用名词或术语加以客观描述，不宜以病名概括所见的现象，如口腔黏膜潮红、肿胀、口温增高、分泌增多等现象，不能简单地用口腔发炎来记录。

③具体且肯定：各种症候、表现，力求真实而具体，最好以数字、程度标明或用实物加以恰当的比喻，必要时附以略图。避免用可能、似乎、好像等模棱两可的词。当然，如果确实是暂时不能肯定的变化，可在词后加一问号，以便继续观察，再行确定。

④通俗且易懂：应通顺、简要、便于理解，有关主诉内容，可以群众的自述语言记录之。

（2）病历记录的一般内容及程序

第一部分：患病马属动物登记。包括动物种属、名称、性别、年龄、特征等。

第二部分：主诉及问诊资料。包括病史经过、饲养管理与环境条件的内容、就诊前的经过及处理方式等。

第三部分：临床检查所见。这是病历的主要内容，特别是初诊的记录更应详尽。一般应按部位或系统填写。首先记录体温（℃）、脉搏（次/min）、呼吸（次/min）；其次为整体状态（体格、发育、精神、营养、姿势、行为等）、表被情况（被毛，皮肤与皮下组织、肿物、疹疱、创伤、溃疡等外科病变的特点）、结膜的颜色、浅在淋巴结及淋巴管的变化等；最后则按心血管系统、呼吸系统、消化系统、泌尿生殖系统及神经系统等的顺序，记录检查发现的症状、变化。此部分也可依头颈部、胸部、腹部、脊柱及肢蹄等躯体部位和器官顺序而记录之。

第四部分：辅助或特殊检查的结果。一般以附表的形式记入。如血、尿、粪的实验室检验结果，X射线检查报告、心电图、超声波记录等。

第五部分：病历日志。逐日记载体温、脉搏、呼吸次数（或以曲线表示）；各器官系统的新变化（一般仅记录与前日的不同所见），各种辅助、特殊检查的结果，治疗原则、方法、处方、护理及改善饲养、管理方面的措施，会诊的意见及决定。

第六部分：总结。治疗结束时，以总结的方式，对诊断、治疗的结果加以评定，还应指出今后在饲养、管理上应注意的事项；如以死亡为转归时，应进行剖检并附病理剖检报告。最后应整理、归纳诊疗过程中的经验、教训，或附病例讨论。

（三）一般临床检查的内容

在对马属动物进行登记和问诊后，需要对其进行一般临床检查。一般临床检查是诊查患病马属动物的初步阶段。通过检查可以了解患病马属动物的整体和一般状况，并可发现某些重要症状，为进一步的系统检查和诊断提供方向。

一般临床检查主要通过视诊和触诊方法进行。马属动物一般临床检查的内容包括全身状态的检查，被毛及皮肤的检查，可视黏膜的检查，浅表淋巴结的检查，体温、脉搏及呼吸次数的测定及马属动物行为的检查等。

1. 全身状态的检查

（1）精神状态

①检查方法：主要观察患病马属动物的神态，根据其耳的活动，眼的表情及各种反应、举动进行判定。

②正常状态：健康马属动物表现为头耳灵活、眼睛明亮、反应迅速、动作敏捷、毛平顺而有光泽。幼驹则显得活泼好动。

③病理状态：精神异常可表现为兴奋和抑制两个方面。

a. 抑制状态。一般表现为沉郁，如头低耳耷、眼睛半闭、多卧少立、呼唤不应，对刺激反应淡漠，甚至完全消失。重者可见嗜睡甚至昏迷。

b. 兴奋状态。轻者左顾右盼，惊恐不安，竖耳刨地；重者不顾障碍前冲后退，狂躁不驯或挣扎脱缰。严重时可见攀登饲槽，跳越障碍，甚至攻击人和物。

(2) 营养、发育与体格结构

①营养：通常根据肌肉的丰满度，骨骼的显露情况，特别是皮下脂肪的蓄积量而判定，被毛的状态和光泽也可作为参考。健康马属动物表现为营养良好，肌肉丰满，皮下脂肪充盈，被毛光泽，躯体圆满而骨骼棱角不显露。

营养的病理状态包括营养不良和营养过剩。

a. 营养不良。表现为形体消瘦，被毛蓬乱、无光，皮肤缺乏弹性，骨骼表露明显。营养不良的患病马属动物，同时伴有精神不振或躯体乏力。

b. 营养过剩。使役马属动物较少见。

②发育：根据骨骼与肌肉的发育程度及躯体的大小而确定。为了确切地判定，可应用测量器械测定其体高、体长、体重、胸围等。健康马属动物发育良好，体躯发育与年龄相称，肌肉结实，体格强壮。不仅生产性能良好，而且对疾病的抵抗力也强。

发育不良的患病马属动物，多表现躯体矮小，发育程度与年龄不相称；在幼驹阶段，常呈发育迟缓甚至发育停滞。一般可提示营养不良或慢性消耗性疾病。

③躯体结构：主要注意患病马属动物的头、颈、躯干及四肢、关节各部的发育情况及其形态比例关系。健康马属动物的躯体结构紧凑而匀称，各部的比例适当。

非健康的躯体结构表现：单侧耳、眼睑、鼻唇松弛、下垂而致头面歪斜，提示面神经麻痹；头大颈短、面骨膨隆、胸廓扁平、腰背凹凸、四肢弯曲、关节粗大多为骨软症或幼驹的佝偻病；躯体结构的改变，还可表现为各部比例的不匀称，如马的右胁隆起可提示肠臌气；左胸廓、右胸廓不对称，宜考虑单侧气胸或胸膜与肺的严重疾病。

④马因鼻唇部浮肿而引起类似河马头样病变形态，常为出血性紫癜的特征。

(3) 姿势与步态　主要观察患病马属动物表现的姿态特征。健康的马属动物，各有其独特的站立和运步姿势。如马多站立，常轮流歇后蹄，偶尔卧下，但闻吆喝声而站起。异常姿态如下。

①异常站立姿势

a. 典型的木马样姿态，呈头颈平伸、肢体僵硬、四肢关节不能屈曲、尾根挺起、鼻孔开张、瞬膜显露、牙关紧闭等，此乃破伤风的特征，是全身骨骼肌强直的结果。

b. 动物四肢发生疼痛时，伫立间也呈不自然的姿势，如单肢疼痛则患肢呈免重或提起；多肢的蹄部剧痛则常将四肢集于腹下而站立；两前肢疼痛则两后肢极力前伸，两后肢疼痛则两前肢极力后送以减轻病肢的负重；肢体的骨骼、关节或肌肉的带痛性疾病时，四肢常频频交替负重而表现站立困难症状；若出现前肢刨地，后肢踢腹，回顾腹部或起卧翻滚，多是腹痛病的象征。

c. 当躯体失去平衡而站立不稳时，则呈躯体歪斜、四肢叉开或依墙靠壁而立的特有姿势，常见于中枢神经系统疾病，特别是侵害小脑的疾病。

d. 马属动物站立间的异常姿势，如当马、骡咽喉局部或其周围组织高度肿胀、发炎并伴有重度呼吸困难时，常呈前肢叉开、头颈平伸的强迫站立姿势。

②异常躺卧姿势

a. 四肢的骨骼、关节、肌肉的带痛性疾病时，多呈强迫卧位姿势，此时，经驱赶或由人抬助而可勉强起立，但站立后可见因肢体疼痛而站立困难或伴有全身肌肉的震颤。母马于产前、产后出现此类症状多提示骨软症或神经损伤的可能。

b. 机体高度瘦弱、衰竭时（如长期慢性消耗性病、重度的衰竭症等），多长期躺卧，此时多伴有高度消瘦，并有长期病史，一般不难识别。

以上两种情况的患病马属动物，常因经久的躺卧，皮肤的骨骼棱角处被擦伤，甚至造成感染或形成溃疡。

c. 强迫的躺卧姿势，常见于脑、脑膜的重度疾病或中毒，以及内中毒的后期，也可见于某些营养代谢紊乱性疾病。此时多伴有昏迷。

d. 四肢的轻瘫或瘫痪，常见两后肢的截瘫，此时多因两前肢尚有运动功能，患病马属动物表现反复挣扎，企图起立并屡呈犬坐样姿势，常提示脊髓横断性疾病，多伴有后躯的感觉、反射功能障碍及粪、尿失禁。类似的后肢轻瘫而呈犬坐样姿势的病马，如发生于长期休闲后的突然重度使役过程中或使役之后，则应考虑马肌红蛋白尿症的可能，宜注意观察排尿的颜色，排出含肌红蛋白的红棕色尿液为其特征，且常伴有臀部肌肉的变性与硬化。

患骨软化症的马属动物，由于骨质疏松、脆弱，常因剧烈的运动或跌倒及其他的外力作用而引起骨折，如腰、荐椎部受损伤，则也可引致表现为后肢截瘫的现象。应依病史、骨质的形态学改变以及引起骨折或不完全骨折的病因等症状、条件而综合判定。

③步态异常：患病马属动物于运动与行进过程中呈现跛行，乃四肢病的特征表现。步态不稳、四肢运步不协调或呈蹒跚、踉跄、摇摆、跌晃而似醉酒状，多为中枢神经系统疾病或中毒，也可见于重病后期的垂危动物。

2. 被毛和皮肤的检查

（1）鼻盘、鼻镜的检查　健康马属动物的鼻镜、鼻盘均湿润，并附有少许水珠，触之有凉感。马属动物的鼻镜干燥、增温多为热性病或积食的表现，严重者可出现龟裂。在治疗过程中，鼻镜或鼻盘变湿，常为病情好转的象征。

（2）被毛的检查　检查时应注意观察被毛的清洁、光泽及脱落情况。健康马属动物的被毛整洁、富有光泽。

被毛蓬乱而无光泽，或换毛迟缓，常为营养不良的标志，可见于慢性消耗性疾病（如鼻疽、传染性贫血、内寄生虫病、结核病等）及长期的消化紊乱；营养物质不足、过劳及某些代谢紊乱性疾病时也可见之。

局限性脱毛处宜注意皮肤病或外寄生虫病，如于头颈及躯干部有多数脱毛、落屑病变，当伴有剧烈痒感（马属动物经常向周围物体上摩擦或啃咬，甚至病变部皮肤出血、结痂或形成龟裂）时，应提示螨病（疥癣）的可能，因相互感染以致在群中常造成蔓延而大批发生。为确诊，应刮取皮屑（宜在皮肤的病、健部交界处）进行镜检。

此外，马尾根部脱毛并经常向食槽、墙角、树木上摩擦，宜考虑蛲虫病。患病马属动物尾部及后肢被毛被粪便污染，是下痢的标志。

（3）皮肤的检查　主要通过视诊和触诊进行检查，注意其颜色、温度、湿度、弹性及疹疱等病变。

①皮肤的颜色

a. 皮肤苍白。乃贫血之症，可见于各型贫血。

b. 皮肤黄疸。可见于肝病、胆道阻塞、溶血性疾病。

c. 皮肤蓝紫色。称为发绀，轻者以耳尖、鼻盘及四肢末端为明显，重者可遍及全身。可见于严重的呼吸器官疾病；重度者心力衰竭；多种中毒病，尤以亚硝酸盐中毒为最明显。此外，中暑中热时常见显著的发绀。多种疾病的后期均可见全身皮肤的明显发绀，全身皮肤的重度发绀常为预后不良之指征。

d. 皮肤的红色斑点及疹块。皮肤的红色斑点常由皮肤出血引起，如系出血点则指压时不褪色。皮肤小点状出血，好发于腹侧、股内、颈侧等部位。

此外，当皮肤有皮疹或疹疱，病程的初期时也可见红色斑点状病变，但随病程发展即可提示其特点。

②皮肤的温度：检查皮温，用手或手背触诊马属动物躯干、股内等部进行判定。对马可触摸其耳根、颈部及四肢。

全身性皮温增高可见于一切热性病；局限性皮温增高提示局部的发炎。皮温降低是体温过低的标志，可见于衰竭症、营养不良、大失血及重度贫血、严重的脑病及中毒。

皮温分布不均而末梢冷厥，乃重度循环障碍的结果。表现为耳鼻发凉、肢梢冷感，可见于心力衰竭及虚脱、休克等。马肠痉挛性腹痛（冷痛）时也可以出现该症状。

③皮肤湿度：主要通过观察及触诊确定。影响汗腺分泌的因素很多，除因外界温度过高、于使役、运动之后或偶于惊恐、紧张之际，见有生理性汗分泌增加之外，多汗常为病态。

多汗可见于高热性病、中暑与中热。伴有剧烈疼痛性的疾病（如肢、蹄疼痛或马、骡腹痛症）及有高度呼吸困难时，也可见汗分泌的增加。某些中毒性病时也可见多汗现象。在皮温降低、末梢冷厥的同时伴有冷汗淋漓，常为预后不良的标志，可见于虚脱、休克或重度心力衰竭。如当患腹痛症的危重马、骡，在心力衰竭的同时，伴有冷汗淋漓，若腹痛不安消失，病畜似变安静，但病势并未好转，常提示内脏破裂（胃、肠、膀胱或膈的破裂），多提示预后不良。局限性的多汗，可与局部病变或神经机能失调有关。

④皮肤的弹性：检查皮肤的弹性，通常可于颈侧、肩前等部位，用手将皮肤捏成皱褶并轻轻拉起，然后放开，根据其皱褶恢复的速度而判定。健康马属动物，皮肤拉起、放开后，皱褶很快恢复、平展。

皮肤弹性降低，表现为放手后恢复很慢，可见于机体的严重脱水、营养不良以及慢性皮肤病（如疥癣、湿疹等）。老龄动物的皮肤弹性减退，是自然现象。

⑤皮肤疹疱

a. 湿疹样病变。呈粟粒大小的红色斑疹，弥散性分布，尤多见于被毛稀疏部位，可见于湿疹、内中毒或过敏性反应等。

b. 饲料疹。当白色皮肤的动物，喂饲过量的含有感光物质的饲料（如荞麦、某些三叶草、灰菜等）时，经日光照晒之后，可见有皮肤的饲料疹，此时项颈、背部症状较明显，伴有皮肤充血、潮红、水疱及灼热、痛感为其特征。

c. 丘疹。躯干部呈现多数指尖大的扁平丘疹，伴有剧烈痒感，称荨麻疹，可见于某些饲料中毒、内中毒及慢性消化紊乱等。

d. 小水疱性病变。继而溃烂并呈迅速传播的流行特性，提示口蹄疫或传染性水疱病。前者好发于口、鼻及其周围、蹄趾部及乳房部；后者多仅见于蹄趾间。应结合流行病学特点分析。偶蹄兽均感染，多为口蹄疫。必要时应依特异性诊断法进行鉴别。

e. 痘疹。皮肤出现豆粒大小的疹疱，多采取蔷薇疹、水疱、脓疱并继而结痂的定期、分期性经过。马的痘疮，好发于被毛稀疏部位及乳房皮肤上，呈圆形豆粒状。

f. 银元疹。常发于马臀部，有时在颈侧、胸侧、肩部或背部。大小如银元，呈圆形或环状，或呈扁平的丘疹状隆起或不隆起，无热痛，无痒感。或局部皮肤色素消失，间或被毛变白，提示马媾疫。

⑥皮肤的创伤与溃疡：皮肤完整性的破坏，还可表现为各种创伤及溃疡。一般性的创伤与溃疡，可见于普通的外科病。由于某些特殊的传染病而引起的溃疡，应注意是否患有皮鼻疽及流行性淋巴管炎。

皮鼻疽的溃疡常见于头部及四肢，病变的边缘不整且隆起，呈喷火口状。流行性淋巴管炎的病变，多沿淋巴管而蔓延，常于头部、颈侧、胸壁或四肢形成连串的结节，继而破溃。

骨骼的突起或棱角处，常有擦破创，或形成结痂，或留有溃疡，多为褥疮的结果，可见于引起长期躺卧的病程中（如马的所谓趴窝病、即骨软症、骨折、四肢病或衰竭症），可参照病史进行判断。

(4) 皮下组织的检查

①检查方法：发现皮下或体表有肿胀时，应注意肿胀部位的大小、形态，并触诊判定其内容物性状、硬度、湿度、移动性及敏感性等。

②病理变化

a. 大面积的弥散性肿胀。伴有局部的热、痛及明显的全身反应（如发热等），应考虑蜂窝织炎的可能，尤多发于四肢，常因创伤感染而继发。

b. 皮下浮肿。好发于胸、腹下的大面积肿胀或阴囊、包皮与四肢末端的肿胀，一般局部并无热、痛反应，多提示为皮下浮肿，以触诊呈生面团样且指压后留有压痕为特征。

根据浮肿发生原因可分为营养性、肾性及心性浮肿。营养性浮肿常见于重度贫血、高度的衰竭（低蛋白血症）；肾性浮肿多源于肾炎或肾病；心性浮肿则是心脏衰弱、末梢循环障碍并进而发生淤血的结果。某些疾病的皮下浮肿，可由多种原因引起，如当马患传染性贫血时，既有贫血的因素又有心功能不全的条件，系综合作用的结果。

马、骡的心性浮肿多发生于肢、体的下部，特点为轻度时一般于昼间使役后可减轻或消失，经夜后于明晨又见重。应依伴有的其他症状或做特殊检查而进行判断。

如浮肿局部伴有热感，则称炎性浮肿，可由局部的炎症或血管的渗透性增强引起，如马的血斑病。

c. 皮下气肿。偶于肘后、颈侧等处发生肿胀，触诊有捻发感，且局部无热、痛反应。颈侧的皮下气肿，常因肺间质气肿时空气沿气管、食管周围组织窜入皮下而引起；也可由于食管破裂后气体窜入皮下而引起。肘后的气肿可于附近皮肤损伤（裂创）后，随运动因空气窜入皮下而引起，统称为窜入性皮下气肿。

当厌氧菌感染后，由局部组织腐败分解而产生的气体积聚于组织局部，也可引起皮下气肿。此时，肿胀局部有热、痛，且常伴有皮肤的坏死及较重的全身反应（如发热、沉郁等），切开后可流出暗红色、混有气泡并带恶臭味的液体。常发生于肌肉层较厚的臀部、股部，如恶性水肿病或气肿疽。

d. 脓肿、血肿、淋巴外渗。共同特点是呈局限性肿胀，触诊有明显的波动感；多发于躯干或四肢的上部。必要时宜行穿刺并抽取内容物进行诊断。

e. 其他肿物。腹壁或脐部、阴囊部触诊呈波动感的肿物，要考虑有疝症的可能。此时，进行深部触诊可触到疝孔，有时可将脱垂肠段还纳，听诊时局部或有肠蠕动音，应结合病史、病因等条件仔细进行区别。体表的局限性的肿物，如触诊呈坚实感，则可能为骨质增生、肿瘤、肿大的淋巴结等。青白毛的马匹，于尾根部、会阴部及肛门周围等处的肿物，应注意黑色素瘤。

3. 可视黏膜的检查

凡是肉眼能看到或借助简单器械可观察到的黏膜，均称可视黏膜，如结膜、鼻腔、口腔、阴道等部位的黏膜。

（1）检查方法 检查马的结膜时，通常检查者立于马头一侧，一只手持缰绳，另一只手食指第一指节置于上眼睑中央的边缘处，拇指放于下眼睑，其余三指屈曲并放于眼眶上面作为支点，食指向眼窝略加压力，拇指则同时拨开下眼睑，即可使结膜露出。

（2）正常状态 健康马、骡的可视黏膜湿润，有光泽，呈淡红色。

（3）病理变化 检查可视黏膜时，除应注意其温度、湿度、有无出血、完整性外，更要仔细观察颜色变化，尤其是结膜的颜色变化。结膜的颜色变化，不仅可反映其局部的病变，并可推断全身的循环状态及血液某些成分的改变，在诊断和预后的判定上有一定的意义。结膜的颜色决定于黏膜下毛细血管中的血液数量及其性质以及血液和淋巴液中胆色素的含量。正常时，结膜呈淡红色。结膜颜色的改变，可表现为潮红、苍白、发绀或黄疸色。

①潮红：是结膜下毛细血管充血的征象。单眼的结膜潮红可能是局部的结膜炎所致；如双侧均潮红，除可见于眼病外，多提示全身的循环状态异常。弥漫性潮红常见于各种热性病及某些器官、系统的广泛性炎症过程；如小血管充盈特别明显而呈树枝状，则称树枝状充血，多为血液循环或心机能障碍的结果。

②苍白：结膜色淡甚至呈灰白色是各型贫血的特征。如病程发展迅速而伴有急性失血的全身或器官、系统的相应症状变化，可考虑大创伤、内出血或偶见于内脏破裂（如肝、脾破裂）。如为慢性经过的逐渐苍白并有全身营养衰竭

的体征，则多为慢性营养不良或消耗性疾病，如衰竭症、慢性传染性病或寄生虫病，尤多见于马的慢性传染性贫血或鼻疽。由于红细胞大量被破坏而形成的溶血性贫血（如梨形虫症），则黏膜在苍白的同时伴有不同程度的黄染。

③发绀：即可视黏膜呈蓝紫色。可见于缺氧（如各型肺炎、胸膜炎）、循环障碍（如心脏衰弱与心力衰竭）及某些毒物、饲料（如亚硝酸盐中毒等）或药物中毒。不同病因引起的发绀，在结膜呈紫色的同时，应具有不同的其他临床症状，宜注意全面检查、综合分析。

④黄疸：结膜黄染，于巩膜处常较为明显且易于发现。黏膜呈黄染是胆色素代谢障碍的结果。可见于肝病、胆道阻塞或被其周围的肿物压迫及某些中毒等。应该注意的是，某些疾病时的黄疸现象，可能是多种因素综合作用的结果。如当马传染性贫血时，既有溶血的因素，又有肝实质的损害。

⑤出血：当检查结膜颜色变化时，应特别注意黏膜上出血点或出血斑的有无和出血形态。结膜上有点状或斑点状出血，是出血性素质的特征，在马多见于血斑病、焦虫症，尤其是急性或亚急性马传染性贫血时更为明显。

（4）注意事项　在判定结膜颜色变化时，应在自然光线下进行；要注意两眼的比较对照检查，并注意区别是由眼的局限性疾病，还是全身性或其他疾病所引起的；结膜受压迫或摩擦时易引起充血，因此不宜反复进行检查。

4. 浅表淋巴结的检查

马属动物浅表淋巴结的检查，在确定感染或诊断某些传染病上有很重大的意义。临床上经常检查的主要淋巴结有颌下淋巴结、耳下及咽喉周围的淋巴结、颈部淋巴结、肩前及膝襞淋巴结、腹股沟淋巴结、乳房淋巴结等。

（1）检查方法　浅表淋巴结的检查，可采用触诊、视诊，必要时应用穿刺检查法。检查时注意其位置、大小、形状、硬度、表面状态、敏感性及其与周围组织的关系。

（2）病理变化　淋巴结的病理变化主要可表现为急性或慢性肿胀，有时可呈现化脓。

①淋巴结的急性肿胀，通常呈明显肿大，表面光滑，且伴有明显的热、痛（局部热感、敏感）反应。可见于周围组织、器官的急性感染。特别在驹的腺疫时，常以颌下淋巴结典型的急性肿胀为其特征。有时尚可波及咽喉周围、耳下及颈上、颈中等部的淋巴结。后期可继发各淋巴结的化脓甚至可自行破溃。

②淋巴结的慢性肿胀，一般呈肿胀、硬结、表面不平，无热、无痛，且多与周围组织粘连而固着，活动困难。在马多提示鼻疽，通常以颌下淋巴结的变化为主，但有时也波及其他淋巴结，如当马患鼻疽性睾丸炎时则鼠蹊淋巴结肿胀。

淋巴结的慢性肿胀可见于各淋巴结的周围组织、器官的慢性感染及炎症时。淋巴结化脓则在肿胀、热感、呈疼痛反应的同时，触诊有明显的波动。如配合进行穿刺，则可吸出脓性内容物。马的淋巴结肿胀还见于流行性淋巴管炎。

通过问诊和对患病马属动物的整体及一般的检查，可搜集到作为诊断依据的很多症状和重要资料，初步综合这些症状、资料，可获得对其的初步印象并为下一步的各器官、系统和细部检查提供重点和方向。甚至在个别情况下，仅就这些症状、资料，即可提出初步的诊断线索和启示。但是，在任何情况下，都不能仅仅满足于此，应进一步进行各部位及器官的详细检查。只有全面的详细的检查，才能得到客观的、丰富的症状、资料，丰富而确切的症状、资料是取得正确诊断的基础。

5. 体温、脉搏及呼吸的测定

体温、脉搏、呼吸是马属动物生命活动的重要生理指标。在正常情况下，除受外界气候及运动、使役、生理状态等因素影响外，一般其变动在一个较为恒定的范围之内，但是，在病理过程中，受病原因素的影响，则会发生不同程度和形式的变化。因此，临床上测定这些指标，在诊断疾病和分析病程的变化上有重要的实际意义。

（1）体温测定

①测温的部位及方法

a. 部位。马属动物测直肠温度。

b. 方法。将体温计的水银柱甩至35℃以下，用酒精棉球擦拭消毒，并涂润滑剂。一手提起动物尾巴，另一手将体温计徐徐捻转地插入直肠，然后放下尾巴，将体温计上的夹子夹于臀部毛发上。经3~5min，取出体温计，观察读数即可。

②正常体温：马为37.5~38.5℃，骡为38.0~39.0℃，驴为36.5~38.5℃。

③注意事项：体温计用前应统一进行检查，以防有过大的误差；对门诊患病马属动物，应使其适当休息并安静后再测定；应每日定时（午前和午后各一次）进行测温，并逐日记录绘成体温曲线表；测温时应注意人、动物安全，对马属动物进行必要的保定；体温计的玻棒插入的深度要适宜，通常约插入体温计长度的2/3；注意避免由测温方法不当而发生的误差，如用前应甩下体温计的水银柱，测温时间不可短于所要求的时间，需进行灌肠或直肠检查的患病马属动物应在处置前测温，直肠有多量宿粪的为防止把体温计插入粪球中出现误差，应排出积粪后再测定等；遇有直肠炎、频繁下痢或肛门松弛的患病马属动物，因直肠不保温，对母马可测阴道温度代替（测得值加上0.3℃）。

④体温的病理变化：一般健康马属动物的体温昼夜变动表现为晨温较低，午后稍高，其昼夜温差在1℃左右。

a. 体温升高。患不同的疾病体温升高的程度不一样，有的仅升高 0.5~1℃，如局部炎症、消化不良等；而有的则升高很多，达 2~3℃，甚至 3℃ 以上，如急性传染病、脓毒败血症等。从发热的特点上看，不同疾病间也有很大差异。有的患病马属动物高温持续不退，日温差很小，在 0.5~1℃，称为稽留热；也有的呈弛张热，即体温升高后，日温差较大，在 1~2℃ 或 2℃ 以上；也有的在持续数天的发热后，出现无热期，如此以一定间隔期间而反复交替出现发热的现象，称为间歇热，典型的间歇热可见于血孢子虫病及马传染性贫血。

b. 体温降低。体温降至常温以下。低体温可见于老龄、重度营养不良、严重贫血的患病马属动物，也可见于某些脑病及中毒，顽固的低体温常为马流行性脑脊髓炎后期的特征。频繁下痢的，其直肠温可能偏低。大失血、内脏破裂以及多种疾病的濒死期均可表现低体温。明显的低体温，同时伴有发绀、末梢冷厥、高度沉郁或昏迷、心脏微弱与脉搏不感于手，多提示预后不良。

（2）脉搏测定

脉搏的检查可间接提示心脏活动机能与血液循环状态的变化，对于疾病的诊断及预后的判定具有很重要的实际意义。

①测定方法：用指腹轻触马颌外动脉的脉管，仔细感觉并计数搏动次数。

②正常脉搏：马、骡 26~42 次/min，驴 42~54 次/min。

③注意事项：应待马属动物安静后再测定；一般应检测 1min；当动脉脉搏过于微弱不感于手时，可以心跳次数代替。

④脉搏的病理变化

a. 脉搏加快。引起脉搏加快的病理因素主要有所有的热性病（包括发热性传染病及非传染性病）、心脏病（除有严重的传导阻滞以外）、呼吸器官疾病（如各型肺炎或胸膜炎）、各型贫血或失血性疾病（包括因频繁的下痢而引起的严重失水，致血液浓缩时）、伴有剧烈疼痛性的疾病（如马、骡腹痛症、四肢的带痛性病）、某些毒物中毒或药物的影响（如应用交感神经兴奋剂时）等。

b. 脉搏数减慢。可见于颅内压升高的疾病、胆血症、某些植物中毒等。脉搏的显著减慢，见于动物的濒死期，多提示预后不良。

（3）呼吸测定

①测定方法：一般可观察胸腹壁的起伏次数，一起一伏为一次呼吸；也在鼻端用手感觉呼出气流，或在冬季观察呼出的热气流，呼出一次气流为一次呼吸；听诊喉头、气管或肺部呼吸音，一呼一吸为一次呼吸。

②正常呼吸：马属动物 8~16 次/min，随年龄、性别和生理状态而异。

③注意事项：宜在动物休息、安静时测定，一般应测 2min 的呼吸次数并取平均数；观察动物鼻翼的活动或以手放于其鼻前感知气流的测定方法不够准确，必要时可听诊肺部呼吸音。

④病理变化

a. 呼吸加快。常见于发热性疾病、心脏疾病、贫血、呼吸气管疾病及剧烈疼痛性疾病、某些中毒，如亚硝酸盐中毒引起的血红蛋白变性等。

b. 呼吸减慢。临床上比较少见，可见于某些脑病、尿毒症等。呼吸的显著减慢并伴有呼吸形式与节律的改变，常提示预后不良。

体温、脉搏、呼吸等生理指标的测定，是临床诊疗工作的重要常规内容，对任何病例，都应认真地实施。而且要随病程的经过，每天定时进行测定并记录。临床上常将体温、脉搏、呼吸的记录，一并绘成一份综合的曲线图，借以分析病情的变化。一般说来，体温、脉搏、呼吸的相关变化，常是并行一致的，如体温升高，随之脉搏、呼吸次数也相应增加；而体温下降，则脉搏、呼吸次数多随之而减少。如此，在病程经过中，见有体温及脉搏、呼吸曲线逐渐上升，一般可反映病情的加剧；而三者的曲线逐渐平行下降以至达到或接近正常，则说明病势逐渐好转与身体机能恢复。体温与脉搏曲线的相互逆行变化（曲线表上的交叉），多为预后不良的征兆。

6. 马属动物行为的检查

马属动物行为异常的表现有以下几种：

（1）共济失调　由于在运动中四肢配合不协调，而呈醉酒状，行走欲跌，走路摇摆或肢蹄高抬、用力着地，步态似涉水样。可见于脑脊髓的炎症或寄生虫病（如脑脊髓丝虫病等）、某些中毒以及营养缺乏与代谢紊乱性疾病（如铜缺乏症等）时，多为疾病侵害小脑的标志。此外，当急性脑贫血（如大失血、急性心力衰竭或血管机能不全）时，也可见有一时性的共济失调现象，应根据病史、心血管系统的变化而加以区别。

（2）盲目运动　无目的地徘徊，向前冲或后退不止，绕桩打转或呈圆圈运动，有时以一肢做轴而呈时针样动作，可提示为脑、脑膜的充血、出血、炎症或某些中毒与严重的内中毒（如马的流行性脑脊髓炎、乙型脑炎、霉玉米中毒等）。此外，在长期的病程经过中，如反复呈现一定方式的盲目运动，提示颅脑的占位性病变（如脑囊尾蚴症等）的可能。

（3）骚动不安　如前肢刨地，后肢蹴腹、抻腰、摇摆、回视腹部，碎步急行，时时欲卧，起卧转滚，抑足朝天，或时呈犬坐姿势、屡呈排便动作等，此乃马、骡腹痛症的独特现象。

马、骡腹痛症是一综合征候群，其中包括常见的便秘（结症）、肠痉挛（冷痛）、肠臌气、胃扩张等多种疾病，应结合其他症状、表现，配合问诊、调查得到的致病原因，必要时再进行某些特殊检查（如直肠检查、胃导管探诊等）而综合鉴别。并应注意排除因腹膜、肝、肾、膀胱的疾病而引起的伪性腹痛，对于妊娠马属动物应排除难产与流产。

在马呈现兴奋、哞叫的同时，屡做后肢踢腹的行为，表示腹部剧痛，可见于肠套叠。

（4）跛行　因肢蹄的带痛性疾病而引起的运动机能障碍，称为跛行（详见跛行的检查部分）。但应注意，多肢的转移性跛行，常提示风湿症与骨软化症的可能。

（四）治疗技术

1. 投药法

不同形状的药物，如液体的煎剂、水剂、油类及流质药液，固体的丸剂、片剂、散剂等，在进行马属动物疾病防治时，可采用不同的投药方法，同时根据动物的发病部位，采用合理的用药途径。临床常用的投药方法有拌料、饮水、灌服、投服等，治疗技术包括经口投药、经鼻投药、经直肠投药等。合理的投药方法和途径不但为临床操作带来很大方便，而且有利于药效发挥。

（1）经口投药法

①灌服法：该法是马属动物常用的治疗方法，将液体药物、中草药煎剂或用水溶解调成稀粥样药物，用灌角或竹筒经患马口腔灌入。患马站立保定，并将马头吊起（用吊绳系在笼头上或绕经上腭，绳的另一端绕过柱栏的横栏后由助手拉紧）。术者站于患马的前方，一手持盛药盆，另一只手用灌角或竹筒盛药液，从患马一侧口角通过其门齿、臼齿间的空隙而送入口中并抵舌根，抬高灌药器将药液灌入，之后取出灌药器，待患马咽下后，再灌下一口，直至灌完所有药液。

②口腔投服法：马属动物需要用丸剂、片剂和舔剂进行治疗时，可采用直接徒手投服（如片剂、丸剂）和借助简单器械送服（如将舔剂放在一光滑木板上，用一竹片刮到患马口腔内）。投药时，患马一般站立保定，术者用一只手从其一侧口角伸入并打开口腔，另一只手持药片、药丸或用竹片刮取舔剂从患马另一侧口角送入其舌背部，药物即可自行咽下。如遇到患马吞咽药物困难，可在投药后灌少量水。

（2）经鼻投药法　即胃管投药法，患马六柱栏内保定，助手保定好头部并使其头颈不要过度前伸。术者站于稍右前方，用左手握住一侧鼻端并掀起其外鼻翼，右手持涂布好润滑油的胃管，通过左手的指间沿鼻中隔徐徐插入胃管。当胃管前端抵达咽部时，术者会感觉到明显阻力，此时可稍停或轻轻抽动胃管以引起马的吞咽动作，并伴随其咽下动作而将胃管插入食道。确定胃管已插入食道后，再将胃管向前送至颈部下 1/3 处，并在其外端连接漏斗即可投药。待投药过程结束后，要用少量清水冲净胃管内药液，然后徐徐抽出胃管。

（3）经直肠投药法　即直肠用药，临床上常常应用深部灌肠方法来治疗马属动物的便秘,尤其对胃状膨大等大肠便秘,更为常用。操作步骤如下。

①准备工作:将动物在柱栏内确实保定,把尾巴吊起,为使肛门括约肌及直肠松弛,可施行后海穴封闭,即以10~12cm长的封闭针头与脊柱平行向后海穴刺入10cm左右,注射1%~2%普鲁卡因20~40mL。

②装置塞肠器:常用木质塞肠器,长约15cm,前端直径为8cm,后端直径为10cm,中间有直径2cm的孔道,塞肠器后端装有两个铁环,塞入直肠后,将两个铁环拴上绳子,系在颈部的套包或夹板上。

③灌水:缓缓注入温水或1%盐水10~30L,灌水量依据便秘的部位而定。灌肠开始时,水顺利进入,当水到达结粪阻塞的部位时,则流速减缓,甚至因病畜努责而向外返流,当水通过结粪阻塞部,继续向前流时,水速又加快。如病畜腹围稍增大,并且腹痛加重,呼吸增数,胸前微微出汗,则表示灌水量已经适度,不要再灌。灌水结束后15~20min再将塞肠器取出。

④注意事项:直肠内有宿粪时,先取出宿粪,再行灌肠;操作轻柔,切忌粗暴,以免损伤肠黏膜或造成肠穿孔;灌注量要适当,以防造成胃破裂。

2. 注射法

注射法是防治马属动物疾病时常用的给药方法。利用注射法可将药物直接注入动物体内,从而避免胃内容物的影响,迅速发挥药效。与其他投药方法相比,具有操作简便、用药准确、疗效迅速、节省药物等特点,因而在兽医临床上得到广泛的应用。临床上常用的注射方法是皮内、皮下、肌内、静脉、气管、胸腔、腹腔、乳房、心脏和关节内注射等。选择用什么方法进行注射,主要根据药物的性质、数量以及马属动物患病的具体情况而定。

注射时需要注射器和注射针头。兽用注射器有玻璃制和金属制者,按其容量分为5、10、20、50、100mL等规格,针头则根据其内径大小及长短又分不同型号。通常按动物种类、不同注射方法和药量来选择适宜的注射器和针头。使用前,应严格检查注射器有否破损,针管与针芯是否合适,金属注射器的橡皮垫是否好用、松紧度的调节是否适宜,针头是否锐利、通畅,针头与针管的结合是否严密。所有注射用具(金属及玻璃制者)使用前必须清洗干净并进行消毒。有条件的动物诊疗机构可选用一次性灭菌注射器材。

抽取药液前应先检查药品的质量,检查注射液是否浑浊、沉淀、变质、过期;同时注入两种以上药液时应注意配伍禁忌。抽完药液后,要排尽注射器内的空气。注射部位应先进行剪毛、消毒(通常用5%碘酊或75%酒精),注射后也要对局部进行同样的消毒处理,并严格按照无菌操作技术实行。

(1) 皮内注射法　皮内注射法是将药液注射于皮肤的表皮与真皮之间。与其他注射方法相比,其注入药量少,一般仅在皮内注射药液或疫苗0.1~0.5mL,因此一般不用作治疗,主要适用于预防接种、药物过敏试验及某些变态反应的诊断等。

【2009年执业兽医资格考试真题】皮内注射是把药物注入(　　)。
A. 表皮　　　　　B. 真皮　　　　　C. 基底层
D. 网状层　　　　E. 皮下组织

【2017年执业兽医资格考试真题】皮下注射不用于(　　)。
A. 局部麻醉给药　　B. 术前给药　　　C. 预防接种
D. 变态反应诊断　　E. 对肌肉刺激性强的药物

①部位：马颈侧中部的皮肤。

②方法：按常规局部剪毛、消毒，排尽注射器内空气，以左手拇指、食指将皮肤捏成皱襞，右手持注射器，针头斜面向上，针头与皮肤呈5°角刺入皮内，缓缓的注入药液。药液注入皮内的标志是，在推进药液时，感觉到阻力很大且注入药液后局部呈现一个丘疹状隆起，如误入皮下则无此现象。注射完毕，拔出针头，术部轻轻消毒，但应避免压挤局部。

③注意事项：注射部位要认真判断，准确无误，进针不可过深，以免刺入皮下，影响诊断与预防接种的效果。拔出针头后注射部位不可用棉球按压揉擦。

（2）皮下注射法　皮下注射法是将药物注射于皮下结缔组织内，经毛细血管、淋巴管的吸收而进入血液循环的一种注射方法。皮下注射法适合于各种刺激性较小的注射药液及疫苗、血清等。

①部位：选择皮肤较薄而皮下疏松的部位，马、骡通常在颈侧。

②方法：马属动物保定确实，局部剪毛、消毒后，术者用左手的拇指与中指捏起皮肤，食指压皱褶的顶点，使其呈陷窝状。右手持连接针头的注射器，迅速刺入陷窝处皮下约2cm。此时，感觉针头无抵抗，可自由摆动，左手按住针头结合部，右手抽动注射器活塞未见回血时，可推动活塞注入药液。如果需要注入的药量较多，要分点注射，不能在一个注射点注入过多的药液。注射完毕，以酒精棉压迫针孔，拔出注射针头，最后用5%的碘酊消毒。

③特点：皮下注射的药液，可由皮下结缔组织中分布广泛的毛细血管吸收而进入血液；药物的吸收比经口给药和直肠给药快，药效确实；与血管内注射相比，没有危险性，操作容易，大量药液也可注射，而且药效持续时间较长；皮下注射时，根据药物的种类，有时可引起注射局部的肿胀和疼痛；皮下有脂肪层，吸收较慢，一般经5~10min，才能呈现药效。

④注意事项：刺激性强的药品不能用皮下注射，特别是对局部刺激较强的钙制剂、砷制剂、水合氯醛及高渗溶液等，易诱发炎症，甚至组织坏死；大量注射补液时，需将药液加温后分点注射；注射后应轻轻按摩或进行温敷，以促进吸收；长期注射者应经常更换注射部位，建立轮流交替注射计划，达到在有

限的注射部位吸收最大药量的效果。

（3）肌内注射法　凡肌肉丰满的部位，均可以进行肌内注射。由于肌肉内血管丰富，注入药液吸收迅速，所以大多数注射用针剂、一些刺激性较强且较难吸收的药剂（如乳剂、油剂等）和许多疫苗均可进行肌内注射。

①部位：马属动物多在颈侧、臀部肌肉发达厚实处、避开大血管及神经干的部位注射，其中以臀部最常用。

②方法：注射部位剪毛消毒后，先以右手拇指与食指捏住针头基部，中指标定刺入深度，用腕力将针头垂直皮肤迅速刺入肌肉 2~3cm。左手固定针头，右手持注射器与针头连接并回抽活塞，以检查有无回血。如果判定刺入正确，随即推动活塞，注入药液。

③特点：肌内注射由于吸收缓慢，能长时间保持药效、维持血药浓度；肌肉比皮肤感觉迟钝，因此注射具有刺激性的药物不会引起剧烈疼痛；由于动物的骚动或操作不熟练，注射针头或注射器（玻璃或塑料注射器）的接合头易折断。

④注意事项：针体一般只刺入 2/3，切勿把针全部刺入，以防针从根部衔接处折断；强刺激性药物如水合氯醛、钙制剂、浓盐水等，不能肌内注射；注射针头如接触神经时，则动物感觉疼痛不安，此时应变换针头方向，再注射药液；万一针体折断，保持局部和肢体不动，迅速用止血钳夹住断端拔出，如不能拔出时，先将病畜保定确实，防止骚动，行局部麻醉后迅速切开注射部位，用小镊子、持针钳或止血钳拔出折断的针体；长期进行肌内注射的动物，注射部位应交替更换，以减少硬结的发生；两种以上药液同时注射时，要注意药物的配伍禁忌，必要时在不同部位注射；根据药液的量、黏稠度和刺激性的强弱，选择适当的注射器和针头；避免在瘢痕、硬结、发炎、皮肤病及有针眼的部位注射，淤血及血肿部位不宜进行注射。

（4）静脉注射法　静脉注射法是将药液直接注入静脉内，随着血液快速分布全身，不会受消化道及其他脏器的影响而发生变化或失去作用，药效迅速，作用强，注射部位疼痛反应较轻，但其代谢也快。它适用于大量的补液、输血和对局部刺激性大的药液以及急需奏效的药物。

①部位：马颈静脉上 1/3 与中 1/3 的交界处，特殊情况可选择胸外静脉。

②方法：马多在柱栏内采取站立保定，将其头部拉紧，向前并稍偏向对侧，注射局部剪毛、消毒。术者用左手拇指在颈静脉的近心端压迫静脉管，使其充盈、怒张。右手持注射针头，使其与皮肤呈 45°，迅速刺入皮肤及血管内，如见回血，表明针头已准确刺入血管；如果未见回血，可稍微前后移动针头，使其进入血管。针头刺入血管后，将针头后端靠近皮肤，并近似平行地将针头在血管内前送 1~2cm。然后，术者的左手可松开颈静脉，将注射器或输液管与

针头相连接,并用夹子将其固定于皮肤上,就可以徐徐进行注射。注射完毕后,以酒精棉球压迫注射局部并拔出针头,再用5%的碘酊局部消毒。

③注意事项:要严格遵守无菌操作规程,对所有注射用具注射部位都要严格消毒;动物确实保定,看准静脉并明确注射部位后再扎入针头,避免多次扎针而引起血肿;注入药液前应该排净注射器或输液胶管中的气泡,严防将气泡注入静脉;对所要注射的药品质量应严格检查,不同药液混合使用时要注意配伍禁忌;对组织刺激性强的药液(如水合氯醛、氯化钙等)要严防漏于血管外,以防引起颈静脉炎;油类制剂禁止进行静脉注射;给动物补液时,速度不宜过快,马属动物以30~60mL/min为宜,药液在注入前应加温使其接近动物体温;静脉注射过程中,要随时注意观察动物的表现,如动物有不安、出汗、呼吸困难、肌肉颤栗等症状时,应该立即停止注射,待查明原因后再行处置;要随时观察药液的注入情况,一旦出现液体输入突然过慢或停止,或者注射局部明显肿胀以及针头滑出血管时,应该立即检查,进行调整,直至恢复正常。

【2010年执业兽医资格考试真题】颈静脉注射时,漏注可引起较严重颈静脉周围炎的注射液是(   )。

A. 5%水合氯醛　　　　B. 0.5%普鲁卡因　　　　C. 5%葡萄糖溶液
D. 0.9%氯化钠溶液　　E. 复方氯化钠注射液

④药液外漏的处理:静脉内注射时,常由于未刺入血管或刺入后因马属动物骚动而针头移位脱出血管外,致使药液漏于皮下。当发现药液外漏时,应立即停止注射,根据不同的药液采取下列措施处理。

立即用注射器抽出外漏的药液。如系等渗溶液(如生理盐水或等渗葡萄糖),一般很快自然吸收;如系高渗盐溶液,则应向肿胀局部及其周围注入适量的灭菌注射用水,以稀释之。如系刺激性强或有腐蚀性的药液,则应向其周围组织内注入生理盐水;如系氯化钙液,可注入10%硫酸钠或10%硫代硫酸钠10~20mL,使氯化钙变为无刺激性的硫酸钙和氯化钠。局部用5%~10%硫酸镁进行温敷,以缓解疼痛。如系大量药液外漏,应做早期切开,并用高渗硫酸镁溶液引流。

【2009年执业兽医资格考试真题】静脉注射氯化钙溶液液漏至皮下导致的颈静脉炎,最佳的治疗方法是(   )。

A. 局部冷敷　　　　　B. 局部热敷　　　　　C. 局部生理盐水冲洗
D. 局部涂红霉素软膏　E. 局部注射10%~20%硫酸钠

(5)胸腔注射法　通过胸腔注入药液,药液吸收较快。在马属动物发生胸膜炎症时,可将某些药物直接注射到其胸腔内进行局部治疗;或者在进行马属动物胸腔积液的实验室检查时,对胸腔进行穿刺;也可进行疫苗接种。

①部位:马、骡在左侧第7或第8肋间,右侧第5或第6肋间,一律选择

于胸外静脉上方 2cm 处。

②方法：动物站立保定，注射局部剪毛、消毒。术者左手将术部皮肤稍向前方拉动 1~2cm，使刺入胸膜腔的针孔与皮肤上针孔错开，右手持连接针头的注射器，在靠近肋骨前缘处垂直皮肤刺入（深度 3~5cm）。针头通过肋间肌时有一定阻力，进入胸膜腔时阻力消失，有空虚感。注入药液（或吸取胸腔积液）后，拔出针头，使局部皮肤复位，术部消毒。

③注意事项：刺针时，针头应该靠近肋骨前缘刺入，以免刺伤肋间血管或神经；刺入胸腔后，应该立即闭合好针头胶管，以防止空气窜入胸腔而形成气胸；必须在确定针头刺入胸腔内后，才可以注入药液；胸腔内注射或穿刺时避免伤及心脏和肺脏。

（6）腹腔注射法　腹腔注射是将药液注入腹膜腔内，由于腹膜腔具有强大的吸收功能，药物吸收快，注射方便，适用于腹腔内疾病的治疗和通过腹腔补液。

①部位：马左侧䏤窝部。

②方法：马属动物站立保定。注射局部剪毛、消毒。术者左手把握马的左侧䏤窝部，右手持连接针头的注射器或输液管垂直刺入 3~5cm，使针头穿透腹壁，刺入腹腔内。然后左手固定针头，右手推动注射器注入药液或输液。注射完毕，拔出针头，术部消毒处理。

③注意事项：所注药液预温到与动物体温相近；所注药液应为等渗溶液，最好选用生理盐水或林格式液；有刺激性的药物不宜做腹腔注射；注射或穿刺时避免损伤腹腔内的脏器和肠管。

（7）气管注射法　气管注射法是将药液直接注射到气管内，用于治疗马属动物气管与肺部疾病，以及肺部驱虫的一种方法，临床上更多是用于猪和羊。

①部位：马、骡颈部上段腹侧面的正中，在两气管环之间进针。

②方法：马、骡站立保定，使前躯高于后躯。注射局部剪毛、消毒。术者左手触摸气管并找准两气管环的间隙，右手持连有针头的注射器，垂直刺入气管内，而后缓慢注入药液。若操作中动物咳嗽，则停止注射，直至其平静下来再继续注入。注完拔出针头，术部消毒即可。

③注意事项：药液注射前，应将其加温至接近动物体温以减轻刺激反应；注射速度不宜过快，可一滴一滴注入，以免刺激气管黏膜，咳出药液；注射药液量不易过大，避免引发气管阻塞而发生呼吸困难，马通常 20~30mL；如果动物咳嗽剧烈或要防止注射诱发动物咳嗽，可先注入 2% 普鲁卡因液 2~5mL，降低气管的敏感度，然后再注入所需药液。

（8）乳房注入法　乳房注入法是将药液通过导乳管注入乳池内的一种注射方法，它主要用于马乳腺炎的治疗。

①方法：马站立保定，助手先挤干净乳房内乳汁，并用清水或碘液清洗乳房外部，拭干后再用70%的酒精消毒乳头。术者蹲于马腹侧，左手握紧乳头并轻轻下拉，右手持乳导管自乳头口徐徐导入，当乳导管导入一定长度时，术者的左手把握乳导管和乳头，右手持注射器，使之与乳导管连接，徐徐将药液注入。注射完毕，将乳导管拔出，同时术者一只手捏紧乳头管口，以防止刚注入的药液流出，用另一只手对乳房进行轻柔地按摩，使药液较快地散开。

②注意事项：选用特制的乳导管进行乳房内药物注射；操作过程中要严格消毒，包括术者的手、乳房外部、乳头及乳导管等，以免引起新的感染；乳导管导入及药液注入时，动作要轻柔，速度要缓慢，以免损伤乳房；注药前应挤净奶汁，注药后要充分按摩乳房；注药期间不要挤奶。

（9）心内注射　心内注射是将药液直接注射到心内的方法。当马属动物心脏功能急剧衰竭，静脉注射急救无效或心搏骤停时，可将强心剂如肾上腺素直接注入心内，恢复心功能，抢救病患。

①部位：马左侧肩关节水平线的稍下方，第5、第6肋间。

②方法：以左手稍移动注射部位的皮肤然后压住，右手持连接针头的注射器，垂直刺入心外膜，再进针3~4cm可达心肌。当针头刺入心肌时有心搏动感，注射器摆动，继续刺针可达左心室内，此时感到阻力消失。拉引针筒活塞时有暗红色血液回流，然后注入药液，药液很快进入冠状动脉，迅速作用于心肌，恢复心脏机能。注射后拔出针头，术部涂碘酊或用碘仿火棉胶封闭针孔。

③注意事项：马属动物确实保定，操作要认真，刺入部位要准确，以防心肌损伤过大；为了确实注入药液，可配合人工呼吸，防止由于缺氧引起呼吸困难而带来危险；心内注射时，由于刺入的部位不同，可引起各种危险，应严格掌握操作规程，以防意外，有条件可在B型超声监视下进行；当刺入心房壁时，因心房壁薄，伴随搏动而有出血的危险。此乃注射部位不当，应改换位置，重新刺入；在心搏动中如将药液注入心内膜，有引起心动停搏的危险，这主要是注射前判定不准确，并未回血所造成的；当针刺入心肌，注入药液时，也易发生各种危险。此乃深度不够所致，应继续刺入至心室内经回血后再注入；心室内注射，效果确实，但注入过急，可引起心肌的持续性收缩，易诱发急性心搏动停止，必须缓慢注入药液；心内注射不得反复应用，这种刺激可引起传导系统发生障碍；所用注射针头，宜尽量选用小号，以免过度损伤心肌。

（10）关节内注射　关节内注射是将药液直接注入关节腔的方法。主要用于关节腔炎症、关节腔积液等疾病的治疗。

①部位：一般临床治疗的关节有膝关节、跗关节、肩关节、枕寰关节和腰荐结合部等。虽然各关节形态不一，但各关节都具有基本的解剖结构，即关节面、关节软骨、关节囊；关节腔内有关节液，并附有血管、神经、韧带。

②方法：马属动物保定确实，局部常规消毒，左手拇指与食指固定注射局部，右手持针头呈45°~90°角依次刺透皮肤和关节囊，到达关节腔后，轻轻抽动注射器内芯，若在关节腔内，即可见少量黏稠和有光滑感的液体，一般先抽部分关节液，然后再注射药液，注射完毕，快速拔出针头，术部消毒。

③注意事项：穿刺器械及手术操作均需严格消毒，以防无菌的关节腔继发感染；注射前，必须了解所要注射关节的形态、构造，以免损伤其他组织（血管、神经或韧带）；注射药液不宜过多，一般在5~10mL；动作要轻柔，避免损伤关节软骨；关节内注射不宜频繁重复进行，必要时，间隔1~2d为宜，最多连续1周左右。

3. 穿刺术

穿刺术是兽医临床上较常用的一种诊疗技术，对辅助诊断和局部治疗具有重要意义，是临床兽医应该熟练掌握的一项基本技术。通过穿刺可以获取马属动物体内特定的病理材料，以供实验室检查，为疾病的确诊提供有力证据；而且对某些因急性肠、胃臌气而致的危急病例，可以通过穿刺放气，迅速缓解症状，为进一步诊断及治疗提供条件。但是，穿刺法技术性强，应用范围较窄，易引起穿刺部位或组织的损伤或感染，所以要求在进行穿刺之前对疾病进行仔细诊断，充分论证，只有对适应证才可以采用。

（1）盲肠穿刺术　马、骡急性盲肠臌气时，放气急救和向肠腔内注入防腐制酵药液，用于治疗马、骡肠鼓胀。

①部位：盲肠穿刺在右肷窝的中心，距腰椎横突7~9cm处；或在右肷窝最明显的鼓胀处。左侧大结肠臌气时，穿刺点在左侧腹壁鼓胀最明显处。

②方法：马、骡站立保定，穿刺部位剪毛、消毒。盲肠穿刺时，可将皮肤纵向切开0.5~1.0cm的小口（用封闭针头时，则不用切口），右手持肠管穿刺套管针（或封闭针头），由后上方向前下方，对准对侧肘头迅速穿透腹壁刺入盲肠内，深6~10cm。然后左手固定套管，拔出针芯，气体即可自行排出。在排气之后，为了制止肠内微生物继续发酵产气可经套管向肠腔内注入防腐制酵剂。拔出套管前，应将针芯插入套管内，同时用左手紧压术部皮肤，使腹膜紧贴肠壁，然后将套管针拔出。术部涂以碘酊，并用火棉胶绷带覆盖（术部切口时）。

当马、骡左侧大结肠臌气极其明显时，也可进行结肠穿刺排气。穿刺时用封闭针头或16号长针头，垂直于腹部臌气最明显处刺入，深达3~5cm即可。

③注意事项：放气速度不可过快，要间歇放气，以免发生急性脑贫血而虚脱；整个过程中要严格消毒，防止术部感染和继发腹膜炎；在套管针刺入皮肤前，必要时可先切开术部皮肤1cm，再将针从切口处刺入；在紧急情况下，无套管针时，用放血针头、竹管等迅速穿刺放气，以抢救病患，然后再采取抗感

染等措施。

（2）胸腔穿刺术　临床常用于胸膜疾病的诊断和辅助胸膜疾病的治疗，如采取胸腔内液体做实验室检验，冲洗胸腔并向胸腔内注入药液，排出胸腔内的积液、积气、积血以减轻对胸腔器官的压力。

①部位：马左侧第 7 肋间，右侧第 6 肋间。为避免损伤肋间血管或神经，穿刺时在肋骨前缘、胸外静脉上方 2cm 处或肩关节水平线下方 2~3cm 处。

②方法：马站立保定，术部剪毛、消毒。术者左手将术部皮肤稍向前方移动，右手持穿刺针，在紧靠肋骨前缘处与皮肤垂直刺入。穿刺肋间肌时有一定阻力，当阻力消失，有空虚感时，则表明已刺入胸腔内，刺入深度为 3~4cm。然后拔出针芯，如果有大量积液，液体可自行流出，针孔如被堵塞，用针芯疏通或用注射器抽吸。穿刺针可连接注射器，抽吸胸腔内积液或冲洗胸腔、向胸腔内注入所需药液。拔出针头，术部涂以碘酊。

③注意事项：确控制穿刺深度，以免损伤肺组织；胸腔积液在排放时，不可过快，量不宜过多，应间歇放液，以免胸腔内压力突然降低，血液大量进入胸腔器官，使脑组织出现一时性贫血，或引起胸腔内毛细血管破裂而造成内出血；胸腔积液少时，为防止空气进入胸腔形成气胸，针头后连接胶管并夹上止血钳，抽吸胸腔积液时松开止血钳，不抽时再夹住胶管。

（3）腹腔穿刺术　采取腹腔内液体做实验室检验，以辅助诊断肠变位、胃肠破裂、膀胱破裂、肝脾破裂以及腹腔积水、腹膜炎等疾病；排出腹腔内积液，或向腹腔注射药液以治疗疾病。

①部位：马、骡剑状软骨后方 15cm，腹白线左侧 2~3cm 处。

②方法：马、骡站立保定，手持套管针使其垂直腹壁刺入，中小动物可横卧保定，穿刺部位剪毛、消毒后，术者要控制好刺入深度，一般 2~4cm，当针尖刺入腹腔后，阻力消失，有空虚感，拔出针芯，腹腔内液体可自行流出，可以采样做实验室检验。如液体不能自行流出，可插入针芯疏通阻塞物或连接注射器进行抽吸，如有必要，抽吸完毕还可以向腹腔内注入药液来治疗疾病。然后拔出穿刺针，局部涂以碘酊。

③注意事项：马属动物确实保定，注意人、畜安全；术者恰当控制穿刺针刺入深度，不宜过深，以免刺伤肠管；当腹腔大量积液时，应缓慢、间歇地排液，并注意观察心脏机能状态；用于腹腔冲洗或向腹腔内注入的药液应加温至接近动物体温。

（4）心包穿刺术　用于排除心包积脓、向心包内注入药液进行冲洗和治疗心包疾病；采取心包液做实验室检验，辅助心包炎的诊断。

①部位：左侧第 5 肋间，肩关节水平线下 2cm 处。

②方法：马属动物站立保定，使其左前肢前伸半步，充分暴露心区。术部

剪毛、消毒后，术者左手将术部皮肤稍向前移动，右手持穿刺针沿第 6 肋骨前缘垂直刺入 2~4cm，拔出针芯，心包积液即可自行排出。如果针孔堵塞，用针芯疏通堵塞物，也可连接注射器回抽，取出的心包液可送往实验室进行检验。如有脓液需要冲洗时，可注入药液来冲洗心包腔或最后注入抗生素。术后局部涂以碘酊消毒。

③注意事项：术者要控制针头刺入深度，以免过深而损伤心脏；动物确实保定，防止其骚动，以确保穿刺成功；穿刺前，可以用手术刀在术部切一个 0.5~1.0cm 的小口，以利于针头刺入；穿刺完毕后，在创口涂以碘酊，并用火棉胶封闭。

（5）膀胱穿刺术　当患马尿路阻塞或膀胱麻痹，尿液在膀胱内潴留，易导致膀胱破裂时，须采取膀胱穿刺排出尿液，以缓解症状，为进一步治疗提供条件。

①部位：马可通过直肠对膀胱进行穿刺。

②方法：马属动物站立保定，先灌肠排出粪便，术者将事先消毒好的连有胶管的针头握于手掌中并使手呈锥形缓缓伸入直肠，在直肠正下方触到充满尿液的膀胱，在其最高处将针头向前下方刺入，并固定好针头，直至排完尿为止。必要时，也可在胶管外端连接注射器，向膀胱内注入药液。然后将针头同样握于掌中而带出肛门。

③注意事项：马属动物确实保定，以确保人、畜安全；针头刺入膀胱后，一定要固定好，防止滑脱，若进行多次穿刺易引起腹膜炎和膀胱炎；通过直肠进行膀胱穿刺时，应严格按照直肠检查的要求规范操作。若动物强烈努责，手无法进入直肠时，不可强行操作，考虑在坐骨切迹下方施行尿道切开术。

（6）肝脏穿刺术　用于对肝脏机能状态进行诊断，可以采取肝组织做病理切片后进行组织学检查。

①部位：马右侧倒数第 3 或第 4 肋骨前缘的髂肋肌沟处。

②方法：马属动物站立保定，术部剪毛、消毒。先用采血针刺破穿刺部位皮肤，术者左手放于动物背部作支点，右手握穿刺器柄沿针孔向地面垂直刺入直至底部后，立即拔出穿刺器；送回针芯，通出肝组织块固定于 10% 甲醛溶液内。如用长针头时，按前法刺入后，捻转针头或接上注射器轻轻抽吸后，立即拔出并推出针管内的肝组织液制成涂片送检。

③注意事项：动物确实保定，防止骚动，以确保穿刺准确；取得标本后应立即拔针，不得将针久留于肝内；如病马有出血倾向、大量腹水、肝外阻塞性黄疸、严重贫血及怀疑肝血管瘤的，不可实施肝脏穿刺，应先纠正全身状况并慎重穿刺。

（7）颈椎及腰椎穿刺术　临床应用于测定颅内压、排出脑脊髓腔内积液来降低颅内压、采取脑脊髓液做理化检验和病理检查，或向脊髓腔内注入药液进行特殊的治疗。

①部位：颈椎穿刺在后头骨与第1颈椎或第1、第2颈椎之间进行。腰椎穿刺在腰荐十字部，最后腰椎棘突与第1荐椎棘突之间的凹陷处。

②方法：马属动物站立保定，确实保定后躯，防止跳动。颈椎穿刺时，应尽量使其头部向前下方屈曲，以充分暴露术部。术部剪毛、消毒后，用拇指和中指握定针头，食指压定在针尾上，对准术部，按垂直方向缓缓刺入，待针穿通棘间韧带及硬膜进入脊髓腔时，阻力突然消失（如同穿透牛皮纸样的感觉），拔出针芯，脑脊液流出。穿刺完毕，插入针芯并用酒精棉压住穿刺孔周围的皮肤，然后拔出穿刺针，术部涂以碘酊。

③注意事项：马属动物确实保定，穿刺过程中，如遇动物骚动不安，应暂缓进针；操作中所用器械均要经过严格消毒，以免感染；穿刺不宜过深并切忌捻转穿刺针，以免损伤脊髓组织；对颅内压增高的病畜，排液速度不宜过快，排液量不宜过多，以免因椎管内压力骤减而发生脑疝。

（8）皮下血肿、脓肿、淋巴外渗穿刺　指用穿刺针穿入上述病灶、用于疾病的诊断和病理产物清除的一种穿刺方法。

①部位：一般肿胀发生后10~14d在触诊松软部位进行穿刺。

②方法：常规剪毛、清洗、消毒术部。左手固定患处，右手持注射器使针头直接穿入患处，然后抽动注射器内芯，将病理产物吸入注射器内。充分排出积血、积脓，注入消毒药液或抗生素，常可取得较好的疗效。如穿刺不能排出大量积血或积脓时，可行切开术，对术部进行严格消毒，在触诊最柔软的部位行横向或纵向小切口，注意切口不可过长，避免伤及健康皮肤及肌肉组织，将注射器与软导管相连，注入消毒药液进行彻底冲洗，排出积血、积脓，清理创腔，而后注入抗生素，行开放疗法。

血肿、脓肿、淋巴外渗穿刺液的鉴别诊断：血肿穿刺液为稀薄的血液；脓肿穿刺液为脓汁；淋巴外渗液为透明的橙红色液体。

③注意事项：穿刺部位必须固定确实，以免术中骚动或伤及其他组织；在穿刺前需制订穿刺后的治疗处理方案，如血液的清除，脓肿的清创，以及淋巴外渗治疗用药品等；确定穿刺液的性质后，再采取相应措施（如手术切开等），避免因诊断不明而采取不当措施。

> 任务思考

（1）视诊应用的范围有哪些？
（2）简述清音、浊音和鼓音三种叩诊音的区别。

(3) 简述马属动物临床检查的程序。
(4) 简述马属动物病历填写的原则。
(5) 马属动物异常的站立姿势有哪些？
(6) 简述马属动物的乳房注射的方法。

任务三　外科手术基础知识

任务目标

(1) 掌握马属动物手术前的准备工作。
(2) 掌握马属动物手术治疗的基本操作技术和注意事项。
(3) 掌握马属动物手术后的治疗、饲养管理等护理技术。

必备知识

外科手术是借助于手和器械来诊断、治疗马属动物的疾病，以提高马属动物产品的质量、产量和增加其经济价值的疗法。外科手术建立在解剖学的基础之上，它可以诊断和治疗马属动物内科疾病、外科疾病、产科疾病等，故掌握外科手术基础极其重要，其也是兽医临床诊疗的基本技术之一。本任务主要介绍马属动物手术前的准备、手术治疗的技术和术后护理三部分内容。

（一）手术前的准备

在对马属动物实施外科手术前，要充分做好准备工作，以保证手术能够有计划地开展，并顺利完成。这也是控制术后感染、减少后遗症或避免发生医疗纠纷的重要措施。

1. 手术动物的准备

(1) 术前检查　术前对患病马属动物进行全面检查，为诊断提供依据，并决定保定和麻醉方法，确定是否可以施行手术，如何进行手术并做出预后判定，从而制订出详细且周密的手术计划。

(2) 术前治疗　根据患病马属动物的病情及手术的种类决定术前是否采取治疗措施。术前给予抗菌药物预防手术感染；给予止血剂预防手术中出血过多；给予制酵剂防止术中臌气；也可强心补液以加强机体抵抗力。当创伤严重污染、创道狭长或四肢部手术时，为预防破伤风，在非紧急手术前 2 周注射破伤风类毒素，在紧急手术时可注射破伤风抗毒素。

(3) 术前禁食、禁水　一般手术都要求术前禁食，但禁食时间不是一成不变的,要根据马属动物患病的性质和身体状况而定。通常术前禁食不超过24h,除部分手术外一般禁食期间不禁水,需要禁水的通常不超过6h,即可满足要求。

2. 手术计划的制订

根据马属动物术前检查的结果和欲实施的手术,制订合理的手术计划,以便手术的顺利开展。计划由术者负责制订,通过召开术前手术会的形式,由全部参与手术的人员一起对手术计划进行讨论并确定。

(1) 手术计划的内容　手术计划内容包括手术项目、目的、地点、时间以及手术过程中人员的分工;手术人员、药品、器械和辅料的准备;术前动物的准备;保定方法和麻醉方法;手术通路及手术进程;手术方法和术中的注意事项;可能发生的手术并发症以及预防和急救措施;术后护理、治疗和饲养管理等。

(2) 手术人员的组织分工

①术者:术者是手术的组织者(负责人)和主要操作者。

②助手:助手是协助术者进行手术工作的人,视具体情况可设第一和第二助手,若术者因故不能继续手术时,可以由第一助手代替术者进行手术。

③器械助手:在术前应根据手术计划准备器械、敷料和进行消毒工作;术中应敏捷地配合术者的需要,及时传递、供应器械;术后负责清点敷料和器械的数目及器械的清洁和整理。

④麻醉助手:负责手术期间动物的麻醉工作。在术中要正确掌握麻醉进程,并经常监测动物状况,如有必要应及时将情况反映给术者,以便对发生的问题做必要的补救措施。

⑤保定助手:负责手术动物的保定工作。保定助手在整个手术过程中,要注意动物的保定情况,随时加以纠正。手术完成后解除保定。

⑥巡回助手:巡回助手在术中做一些临时需要做的事情(如术者不应接触的污染工作)。

以上所述手术人员的组织分工,可以根据具体情况适当增减,灵活掌握,达到既不浪费人力,又要有利于手术的进行。

3. 手术器械、敷料、物品和药品的准备

(1) 器械的准备　根据手术项目准备足够的手术器械和急救器械。

①金属器械:将准备好的金属器械进行清洗、消毒。金属器械最常用的消毒方法是煮沸灭菌法,也可用高压蒸汽灭菌法或化学药液消毒法,但要注意化学药品对金属器械的腐蚀性。在灭菌前要将锐利的器械用纱布缠裹其锋刃部,以避免在灭菌过程中因碰撞而变钝。在煮沸灭菌时,必须在水沸腾后才能把器械放入,或使用煮沸后过滤的清水,以免水中的气体和盐类腐蚀金属器械或沉

淀物附着于器械上。

②玻璃、瓷、搪瓷类器皿：将准备好的玻璃、瓷、搪瓷类器皿进行清洗、消毒。通常用煮沸灭菌法或高压灭菌法。玻璃器皿、注射器等如用煮沸灭菌法，要在冷水或温水时放入，以避免水温过高突然放入而破裂。

（2）敷料、物品的准备 根据手术项目准备好所需要的敷料、手术巾、手术衣、帽、口罩、缝合线等材料后进行消毒。敷料、手术巾、手术衣、帽、口罩一般采用高压蒸汽灭菌，若没有高压蒸汽灭菌器可用流动蒸汽灭菌法，如普通蒸笼或普通蒸锅隔水蒸煮。丝（棉）线的灭菌用煮沸或高压灭菌，不过灭菌时间不宜过长。橡胶和塑料制品的灭菌一般常用煮沸灭菌法，橡胶制品或用高压灭菌，但多次长时间的处理容易影响橡胶的质量，使橡胶变性而降低其坚固性。有条件的诊疗机构，可选用一次性的敷料物品，这些产品大部分在出厂前就已经进行了严格的消毒灭菌，可避免消毒不严格造成的手术感染。

【2019年执业兽医资格考试真题】手术敷料常用的灭菌方法是(　　)。
A. 电离辐射　　　B. 流通蒸汽灭菌　　C. 巴氏消毒
D. 热空气灭菌　　E. 高压蒸汽灭菌

【2020年执业兽医资格考试真题】用于手术器械和用品的消毒方法不包括(　　)。
A. 煮沸消毒法　　B. 紫外线照射法　　C. 高压蒸汽灭菌法
D. 流通蒸汽灭菌法　E. 碘酊浸泡法

（3）药品的准备 根据手术计划以及手术过程中可能出现的状况，准备好足够的消毒药、麻醉药、抗菌药和急救药等，以保证手术的顺利完成。

4. 手术场地的消毒

因为微生物无处不在，手术场地的消毒对减少手术污染，保证手术成功有着重要意义。

（1）手术室的消毒 手术室要进行定期的清洁消毒。每次手术后立即清洗地面和手术台、器械台、保定架等物，方法如下。

①喷洒法：用1∶500百毒杀溶液、2%~3%来苏儿溶液、5%苯酚溶液喷洒地面和手术台；或用该溶液喷雾消毒，在喷雾后密闭门窗1h。

②熏蒸法

a. 甲醛加热消毒法。用40%甲醛2mL/m³，置于抗腐蚀的容器中，在容器的下方直接用热源加热，使其产生蒸气，密闭门窗熏蒸4h。

b. 高锰酸钾氧化法。用高锰酸钾粉1g/m³，放置于耐腐蚀容器内，然后倒入40%甲醛2mL/m³，立即氧化产生甲醛气，人员立刻退出手术室，密闭门窗，持续熏蒸6h。

c. 乳酸熏蒸法。用乳酸原液0.1~0.2mL/m³，加入等量的水加热蒸发，密闭门窗 1h。不过使用乳酸熏蒸法时应注意乳酸溶液的浓度不宜过大，也不宜过小，并且空气湿度也应注意，以相对湿度为 60%~80% 为佳。

③紫外线照射灭菌法：主要用于手术室内的空气灭菌。紫外线灯距地面不应超过 3m，照射时间一般为 1~3h。因紫外线照射可引起结膜炎，损伤眼睛和皮肤，故在照射时工作人员应离开手术室，停止照射后再开始进行手术。

【2016年执业兽医资格考试真题】动物手术室空气消毒常用的方法是（　　）。

  A. 电离辐射　　　　B. 紫外线照射　　　　C. 滤过除菌
  D. 甲醛熏蒸　　　　E. 消毒药水

（2）室外手术场地的消毒　由于马属动物的特性，其大多在郊区、乡下或牧场饲养。由于条件的限制，没有相应的手术室，当发生某些外科疾病时只能在室外开展手术。室外手术场地的选择：应远离大路，无浮土的地面，避免尘土飞扬，也应远离畜舍、牲畜场和积肥地点等蚊蝇较易滋生、土壤中细菌芽孢含量较多的场地。冬季应在背风向阳处，夏季应在阴凉处。事先应打扫清除地面上的石块、砖块和玻璃等杂物，浮土多的地面应洒水或消毒液。需要侧卧保定的手术，应设有简易倒马褥或柔软干草，其上盖以油布、帆布或塑料布，再喷洒消毒液。

5. 手术人员手、臂的消毒

人手、臂皮肤的表面遍布毛囊、皮脂腺和汗腺，并且存在着大量的细菌，特别是皱纹和指甲缝隙内存在的细菌更多。皮脂腺和汗腺在分泌皮脂和汗液的同时，也将细菌不断地带到皮肤表面。所以，防止手术感染的关键是在术前对施术人员手、臂进行彻底消毒。

在对手术人员手、臂消毒之前，要检查指甲，长的要剪去，并磨光指甲缘，剔除甲缘下的污垢，有逆刺的也应事先剪除。在手术时应戴上灭菌的手术帽、口罩和手套。然后可进行手、臂的消毒。手、臂消毒常用的几种方法如下。

（1）氨水擦洗酒精浸泡法　用肥皂水反复洗刷手、臂 5~10min，在洗刷时应从指端开始，逐步到肘部以上，然后用清水冲净后，在 2 盆 0.5% 温氨水溶液中各洗涤 2~3min，并用灭菌纱布擦干，后在泡手桶里用 70% 酒精中浸泡或拭洗 5min，最后用 2% 碘酊涂擦指甲缘、指端和皮肤皱褶，再用 70% 酒精脱碘。

（2）新洁尔灭溶液浸泡法　用肥皂水反复洗刷手、臂 5~6min，然后用清水充分冲洗干净，并用无菌纱布擦干，后在 0.1% 新洁尔灭溶液中浸泡 5min（浸泡后不必再用清水冲洗或用无菌纱布拭干，以免破坏药液在手臂上形成的薄膜），这种方法在临床上是使用最为广泛的。用同样浓度的洗必泰或杜米芬进行手、臂消毒，效果同样不错。

（3）聚乙烯酮碘溶液　一般使用的浓度为 7.5%，这种消毒方法比较方便，通常可分为皮肤消毒液或消毒刷两种。用法是先用肥皂水反复刷洗手、臂 5~6min，然后用清水冲净，并用无菌纱布拭干，再用消毒液反复擦拭皮肤或用消毒刷试刷手、臂 5min，再用清水冲洗，然后再用聚乙烯酮碘涂刷，用大量酒精洗去碘酊，用无菌纱布拭干即可。

手臂消毒后可穿戴灭菌手术衣和手套。穿手术衣时，要避免其任何部分触及未灭菌的物件。手术衣以从后面系结的短袖长罩褂（反穿衣）较为方便，衣袖紧口的最好并短至上臂的 1/3 处。为保护手术衣前面的前胸部分免受污染，必要时可加穿消毒过的橡胶或塑料围裙。戴手套可分为干戴和湿戴两种方法。戴干手套，双手消毒后晾干并擦上灭菌滑石粉以便戴入，戴好后必须将手套外面的滑石粉用灭菌生理盐水冲洗净，以免落入手术切口而刺激组织。戴湿手套，先将手套内先装以适量消毒液，并将双手沾湿，即容易戴入，戴好后屈曲手指将水挤出，用灭菌的温生理盐水冲洗后，即可实施手术。已消毒的手、臂不可接触任何未消毒的物品，为此可双臂弯曲，两手置于胸前。如不马上进行操作，用一块灭菌纱布盖住。

6. 手术部位的消毒

由于马属动物的被毛、皮肤上附有大量的病原微生物，为了防止在发生创伤和施行手术时，这些病原微生物侵入创口内而发生化脓感染，所以在术前对术部及邻近部位的皮肤或黏膜进行消毒是非常有必要的，这样就可以减少术部感染的机会。因手术目的不同，其消毒方法步骤也不一样。

（1）注射和穿刺部位的消毒　因马属动物被毛浓密，容易沾染污物，并藏有大量微生物，所以术前必须用肥皂水刷洗术部周围大面积的被毛，然后用剪短术部被毛，最后是消毒。在剪毛部位涂擦浓度为 5% 碘酊，后用 70% 酒精脱碘，然后就可以进行注射或穿刺。

（2）手术区的消毒

①用 5% 碘酊两次涂擦术部：首先应做的是剪毛和剃毛，剃毛时可用剃刀、手术刀剃净或者用脱毛剂脱毛，其范围一般都要超出切口周围 10~15cm 及以上。用温肥皂水或 1%~2% 来苏儿溶液洗刷手术区及周围皮肤，并用无菌纱布擦干，再涂擦 70% 酒精或 1/2000 稀碘酊。上述操作完毕后，开始第一次涂 5% 碘酊，紧接着就是局部麻醉，然后开始第二次涂 5% 碘酊，稍待片刻，等其完全干后可进行术部隔离，用 70% 酒精脱碘后即可实施手术。

②用新洁尔灭或洗必泰等溶液消毒：先剪毛，再剃毛，可以直接用温水洗刷，用无菌纱布擦干，再用 0.5% 新洁尔灭或洗必泰等溶液涂擦 2~3 次。

③口腔及结膜等黏膜消毒，宜用刺激小的药品，如 2% 红汞、2%~4% 硼酸、1/2000 乳酸依沙吖啶溶液、0.1% 高锰酸钾溶液等。

【2010 年、2015 年执业兽医资格考试真题】兽医临床上常用的洗眼液

是( )。

A. 2%煤酚皂　　B. 2%过氧乙酸　　C. 2%苯扎溴铵
D. 2%硼酸　　　E. 2%高锰酸钾

④在涂擦消毒液时，如是无菌手术，应由手术区的中心向四周涂擦；如是已感染的创口，则应由较清洁处涂向患处。术部消毒后，应尽快手术，不可在空气中持久暴露，为防止被污染可铺盖无菌创布。

(二) 手术治疗

1. 手术的分类

根据马属动物外科手术的目的可分为治疗手术、诊断手术、经济手术（如去势和卵巢摘除术）和实验手术（如各种科学实验中进行的手术）。

根据马属动物外科手术的紧急程度可分为紧急手术（即某些疾病在短期内即可引起严重后果，必须立即进行的手术）和非紧急手术（即可以选择适当时间进行的手术）。

根据马属动物外科手术的复杂性和对机体生理机能的影响可分为大手术（如胸、腹腔的切开等）和小手术（如修牙术、脓肿切开术、阉割术等）。

根据马属动物外科手术中是否出血可分为观血手术（即切开组织引起出血的手术）和无血手术（像非开放性骨折的整复、用无血去势钳去势术等）。

根据马属动物外科手术中是否有不可避免的污染，可分为无菌手术和污染手术。一般手术均要求是无菌手术；但如脓肿切开或胃肠道切开，在切开后污染不可避免，就是污染手术。不过，在胃肠手术时，切开胃肠前仍应按无菌手术进行，当进入胃肠壁缝合阶段，缝合完第一层，应立即清除污染转为无菌手术。

此外，借助手术显微镜进行的血管吻合、神经吻合和器官移植等手术称为显微外科手术。

2. 手术的内容

外科手术主要包括手术前阶段、手术阶段和手术后阶段三部分。

(1) 手术前阶段　从对动物检查并决定进行手术时起，包括术前动物的检查、手术计划的拟订、术前用药、保定、消毒和麻醉等。

(2) 手术阶段　手术阶段一般还可分为以下三个步骤。

①手术通路：手术通路是为暴露病变组织或器官而打开的操作入口。手术时，应充分显露手术野，以保证手术顺利进行，对深部手术更为重要。

②主手术：主手术是直接对患病组织或器官进行手术处置。这是手术的主要目的和步骤。

③闭合手术切口：闭合手术切口是当主手术完成后，缝合切口并装置必要

的绷带。

（3）手术后阶段　包括手术后的治疗、护理，直至创口完全愈合拆线。

但是，并不是每一个手术都是按照这三个步骤来做的，如牙齿手术中，动物的口腔就是天然的手术通路；脓肿切开手术中，手术通路和主手术一次同时完成，一般也不闭合手术切口。

3. 麻醉

（1）麻醉的概念　为了避免手术时引起动物的骚动，消除手术对动物机体产生的不良刺激，保证手术安全顺利地进行，可利用药物、针刺或物理的方法，局部或全身地抑制或改变神经、体液的活动，使动物机体全身或局部的感觉迟钝或暂时消失的方法，称为麻醉。

（2）麻醉方法的选择　马属动物对疼痛刺激比较敏感，手术时常采用全身麻醉。体质弱的患病马属动物，一般多用电针麻醉或局部麻醉，以便在手术中间采取补液等治疗措施。对于怀孕马属动物，为避免影响胎儿的生长发育，尽量不用全身麻醉。

（3）局部麻醉

①表面麻醉：利用麻醉药的渗透作用，使药物透过黏膜直接作用于组织表面的神经末梢，从而起到的麻醉作用称为表面麻醉。麻醉结膜和角膜时，用0.5%~1%的丁卡因溶液或2%~5%的可卡因；麻醉口、鼻、直肠和阴道黏膜时用1%~2%的丁卡因、5%~10%可卡因或10%的普鲁卡因溶液，一般每隔5min用药一次，共2~3次；麻醉胸膜腔浆膜用3%~5%普鲁卡因喷洒；麻醉关节、腱鞘及黏液囊中的滑膜，用4%~6%的普鲁卡因溶液注射。

【2012年执业兽医资格考试真题】角膜表面麻醉常用丁卡因的浓度是(　　)。

A. 0.1%　　　　　　B. 0.5%　　　　　　C. 2.0%
D. 3.0%　　　　　　E. 4.0%

【2012年执业兽医资格考试真题】适用于眼鼻、咽喉、气管、尿道等黏膜部位浅表手术的局部麻醉方法是(　　)。

A. 表面麻醉　　　　B. 浸润麻　　　　　C. 传导麻醉
D. 硬膜外麻醉　　　E. 吸入麻醉

【2019年执业兽医资格考试真题】表面麻醉是利用麻醉药的渗透作用，使其透过黏膜而阻滞(　　)。

A. 深在的神经末梢　B. 浅在的神经末梢　C. 脊神经
D. 中枢神经　　　　E. 神经干

②浸润麻醉：利用低浓度的麻醉药液均匀地注入皮下或深部分层组织，阻滞神经末梢，从而引起的麻醉作用，称为局部浸润麻醉。常用的麻醉剂为

0.25%~1%盐酸普鲁卡因溶液、0.25%~1%利多卡因溶液。一般先将针头插至所需深度,然后边后退针头边注射药液,可以在一个刺入点向不同的方向分次注射药液。按照刺入部位和进针方向的不同,可分为直线浸润、菱形浸润、扇形浸润、基部浸润和分层浸润等,以适应不同的手术需要。

【2011年、2012年执业兽医资格考试真题】扇形麻醉属于( )。
A. 表面麻醉　　　　B. 浅表麻醉　　　　C. 浸润麻醉
D. 深部麻醉　　　　E. 氯胺酮

【2020年执业兽医资格考试真题】浸润麻醉的方式不包括( )。
A. 神经干周围注射　　B. 菱形注射　　　　C. 扇形注射
D. 直线注射　　　　E. 病灶基部注射

③传导麻醉:在神经干周围注射局部麻醉药,暂时阻断,即使其所支配的区域失去痛觉,称为传导麻醉。该麻醉方法的优点为可使用少量麻醉药产生较大区域的麻醉。其麻醉常用药物为2%~5%盐酸普鲁卡因或2%盐酸利多卡因。

④脊髓麻醉:将局部麻醉药注射到椎管内,阻断脊神经的传导,使其所支配的区域没有疼痛的反应,称为脊髓麻醉。根据局部麻醉药液注入椎管内的部位不同,可分为蛛网膜下腔麻醉和硬膜外腔麻醉两种。

a. 蛛网膜下腔麻醉

注射部位:一般在腰、荐椎间隙处。马的麻醉部位在左右两荐结节的连线与沿椎骨棘突所引起的中线的交叉点即为注射点。

注射方法:用10~14cm长带针芯的针头垂直刺入皮肤,慢慢推进针头,在穿过棘上韧带和棘间韧带时,可感到突破初次阻力,即感到阻力突然减少,然后再缓慢进针,在穿过蛛网膜时,感到二次阻力,当刺透脊硬膜及蛛网膜时,可感到阻力突然减少(针刺10~12cm),回抽针芯有脑脊液流出,证明刺入准确,即可注入麻醉药液。

剂量:马可注入20~30mL的3%盐酸普鲁卡因溶液,在5~10min后开始出现麻醉。

b. 硬膜外腔麻醉

注射部位:硬膜外腔麻醉的注射部位有三处。第1、第2尾椎间隙为注射最常用部位。还有荐骨与第一尾椎间隙及腰、荐椎间隙。第1、第2尾椎间隙的定位方法:用一手举尾,上下晃动尾巴,用另一手的指端按在尾根背部中线上,活动最明显处即为注射部位。

注射方法:在注射部位局部剪毛、消毒,用6~7cm的针头,垂直刺入皮肤,针尖稍向前倾斜45°~60°,深2~4cm即可刺入硬膜外腔。针头刺入椎管后阻力消失,同时可感到刺穿弓间韧带的感觉,此时可稍退针头并接上注射器,如回抽无血即可注入药液,反之,则需将针头退至皮下,调整刺入方向后再行刺入。

剂量：注射2%～3%盐酸利多卡因溶液或2%～3%盐酸普鲁卡因溶液10～15mL，5～15min后痛觉消失，持续1～2h，用于难产救助、直肠、肛门、阴道或髋区剖腹术。

（4）全身麻醉　全身麻醉可分为非吸入麻醉和吸入麻醉。由于全身麻醉易导致心脏和呼吸中枢的麻痹，所以在马属动物麻醉前应先做全身检查。因全身麻醉剂能明显影响马属动物的胃肠功能，导致其出现呕吐等反应，所以麻醉前须禁食10～12h。以下是马属动物常用的全身麻醉药物。

【2019年执业兽医资格考试真题】为了防止呕吐，全身麻醉时采取的措施错误的是(　　)。

　　A. 充分的禁食　　　　B. 减轻胃肠胀气　　　　C. 应用止吐药
　　D. 未将舌头拉出口腔　　E. 将动物颈基部垫高

①846麻醉合剂：又称速眠新，是一种高效镇痛药双氢埃托啡和强安定镇静肌松药保定宁及氟哌啶醇组合的复合麻醉剂，用于多种动物的麻醉。马属动物按1.5～2mL/kg的剂量肌内注射。

②保定宁：是用戊巴比妥钠和乙二胺四乙酸（EDTA）等量合并的拼合麻醉剂。肌内注射剂量，马、骡为0.8～1.2mg/kg，驴2～3mg/kg。四肢末端和腹下部的手术可使用双倍剂量。手术时间超过1h后，应按全量追加一次。静脉注射按肌内注射剂量的一半计算。

③静松灵：成分为二甲苯胺噻唑，是一种新型的安定、镇静、肌松药。肌内注射剂量为2～3mg/kg，10～15min后产生良好的镇静作用，可持续1～2h。静脉注射剂量为1mg/kg。

（5）电针麻醉和激光麻醉

①电针麻醉：是在中兽医针灸学的基础上发展起来的麻醉方法。它是利用不同频率、波长的电流配合穴位刺激，使针刺麻醉变得方便、易于掌握，效率大大提高，与徒手捻针相比具有极大的优越性。

②激光麻醉：是利用激光机发出的光束，对准针灸穴位照射，而导致动物机体出现麻醉的方法。常用的激光麻醉可分为氦氖激光麻醉和二氧化碳激光麻醉。氦氖激光机发出红色的可见光束，光斑直径一般为1～5mm，根据手术时间的长短来决定光照的时间。二氧化碳激光麻醉的后续镇痛效应持久，在手术前用二氧化碳激光照射一定的穴位，每穴照射1～2min，间隔一定时间即可手术。

4. 手术基本操作技术

马属动物外科手术很多，难易程度也有很大不同，但其基本操作技术是相同的，如组织切开、止血、缝合、打结等。临床兽医人员一定要熟练掌握手术的基本技术，并能灵活运用，做到准确、细致、敏捷。尽量缩短手术时间，提高手术质量。

(1) 组织切开　组织切开又称组织分离，是利用机械方法，根据局部解剖生理特点，把原来完整的组织切开与分离，以造成手术通路，显露、切除某器官或病变组织，从而达到治疗疾病的目的。

根据分离的组织性质不同，可分为软组织（皮肤、筋膜、肌肉等）分离和硬组织分离（软骨、骨、角质等）分离。软组织的分离又分为锐性与钝性分离两种。锐性分离通常称为切开，即用手术刀或手术剪做细致的割剪，一般用于皮肤、肌肉、筋膜、浆膜、黏膜、腱及厚肌肉组织的分离。钝性分离通常称为分离，是用手术刀柄、止血钳、钝头手术剪或手指进行分开或撕开，多用于扁平肌肉、组织间隙、肿瘤摘除、内脏浆膜间粘连的分离等。

【2012年执业兽医资格考试真题】最适宜用钝性分离方法进行分离的组织是(　　)。

A. 皮下组织　　　　B. 肌肉　　　　C. 腹膜
D. 脂肪　　　　　　E. 以上都不是

①组织合理切开的原则：切口的长度、位置要适当，要能显露、接近病变组织或病变器官。切开组织必须整齐，力求一次切开。手术刀必须与皮肤、肌肉垂直，防止斜切或多次在同一平面上切割，以免在缝合时对合不良，影响愈合。为了避免损伤大的神经、血管和腺体导管，减少手术中的出血，切开时要尽可能按被毛的毛流方向和肌纤维方向分层切开，如果肌纤维的走向与神经、血管、腺体导管的方向不一致，可不考虑肌纤维的方向，以免影响手术部位的生理功能。有利于创液的排出，特别是浓汁的流出。在分离骨组织时，要先分离骨膜，尽量保持其完整性和健康部分，以利于骨组织的愈合。

②软组织切开的方法

a. 皮肤切开法包括紧张切开法和皱襞切开法。在施术时，皮肤切开最常用的是直线切口，既方便操作，又利于愈合，但根据手术需要，也可做菱形、"O"形、"U"形、"T"形及"十"字形切开，多用于脑部、鼻旁窦或肿瘤等手术。

紧张切开法：由于皮肤的活动性比较大，所以在皮下组织疏松部位做切口时，术者左手食指与拇指在预定切口的两侧将皮肤撑紧使之固定，较大的皮肤切口应由术者与助手用手在切口两旁或上、下将皮肤展开固定，然后将刀刃与皮肤垂直，用力均匀，一次切开皮肤及皮下组织。必要时也可补充运刀，但要避免多次切割，重复刀痕，以免切口边缘参差不齐，出现锯齿状的切口，影响创缘对合和愈合。

皱襞切开法：在切口下面有重要的器官（大血管、大神经），而皮下组织甚为疏松时，可由术者和助手在预定切线的两侧用手指或镊子提拉皮肤成垂直皱襞并切开。

b. 皮下组织及其他组织的分离。切开皮肤后组织的分割宜用逐层切开的方法，以便识别组织，避免或减少损伤大血管、大神经。

皮下疏松结缔组织的分离：在皮下结缔组织内分布有许多小血管，所以多用钝性分离，先将组织切一小口，再用手术刀柄、止血钳或手指进行剥离。

筋膜和腱膜的分离：用刀在其中央做一小切口，然后用弯止血钳在此切口上、下将筋膜下组织与筋膜分开，沿分开线剪开筋膜。若筋膜下有神经、血管，则用手术镊将筋膜提起，用反挑式执刀法做一小孔，插入有沟探针，沿针沟外向切开。

【2016年执业兽医资格考试真题】常用反挑式持刀法切开的组织是(　　)。
A. 肌膜　　　　B. 皮肤　　　　C. 肌肉
D. 筋腱　　　　E. 腹膜

肌肉的分离：一般沿肌纤维方向用刀柄、止血钳或手指钝性分离，扩大到所需长度。但为了使手术通路广阔或便于排液，也可横断切开。横过切口的血管用止血钳钳夹，或用细缝线双重结扎后，再从中间将血管切断。

腹膜的分离：腹膜切开时，为了避免伤及内脏，术者用组织钳或止血钳夹起腹膜做一小切口，再利用食指和中指或有沟探针引导，用手术刀或剪分离。

c. 肠管的切开。肠管侧壁切开时，一般在肠管的纵带上或肠系膜对侧，一次纵行切开全层，并应避免伤及对侧肠管。

d. 胃、子宫的切开。一般在胃大弯上，血管较小处切开。子宫的切开也是在子宫大弯、血管较小处，子宫切开时还应注意避开母体胎盘子叶。

e. 索状组织的分离。索状组织（如精索）的分离，除了可应用手术刀做锐性切割外，还可用刮断、拧断等方法，以减少出血。

③硬组织的分离：对于骨组织的分割，首先应分离骨膜，分离骨膜时应尽可能保持其完整性或保存健康部分，以利于骨组织愈合，因为骨膜内层的成纤维细胞在损伤后可变为骨细胞，参与骨骼的修复。分离骨膜时，应用手术刀切开骨膜（切成"十"字形或"工"字形），然后用骨膜分离器分离骨膜。骨膜组织的分离一般是用骨剪剪断或骨锯锯断，其骨的断端应使用骨锉锉平锐缘，并清除骨片，以免遗留在手术创内引起不良反应和影响愈合。分离骨组织常用的器械有圆锯、线锯、骨钻、骨凿、骨钳、骨剪、骨匙及骨膜分离器等。

蹄和角的分离属于硬组织分离。对于蹄角质用蹄刀、蹄刮挖除，浸软的蹄壁用柳叶刀切开。裂口的闭合用骨钻、镊子钳和镊子。

（2）止血　组织切开大都伴有出血，所以止血是在手术过程中经常遇到和必须立即执行的基本操作技术。手术中完善的止血技术，可以预防失血的危险，有利于争取手术时间；保证术部良好的显露，便于操作，避免误伤重要器官；还直接关系到切口的愈合和预防并发症的发生。因此，要求手术中的止血必须迅速而可靠，并在术前采取有效的预防性止血措施，以减少手术中出血。

①出血的种类：血液自血管中流出的现象叫出血。按照出血的血管不同可分为动脉出血、静脉出血、毛细血管出血和实质出血。

a. 动脉出血。特征为血液鲜红，呈喷射状流出，喷射线出现节律性起伏并与心脏搏动一致。动脉出血一般自血管断端的近心端流出，压迫动脉血管断端的近心端则血流立即停止，反之则出血状况无改变。具有吻合支的小动脉血管破裂时，远、近心端均能出血。大动脉的出血必须立即采取有效措施止血。

b. 静脉出血。血液为暗红色或紫红色，以较缓慢的速度从血管中均匀不断流出，大静脉被切断时呈喷射状流出，指压静脉管的远心端则出血停止，反之出血加剧。若损伤深部大静脉，会由于迅速大量出血而引起动物死亡。体表大静脉出血，动物可因大失血或空气栓塞而死亡。

c. 毛细血管出血。呈弥漫性点状出血，呈鲜红色，其色泽介于动、静脉血液之间，一般可自行止血或稍加压迫即可止血。

d. 实质出血。多见于实质器官、骨松质及海绵组织的损伤，为混合性出血，血液颜色和静脉血相似。实质器官血管损伤后，其断端不能自行缩入组织内，不易形成血栓，难以止血，往往会大失血而危及动物生命。

按血管出血后血液流至的部位不同，可分为外出血和内出血。当组织受损后，血液流到体外称为外出血。血管受损出血后，血液积聚在组织内或腔体中，如胸腔、腹腔、关节腔等处称为内出血。

②常用的止血方法

a. 全身预防性止血法。为了减少手术过程中出血，在术前给施术动物注射以下增高血液凝固性的药物和同类型血液，以提高机体抗出血能力。

输血：增高动物血液的凝固性，刺激动物神经中枢反射性地引起血管痉挛性收缩，以减少手术中的出血。在术前 30~60min，输入同种同型血液，马需 500~1000mL。

10%氯化钙溶液：可增高血液中钙离子。马需 100~200mL，静脉注射。

维生素 K3 注射液：其作用是促进血液凝固，增加凝血酶原。马需 100~400mg，肌内注射。

0.3%凝血质注射液：促进血液凝固。马需 20~30mL，肌内注射。

安络血注射液：增强毛细血管的收缩力和降低其渗透性。马需 10~20mL，肌内注射。

止血敏注射液：增强血小板机能及黏合力，降低毛细血管渗透性。马需

10~20mL，肌内注射。

b. 局部预防性止血法。

肾上腺素局部注射：术部进行局部麻醉时，在1000mL普鲁卡因溶液中加入0.1%肾上腺素溶液2mL，使局部小血管收缩，达到减少手术局部出血的目的，其作用可维持20min~2h。但有炎症的术部，高度的酸性反应会减弱肾上腺素的作用。此外，当肾上腺素作用消失后，局部小动脉扩张，如血管内血栓形成不牢固时，可能发生二次出血。

装置止血带：适用于四肢、阴茎和尾部手术。可暂时阻断血流，减少手术中的失血。止血带装置在术部的上方，局部应垫以纱布或手术巾，以防损伤软组织、血管及神经。缠止血带时应有足够的压力（以止血带远侧端的脉搏消失为度），缠绕2~3圈固定，其保留时间最好不超过2h，冬季不超过40~60min。每隔1h松开止血带5~30s，然后重新缠好。松开止血带时，宜用多次"松、紧、松、紧"的办法，严禁一次性松开。

c. 手术过程中止血法。手术过程中的止血方法很多，现将常用的几种止血方法叙述如下。

压迫止血：用纱布或泡沫塑料压迫出血的部位，清除术部的血液，促进血栓与凝血块的形成，多用于手术中的毛细血管出血，压迫片刻可自行停止。为了提高压迫止血效果，用浸有温生理盐水、1%~2%麻黄素、0.1%肾上腺素溶液的纱布块进行压迫止血。在止血时，应注意的是，用纱布按压而不是擦拭，以免损伤组织或使血栓脱落。

【2019年执业兽医资格考试真题】关于压迫止血表述错误的是(　　)。

A. 毛细血管渗血时，压迫片刻即可止血

B. 小血管出血时，压迫片刻即可止血

C. 大动脉出血时，压迫片刻即可止血

D. 必须是按压止血，不可擦拭

E. 用纱布压迫出血的部位

填塞止血：适用于深部大血管出血的紧急止血，其方法是用大块灭菌纱布紧紧塞于出血的创腔或解剖腔内，以压迫血管断端达到止血目的。必要时对其创围皮肤做暂时性缝合或用压迫绷带固定。填塞物在24~48h后取出。

钳夹止血：用止血钳最前端夹住血管的断端，钳夹方向应尽量与血管垂直，钳住的组织要少，切不可大面积钳夹。

钳夹结扎止血：多用于较大血管出血的止血，其方法有两种。单纯结扎止血，用丝线绕过止血钳所夹住的血管及少量组织，助手将止血钳放平并略向上挑露出钳端，先打紧第一结扣，助手松开止血钳，接着打紧第二结扣。结扎血管时要轻柔、细致，不要用力过大拉断缝线或勒断血管。适用于一般的止血。

贯穿结扎止血：用带有缝针的丝线穿过所钳夹组织，然后进行结扎。有"8"字缝合和单纯贯穿结扎两种方法。适用于大血管或重要部位的止血。

【2012年执业兽医资格考试真题】手术过程中适用于较大动脉出血的止血法是（　　）。

　　A. 钳夹止血　　　　B. 钳夹结扎止血　　　C. 钳夹扭转止血
　　D. 填塞止血　　　　E. 止血海绵止血

创内留钳止血：用止血钳夹住创伤深部血管断端，并将止血钳留在创伤内24~48h，为了不让止血钳移动，可以使用绷带固定止血钳的柄环部并拴在家畜的体躯上。创内留钳止血法，常用于去势后继发精索内动脉大出血。

电凝止血：利用高频电流凝固组织的作用达到止血的目的。使用方法是将钳夹出血处的止血钳轻轻向上提起，不与周围组织接触，擦干血液，将电凝器与止血钳接触，待局部冒烟即可。电凝时间不宜过长，以免烧伤范围过大影响切口愈合。在空腔脏器、大血管附近及皮肤等处不可用电凝止血，以免组织坏死发生并发症。

烧烙止血：用电烧烙器或烙铁烧烙作用使血管断端收缩、组织蛋白凝固成痂而止血。其缺点是损伤组织较多，此法多用于弥漫性出血、羔羊断尾等的止血。使用烧烙止血时，应将电阻丝或烙铁烧得微红，稍用力按压出血点后即迅速移开，否则组织黏附在烧烙器上面而被其扯离。另外烧烙器也不易过热，以免组织炭化过多，造成严重组织缺损。

局部化学及生物学止血法：用1%~2%麻黄素溶液或0.1%肾上腺素溶液浸湿的纱布进行压迫止血。临床上也常用上述药品或止血粉浸湿系有棉线绳的棉包做鼻出血、拔牙后齿槽出血的填塞压迫止血，待止血后拉出棉包。止血海绵止血是将止血海绵敷贴于出血面上或填塞于出血的伤口内，即可达到止血目的，多用于一般方法难以止血的创面出血、实质器官、骨松质及海绵质出血。常用的止血海绵有白明胶海绵、淀粉海绵、纤维蛋白海绵、羧甲基纤维素等，它们促进血液凝固和提供凝血时所需要的支架结构，并能被组织吸收，使受伤血管日后保持贯通。活组织填塞止血是用自体组织，如网膜填塞于出血部位，多用于实质器官的止血。

骨蜡止血用于骨的手术和断角术。外科常用市售骨蜡制止骨质渗血。

（3）缝合　缝合是将分离的组织、器官进行对合和固定或重建其通道，保证良好愈合的基本操作技术。缝合一般使用缝针和缝线，近年来有医用黏合剂、伤口愈合拉链、缝合组织的小型缝纫机代替缝合，大大地缩短了操作时间，提高了闭合效果。

①缝合的目的：缝合的目的是为手术或外伤性损伤而分离的组织或器官提供良好的环境，给组织的再生和愈合创造良好条件；保护无菌创免受感染；加

速肉芽创的愈合；促进止血和创面对合以防裂开。

②缝合的原则：为了确保愈合，缝合时要遵守以下原则：必须严格遵守无菌操作；缝合前必须彻底止血，清除凝血块，异物及无生机的组织；缝针的刺入点和穿出点在创缘两侧要对称，针距要相等，以免形成皱襞和裂隙；为了使创缘均匀接近，在两针之间要有相当距离，以防拉穿组织；在组织缝合时，一般是同层组织相缝合。缝合肌肉时应缝些筋膜；缝合皮肤时应缝住皮下组织，并不得内翻重叠，可稍微外翻，缝完后，用镊子拨正皮肤切口，使之对合良好；单层缝合时要穿过创底，不得留有无效腔和积液；打结时，缝线的松紧度要适宜，以切口边缘密接为宜。过松不能使组织密接，过紧则压迫组织，影响血液循环；缝合的创伤，如术后出现感染症状，应立即拆除1~2针缝线，以便排出创液。

【2019年执业兽医资格考试真题】关于缝合的基本原则，表述错误的是(　　)。

A. 严格遵守无菌操作

B. 缝合前必须彻底止血

C. 缝合的创伤感染后不用拆除部分缝线

D. 缝合前必须彻底清除凝血块

E. 缝合前必须彻底清除异物

③打结：打结是用来固定缝合的缝线的，是手术中最基本的操作技术之一，正确而牢固地打结，可防止缝线的松脱，避免创口裂开和继发性出血，同时可缩短手术时间。

a. 结的种类。常用的结有方结、三叠结和外科结。

方结：又称平结、二重结，是手术中最常用的一种结。因为第一结和第二结方向相反而不易滑脱。用于结扎小血管和一般组织缝合。

三叠结：三叠结是在方结的基础上再加一层结，第三结和第二结方向相反，较牢固，多用于大血管的结扎、组织张力较大时缝合打结及肠线、尼龙线和不锈钢丝的打结。

外科结：打第一结时绕两次，使摩擦面增大，打第二结时不易松动，此结牢固可靠，常用于大血管或张力较大的缝合结扎。

此外，还有假结和滑结。假结，第一结和第二结的方向相同，易松脱，手术中不能使用。滑结，是打结时两手用力不均，只拉紧一根线所致，也易滑脱，应尽量避免。

b. 打结方法。外科中方结用得最多，现介绍方结的打结方法，常用的有单手打结、双手打结和器械打结三种。

单手打结：为最常用的方法，简单迅速，左、右手打结均可，基本动作相似。

双手打结：除用于一般结扎外，对深部或张力较大的组织缝合时采用，结扎较为方便可靠。

器械打结：用持针钳或止血钳打结，用于缝合线头过短、深部打结及某些精细手术的打结。

c. 打结注意事项。拉紧结扣时，两手尽量放平呈一直线，不可呈夹角向上提起，否则使结扎点容易撕脱或打成滑结。结第二扣时，不要让第一扣松开，如组织张力过大，可由助手用止血钳轻轻夹住或压住第一扣，待第二扣收紧时立即抽出止血钳。用力要均匀，两手离线结不要太远，否则容易将缝线拉断或打不紧结。留在组织内的线头长度要适当，一般丝、棉线留 2~3mm，肠线留 4~5mm，细线可留短些，粗线可留长些，较大血管的结扎也应留长些，以免滑落。正确地剪线是将双线尾提起，用稍张开的剪尖沿着拉紧的缝线滑至结扣处，再将剪刀稍向上倾斜，然后剪断。倾斜的角度大则所留线头较长，反之较短。

④缝合法：外科手术中所用的缝合法很多，根据缝合后切口边缘的形态，可分为单纯缝合、内翻缝合、外翻缝合三类。

a. 单纯缝合法。又称单纯对合缝合，缝合后创缘平整对合，多用于皮肤、肌肉和筋膜缝合。单纯缝合可分为间断缝合和连续缝合两种。常用的有以下几种缝合法：

间断缝合包括结节缝合、"8"字形缝合、减张缝合和纽扣状缝合。

结节缝合：为皮肤最常用的缝合法，用带有 15~25cm 缝线的缝针，于创缘一侧垂直刺入，于对侧相应的部位穿出进行打结。优点是效果确实，拆除方便，对局部血液循环影响小，即使个别线结断裂，不影响其他邻近缝合结扣，不至于整个创面裂开，若有感染须排液时，可拆除少数缝线。其缺点是费时和需要较多的缝线及在创内留的线结较多。一般进针和出针距创缘 0.5~1cm，线距为 1.0~1.5cm。直线切口可从切口的中央开始缝合，然后再在每段的中间下针，直至缝合好。

【2011年执业兽医资格考试真题】术部皮肤的缝合常用（　　）。

A. 结节缝合　　B. 表皮下缝合　　C. 内翻缝合
D. 压挤缝合　　E. 纽扣缝合

"8"字形缝合：又称双间断缝合，由两个相反方向交叉的间断缝合组成。分为内"8"字形和外"8"字形两种。多用于腹白线、肌肉、腱或由数层组织形成的深创的缝合。

减张缝合：应用于张力过大的皮肤缝合，以防止缝线扯裂创缘组织。在结节缝合的基础上，用缝线每隔 2~3 针缝一针，即针的进、出点距创缘 2~4cm，然后打结。也可在线的两端缚以适当粗细的消毒纱布卷或橡皮管作为圆枕,这称作圆枕减张缝合。另一种方法是在缝线上套上胶管,在创口的一侧打结。

纽扣状缝合:又称褥垫缝合,分为水平、垂直与重叠三种缝合法,前两种用于张力较大的皮肤肌肉和腱的缝合及治疗子宫、阴道脱出的缝合固定,重叠纽扣缝合适用于修补疝轮。

【2011年执业兽医资格考试真题】进行疝轮缝合时首先使用的缝合方法是( )。

A. 结节缝合　　　B. 连续缝合　　　C. 近远-远近缝合
D. 纽扣缝合　　　E. 库兴氏缝合

连续缝合是用一根长缝线把创口全部闭合的缝合,包括螺旋形缝合和锁边缝合。优点是组织对合完全,相邻组织接合牢固,防止液体从创口漏出,同时节省时间和缝线。缺点是一处断裂,则全部缝线松脱。

螺旋形缝合:用一条长缝线,先在创口一端缝合打结,然后以等距离螺旋形缝合,最后留下长线尾打结。常用于肌肉,腹膜及肠胃、子宫的第一层缝合。

锁边缝合:锁边缝合和螺旋形缝合基本相似,但在缝合过程中每次应将缝线交锁,多用于缝合皮肤直线形创口以及用于薄又富于运动且易于撕裂的组织。

b. 内翻缝合法包括伦伯特仑缝合、库兴氏缝合、康乃尔氏缝合和荷包缝合。主要用于胃肠、子宫、膀胱等的缝合。缝合后创缘内翻,浆膜面相互密接,表面光滑,可减少污染,有利于愈合。

【2011年执业兽医资格考试真题】胃肠手术后的缝合常用( )。

A. 结节缝合　　　B. 表皮下缝合　　　C. 内翻缝合
D. 压挤缝合　　　E. 纽扣缝合

伦伯特氏缝合:又称垂直褥式内翻缝合。分间断与连续两种,适用于缝合胃肠浆膜肌层。

库兴氏缝合:又称连续垂直褥式内翻缝合。适用于胃肠、子宫浆膜肌层缝合。

康乃尔缝合:此法大致与库兴氏缝合相同,但在缝合时要穿透全层组织。多用于胃肠、子宫壁全层缝合。

荷包缝合:做环形的浆膜肌层连续缝合。主要用于胃肠壁的小穿孔、直肠脱整复后的固定缝合及胃肠、膀胱造瘘等引流管的固定。

【2012年执业兽医资格考试真题】直肠脱整复后的外固定方法是在肛门周围行( )。

A. 荷包缝合　　　B. 结节缝合　　　C. 伦勃特缝合

D. 库兴氏缝合　　　　E. 连续锁边缝合

c. 外翻缝合法分间断和连续缝合两种。是将缝合组织边缘向外翻出。

间断垂直褥式外翻缝合：用于松弛皮肤的缝合，以防皮缘内卷，保证边缘对合良好。

间断水平褥式外翻缝合：又称"U"形外翻缝合。用于血管的吻合，张力较大的肌肉和疝轮等的缝合。

连续外翻缝合：又称"弓"字形外翻缝合，用于血管、腹膜的缝合。

⑤拆线：拆线是指皮肤缝合后，经过一段时间，组织愈合，其牢固性已能阻止切口裂开时，须拆除缝线。但位于深部组织内的缝线则不拆除（若切口化脓感染，应早期拆除创内及皮肤缝线）。拆线的时间一般是在术后7~8d，而头部、颈部要在术后5~6d拆线。凡营养不良、贫血、老龄动物或局部张力较大、活动性较大等，应适当延长拆线时间，若创伤已化脓或创缘已被缝线撕裂不起作用时，可随时拆除全部或部分缝线。拆线时，先消毒创口皮肤和缝线，将线结用手术镊轻轻提起，用拆线剪紧贴皮肤，使埋在组织内的缝线露出后剪断，向着剪断的一侧拉出缝线，再次消毒创口皮肤。如拆线偏迟，线孔组织常化脓，拆线后涂擦碘酊可自愈。

(4) 绷带　绷带用于固定和保护创伤，由内层和外层材料组成，内层为敷料（纱布块和脱脂棉等），外层为带状的绷带。

①绷带的作用：固定敷料和药物，保护创口不与外界接触，预防感染；固定患部，使创伤保持安静，防止移位和进一步损伤；减轻张力，防止缝线断裂和创伤裂开，使创缘、创面密接促进愈合；吸收创伤分泌物，减轻对组织的浸渍；压迫患部，减少渗出，达到止血及防止创面肉芽组织过度生长的作用；有助于夏天防蝇、冬天防冻等。

②装着绷带时的注意事项：患部应先清创和用药，骨折要加以整复；应做向心性缠绕，防止淤血；松紧要适宜，以不阻断血液循环、动物感觉舒服为原则；经常检查，发现装着过松或偏紧、被分泌物浸透、患部增温、肿胀等，应及时处理。

③绷带的分类：根据临床应用和局部解剖的特点，常用的绷带有卷轴绷带、结系绷带、复绷带、胶质绷带和石膏绷带，现分述如下。

a. 卷轴绷带。用适当宽度的纱布或棉布卷制而成，分为单头、双头和"丁"字形绷带。卷轴绷带多用于大动物的四肢游离部、尾部、角和蹄及小动物的胸、腹部。装置时，一般用左手持绷带开端，右手持绷带卷，以绷带的背面紧贴患部，由左向右进行，当缠好第一圈后，将其开端反转盖在第一圈绷带上，再用第二圈绷带压住。然后根据需要进行不同形式的缠绕，然后仍以环形终止，将绷带剪成两半，在肢体外侧打结。

环形带：多用于系部、掌（跖）部等较小创口的包扎，也是其他形式包扎的起始和结尾。方法是在患部把卷轴带呈环形缠绕数圈，每圈盖住前一圈。

螺旋带：用于粗细一致的较长部位，如掌部、跖部和尾部，先在下端以环形带开始，再以螺旋形向上缠绕，每后一圈盖住前一圈的 1/3~1/2，最后以环形带结束。

折转带：用于上粗下细的部位，如前臂部和胫部，方法是由下向上螺旋形缠绕，当每圈绕到肢外侧时，用左手拇指压住绷带上边缘，把绷带向下回折继续缠绕。

蛇形带：用于固定夹板绷带的衬垫材料，斜向上缠绕，各圈互不遮盖。

交叉带：用于腕、肘、系关节等。其方法是在关节下方做环形带，然后斜向关节上方做一圈环形带后再斜行至关节下方，呈"8"字样交叉，最后以环形带结束。

蹄冠绷带：用于蹄冠或蹄踵部包扎，使用一头长另一头较短的双头绷带，将其中间背面覆盖于患部上，包住蹄冠，使两头在患部对侧相遇，彼此扭缠，然后将用长头逐渐由上向下缠绕，每遇小头即扭缠一次返回再缠，最后打结于患部对侧。

蹄绷带：用于蹄底疾病。将绷带开端留下约 20cm 作缠绕的支点，在系部做环形带数圈，然后由一侧斜经蹄前壁向下折过蹄尖，经蹄底至蹄踵，与游离的绷带头扭转后，再由另侧斜经蹄前壁做蹄底缠绕，同样操作至将整个蹄底包妥为止，最后与游离部分打结。为防止蹄绷带被污染，在外部用帆布套等包扎。

角绷带：用于牛羊角壳脱落和角折。先用一块纱布盖在断角上，用环形带固定纱布，然后以健康角根做环形带打结。

尾绷带：用于后躯、肛门、会阴部，施术前、后固定尾部，防止污染切口。先在尾根上做环形带。然后把背侧尾毛折转向上用绷带螺旋包扎压住，以同样方法螺旋缠至尾尖时，将整个尾毛全部折转作数圈环形带后，绷带末端通过尾毛折转所形成的圈内，拉到颈基部围绕打结固定。

b. 结系绷带。又称缝合绷带，是用缝线代替绷带固定敷料的一种保护创口及减轻其张力的绷带，它可以装在畜体任何部位。方法是利用圆枕缝合的游离线尾将无菌纱布块固定在创口上，或者选用适当大小的无菌纱布块数层盖在切口上，四周用 4~8 个结节缝合将其固定在皮肤上。

c. 复绷带。根据畜体部位的形状而缝制的，具有一定结构、大小的双层盖布条，以打结固定，要求装置简便，固定可靠。

d. 胶质绷带。利用胶质反敷料固定在创口部。这种绷带多用于身体宽广处或感染创上，便于更换敷料。方法是将适当大小的两块布的一侧剪成若干条，在条的对应边上，涂上胶质（锌明胶）后黏附在已剪毛的伤口两侧皮肤上，伤口盖上敷料后，将布条打结固定。常用的锌明胶的制法：白明胶 90g、氧化锌 30g、甘油 60g、水 150g。先将氧化锌在三钵中研成细末，加入甘油中搅拌匀成糊状。另将白明胶和水加热溶化，然后倒入氧化锌糊内，慢慢搅匀即成。用时水浴加热融化即可。拆除时用温水浸软后即可取下。

e. 夹板绷带：是利用夹板的作用固定患部，避免移位和再损伤等的一种起制动作用的绷带。分为临时夹板绷带和预制夹板绷带，多用于骨折、关节脱位的救治等。临时夹板绷带常用竹板、薄木板等作夹板，预制夹板绷带常用金属丝、薄铁板、桐木等制成的适合四肢解剖形状的各种夹板。包扎时先将患部进行整复处理后，放上较厚的棉花或毡片等衬垫，并用蛇形带加以固定，然后装置夹板。用于掌部可准备 4 块宽 1.5~2.5cm 的夹板，用于前臂部或胫部可准备 6 块 2.5~4cm 宽的夹板，长度必须能包括患部上下两个关节，又略短于衬垫材料，最后用细绳或螺旋带捆绑固定。若利用的是竹板，可先用细绳编系起来再用，较为方便。

【2009 年执业兽医资格考试真题】用夹板绷带进行四肢骨折外固定时，要求(　　)。

A. 衬垫与夹板等长　　B. 衬垫长、夹板短　　C. 衬垫短、夹板长
D. 衬垫厚、夹板长　　E. 不用衬垫、只用夹板

f. 铁瓦散绷带：主要是利用中药铁瓦散治疗四肢中、下部骨、关节损伤。铁瓦散具有活血化瘀，止痛消炎，续筋骨作用。用时，取铁瓦散适量，用蛋清三份和醋两份调成稠粥状，摊在大小适当的纱布上，其药厚度在中、小动物约 1cm，大动物适当增厚，直接包裹于患部，再用绷带固定。为了加强固定，常和夹板绷带结合应用。铁瓦散干燥后，质轻而坚硬，固定性能良好。

g. 石膏绷带：由淀粉液浆制过的大网眼纱布加上煅石膏粉制成，具有可塑性好、固定可靠、装着方便等特点，主要用于四肢中、下部疾病（骨折、关节脱位、腱断裂等）。

石膏绷带一般市场有售。若需要自制，将生石膏研碎，用火煅焙至细腻洁白，手试略带黏性发涩，手握石膏粉则易从指缝漏出，剩余于手中的石膏粉一触即散，再将干燥的上过浆的纱布卷放在盛有石膏粉的搪瓷盘内，让其一端从石膏堆上轻轻拉过，用木板刮匀，使石膏粉进入纱布眼孔，然后卷起来即成。

装着石膏绷带时，患部先按常规处理，骨折的要整复，有创伤的进行创伤处理，并将肢体上、下端各绕一圈薄的纱布棉垫，同时将石膏绷带浸没于 30~40℃温水中，待气泡出完后两手握住石膏绷带两端从水中取出，轻轻对挤，挤出多余水分，用螺旋带的方法从病肢下端向上缠绕，松紧适宜，每缠一层后均匀地涂抹石膏泥。当第一卷快要用完时，再将下一卷绷带浸入温水中。一般大

动物包扎6~8层，中、小动物3~4层，在缠最后一层时，须将上、下衬垫向外翻转，包住石膏绷带的边缘，最后表面涂抹石膏泥，使之表面光滑、美观，并写明日期。为了加强固定作用，在缠完第二层或第三层后，在患部四周放上若干夹板。如有创伤，创口上覆盖无菌的创伤压布，将大于创口的杯子放于布上，绕过杯子按前法缠完绷带，在石膏未硬固之前取下杯子用石膏泥将窗口边缘整好，通过窗口可观察和处理创伤。

石膏绷带缠好后，一般经过20~30min才能硬化成型，为加速其硬化，可用电吹风机吹干。

石膏绷带拆除时间：大家畜一般为6~8周，小家畜3~4周。拆除时，先用热醋、双氧水或饱和食盐水在石膏表面划好拆除线，使之软化，然后沿拆除线用石膏刀切开、石膏锯锯开或石膏剪逐层剪开。简便的拆除方法则是用热醋或热水浸透石膏绷带，找到末端，逐层撕下即可。

5. 手术中的注意事项

每个手术因具体情况不同，要注意其中的特殊问题，如上呼吸道手术应注意不要使患病马属动物吸入血液，食管手术应注意避免唾液污染术部，妊娠马属动物在保定或麻醉时，要注意防止流产。在术中应按时检查患病马属动物的体温、脉搏、呼吸、血压等变化情况。

手术应注意严格遵守无菌操作原则，手术人员应该有正确的无菌概念、养成无菌操作的习惯并互相监督。在术中要避免不必要的人员围观。在术中要避免不必要的谈话和走动，若手术时间长则要对未污染的器械进行重新消毒。

在闭合切口之前要清除创内血凝块、组织碎片及线头等异物，接着要清点器械、物品等，以免遗留创内，用灭菌生理盐水冲洗创腔，再行缝合，缝合后消毒创口。

（三）术后护理

俗话说"三分治疗、七分护理"，由此可见手术护理的重要性。任何一个手术，手术过程再完美，其术后护理也能影响手术的治疗效果。无菌技术的执行和患病马属动物对感染的抵抗能力决定手术创是否发生感染，而术后护理不当是造成感染的重要原因，为此，要保持周围环境和动物的清洁，减少继发感染。

1. 一般护理

（1）麻醉苏醒　马属动物全身麻醉手术后应尽快苏醒，以防某些并发症的发生。在苏醒的全程，需要有专人看管，苏醒后辅助其站立，避免撞碰和摔伤。在吞咽功能未完全恢复之前，禁止饮水和饲喂，防止误咽。

（2）保温　全身麻醉后的马属动物体温降低，注意保温，可以给马披上毯子或马衣，以防感冒。

（3）监护　术后24h内严密观察马属动物的体温、呼吸、脉搏、精神状态、饮食欲、排粪排尿的变化，若发现异常，要尽快找出原因。对较大的手术要注意评估其水、电解质的变化，若有失调，及时给予纠正。

（4）术后并发症　手术后及时预防休克、出血、窒息等严重并发症，并有针对性地给予处理。

2. 术后治疗

（1）纠正体液平衡　手术后由于各种原因引起的不同程度的脱水或失血，应及时补充体液，可以通过血气分析来帮助判断，必要时给予输血治疗。

（2）抗感染　手术后及时使用抗菌药物，可预防和控制术后感染，从而提高手术的治愈率。对于感染可能性较大的手术可在术前就全身使用抗生素。选择抗生素时，先对病原菌进行了解，在没有做药物敏感试验的条件下，可使用广谱抗生素。抗生素绝不可滥用，对严格执行无菌操作的手术，不一定使用抗生素。这不只是为了减少浪费，还可避免环境中具有耐药性菌株增加。

（3）补充营养　手术后应给予维生素和矿物质等。为了促进上皮的生长，可给患病马属动物补充维生素 A；为促进骨骼的愈合，可补充维生素 D；为纠正术后胃肠机能的紊乱，可补充 B 族维生素；为促进创口愈合，可补充维生素 C。

3. 术后饲养管理

手术会给马属动物造成一定程度的组织损伤、出血和体液的丢失等，这些因素均可影响术后的饮食欲，使营养摄入减少。而此时机体处于疾病康复期，对营养的需求反而增加。因此，术后护理要有合理的营养补给。

术后要保持安静，能活动的患病马属动物 2~3d 后就可以户外活动，早期适当的运动能促进肠蠕动，帮助消化，改善血液循环，有利于疾病的康复。所以，术后马属动物如果能走动，在第 2 天就应该让其自由活动或适当牵遛。但牵遛时间开始时宜短，以后逐渐增加，慢慢地走以减少能量的消耗。对重症起立困难者应多加垫草，每日要帮其翻身 2~4 次，以防造成褥疮。而对于四肢的手术，则应限制马匹过早的运动。

> 任务思考

（1）简述手术计划制订的内容。

（2）简述手术室的消毒常见的消毒方法。

（3）简述马属动物常用的局部麻醉方法。

（4）简述马属动物手术过程中止血的方法。

(5) 简述蹄绷带的操作方法。
(6) 简述术后护理的注意事项。

[技能训练]

实操训练一　马属动物接近与保定技术

1. 实训目标

掌握马属动物的接近与保定技术，提升职业素质和能力。

2. 实训准备

大动物临床诊断实训室或门诊，马、骡、鼻捻子、马耳夹子、保定绳、铁环、单柱栏、二柱栏、四柱栏、六柱栏。

3. 实训方法

（1）教师先带领学生回顾接近马属动物的方法和注意事项，然后进行演示。

（2）给学生演示鼻捻保定法、耳夹子保定法、前肢提举保定法、两后肢保定法、单柱保定法、二柱栏保定法、四柱栏及六柱栏保定法、双环倒马法、单绳倒马法等保定方法，边演示边讲解其要点和注意事项。

（3）将学生分组，每组5人，以小组为单位进行马属动物接近与保定的训练，完成所有保定方法的练习。每组的学生在训练过程中要有团队协作精神，具备吃苦耐劳、任劳任怨、责任担当、遵守行规、诚实守信、维护专业形象的职业品质与道德，通过信息技术、创新思维来获得学习资料并能够有计划性、自主性地学习，同时关注时事、善于沟通交流，成为具有社会责任和能力的专业技术人员。

（4）实训结束后，教师对各小组的训练过程进行分析与总结，并根据项目考核单进行考核（表1-2）。

表1-2　　　　　马属动物接近与保定技术项目考核单

大项内容	子项内容	考核标准	标准分	得分
准备工作		准备好马属动物保定的器材	2	
实操过程	动物的接近	能够接近马属动物并能对其进行临床检查	5	
	简易保定法	正确使用保定器械，并掌握鼻捻、耳夹子保定法	10	

续表

大项内容	子项内容	考核标准	标准分	得分
实操过程	前肢、后肢保定法	正确使用保定器械、打结，并掌握前肢提举、两后肢保定法	15	
	柱栏保定法	正确使用保定器械、打结，并掌握单柱、二柱栏、四柱栏及六柱栏保定法	35	
	倒马法	正确使用保定器械、打结，并掌握双环、单绳倒马法	15	
收尾工作	马属动物的处置	实验动物解除保定并送回厩舍	3	
	场地的处理	实训室进行清扫、洗刷、消毒	5	
职业素养	学习与创新能力	具备通过搜集资料获取新知识、新技能及自主学习能力	2	
	社会能力	具备爱岗敬业、吃苦耐劳、严谨务实的精神	2	
	交往合作能力	具备团队合作意识及妥善处理人际关系的能力	2	
	心理调适能力	充分展示成果，对结果分析评价具备较强的心理承受能力	2	
	信息分析处理与表达能力	运用所学专业知识，解决问题及对突发事件紧急处理的能力；执业兽医应具备较强的语言表达、沟通和协调能力	2	
合计			100	

被考核人：_____   考核教师：_____   日期：____年___月___日

4. 归纳总结

马属动物的接近与保定技术，是临床兽医从事动物诊疗工作所需要掌握的最基础的实操技术。要根据马属动物的生物学特性，正确对马进行接近，并借助于器械对其进行确实的保定。只有对马属动物进行正确的接近与保定，才能够保证兽医从业人员及马属动物的安全，从而使诊疗工作得以顺利开展。

5. 实训报告

完成实训报告，并对本次实训的过程进行分析与小结。

实操训练二　马属动物临床治疗技术

1. 实训目标

掌握马属动物临床诊疗过程中常用的治疗技术，并提升职业素质和能力。

2. 实训准备

大动物临床诊断实训室或门诊，马、骡、常用保定器具、开口器、竹筒或灌角、盛药盆、木板或竹片、胃导管（橡皮管或塑料管）、漏斗、加压泵、注射器、输液器、剪毛剪、12~18号针头、套管针、肝脏穿刺器、干棉球、碘酊棉球、酒精棉球、纱布块、液体石蜡、长臂手套。

3. 训练方法

（1）教师先带领学生回顾投药法、注射法、穿刺法的操作部位、方法以及注意事项，然后进行演示。

（2）给学生演示经口投药、经鼻投药、经直肠投药、皮内注射、皮下注射、肌内注射、静脉注射、胸腔注射、气管注射、乳房注入、盲肠穿刺、腹腔穿刺、皮下脓肿穿刺等治疗技术的操作方法，边演示边讲解其要点和注意事项。

（3）将学生分组，每组5人，以小组为单位进行临床常用治疗技术的训练，完成所有练习。训练过程中对学生的具体要求同实操训练一。

（4）实训结束后，教师对各小组的训练过程进行分析与总结，并根据项目考核单进行考核（表1-3）。

表1-3　　　　马属动物临床治疗技术项目考核单

大项内容	子项内容	考核标准	标准分	得分
准备工作	器材的准备	准备好治疗过程中需要的器材	2	
	药品的准备	准备好治疗过程中需要的药品	2	
实操过程	投药法	掌握经口、经鼻、经直肠投药的方法及注意事项	10	
	注射法	掌握皮内、皮下、肌内、静脉、胸腔、气管、乳房内注射的部位、注射方法及注意事项	30	
	穿刺法	掌握盲肠、腹腔、皮下脓肿穿刺的部位、方法和注意事项	40	

续表

大项内容	子项内容	考核标准	标准分	得分
收尾工作	动物的处置	实验动物解除保定并送回厩舍	2	
	场地的处理	实训室进行清扫、洗刷、消毒	2	
	医疗废弃物的处理	治疗过程中产生的医疗废弃物按照要求进行无害化处理	2	
职业素养	学习与创新能力	具备通过搜集资料获取新知识、新技能及自主学习能力	2	
	社会能力	具备爱岗敬业、吃苦耐劳、严谨务实的精神	2	
	交往合作能力	具备团队合作意识及妥善处理人际关系的能力	2	
	心理调适能力	充分展示成果、对结果分析评价具备较强的心理承受能力	2	
	信息分析处理与表达能力	运用所学专业知识,解决问题及对突发事件紧急处理的能力;执业兽医应具备较强的语言表达、沟通和协调能力	2	
	合计		100	

被考核人:_____ 考核教师:_____ 日期:____年___月___日

4. 归纳总结

马属动物的临床治疗技术,是临床兽医从事动物诊疗工作所需要掌握的最基础的实操技术。要根据马属动物的发病部位及病情特点,采用合理的治疗方法,降低马属动物的疾病痛苦,并提高疾病的治愈率,保证马属动物的生存福利。

5. 实训报告

完成实训报告,并对本次实训的过程进行分析与小结。

 思政小课堂

马产业的概况

马产业是我国畜牧业的重要组成部分。发展现代马产业,对于助力乡村振兴,促进农牧民增收,培育体育和文旅产业新业态、新模式,满足群众物质和精神文化需求，弘扬中华马文化具有重要意义。为推动我国马产业加快转型升级，促进一二三产业融合发展，农业农村部、国家体育总局在 2020 年 9 月 18 日联合印发了《全国马产业发展规划（2020—2025 年）》，这是新中国成立以来针对马产业出台的第一个发展规划，明确了今后一段时期我国马产业发展的指导思想、主要目标和重点任务。规划指出，将分别从建立现代养殖体系、完善马术运动体系、促进一二三产业融合发展、强化科技人才支撑四方面作为今后重点任务。

我国是养马大国，马匹数量居世界前列。马养殖区域布局相对集中，主要分布在新疆、四川、内蒙古、西藏、云南、贵州、广西等，其中以新疆、四川、内蒙古为主。我国还是世界马品种资源最为丰富的国家之一，其中德保矮马、蒙古马、鄂伦春马、晋江马、宁强马、岔口驿马、焉耆马等地方马品种已纳入《中国国家级畜禽遗传资源保护名录》，实行重点保护。随着现代马业快速发展，马的养殖区域由传统草原牧区向经济发达地区城郊延伸，饲养方式也从传统放牧模式逐步向舍饲圈养为主的规模化养殖转型。马产业科技创新力度加大，实用技术推广步伐加快。马术及赛马运动竞技水平不断提升，场地障碍、盛装舞步、三项赛、速度赛马和群众性、民族性赛事规模不断扩大，竞技成绩明显提高。以马为主题的艺术文创、观光旅游、休闲骑乘逐步兴起，马文化博物馆、主题公园、大型演艺活动等不断涌现，使马文化旅游产品内容不断丰富。我国与国际马术联合会、亚洲速度赛马联合会等组织保持紧密联系，积极参与国际事务和国际规则制定，向世界讲好中国马产业故事。

通过对马产业概况的了解，让学生能够紧紧围绕乡村振兴战略和健康中国行动，以发展现代马产业为目标。加快马产业转型升级，夯实产业基础，完善标准体系，健全体制机制，强化人才支撑，发挥赛事活动、文化旅游的引领带动作用，加快建立现代马产业生产体系、经营体系、产业体系，提升马产业专业化、规范化、标准化、市场化水平，促进一二三产业融合发展，培育马产业发展新的经济增长点，提升质量效益竞争力，走中国特色现代马产业发展道路。

项目二　马属动物内科疾病

课程思政目标

1. 通过对马属动物内科疾病的学习，培养较高的专业素养，杜绝在治疗疾病的过程中滥用药物，杜绝在饲养过程中使用违禁添加剂，尊重马属动物疾病发展的自然科学性。

2. 通过各疾病诊疗技术的学习，培养节约医疗资源、保护生态环境、热爱大自然的理念。

3. 通过各疾病治疗技术的学习，培养良好的专业技能，根据各疾病的治疗原则对马属动物进行合理、有效、科学的治疗。

4. 通过技能训练，培养团队精神，对组员不抛弃、不放弃，组员之间要像石榴籽一样团结起来。

5. 通过思政小课堂的学习，自觉遵守执业兽医职业道德，维护兽医行业的良好形象。

马属动物内科病主要是临床上非传染性的内部器官疾病，目前基层兽医大多数还是依靠"望、闻、问、切"的方法诊断疾病，要对内科疾病的病因症状和治疗等理论知识进行系统、深入地学习，并提高基层临床兽医的专业技术能力，从而降低马属动物内科疾病的发生率和死亡率，以促进马产业的快速、可持续发展。本项目主要从马属动物消化系统疾病、呼吸系统疾病、血液循环系统疾病、泌尿系统疾病、神经系统疾病、被皮系统疾病、营养代谢性疾病和中毒性疾病八个方面进行介绍。

任务一 消化系统疾病

任务目标

（1）掌握马属动物消化系统的组成和消化的过程、方式及特点。

（2）掌握马属动物常见消化系统疾病的病因。

（3）掌握马属动物消化系统临床检查的方法。

（4）掌握腹痛症的概念、分类、性质、程度、发生原因和对机体的影响。

（5）掌握马口炎，马唾液腺炎，马、骡急性结肠炎，幼年马驹便秘，急性肝炎的病因、症状及治疗。

（6）掌握马、骡咽炎，马食道堵塞，马肠阻塞，马肠痉挛，马肠臌气，马肠积沙，马肠结石，马肠系膜动脉栓塞，马腹膜炎，马胃肠卡他，马、骡胃肠炎的病因、症状及治疗。

（7）掌握马急性胃扩张的病因、症状及治疗。

（8）掌握马肠变位的分类、病因、症状及治疗。

（9）掌握黄疸的形成和分类。

必备知识

本任务主要介绍马属动物消化系统的解剖构造及消化生理特点、消化系统的临床检查技术及要点、各消化器官常见的疾病。

（一）概述

1. 消化系统的组成

马属动物消化系统是由消化道和消化腺两部分组成。消化道起始于口腔，终止于肛门，中间包括唇、舌、咽、食管、胃、小肠和大肠；消化腺包括唾液腺、胃腺、胰脏、肝脏和肠腺。

2. 消化的过程及方式

食物在消化道内被分解为结构简单、可被吸收的小分子物质的过程称为消化。而消化后的产物、水、盐类等成分通过肠道壁黏膜上皮细胞进入体内血液和淋巴循环的过程，称为吸收。消化和吸收是两个相辅相成、紧密联系的过程。不能被消化吸收的食物残渣，最终以粪便的形式排出体外。动物机体在完成新陈代谢过程中，必须依靠消化器官摄取蛋白质、脂肪、水、糖、矿物质、微量元素、维生素等营养物质。这些营养物质，除水、无机盐和维生素外，一般不能直接吸收，需要经过物理性、化学性和微生物三种方式进行消化，主要经由小肠吸收。

物理性消化又称机械消化，包括咀嚼、吞咽和胃肠运动。其作用在于摄取和粉碎食物，使食物在消化道内移动、与消化液充分混合，当消化产物与消化道充分接触时，便于其吸收，最终将食物残渣从消化道末端排出体外等。

化学性消化，指消化腺所分泌的酸和植物性饲料本身的酸对饲料中的蛋白质、脂肪和糖类等进行分解。其作用在于将结构复杂的饲料营养成分分解为简单物质而便于吸收，如将蛋白质分解为氨基酸，将脂肪分解为脂肪酸和甘油，将多糖分解为单糖等。

微生物消化，指由马属动物消化道内的微生物所参与的消化过程。其作用是靠动物自身微生物及其分泌的酶对饲料进行发酵。此种消化方式在草食性动物消化纤维素过程中起着特别重要的作用。

物理性和化学性消化，几乎同时发生在消化道各部，且相互影响。没有前者，后者就几乎不能发挥作用，反之，没有化学性消化，物理性消化也不能完成消化过程。只有两者的密切配合，才能使饲料从大块变成小块，从结构复杂变成结构简单的物质，从消化道前端移至后端，使饲料与消化液充分混合，完成消化和吸收的过程，并将饲料残渣排出体外。

3. 消化的特点

消化器官不仅能摄取营养物质，还具有重要的屏障作用，如给予口腔各种刺激，则唾液分泌的质和量发生相应变化。当胃遭受刺激时，胃黏膜及腺体所分泌的黏液，对胃黏膜不仅有保护作用，还可润滑胃内容物。胃液中的盐酸具有杀菌作用，胆汁具有抑菌作用。肠绒毛上皮细胞纹状缘的选择吸收功能，在一定程度上可减少和防止肠道内有毒物质的吸收。胃肠黏膜的分泌物中含有溶菌酶，具有抗菌和抑菌作用。胃肠黏膜下的淋巴小结及肠淋巴结，能对侵入胃肠黏膜和周围体液的细菌等异物进行扣留、吞噬并加以消灭，特别是浆细胞，能合成免疫球蛋白，参加体液免疫作用。最终，通过消化器官的排泄，可把饲料和饮水中的有害物质、代谢产物以及机体中形成的毒素排出体外。

机体是一个完整的统一体。消化系统在高级神经活动的调节下，同其他系统一起，十分协调地进行着统一的机能活动。消化系统的任何一个器官发生机能障碍，不仅影响其他消化器官，而且对机体的其他系统、器官，甚至整个机体都可造成有害的影响；同时，其他器官的疾病也可对消化器官造成有害的影响。因此，在临床上对消化器官疾病的诊断和防治，必须坚持整体观念，全面分析，辨证施治。

4. 消化系统疾病的常见病因

马属动物的非传染性内科疾病中，消化器官疾病是兽医临床上的常发病，其发病率高于其他系统疾病。不仅如此，某些消化器官疾病，如马腹痛疾病，当不及时采取合理有效的治疗，可导致其死亡。因此，以科学严谨的态度对消化器官疾病进行诊断与治疗是十分重要的。

引起消化系统疾病的最根本原因是饲养管理不当，如饲料调制不当，饲草磨得过细或铡得过长；饲料配合不当，过于单纯或精料过多；饲料不足或过度饲喂；饲料品质不良，饲喂霉败、纤维过多、过冷或过热的饲料等；突然更换饲料，如从放牧转为舍饲；长途调运；幼驹断奶；饮水不洁和绝食剧烈奔跑等。此外，气候骤变、受寒感冒、外露风霜以及大气压下降均可导致消化系统疾病的发生。

（二）马属动物消化系统的临床检查

1. 饮食欲的检查

（1）饮欲　马、骡在正常情况下，由于神经系统和体液的调节，使体内的水保持着动态平衡，所以饮欲也相对稳定。饮欲的改变，与气候、运动及饲料的含水量有关，同时也受皮肤、肾脏及胃肠排泄的影响。一般情况下，每日的饮水量为30~60L。

饮欲增加，常见于机体大量失水的疾病，如严重腹泻、大出汗、多尿、渗出性腹膜炎等。饮欲减退，常见于伴有意识昏迷的脑病，胃扩张、便秘等胃肠疾病，以及口、咽疾病等。马、骡对饮水的品质要求较高，对不清洁和未习惯的饮水，常表现拒饮或减饮，兽医临床诊断疾病时注意区别，不应将此行为认定是病理状态。

（2）食欲　判定马属动物食欲的标准，可根据其采食的快慢、咀嚼是否有力以及采食量的多少而定。影响采食量的因素包括饲料的性质、种类、适口性，饲喂方式等。此外，离群、母子分离，数日内均表现减食现象。

①食欲减退：常见于高热、胃肠弛缓、剧痛、口咽疾病、食道疾病等。

②食欲废绝：常见于急剧的疾病，如胃扩张、肠扭转、肠阻塞等。

③食欲不定：常见于见慢性消化不良。

④食欲亢进：常见于重病恢复期、胃肠寄生虫病等。

⑤异食：马属动物采食粪尿、垫草、沙土、煤渣、砖块、被毛等，多见机体缺乏微量元素、维生素，以及某些脑病等。

2. 口腔、咽及食道的检查

（1）口腔的检查　马属动物检查口腔时要首先观察口唇的闭合，然后注意口温、湿度、口腔气味、口色、舌苔及牙齿的变化。开口方法常采用徒手或开口器开口。

①口唇：健康马匹口唇闭合有力、闭合度良好。老年马脾虚胃弱，肌肉松

弛无力，下唇下垂。面神经麻痹时口唇歪向健侧。上唇不随意运动，常见于胃肠疾病；口唇高度肿胀，常见于血斑病或霉玉米中毒；口唇不能闭合，常见于狂犬病；口唇内有浅蓝色斑点，常见于寄生虫病；口唇不能张开，常见于破伤风。

②口温：口温较高，常见于传染病、热性病。

③湿度：口腔干燥，常见于热性病、脱水。口腔过于湿润，是唾液分泌增多或吞咽障碍所引起的，常见于口炎、咽炎、唾液腺炎、食道梗塞、破伤风等。马患结症时口腔干燥，肠痉挛则口腔湿润。

④口腔气味：健康马口腔无异味。口内有酸臭味，常见于消化不良；口内有腐臭味，常见于口膜炎；口内有脓臭味，常见于齿槽脓肿或化脓性咽喉炎；口内有大蒜味，常见于有机磷中毒；口内有甜杏仁味，常见于氢氰酸中毒。

⑤口色：健康马呈粉红色、有光泽。口色苍白，常见于失血、贫血、胃肠道寄生虫病；口色潮红，常见于急性热性传染病、胃肠炎、腹痛病；口色鲜红，常见于氢氰酸中毒；口色黄染，常见于肝、胆疾病；口色发绀，常见于二氧化碳中毒、亚硝酸盐中毒、血循环障碍、心肌炎；口色发青，常见于疼痛性疾病。

⑥舌苔：舌苔变厚是消化不良所引起的一种保护性反应，由舌黏膜表层脱落的上皮细胞、唾液等混合而成，常见于胃肠病和热性病。舌苔白薄，提示病情轻微和病程较短；舌苔黄厚，提示病情较重和病程长；舌苔灰黑则提示病情危重。

⑦牙齿：当马属动物发生咀嚼障碍时、齿槽内有咀嚼不完全的饲草料残渣或粪便中混有多量未消化的草料时，应检查其牙齿，注意牙齿磨灭情况，有无损坏、脱落、松动和赘生齿等。磨灭不正或换齿延迟，提示钙质不足。齿形异常、尖锐或过长，常损伤舌、颊黏膜，可影响咀嚼。

(2) 咽的检查 当发现马、骡有吞咽障碍，并伴随着吞咽动作，有饲料或饮水从鼻孔流出，须对咽部进行全面检查。

①咽的外部视诊：视诊时观察局部形态有无变化，头颈姿势是否异常，吞咽有无障碍。患咽炎时，可见咽肿胀、头颈伸直、运动困难和吞咽障碍。

②咽的外部触诊：健康马对咽部压迫不起反应或反应极小。患咽炎时，咽部局部触诊比较敏感，马缩头抗拒、躲避，并做吞咽动作或连声咳嗽。当咽后淋巴结高度肿胀时，可在咽的后方触诊到一圆形肿胀物。

(3) 食道的检查 马、骡食管在颈的前部，位于气管背侧，至颈下部转到气管左侧，在胸腔前口又转到气管的背侧，入胸腔后，可在第13肋骨相对处，穿过膈的食管裂孔进入腹腔，于第14肋骨后与胃的贲门相连。

颈部食管局限性隆起，常见于食道阻塞、食管扩张或食管破裂；触摸有硬固的物体，常见于饲料团或块根类饲料引起的梗阻。当食管发炎时，触摸有疼痛反应。食管自下而上有逆蠕动现象，常见于马的急性胃扩张，此时可听到有嗳气的声音。

3. 腹部的检查

（1）腹部的视诊　马属动物腹部视诊时，应注意观察其形态大小及有无局限性肿胀。由于马的品种与饲养方式不同，腹围的大小差异较大，放牧和粗料饲喂的马属动物，其腹部容积就比较大。

腹围增大，常见于以下情况：腹腔积气时，腹围上方膨大，腰窝展平甚至突出，常见于肠臌气；腹腔积液时，腹部下方膨大，常见于腹水、腹膜炎等；腹部局限性膨大，常见于腹壁疝、皮下水肿、血肿、脓肿；母马妊娠后期，腹部膨大。

腹围缩小，常见于食欲减退或长期腹泻、慢性消耗性等疾病，如胃肠道寄生虫、马鼻疽、马传染性贫血病、后肢剧痛性疾病、腹膜炎、破伤风等。

（2）腹部的触诊　马属动物腹部触诊时疼痛而紧张，常见于腹膜炎；触诊腹部有波动感，常见于腹水；腹部弹性增强常见于胃肠积气。

（3）腹部的听诊　马属动物腹部的听诊在判定胃肠运动机能以及肠内容物性状时具有重要的意义，听诊的内容包括胃、肠蠕动音。

①胃蠕动音：马属动物胃蠕动音听诊的部位在其左侧第 14~17 肋骨、髋结节水平线上下。在病理情况下，可听到短促而高的沙沙声、流水声或金属声，3~5 次/min，多的可达十余次。注意与肠蠕动音相区别，一般能听到胃蠕动音时，肠音多减弱或消失，常见于急性胃扩张。

②肠蠕动音：肠音是由于肠内容物在肠管内移动所产生的，故肠音的性质必然与肠内容物、肠管容积有关，可以反映肠内容物性状与肠管容积大小。在听诊上根据音的变化，可以帮助临床上对疾病的诊断。马属动物听诊时在其左腹部主听小肠音，左下 1/3 腹壁处主听左大结肠音；右腹部主听盲肠音，右肋弓沿线主听右大结肠音。

正常肠音，小肠音如流水声、含漱音；大肠音如远炮声、雷鸣音；盲肠音如流水声，并可听到金属音。正常的肠音的次数，小肠音平均 8~12 次/min，大肠音平均 4~6 次/min。

影响正常肠音的因素包括肠管运动机能的状况、饲料的质量、肠内容物的性状以及使役的强度等。一般来说，放牧、喂青草、轻泻性饲料、过冷饮水或适当运动后，会出现生理性肠音增强；舍饲、饮水不足、长期饲料单纯、缺乏运动则肠音减弱。故对肠音的判定，要结合饲养管理特点，具体情况具体分析。

病理的肠音变化：肠音增强，表现为音高朗、连绵不断，常见于肠痉挛、炎症初期；肠音减弱，表现为音短促而微弱，次数稀少，常见于便秘、重症炎症；肠音消失，表现为肠管麻痹或病情严重，常见于便秘后期、肠变位；肠音不整、次数不定、时强时弱、波不完整，常见于消化不良、便秘初期；金属性肠音，因肠壁过于紧张，邻贴的肠内容物移动冲击该部肠壁发生振动而形成的声音，类似于水滴声落在金属板上的声音，常见于肠鼓胀、肠痉挛等。

（4）腹腔穿刺液的检查

①胃破裂时，穿刺液混有食糜，呈酸性反应。

②肠破裂时，穿刺液混有肠内容物，并有粪臭味，呈碱性。

③肠变位或肠系膜动脉栓塞时，穿刺液为血红色。

④肝、脾破裂时，穿刺液为全血。

⑤膀胱破裂时，穿刺液为尿液，有尿臭味。

⑥子宫破裂时，穿刺液脓稠，有时为大量羊水。

渗出液与漏出液的鉴别：渗出液为透明或半透明，黄或淡黄色，易凝固。漏出液一般为无色或淡黄，透明，不易凝固。

4. 肝脏、脾脏的检查

马属动物出现消化障碍、黄疸、腹腔积水、精神高度沉郁或昏迷时，应考虑肝脏疾病，进行肝脏的检查；出现血液疾病或某些传染病时，应注意脾的疾病，进行脾的检查。

（1）肝脏的检查　马、骡肝脏的两个叶均不超出肺叩诊区，右叶向后达第15肋骨，左叶仅达第8肋骨。

肝脏触诊时，一掌平贴于右侧第12~14肋骨的中1/3部进行冲突状触诊，当马出现敏感性增高，有疼痛反应，摆尾、蹴踢时，为炎症的表现。是由于肝脏肿胀、包膜紧张，在触诊时受到振动而呈现反应。

肝脏叩诊：当肝脏明显肿大时，可于肺右侧叩诊界后缘呈现浊音区。

（2）脾脏的检查　马、骡脾脏，位于胰脏左侧，紧接左肺叩诊界后缘。一般多采取直肠检查法进行触诊。

临床上对肝脏、脾脏的检查，应结合血液、尿、粪及肝功能检查的结果进行综合分析，才能获得较为可靠的诊断结果。

5. 排粪及粪便的检查

（1）排粪的检查　排粪是一个较为复杂的反射动作，当位于直肠的感觉神经末梢受到刺激时，通过冲动传至腰荐部脊髓的低级排粪中枢，在大脑皮层的调节下，借助传出神经纤维的神经冲动，产生排粪动作。当脑和脊髓间的神经联系中断，尤其是腰荐部脊髓及其传入、传出纤维损伤时，可使排粪动作发生障碍。对障碍的检查，要注意观察其排粪次数、排粪带痛或失禁的现象。

①排粪次数：马一昼夜排粪达8~12次。排粪次数减少时，称为排粪迟滞，

其粪球干硬、色暗，常附多量黏液，常见于便秘或热性病。排便次数增多时，粪便性状改变，不断排出粥样、液状或水样稀便的，称为腹泻，是肠管受到刺激、运动机能增强所致。顽固而持续的腹泻，常见于重度肠炎。

②排粪带痛：马在排粪时，表现为疼痛不安、拱背努责，常见于腹膜炎、直肠损伤等。当马不断地做排粪动作，并强力努责，但不能排出多量粪便时，称为里急后重，常见于直肠炎、母马子宫炎等。

③排粪失禁：病马未作排粪动作而不由自主地排出粪便，是肛门括约肌迟缓或麻痹所致，常见于腰荐部脊髓损伤、持续性腹泻等。

【2011年执业兽医资格考试真题】排粪失禁见于( )。
A. 胃炎　　　　　B. 便秘　　　　　C. 腰部脊髓损伤
D. 直肠炎　　　　E. 荐部脊髓损伤

（2）粪便的检查

①硬度：马属动物正常的粪便呈叠饼状，其硬度与饲料种类、含水量、脂肪及纤维素含量有关。病理状态下，当粪软呈水样时，是肠管处炎症所致，常见于肠炎，此时肠蠕动增强，水分吸收减少；相反，肠管蠕动缓慢，内容物后送排出减慢，水分大量被吸收，故而粪便硬固、粪球干小，常见于肠便秘初期。

【2019年执业兽医资格考试真题】马，4岁，常规免疫，体温38℃，头、耳灵活，目光明亮有神，行动敏捷，采食量未见异常，该动物粪便的形状是( )。
A. 圆块状　　　　B. 叠饼状　　　　C. 水样便
D. 稠粥样　　　　E. 圆柱状

②颜色：因饲料种类不同以及有无异常混合物，粪便颜色各有差异。放牧或饲喂青草时，粪便呈黄绿色；饲喂玉米秸秆、麦秸时，粪便呈黄色；胃或前端肠管出血时，由于血红蛋白变性，粪便呈褐色或黑色；后端肠管出血时，粪球表面附有鲜红色血液；阻塞性黄疸时，由于粪胆素减少，粪便呈灰白色；口服铁剂、铋剂时，粪便呈黑色。

③气味：健康马排出的粪便无特异臭味。肠内容物发酵腐败时，粪便呈酸臭腐败味。

④混合物：正常时，粪球外包裹一层薄黏液，而黏液增多，是肠管炎症导致排粪迟滞造成的。黏液全部包裹着粪球，类似冻胶样厚层，常见于肠炎或肠阻塞。粪便有多量纤维与未消化的谷物，常见于牙齿疾病或消化不良。

6. 直肠的检查

（1）直肠检查的准备工作　被检马在检查前需要对其进行确实保定，常用的保定方法有鬃毛保定、鼻捻子保定、耳钳保定、柱栏保定等。术者穿工作服和胶靴，提前剪去指甲并磨平，清洗、消毒手背并戴上长臂手套，同时涂抹润滑剂。对于腹胀剧烈、肠道干燥的病马，首先应穿刺放气，再用温水灌肠，然后再做直肠检查。对腹痛剧烈、性格暴躁的病马，应先予以镇静，静脉注射5%水合氯醛酒精液 200~250mL，使直肠和肛门括约肌松弛，以利于检查。

（2）直肠检查的方法　术者入手时，五指并拢并作成锥形，旋转进入肛门，在直肠内碰到粪球应取出粪球，膀胱积尿时，用手按摩膀胱使尿液排出。术者动作应缓慢、小心，防止损伤直肠。要按照"努则退、缩则停、缓则进"的原则进行检查。

（3）直肠检查主要器官的特征

①直肠：膨大部空虚，提示肠内容物后送停滞，常见于肠便秘或肠变位。当直肠紧缩，把手臂挤压得很紧，并有大量浓厚黏液蓄积时，应考虑是否有肠变位。直肠黏膜破损时，可见术者手臂有血液。

②膀胱：位于骨盆腔底部，母马须隔着阴道和子宫触摸膀胱，膀胱空虚无尿时，缩成较柔软的拳头大梨状物；充满尿液时呈囊状，触摸有波动感。当马患膀胱炎时，触压有疼痛感。当患膀胱结石时，触压可发现囊内有硬块样物体。

③子宫和腹股沟管内口：母马直肠下方、膀胱的后上方可摸到子宫，包括子宫角、角间沟、子宫体、子宫颈等，如一侧或两侧子宫角膨大，有波动感，常提示妊娠或子宫蓄脓等。公马耻骨前下方 3~4cm，体中线两侧，距白线 11~14cm 处，用手指感触，左、右侧各一裂隙，正常时可插入 1~2 指，此处为腹股沟管内口。检查时应注意腹股沟管内口内径大小、有无软体物阻塞、有无疼痛等。当有肠管嵌入，并表现剧痛，常见于腹股沟管疝。

④小结肠：位于骨盆口前方稍偏左侧，小部分位于体中线右侧，内有鸡蛋大粪球呈串珠状排列。用手拨动，可使小结肠向各方向移动。便秘时，可摸到椭圆形或长圆柱形结粪块，较坚硬，结粪的小结肠段有较大的移动性，有时沉垂于腹腔底部，通过病马前驱站高或用杠子抬压，可发现结粪部位。

⑤左侧大结肠：位于腹腔左侧，当肠内容物多时，其后段可到腹中线，甚至偏于右侧，内容物常呈捏粉样硬度。左下大结肠较粗，具有肠袋和纵带；左上大结肠较细，肠壁光滑无肠袋，重叠于左下大结肠之上或内上侧，与左下大结肠平行。

⑥骨盆曲：位于耻骨前缘的左侧或中线处。表面光滑，呈游离状态，在骨盆曲的小弯部有 10~20cm 宽的结肠系膜，当由此稍向下延伸时，可摸到左下大结肠。骨盆曲便秘时，呈弧形或长圆柱形，有小臂粗，此时左下大结肠多见有大量积粪，左下大结肠如过度充盈时，骨盆曲可后退入骨盆腔或右移到盲肠底后方。

⑦腹主动脉：位于椎体下方，腹腔顶部，稍偏左侧，触摸时有波动感。腹主动脉除可作为体中线的标志外，还是寻找左侧肾脏的途径。

⑧左肾：位于脊柱下方，腹主动脉左侧，第2~第3腰椎横突的下方，可摸到左肾后缘，呈半圆形坚实的物体。当患有急性肾炎时，触诊有压痛。

⑨脾脏：位于左肾前下方，紧贴左腹壁，可摸到扁平呈镰刀状的脾后缘。脾后缘一般不超过最后肋骨，但有些马以及骡，脾后缘有时可达至髋结节下方，胃扩张时脾后退，但无其他症状，不可以此作为诊断依据。

⑩前肠系膜根：沿腹主动脉向前，术者手感有阻力时，应仔细触摸，指端可感到动脉的搏动。当有寄生虫性动脉瘤时，可摸到核桃或鸡蛋大的肿物。

⑪十二指肠：在前肠系膜根的后方，上距腹主动脉10~20cm，有从右向左横行的十二指肠第二弯曲部。当十二指肠便秘时，形如鸭蛋或香肠状，表面光滑，位置较固定。

⑫胃：位于左季肋部，以胃脾韧带与脾连结，正常情况下很难摸到，但马体前高后低时，可摸到胃后壁，呈柔软弧状。马胃扩张时，其容积增大，易摸到。食滞性胃扩张时硬度如捏粉状，气胀胃扩张时有弹性感。

⑬盲肠：在右腰部可摸到盲肠底和盲肠体，呈膨大弧状，其上有气体，触摸可感右腰部有空虚感。盲肠便秘时，可在骨盆腔前方及右腰窝部摸到排球大的结粪，硬度可根据病程而定，呈捏粉状或坚硬状。

【2015年、2017年执业兽医资格考试真题】盲肠发达、外形似逗号，盲肠尖位于剑状软骨部的家畜是(　　)。

A. 马　　　　　B. 牛　　　　　C. 羊
D. 猪　　　　　E. 犬

⑭胃状膨大部：位于腹腔右侧上1/3处，胃状膨大部便秘时，可感到坚实的半球形内容物，随呼吸而动。

⑮回肠：从左肾后下方向右上后方，走向盲肠小弯部。当回肠便秘时呈香肠大小的圆柱状，从左肾后下方走向盲肠底，右端固定，左端游离。

(三) 口腔和食道的常见疾病

1. 马口炎

马口炎又称马口疮，是马口腔黏膜炎症的总称，包括舌炎、腭炎和齿龈炎。

(1) 病因　口炎常继发于咽炎、舌伤、胃炎、肠阻塞、肝炎、血斑病及维生素A缺乏症等。在汞、铜、铅和氟中毒时，也可发生齿龈坏死。口炎也继发于某些传染病和寄生虫病。由于口炎的性质不同，其病因也各有不同。临床上通常为卡他性、水疱性和溃疡性口炎。

①卡他性口炎：多由机械性刺激所致，常见有粗硬尖锐的饲料（如秸秆、芒刺等）、各种尖锐异体（如骨头、铁丝、玻璃碴等）、马口衔、锐齿引起的损伤等。其次是化学性刺激，常见于马口服不适当的刺激性或腐蚀性药物（如水合氯醛、乙酸、铵盐、酒石酸锑钾等）、误食某种消毒药（如苯酚等）。此外，抢食过热的饲料、灌服过热的药液以及吃了品质不良、霉败饲料或有毒植物（如毛茛、乌头、白芥等）后，均可发生。

②水疱性口炎：吃了霉败饲料所致，或是口腔创伤造成细菌感染的结果。也可继发于卡他性口炎。

③溃疡性口炎：由于口腔不洁造成细菌繁殖，使黏膜糜烂而发生溃疡。

（2）症状

①卡他性口炎：口腔黏膜呈卡他性炎症，是其他类型口炎的初期临床症状。因为马属动物口腔黏膜敏感性较高，采食时，通常选择植物柔软的部分，小心咀嚼，或略经咀嚼又从口中成团吐出。但由于致病因子引起的炎性刺激，致使唾液量分泌增加，每次咀嚼时，口角有白色泡沫，或有大量唾液呈丝状从口中流出。由于口腔黏膜疼痛，病马常拒绝检查口腔，口腔黏膜充血、肿胀、口温高，舌面常有灰白色舌苔，口腔恶臭，硬腭显著肿胀。口腔黏膜除炎性变化外，在唇、颊、硬腭、齿龈及舌等部位可能有创伤，其中有的嵌留芒刺等尖锐异物。

②水疱性口炎：病马口腔疼痛、大量流涎、采食减少。病马唇内、齿龈、口角附近或舌面出现大小不等的水疱，内含透明或黄色的液体。3~4d 后破溃，形成边缘不整齐的糜烂。5~6d 后，上皮新生而愈合。

③溃疡性口炎：病马在黏膜及齿龈上有糜烂、坏死或溃疡，齿龈易出血，口流灰色恶臭唾液。其颌下淋巴结及唾液腺有时呈轻微肿胀。一般经 10~15d 痊愈。如并发败血症或其他疾病时，则预后不良。

（3）治疗　消除对黏膜机械性的、冷热的及其他刺激。如拔出芒刺、调换口衔、除去锐刺等。不喂霉败草料，给予易消化的柔软饲料以及清洁的饮水。

使用消毒收敛剂先冲洗口腔，如 0.1%高锰酸钾、0.2%乳酸依沙吖啶溶液、2%硼酸溶液、1%~2%明矾、鞣酸、来苏儿溶液，然后再涂碘甘油或龙胆紫溶液。慢性口炎可涂 1%~2%蛋白银溶液、0.2%~0.5%硫酸铜溶液或硝酸银溶液。

中药治疗：青黛散，青黛 15g、黄连 10g、黄柏 10g、薄荷 5g、桔梗 10g、儿茶 10g、冰片 1g，研极细末，装入纱布袋内，在水中浸湿，涂于口内；或用硼砂 9g、青黛 12g、冰片 3g，研细末涂于舌面。

2. 马唾液腺炎

马唾液腺炎，是腮腺（耳下腺）、颌下腺和舌下腺炎症的统称，包括腮腺炎、颌下腺炎和舌下腺炎。当机体遭受不良影响时，可使马唾液腺发炎，最常见的是腮腺炎，其次是颌下腺炎，极少为舌下腺炎。

马唾液腺炎按其经过可分为急性和慢性，按其病性可分为实质性、间质性和化脓性，按其病原可分为原发性和继发性。马腮腺炎常为继发性，有时可呈流行性。

(1) 病因　原发性主要是饲料芒刺或尖锐异物刺入腮腺管或颌下腺管，同时病原微生物侵入所致。也继发于咽炎、口炎、喉卡他炎、腺疫。舌下腺炎大多数继发于腮腺炎或颌下腺炎，由聚于唾液中的化脓及腐败细菌感染所致。

(2) 症状

①腮腺炎：急性腮腺炎时，腮腺肿大，触诊腺体较坚实并有疼痛感。严重时，可蔓延到腮腺区的皮下蜂窝组织。有时可在下颌间隙和颈静脉沟出现侧枝性水肿，病马头颈伸直，似显僵硬；如为一侧性腮腺炎，则头向健侧偏斜。由于炎症的影响，采食困难、咀嚼缓慢、唾液分泌增加、不断流涎，特别是在采食和咀嚼时，流涎显著增加，饲料常被浸湿，吞咽谨慎。如继发咽炎，则吞咽困难。化脓性腮腺炎在脓肿破溃或切开排脓后，给予适当治疗，大都可痊愈，少数则久不收口而形成瘘管。

②颌下腺炎：常伴有下颌间隙蜂窝织炎，病马头颈伸直、咀嚼缓慢、流涎、口腔黏膜肿胀并充血。颌下腺炎化脓时常向口腔内或口腔外破溃，痊愈后局部会遗留不易消散的硬结。

③舌下腺炎：触诊口腔底部和颌下间隙肿胀、增热，病马敏感疼痛，腺叶突出于舌下两侧的口腔黏膜表面，最后化脓并形成溃烂。

(3) 治疗　病初可做局部热敷，用热水袋或50%酒精湿热敷，外涂碘-碘化钾-凡士林软膏（1：5：15）。急性炎症时可注射抗生素或鱼腥草注射液。脓肿成熟时，可进行外科手术疗法；当形成瘘管时，可在管腔内填充高锰酸钾，再滴入甘油，使管腔氧化，生长出新的肉芽组织，促进伤口痊愈。

中药治疗：普济消毒散，酒黄芩30g、酒黄连15g、牛蒡子25g、玄参30g、甘草15g、陈皮20g、板蓝根30g、马勃20g、连翘45g、薄荷15g、升麻15g、僵蚕20g、柴胡20g、桔梗30g，研末灌服，效果较好。

3. 马、骡咽炎

马、骡咽炎中兽医称为"嗓荚"，是软腭、咽黏膜、扁桃体、咽淋巴滤泡、黏膜下组织、肌肉以及咽后淋巴结发生的炎症。临床上以吞咽障碍、大量流涎、饲料和饮水自鼻孔逆流体外为特征。按其病性可分为卡他性和蜂窝织性咽炎；按其经过可分为急性和慢性咽炎。

(1) 病因

①原发性咽炎：多因机械性、化学性及物理性刺激所致。如被粗硬、尖锐

饲料刺伤，饲喂冰冻饲料和冰渣水，粗暴地投放胃管，误投强酸、强碱、松节油、甲醛、硝酸银等刺激性的药物，受到强烈的烟熏，吸入氯气等毒气，采食霉败饲料以及毒草等均可引起发病。受寒感冒或过度使役，是诱发咽炎的主要因素。机体在抵抗力降低的情况下，上呼吸道特别是咽部常由于葡萄球菌、双球菌、绿脓杆菌、大肠杆菌等病原微生物的大量繁殖，刺激黏膜并进入扁桃体，从而引发炎症。炎症可侵入咽部黏膜、黏膜下层和肌肉层，故表现为卡他性和蜂窝织性。卡他性咽炎时，咽黏膜充血，上皮细胞脱落，咽部组织发生水肿，扁桃体肿胀，渗出大量炎性渗出物并分泌黏液。当病变侵入深层组织，可形成坏死性炎症，黏膜脱落形成溃疡。当感染细菌时，可发展成为蜂窝织性咽炎或咽肿胀。马、骡在气候剧变、放牧时猛遭暴雨等条件下最易患咽炎。

②继发性咽炎：常继发于流感、马腺疫、炭疽、口炎、唾液腺炎、食道炎、鼻炎、喉炎等。

（2）症状　急性卡他性咽炎时，病马精神沉郁、食欲不振、饮欲减少。病情严重者，表现为头颈伸直、摇头不安、空口咀嚼、采食缓慢、吞咽困难、拒食粗硬饲料。特别严重者，不能吞咽，表现烦渴，每次饮水都从鼻孔流出。

由于炎症波及黏膜，可从一侧或两侧鼻孔流出炎性渗出物，有的为黏脓性带血物；有的混有唾液和细碎饲料，呈黄色或黄绿色。病马出现疼痛性湿咳，这种咳嗽在采食时更为明显，并有饲料喷出。触诊咽部，病马表现敏感、躲避，颌下淋巴结明显肿大、质地较硬。

【2018年执业兽医资格考试真题】急性咽炎时，颌下淋巴结常见的变化是（　　）。

A. 萎缩、变硬、敏感　　B. 肿大、柔软、敏感　　C. 肿大、变硬、敏感
D. 肿大、柔软、敏感　　E. 肿大、变硬、不敏感

炎症过程中，由于咽黏膜敏感性增高，病马表现头颈伸直。炎性刺激使唾液分泌增加，导致病马不断流涎。水肿压迫神经末梢，造成咽神经障碍或神经敏感，导致马、骡吞咽困难，故在采食后可能会将食物吐出，或者饮水及采食从鼻孔返流而出。因咽部肿胀而致呼吸困难，甚至可发生窒息。

卡他性咽炎时，体温、呼吸和脉搏变化不大，但患有蜂窝织性咽炎时，病马体温可升高到40~41℃，脉搏加快、呼吸迫促、颌下淋巴结肿胀。

慢性咽炎发作缓慢，临床上表现为发作性咳嗽、吞咽障碍、饮水及饲料从鼻孔流出、颌下淋巴结轻度肿胀。

（3）治疗　治疗原则是去除病因、加强护理、抗菌消炎、清利咽喉、缓解疼痛。针对病马需加强护理，圈舍内应保持干燥、清洁、通风良好，给予易消化饲料和清洁饮水，禁止使用胃管投药。

当病马完全不能吞食饲料时，可静脉注射10%~25%的葡萄糖注射液，对

不能饮水的可静脉注射葡萄糖氯化钠注射液。

清洁口腔，用消毒剂和收敛剂，如0.1%高锰酸钾溶液、0.2%乳酸依沙吖啶溶液、2%硼酸溶液对口腔进行冲洗；或用软管注入1∶3碘甘油溶液10~20mL。

为了促进炎性渗出物吸收，用热水袋做咽部热敷。对严重病马，用磺胺类药做肌内或静脉注射。

发病初期，对尚能吞咽的病马，可灌服下列中药：连翘45g、黄芩45g、生地黄30g、玄参30g、山豆根30g、麦冬30g、桔梗25g、牛蒡子30g、射干25g、甘草25g，研细末，开水冲后呈稀糊状，小心灌服。

【2011年执业兽医资格考试真题】咽炎的首要治疗原则是(　　)。
A. 加强护理　　　　B. 抗菌消炎　　　　C. 恢复体质
D. 维持呼吸　　　　E. 防止继发感染

4. 马食道堵塞

马食道阻塞是由于团块状饲料停留在食道某部引起堵塞，造成食道不通。根据阻塞程度，可分为完全阻塞和不完全阻塞；按其病原，可分为原发性和继发性两种。

（1）病因　马在过度饥饿时贪食急咽，在采食过程中突然受到惊吓，在大群争食时互相咬踢、抢食，或因过劳而使肌肉紧张性降低等情况下，易造成食道阻塞。马在全身麻痹尚未完全恢复时即行采食，也可引起阻塞。

继发性食道阻塞，可发生于食道麻痹、食道憩室、食道扩张、食道狭窄以及食道痉挛等。

（2）症状　食道阻塞多在采食中突然发生，马停止采食，表现不安，并不时有吞咽动作，空口咀嚼，唾液呈泡沫状从口中流出，口唇及鼻孔周围也黏附着泡沫状唾液，有时从鼻孔流出。特别是在咳嗽之后，可从口、鼻处流出大量白色泡沫。食道及颈部肌肉痉挛性收缩，病马伸头缩颈。严重时，张口伸舌、呼吸困难、焦急不安。

【2014年执业兽医资格考试真题】属于食道阻塞的临床特点是(　　)。
A. 大量流涎　　　　B. 发病缓慢　　　　C. 咀嚼障碍
D. 频繁努责　　　　E. 口腔干燥

【2019年执业兽医资格考试真题】食道阻塞的发病特征是(　　)。
A. 黏膜发绀　　　　B. 咀嚼障碍　　　　C. 精神沉郁
D. 突然发生　　　　E. 口腔溃疡

咽后及颈部食道阻塞，可在外部触摸到阻塞物。如食道阻塞发生在胸部，则阻塞部位之前的食道中会有大量唾液聚积，触诊有波动感，视诊可观察到此处食道膨大，用手向口腔方向挤压后，会有大量泡沫唾液从口鼻流出，食道的膨大部即可暂时消失。颈部食道阻塞，病初触诊并无疼痛，如阻塞过久，触诊出现疼痛反应，表明已发生食道炎。胸部食道阻塞用胃管探诊，确定阻塞部位。

食道阻塞可发生于食道的任何部位，马常发于胸部食道。由于阻塞物的形状及大小不同，可造成完全阻塞或不完全阻塞。不完全阻塞时，液体饲料尚能咽下。当完全阻塞时，任何饲料、饮水均不能咽下。食道相应部分的肌肉对阻塞物造成的刺激可产生痉挛性收缩反应，病马会出现紧张的吞咽动作，并表现痛苦、不安的现象。而阻塞物越接近贲门时，这种痉挛性收缩的强度就越大，延续时间也相应延长，同时，病马的神态也越来越紧张。当阻塞物在颈部食道时，痉挛的强度相对较轻微，持续时间也较短。当阻塞物不及时排出时，则可导致食道发炎，且在阻塞前方的食道，可能出现扩张、坏死，甚至穿孔。

（3）治疗　争取尽早治疗，及时排出阻塞物。发生胸部食道阻塞的，用胃管探诊到具体阻塞的部位，然后小心推送阻塞物。当阻塞物不大时，可推入胃中；如阻塞物不易推下时，用胃管灌入2%～5%普鲁卡因溶液10～20mL，经10min后，再灌入液体石蜡100～200mL，然后再往下推送。有时阻塞物为粉碎的玉米、豌豆、大麦等精料碎粒或细草末，阻塞段较长，通常不易推下。

打气法：将胃管插入马的食道，先通过胃管灌入液体石蜡100mL，然后在胃管外端连接打气筒，一人握住胃管将其管头顶住阻塞物，助手打气3～5下，使食道轻微膨大，术者趁势推动胃管，将阻塞物推入胃中。但需要注意，打气不可过多，推动不宜过猛，以防造成食道破裂。

【2016年执业兽医资格考试真题】可用胃导管治疗的疾病是(　　)。
A. 食管扩张　　　B. 食管狭窄　　　C. 食管憩室
D. 食管阻塞　　　E. 食管痉挛

民间养马者有一治疗食道阻塞的方法，效果较好。其方法是将病马头部尽量压低，把缰绳从前肢间穿过，拉紧穿在任一后蹄腕部，或者将缰绳拉紧拴在前肢蹄腕部，驱赶病马快跑，或在坡地上下行走，借助颈部肌肉收缩作用，将堵塞物送入胃中。

（四）以腹痛为主的胃肠疾病

1. 马腹痛症的概述

（1）腹痛症的概念　马腹痛，也称疝痛，古代中兽医统称为"起卧症"。它不是一个独立的疾病，而是胃肠机能障碍所引起的一类腹痛性疾病。由于具有起病急、发展快、症状重且复杂等共同的临床特点，故在诊断上要求全面系统、快速简便；在治疗上，既要抓住主要矛盾，又要兼顾全面。

（2）腹痛的分类　腹痛见于许多疾病，故其分类比较复杂。通常根据发病原因可分为以下三类。

①症候性腹痛：由感染性因素、寄生虫性、外产科疾病及中毒病所引起的腹痛。如肠型炭疽、传染性流产、马圆形线虫病、蛔虫病、腹壁疝、阴囊疝、输卵管炎、腹壁妊娠、有机磷农药中毒、氨水和乙酸中毒等疾病。

②假性腹痛：由膀胱、肾、肝、子宫、肺及胸膜等胃肠以外的器官或组织患病所引起的腹痛。如膀胱炎、膀胱结石、急性肾炎、肾结石、子宫扭转、胎动性子宫痉挛、产后腹痛、胆管结石、肝破裂、脾破裂和腹膜炎等疾病。

③真性腹痛：由胃肠疾病所引起的腹痛。真性腹痛又分为胃性腹痛和肠性腹痛。胃性腹痛常见于急性胃扩张、慢性胃扩张等；肠性腹痛常见于肠阻塞、肠痉挛、肠臌气、肠结石、肠积沙、肠变位、肠粘连、肠系膜动脉栓塞（动脉瘤）等疾病。

（3）腹痛的性质

①痉挛性疼痛：由于胃肠、泌尿生殖道平滑肌痉挛性收缩所致。特点是疼痛呈间歇性发作，发作时病马急起急卧，直接倒地滚转，呈中等或剧烈腹痛；间歇时则安静站立，似乎无病，有的病马正常采食饮水，听诊肠音增高。

②鼓胀性疼痛：由于膀胱积尿或胃肠内聚积过量的食物、气体、液体，膀胱、胃肠壁膨胀所致。其特点是腹围显著增大，疼痛呈持续性，几乎无间歇期或间歇期极短。

③牵引性疼痛：由于肠管位置改变，或结粪的重力作用，肠管下沉，肠系膜受到牵引拉动所致，故又称肠系膜性疼痛。其特点是疼痛持续而剧烈，病马为了缓解疼痛，有时做较长时间的拱背、起卧抱胸或四肢集于腹下等姿势，直肠检查时，当触到变位肠段或被牵拉的肠系膜时，疼痛突然加剧。

④腹膜性疼痛：肠变位等腹痛病继发腹膜炎，腹膜感受器受炎性刺激所致。其特点是弥漫性剧痛，但病马多取拱背而不移动的姿势。

以上四种不同性质的疼痛，在腹痛过程中，通常是一种或几种同时或相继出现，如便秘初期由于结粪刺激肠壁和重力下沉的作用，既有痉挛性疼痛，又有一定的牵拉性疼痛，到后期继发肠鼓胀时，则出现膨胀性疼痛。肠鼓胀也是同样，初期在易发酵的草料和少量气体的刺激下，以痉挛性疼痛为主，随后肠内气体增多，肠管相互挤压，以致肠管位置发生改变，则变为膨胀性疼痛和牵引性疼痛。

（4）腹痛的程度

①轻度腹痛：病马前蹄着地、后蹄踢腹、伸展腰背（似公马排尿姿势）、回顾腹部，有的长时间取侧卧姿势，仅偶尔抬头回顾体侧和腹部，一般不滚转。疼痛间歇期长，往往在30min以上，常见于不完全堵塞的大肠便秘。

②中度腹痛：病马除刨地、顾腹表现外，还有低头蹲地和细步急走的症状，有时低头闻地，走来走去，好像寻找躺卧的地方。卧地缓慢或行滚转，腹

痛间歇期短，一般 10~30min，常见于完全阻塞的大肠便秘。

③剧烈腹痛：病马闹动不安、急起急卧，有时猛然摔倒、急剧滚转、不听吆呼甚至驱赶不起，有时仰卧抱胸，有时呈犬坐姿势。腹痛间歇期很短，甚至呈持续性腹痛。常见于肠变位或急性胃扩张。

(5) 腹痛发生的原因　发生腹痛病的原因比较多，除草料、饮水不良导致消化障碍，饲喂不足、运动不足，也是发生腹痛的重要原因。此外还有以下因素：

①缺血性肠病：马属动物肠管缺血，最常见于前肠系膜动脉分布的肠段，如盲肠、结肠等。其多为普通圆虫损伤前肠系膜动脉，造成供应肠管的血管阻塞所致。普通圆虫经口感染实验结果表明，第四期幼虫侵入肠黏膜下小动脉管壁，并在肠腔血管的内膜中移行至前肠系膜动脉根部，其主要侵袭肠系膜动脉。而幼虫在血管内聚积形成血栓，也可引起中膜的一般性炎症反应，在中膜内，肌纤维间的白细胞浸润，以及在中膜和内膜分离的间隙中，由于细胞碎片填充，受侵害的动脉管壁增厚、血管粗大，其内充满血栓，引起动脉内腔堵塞，形成栓塞，从而造成此段肠管缺血或梗死。当肠管管腔横切面直径达到或小于1/3时，就会引起肠肌痉挛性收缩，造成缺血性肠绞痛。

②应激状态：由于交感神经反应的影响，肠腔血管对儿茶酚胺极为敏感，所以在突然变换草料、气候剧变以及过度运动的情况下，马匹产生应激状态，造成交感反应加强，分泌大量的儿茶酚胺，引起微动脉、毛细血管前括约肌收缩，肠腔毛细血管关闭及分流而使其供血减少。肠管缺血时，促使儿茶酚胺大量释放。缺血的肠道内，由于革兰氏阴性细菌的内毒素作用，肠系膜动脉痉挛和血管收缩，使肠管缺血，影响肠管的运动，最终导致马出现腹痛表现。

③机体内部因素

a. 消化不良。常见于牙齿、齿槽、颌骨疾病，口腔、唾液腺疾病。

b. 胃肠机能紊乱。常见于胃肠痉挛或迟缓、食糜酸碱异常、血液供应不足。

c. 胃肠器质性变化。常见于炎症、溃疡、脓肿、肿瘤等，导致胃肠供血不足，发生真性腹痛。

④机体外部因素

a. 饲草料、饮水品质不良。常见于饲草料发霉变质、草质低劣、草料单一、过食精料、草料中沙土过多、饮水不足或水过凉等。

b. 饲养管理不当。使役和管理不当与发生腹痛有一定关系，常见于马长期舍饲、运动量不足、突然更换草料、劳逸不当等。

c. 天气骤变。气温下降、气候突变，由于大气压和气温的变化，使机体产生应激状态，可扰乱胃肠的反射活动。在气候变化期间以及前 1~2d，马的真性腹痛显著增加。

(6) 腹痛发生的机理　引起腹痛的内因和外因相互联系，通过神经和体液的调节，可引起机体的机能紊乱。胃肠内部感受器受到刺激，可反射性地改变其机能，微弱的刺激可使分泌和蠕动机能增强；强烈的刺激则造成胃肠分泌、蠕动机能降低。最终导致植物性神经系统的相对平衡状态遭到破坏。

(7) 腹痛对机体的影响　腹痛发生之后，对机体的危害是多方面的，在整个疾病过程中，应密切注意腹痛性状、脱水、循环障碍和中毒性休克等病理因素。

①腹痛性状：临床上膨胀性疼痛、痉挛性疼痛、牵引性疼痛、腹膜性疼痛等不同性状的疼痛，常是一种或几种同时或相继发生的，应予以认真分析。

②脱水：马属动物由于体内水的平衡失调，导致体液减少。腹痛时发生脱水的原因主要是机体既不采食又不饮水，切断了机体摄入水的途径。而机体由于其脂肪、糖、蛋白质氧化所产生的比较恒定的代谢水（根据马的日粮计算，每天最大量为2.7L），距体液总量（约占动物体重的70%）相差甚远，无法缓解具体脱水的状况。另外，疼痛出汗所损失的水分，分泌和渗入胃肠壁内的体液，以及所谓"呕吐"丢失的体液，都能引起马属动物出现脱水的表现。

马的轻度脱水接近体重的6%，主要表现为寻水和饮水、尿量减少；中等脱水约占体重的10%~12%，主要表现为尿量显著减少、皮肤弹性减退、血色浓稠、倦怠无力；重度脱水约占体重的16%，表现为尿量极少、眼窝下陷，提起颈部皮肤的皱褶可保持1min以上而不能复原，有时出现神经症状。

③循环障碍：机体脱水可直接引起循环血量减少，造成血压下降、心搏动加快，从而促使心血输出量下降。由于血液变得黏稠，血流阻力增加，心脏本身缺血、缺氧，造成三磷酸腺苷和磷酸肌酸的合成减少，使心肌变性，导致心力衰竭。当发生肠臌气时，造成腹压增大，可使心脏负担加重，导致心力衰竭。严重脱水还可导致血钾降低，致使心肌兴奋性增高，病马易出现心悸亢进、心律不齐的表现。

④中毒性休克：在肠道完全阻塞的情况下，肠道内梭菌数量突然增加，其产生的毒素被吸收后可引起微动脉、微静脉显著收缩，致使毛细血管内的血液淤积，导致静脉血液回流量减少。而毒素又可促进毛细血管通透性增高，造成血浆外渗、血容量减少、血稠增高，使心室充血量不足、排血量相应减少、动脉血压下降、微循环障碍，最终导致休克的发生。

2. 马急性胃扩张

马急性胃扩张，是由于胃肠排空机能障碍而其又采食过多，使胃急剧膨胀而引起的一种腹痛病。按其原因可分为原发性和继发性胃扩张；按其内容物性状可分气胀性、液胀性和食滞性胃扩张。

(1) 病因 主要是由于小肠不通,导致以胃内液体为主要内容物的扩张状态,并不是一个独立的疾病。因此,继发性胃扩张常继发于小肠阻塞、小肠变位等。完全阻塞不通的肠段,如靠胃部越近,其临床病症出现越早、越频繁。而大肠阻塞、变位和原发性或继发性肠臌气等大肠的疾病所引起的继发性胃扩张比较少见。

在内、外致病因素的影响下,胃中便发生以机械性和化学性为主的消化紊乱现象,胃的蠕动机能逐渐增强,其分泌物也相应增多,影响胃液正常的酸碱度,导致其酶化作用、吸收和排泄机能相应减弱,而食糜停于胃中,不断刺激胃黏膜感受器,反射性地引起胃蠕动增强。同时,随着大量胃液的浸泡,食物逐渐膨胀,尤其是精料,可使胃的充盈度增加,而胃被胀大,呈扩张状态,最终形成食滞性胃扩张。当这种过程以生物学作用为主时,在微生物作用下可产生大量低级脂肪酸、乳酸和气体等,导致气胀性胃扩张的发生。

继发性胃扩张,无论是由于小肠的病变,还是由于某段大肠阻塞、臌气等原因压迫小肠,闭塞不通,都可以引起十二指肠和回肠末端逆蠕动增强,使聚积在闭塞前部的肠内容物、异常分泌物和气体反流入胃,引起液胀性胃扩张。当胃内液体达到一定量并形成一定压力时可逆入食道,从鼻孔流出。

(2) 症状 原发性急性胃扩张,常在采食后不久或数小时内出现一系列临床症状。一般表现食欲废绝、精神沉郁呈苦闷状。通常表现为膨胀性疼痛,随着胃的体积逐渐胀大而加剧。病初表现轻微间歇性疼痛,很快转为剧烈而持续的疼痛,病马急起急卧、卧地滚转、前蹄刨地,有时回顾腹部或呈犬坐姿势。

病马结膜潮红甚至发绀,齿龈颜色更加显著,舌无苔或有厚黄苔。口腔初期湿润,后期黏腻,病重者干燥、味奇臭,出现黄腻苔。呼吸迫促,脉象初期无变化,后期脉由强变弱。肠音渐弱,最后消失。胸前、肘后、股内侧、颈侧、耳根和眼周围等局部出汗,个别病例全身出汗,有的出现搴唇似笑,并有不同程度的脱水。

马发生急性胃扩张时易造成胃破裂,如胃在生前发生破裂,其破口边缘出血、肿胀,可见食糜污染腹腔、大网膜,可引起腹膜炎。破裂后到病马死亡前,时间越久,上述变化越严重。如为死后破裂,其破裂边缘苍白,无出血痕迹,边缘多不整齐,胃内容物只能污染腹腔局部,无腹膜炎病变。

(3) 治疗

①气胀性胃扩张:先用胃管排出胃内气体,再经胃管灌入水合氯醛酒精合剂,水合氯醛 15~25g、95%酒精 30~50mL、福尔马林 10~20mL、温水 500mL,混合后灌入。也可在应用镇痛药后,将乳酸 10~20mL、75%酒精 100~200mL、液体石蜡 500~1000mL,加温水适量,一次性经胃管灌入。同时可口服食醋 500~1000mL。

②液胀性胃扩张：多为继发，重点治疗其原发病，导胃减压可缓解症状，但只治标不治本。

③食滞性胃扩张：重点是反复洗胃，洗出胃内容物，洗胃效果不好的用普鲁卡因粉 3~4g、稀盐酸 15~20mL、液体石蜡 500~1000mL，水 500mL，混合后一次性灌服。由于普鲁卡因可以抑制幽门痉挛性收缩，而稀盐酸能促使幽门开放，借助液体石蜡的润滑作用，可使胃内容物排入肠道。

【2017 年执业兽医资格考试真题】治疗马液胀性胃扩张除导胃减压外，还应特别注意的是（　　）。

A. 强心　　　　　　B. 镇静　　　　　　C. 镇痛
D. 止酵　　　　　　E. 治疗原发病

【2020 年执业兽医资格考试真题】马，5 岁，采食大量大麦后发病，食欲废绝，精神沉郁，眼结膜发绀，嗳气，腹痛。直肠检查在左侧最后肋骨后方可摸到脾后缘。

1. 该病最可能的诊断是（　　）。

A. 骨盆曲阻塞　　　B. 盲肠臌气　　　　C. 急性胃扩张
D. 肠痉挛　　　　　E. 盲肠变位

2. 该马可能发生（　　）。

A. 呼吸性碱中毒　　B. 呼吸性酸中毒　　C. 代谢性碱中毒
D. 代谢性酸中毒　　E. 混合性酸中毒

3. 马肠阻塞

马肠阻塞是由于肠管运动机能障碍及其分泌机能紊乱，使粪便停滞不能后移，导致某段或几段肠腔完全或不完全阻塞的一种急性腹痛病，又称肠结症或肠便秘。

（1）病因　引起肠阻塞的原因比较复杂，常见的有以下几种。

①饮水不足：水是马属动物体液的主要来源，其在体内的分布、组成和容量保持动态平衡。当供水不足、久渴失饮、大量出汗、久泻不止等引起机体缺乏水分并达到一定程度后，就可影响体液的动态平衡。消化腺的腺体分泌机能也会降低，从而影响机体正常的消化机能，导致肠道内容物变干、结块，最终造成肠阻塞。

②饲养不当：饲喂方法和管理制度不当、饲料质量不良，常见有饲料发霉变质、草质低劣、饲料单一，饲喂纤维质多、养分少的草（如生长期长的苜蓿、长期暴晒的玉米秸秆）或受潮湿不易切碎的麦秸、稻草时，马不易嚼细，特别是老龄牙齿磨灭不整的马，也常见于患软骨病、慢性氟病的病马。如马绝食后立刻剧烈奔跑，此时其供应胃肠的血液相对减少，消化液的分泌相应减少，肠道内容物后移缓慢，造成粪内水分被吸收而秘结。

③食盐不足：盐是马属动物体液中的重要矿物质组分，在炎热的夏季，马活动剧烈、出汗过多时，体液中的钠、氯、钾排出过多，不仅会引起消化不良，还可使肠蠕动变弱，导致体液减少、肠道干燥，增加肠内容物的后移阻力，使其后移缓慢，最终引起秘结。

④气候突变：当气温下降，尤其是天气突然变冷的前几天，病马的真性腹痛，尤其是肠阻塞的造成的腹痛会明显增多。这一客观存在的现象，可能是应激反应造成的。

（2）症状

①共同症状

a. 腹痛。病马凡呈结粪坚硬，并为完全阻塞者，其腹痛多剧烈，表现为回头观腹、后肢踢腹、前肢刨地、总想卧地打滚。小肠阻塞比大肠阻塞时腹痛表现还要剧烈。

b. 肠音。病马初期肠音频繁且偏强，尤其是肠管不完全阻塞者，其排粪次数增多，甚至排软粪、稀粪。后期肠音变弱，甚至听不到肠音。

c. 全身反应。病马肠道不完全阻塞者，仍保持较低的饮、食欲，而完全阻塞者饮、食欲废绝。病程稍长者，口臭明显、舌苔黄腻甚至发黏色黑、齿龈边缘呈青紫色。初期体温、脉搏、呼吸无变化，当继发肠炎、蹄叶炎、腹膜炎和自体中毒时体温升高、呼吸迫促，并可引起血循环障碍。

②特有症状

a. 小肠阻塞。十二指肠、空肠、回肠某段发生完全阻塞的，其中以十二指肠乙状弯曲及回肠末端阻塞较为多见。其阻塞部位距离胃越接近，发病越快，且病情越严重，还易继发胃扩张、鼻流粪水或在颈部食道出现逆蠕动波。听诊食道有含漱音，表明病马已继发胃扩张。直肠检查可在右肾附近横行的十二指肠处触摸到阻塞，约为手臂状粗，触之病马疼痛不安。

b. 大肠阻塞。多见于骨盆曲、小结肠、胃状膨大部和盲肠，前两部位多发生完全阻塞，后两部位多为不完全阻塞。

骨盆曲：此处以发生完全阻塞为主，病马呈现剧烈腹痛、臌气不严重。直肠检查可在骨盆前缘下方摸到如马蹄状、柱状的阻塞物。

小结肠：病马腹痛剧烈，肠道臌气严重，排粪少、干燥，表面覆有黄白色糊状黏液。直肠检查可在耻骨前缘水平线上或体中线左侧摸到拳头大小的坚硬粪珠。肠道臌气之后，直肠检查困难，宜先放气再进行检查。

胃状膨大部：此处可发生完全阻塞或不完全阻塞。不完全阻塞者，病程较长，呈间歇性轻微腹痛；完全阻塞者，疼痛剧烈，病程较短。直肠检查时可在腹腔右前方摸到半球状阻塞物。

盲肠：此处以不完全阻塞为主，病程长达10~15d，饮食少但不废绝，当排出恶臭稀粪时，饮欲大增；盲肠音弱，排粪不停止，但量少且干稀交替。直肠检查可在右腹部肋部摸到盲肠内有结粪。

直肠：病马腹痛轻微、里急后重，直肠检查入手即可摸到结粪。

肠阻塞继发症有肠臌气、肠炎、蹄叶炎、腹膜炎、膈肌痉挛、肠变位或肠破裂，应注意区别。

（3）治疗　治疗以消除阻塞为目的，可根据病情灵活应用"静、通、补、减、护"的治疗原则，坚持"急则治标，缓则治本"，适时解决各种临床突发症状。

①静：镇静、镇痛，用盐酸氯丙嗪 1~2mg/kg、安乃近 30~40mL，肌内注射；或静脉注射水合氯醛、普鲁卡因等。针灸三江、分水、姜牙穴。

②通：疏通肠道。

a. 利用掏结术、直肠按压、开腹按压、肠管侧切等方法取出硬结粪便。

b. 活结。用硫酸钠 200~300g、液体石蜡 500~1000mL、水合氯醛 15~25g、芳香氨醑 30~60mL、陈皮酊 50~80mL，加水混合，口服。

c. 小肠结。用液体石蜡 150mL、甘油 100mL、鱼石脂 10g，加水混合，口服。

d. 中药治疗。大承气汤，大黄 120g、厚朴 60g、枳实 60g、芒硝 120g，上述药粉碎，开水冲服。

e. 掏（捶）结术。主要用于直肠阻塞，当直肠黏膜发炎时，用 0.1%高锰酸钾溶液和 5%~10%的硫酸镁分别灌肠，并用 0.25%的普鲁卡因 50mL、青霉素钠 40 万 IU 做后海穴封闭。

f. 用10%氯化钠注射液 300~500mL，静脉注射；或用 0.1%氨甲酰胆碱液 1~2mL、新斯的明 5~10μg/kg，皮下注射。

③补：补液、补碱，目的是维护血管机能，缓解脱水，纠正酸碱平衡。用复方氯化钠注射液、5%复方葡萄糖氯化钠注射液、5%碳酸氢钠注射液或 11.2%乳酸钠注射液。

④减：放气、减压。用胃管导胃。肠臌气，以穿刺放气。

⑤护：护理。专人看护，防止病马跌伤。适当牵遛活动。

【2015 年、2018 年执业兽医资格考试真题】病马，证见粪便不通，肚腹胀满，回头观腹，不时起卧，食欲废绝，嗳气酸臭，口色赤红，舌苔黄厚，脉沉有力。

1. 该病可辨证为（　　）。
A. 大肠湿热　　　　B. 大肠冷痛　　　　C. 肝脾不和
D. 食积大肠　　　　E. 脾虚不运

2. 该病的治则是（　　）。
A. 清热利湿，行气止痛　　　　　　B. 通便攻下，行气止痛

C. 疏肝健脾，行气止痛　　　　　　D. 温中散寒，行气止痛

E. 益气健脾，行气止痛

3. 本病可选用的基础方剂是(　　)。

A. 大承气汤　　　B. 白头翁汤　　　C. 曲蘖散

D. 四君子汤　　　E. 桂心散

【2018年执业兽医资格考试真题】马，体温39.7℃，食欲废绝，仅排少量黏液样粪便，腹部增大，后肢踢腹，时常卧地打滚。直肠检查见骨盆曲肠管内约20cm长的硬结。保守疗法无效。决定手术。

1. 剃毛消毒的部位是(　　)。

A. 左肷部　　　　B. 右肷部　　　　C. 腹底部

D. 左侧肋弓下　　E. 腹中线左侧

2. 肠管切开术后，肠壁缝合的方法是(　　)。

A. 第一层结节缝合，第二层库兴氏缝合

B. 第一层库兴氏缝合，第二层伦勃特氏缝合

C. 第一层连续缝合，第二层间断缝合

D. 第一层间断缝合，第二层连续缝合

E. 第一层康乃尔缝合，第二层库兴氏缝合

3. 手术的肠管是(　　)。

A. 空肠　　　　　B. 结肠　　　　　C. 盲肠

D. 回肠　　　　　E. 十二指肠

4. 马肠痉挛

马肠痉挛是由于肠平滑肌受到异常刺激发生痉挛性收缩，并以明显的间歇性腹痛为特征的一种常见病，俗称冷痛或伤水起卧。

(1) 病因　寒冷刺激、饲养管理不当，均是本病的致病因素。由于气温、气压、湿度的剧变，风雪侵袭，汗后淋雨，舍饲马寒夜露宿等都可促发本病；不适宜的过饮冷水，尤其是重役或急奔大汗后暴饮冷水，采食霜冷、冰冻、霉败的草料等，都可造成本病的发生。

在外因和内因的致病作用下，首先引起肠肌间神经丛（欧氏神经丛）和肠黏膜神经丛（麦氏神经丛）的兴奋，反射性地引起副交感神经兴奋性增强、交感神经兴奋性降低，从而使肠蠕动增强以致引起痉挛性收缩。寒冷的刺激可引起皮肤血管出现先收缩、后舒张的反应，在一定程度上改变了血管内血液的正常分布，而内脏器官血液量减少时，体表血液量则增加，既影响新陈代谢的过程，又影响胃肠的消化功能，其形成的异常代谢物质可成为刺激内部感受器的重要原因。一段肠管呈痉挛性收缩，肠腔呈暂时性完全闭合状态，肠内容物移动就会受阻，与相邻的两端肠管呈扩张状态，极易形成肠套叠。痉挛性收缩和

扩张期交替发生，即可形成腹痛发作期和间歇期的交替现象。

（2）症状　以阵发性轻度或剧烈腹痛为特征，腹痛时病马表现顾腹、刨地、蹴踢，甚至滚转、出汗。每次腹痛持续时间为5~15min。在腹痛间歇期，外观上似健康马，安静站立，有的马尚能采食饮水，但经过10~30min，腹痛又再次发作。全身症状轻微，体温、呼吸、心跳无明显变化。口腔湿润，色淡或青白，口鼻及四肢末端发凉。腹痛发作时，大、小肠音增强，连绵不断，偶尔出现金属音，排粪次数也增加，粪的性状由稠变稀。

随着发病时间的推移，腹痛持续时间多呈延长，腹痛也多由轻度转为重度。当腹痛间歇期延长，并逐渐转为轻微，或经适当牵遛，便可自愈。

【2011年执业兽医资格考试真题】全身症状最轻微的是(　　)。
A. 肠套叠　　　　B. 小肠便秘　　　　C. 急性胃扩张
D. 急性结肠炎　　E. 肠痉挛

（3）治疗　病马疼痛非常剧烈时，以镇痛、解痉为主。用30%安乃近注射液20~30mL，皮下注射；安溴合剂80~100mL或0.25%的普鲁卡因200~300mL，静脉注射，普鲁卡因需缓慢静脉注射，当注射过快时有的病马可迅速表现精神沉郁、心搏动变慢等毒性反应；有的则出现短暂的兴奋期；有的马对普鲁卡因过敏，表现为后肢软弱无力，甚至不能站立而倒地，可在休克状态下死亡。水合氯醛15~20g，同泻下剂、止酵剂合用，也有一定效果。

清肠止酵：用硫酸镁200~300g、植物油250~300mL、液体石蜡500~1000mL，配合止酵剂（鱼石脂20g、95%酒精100mL）效果较好。

针灸：三江、姜牙、耳尖、尾尖穴。

中药治疗：橘皮散，青皮15g、陈皮15g、肉桂15g、小茴香15g、白芷15g、细辛6g、当归15g、元胡12g、厚朴20g、乌药15g、木香10g、白酒60mL，研细末，开水冲后，小心灌服。具温脏暖肠、顺气止痛之功效。

【2019年执业兽医资格考试真题】治疗马伤水起卧（冷痛、肠痉挛）应选用(　　)。
A. 银翘散　　　　B. 曲蘖散　　　　C. 平胃散
D. 橘皮散　　　　E. 槐花散

5. 马肠臌气

马肠臌气是由肠消化机能紊乱所致的肠内产气过多，排气机能不畅或完全受阻，导致气体聚积于某部肠管内而引起的肠管膨胀的一种腹痛病。

（1）病因　原发性肠臌气是由于马属动物突然采食过量容易发酵的饲料，如幼嫩的苜蓿、青刈的箭舌豌豆、三叶草、鹅青草，或堆积发热的青草，或玉米、大豆、豆类饲料，或缠蜘蛛网的饲料饲草。当马饲喂不当、过于饥饿时，突然采食过量，对胃肠压力过大，消化紊乱，聚积发酵，易产出硫化氢、甲烷、二氧化碳、氮和氢等大量气体和脂肪酸而引起肠臌气。另外，初至高原地区的马，因气压低、氧不足而发生臌气。继发性肠臌气，常见于肠阻塞、肠变位、肠不完全粘连，以及慢性消化不良、小肠系膜根部扭转和弥漫性腹膜炎等。

由于食糜和气体的停滞，直接刺激肠黏膜下神经丛，同时肠臌气可压迫肌间神经丛，反射性地引起肠蠕动增强，造成肠音增强和出现金属音等临床特征。随着气体增多，且不断刺激肠壁，马属动物出现痉挛性收缩，表现腹痛不安。此外，臌气引起肠管暂时性的折转现象，肠管的相互挤压、肠系膜被牵引等因素，均可加剧腹痛。当肠管高度膨胀时，可压迫肠壁血管神经，使肠管蠕动、吸收、分泌机能产生变化，甚至造成肠麻痹。

(2) 症状 原发性肠臌气多在采食后数小时内发生。

①腹痛：臌气严重者腹痛剧烈，但局部或大范围气胀时，腹痛较轻。病初为间歇性，然后转为持续性，腹痛可随臌气程度加重而加剧。股部肌肉、肘肌表现震颤。

②全身状况：腹围迅速膨大，左肷部突起，腹壁紧张，肠音初期增强，并伴有明显的金属音，以后减弱，甚至消失。病初排稀粪，以后则完全停止排粪。口腔黏膜由湿润逐渐变为干燥，可视黏膜发红甚至发绀。体表静脉充盈，呼吸加快，严重者呼吸困难，心搏动初期快，后期减弱。出汗，体温正常或稍升高，有的病马出现脱水的现象。

③直肠检查：原发性肠臌气发病迅速且广泛，直肠检查时入手即可摸到。但因肠段臌气先后不一，故肠管的正常位置往往有所变动。若广泛臌气、腹压加大时直肠检查入手较困难，应先对盲肠和直肠穿刺放气，再做检查。

继发性肠臌气，可通过直肠检查或腹腔穿刺进行确定，若穿刺液混浊，呈微红色，可怀疑为肠变位。

由于肠臌气造成其腹压增高，引起呼吸迫促、心跳加快、脉搏减弱，可导致心力衰竭的发生。

(3) 治疗

①排气减压：臌气不严重者，可应用泻下剂和止酵剂，以清除肠内容物，并从根本上清除产气物质。当腹围显著增大、呼吸迫促、心跳加快时，应立即穿刺放气，放气后通过放气针头注入鱼石脂、95%酒精等止酵剂。为防止肠黏膜发炎和继发腹膜炎，宜在放气后向腹腔内注射消炎药，如将青霉素钠（钾）120万~240万 IU 溶于 37~40℃温生理盐水 300~500mL 或 0.25%普鲁卡因液 20~40mL，向腹腔内注入，也可注入磺胺类药。

②镇静解痉：用30%安乃近 20~40mL，肌内注射；水合氯醛 15~20g，同泻下剂、止酵剂同服；安溴合剂 50~100mL、0.25%普鲁卡因 200~300mL，缓

③清肠止酵：用人工盐 200~300g、鱼石脂或芳香氨醑 15~30mL，加水 3000mL，一次灌服，以清除产气物质。为恢复胃肠机能，用10%氯化钠注射液 200~500mL，静脉注射。

④中药治疗：三香散，丁香 30g、木香 20g、藿香 20g、青皮 25g、陈皮 25g、槟榔 15g、牵牛子 25g、厚补 60g、枳实 15g、植物油 250mL，研细末，开水冲后，口服。具有消胀破气、宽肠通便之功效。

6. 马肠积沙

马肠积沙指由于采食含细沙的饲草、饮水或舔食泥土，经年累月积泥沙停滞于肠内而引起的一种腹痛病。本病与环境条件有关，故有明显的区域性。

（1）病因　本病发生的病因有三：一是风沙严重的地区，牧草上沾有沙尘，被马吞食；或初夏新发芽的牧草带有沙土，被马吞食；或马喜吃水草，长期在浅水滩吃水草而吞食泥沙；或在浅溪、浅滩上饮水后吞入泥沙；或舍饲马饲喂的干草不筛、不淘，混入的泥沙被吞食，长年累月，胃肠积沙为患。二是由于缺乏无机盐、维生素等营养物质，造成马患异食癖，表现为其喜啃土块、碎砖、瓦砾等，从而引发肠积沙。三是在工矿、铁路等地区，牧草上沾有烟雾喷出的细炉渣，被马吞食后导致发病。

（2）症状　通过各种途径进入马属动物胃肠道的泥沙，一部分随粪便排出，一部分由于重力沉积于胃肠，逐步转入大肠各段，如盲肠、大结肠的膈曲或胸曲、胃状膨大部、骨盆曲，很少积于小肠。由于积沙增多，肠蠕动和分泌减弱，病马表现为慢性肠卡他。当泥沙积于盲肠，压迫肠壁，使肠壁扩张，反射性地引起慢性轻微腹痛，黏膜发炎、坏死。另外，积沙引起肠壁迟缓，可导致肠阻塞。

轻者表现为慢性肠卡他，并出现渐进性消瘦。病马喜卧，粪稀或干燥，且粪中带沙。重者表现轻微腹痛，饮食减少或废绝，口腔干燥、肠音减弱、有时带金属音，粪色发暗、严重者粪呈暗灰色，呼吸、脉搏都无明显变化。继发性肠阻塞者病情均加剧。

（3）治疗　可使用液体石蜡、植物油、动物油等油类泻剂，用量以排软粪为度，用量过大或不足，都可影响排沙效果，但必须注意灌油类泻剂的次数，以直到食欲正常和粪色不黑为度。

在服用泻剂的同时，应配合用水合氯醛、安乃近或芳香氨醑；或用小剂量的毛果芸香碱，来促进肠道蠕动、增加分泌机能，从而增强排沙作用。

7. 马肠变位

马肠变位是由于肠管的自然位置发生变化，使肠腔发生机械性闭塞或肠壁局部发生循环障碍而引起的一种重度腹痛病。

肠变位可分为以下四种，其中以肠扭转较为多见。

肠扭转：指肠管沿其纵轴或以肠系膜基部为轴发生程度不同的扭转，也可沿横轴发生折叠。

肠缠结：指一段肠管与另一段肠管及其系膜缠绕在一起，引起肠管闭塞不通，多发生于空肠部。

肠绞窄和肠嵌闭：小肠和小结肠被腹腔某些韧带（如肝镰状韧带、肾脾韧带）、结缔组织条索、带蒂的瘤体所绞结，使肠腔闭塞不通，造成血液循环紊乱的现象，称为肠绞窄。当一段肠管堕入与腹腔相通的先天性孔穴或病理裂孔内，并卡在其中使肠腔闭塞不通，引起血液循环紊乱者，称为肠嵌闭。如小肠或小结肠堕入腹股沟管、大网膜孔、肠系膜和膈肌破裂孔内等。

肠套叠：指一段肠管套入与其相连接的另一段肠腔内，相互套入的肠段发生循环障碍、渗出等现象，致使肠管粘连，肠腔闭塞不通。常见有空肠套入回肠、回肠套入盲肠。

【2011年执业兽医资格考试真题】马发生剧烈腹痛，为确诊进行腹腔穿刺，穿刺液呈粉红色，此病最可能是（　　）。

A. 肠套叠　　　　B. 小肠便秘　　　　C. 急性胃扩张
D. 急性结肠炎　　E. 肠痉挛

（1）病因　肠变位的病因可分为机械性和机能性两种。

①机械性肠变位：常见于肠嵌闭，在腹压增大的情况下，由于剧烈地跳跃、奔跑、难产、交配、便秘、里急后重和肠膨下等所致，偶尔将小肠或小结肠压入孔隙而致病，大肠很少发生。

②机能性肠变位：是由于肠机能变化，如蠕动增强甚至痉挛或迟缓，或突然摔倒、打滚、跳起障碍等情况下发生肠绞窄、肠扭转、肠缠结、肠套叠。关于肠机能变化的因素有突然受惊、饮冷水或冰冻饲料、肠卡他、肠炎、肠内容物性状的改变、肠积沙、酸碱度降低引起的肠迟缓、消化不良引起的肠分泌、吸收和蠕动机能发生变化等。肠道寄生虫和全身麻醉状态，也可能引起机能改变，导致发病。

（2）症状　由于病变部位肠壁神经受物理或化学因素的刺激，加之肠管高度臌气，病初可反射引起轻度的间歇性腹痛，继而随肠道完全闭塞变为剧烈的持久性腹痛。脉搏加快，呼吸迫促，黏膜发红而绀色，肌肉震颤，局部出汗，精神紧张而痛苦，肠音减弱而后消失。病至后期，由于肠麻痹和机体反应减弱，疼痛稍有缓和但并不消失，全身症状更加恶化，以后前段肠管出现高度臌气、疼痛加剧、严重脱水、自体中毒等，可加剧心力衰竭，使马属动物很快发生死亡。

【2012年执业兽医资格考试真题】马肠变位的主要临床症状是（　　）。

A. 初期为间歇性腹痛，后期为持续性腹痛
B. 初期和后期均为持续性腹痛
C. 初期和后期均为间歇性腹痛
D. 初期为持续性腹痛，后期为间歇性腹痛
E. 无明显症状

发生变位的肠段出现不同程度的循环障碍，充血、淤血和水肿，可引起出血性炎症、渗出过程增强、肠黏膜颜色发红或暗紫，病变部位前方的肠段可能发生臌气。由于漏出和渗出的发生，可导致机体脱水，进而出现心力衰竭。

（3）治疗　外科手术治疗为主，术前先导胃或排气减压、补液、强心、镇痛等，维护全身机能；使用抗生素，制止肠道内菌群紊乱，以减少内毒素的生成。

【2011年执业兽医资格考试真题】肠变位最佳治疗方案为（　　）。
A. 手术治疗　　　B. 静脉给药　　　C. 口服灌药
D. 穿刺制酵　　　E. 直肠按摩

【2019年执业兽医资格考试真题】马肠扭转的最佳治疗方法是（　　）。
A. 翻滚法　　　　B. 针灸法　　　　C. 下泻法
D. 手术整复　　　E. 深部灌肠

【2020年执业兽医资格考试真题】治疗肠变位的原则不包括（　　）。
A. 补液　　　　　B. 镇痛　　　　　C. 减压
D. 利尿　　　　　E. 强心

8. 马肠结石

马属动物的大结肠内形成一种矿物质凝结物，称为肠结石。肠结石阻塞于肠腔时称为肠石梗阻。肠结石一般呈慢性过程，但肠石梗阻呈急性腹痛发作，若延期治疗死亡率可达100%。该病不是一种常见病，但习惯饲喂麸皮地区的马属动物发病率稍高。

（1）病因　肠结石可分为真性和假性两种，通常见到的肠结石属于真性结石，其外形圆滑、结构致密、坚实而沉重，主要化学成分是磷酸铵镁；假性结石外形粗糙、不平整、结构疏松、重量相对较轻，主要化学成分是磷酸钙和碳酸钙，并混有一些沙石泥土以及其他杂物。

以磷酸铵镁为主要成分的真性结石，形成条件之一是马不停吃入麸皮、米糠等含磷丰富的精饲料；二是肠道不断产生大量的铵，造成肠道变为碱性环境，并在碱性环境中生成磷酸铵镁化合物，围绕核心体不断沉积，形成无数同心体的矿物质层，多的达数百层。

（2）症状　马发病后不久就停止排粪，并表现腹痛。最初1~2d仍有一定的食欲和肠音存在，病马常卧地不起，或将身体依靠在障碍物上，或站立但不

做任何动作，也无明显的全身症状。当腹痛转入间歇期时，精神和食欲都比较好，口色和脉象也无明显变化，腹痛表现呈周期性发作，且腹痛呈短暂性和轻微的发作，往往不能引起人的重视。

（3）治疗　为了减轻肠管痉挛性的收缩而引起的疼痛，可先用颠茄酊、阿托品或安乃近进行镇痛解痉，然后可通过外科手术取出结石。

9. 马肠系膜动脉栓塞

马肠系膜动脉栓塞是由普通戴拉风线虫的幼虫寄生在肠系膜动脉内，引起血液循环障碍，并呈反复发作的一种腹痛性疾病，以 3~6 岁的青壮年马多发。

（1）病因　马属动物在采食、饮水，特别是在放牧时吞食被患病动物粪便污染的牧草而感染。个别马匹也可能由于寒冷刺激、剧烈运动、内脏病理过程等肠血管痉挛、肿胀的压迫、心内膜炎，尤其是溃疡性心内膜炎造成的血管栓塞，或其他原因所致的肠系膜动脉或其根部形成的血栓等所致。

（2）症状　病马以腹痛为主症，有的伸腰顾腹，不断后踢，或后肢屈曲而疾行，或急起急卧，腹痛反复发作，有的一天之内发作几次。肠音强弱不定，常带有金属音。在腹痛发作期间，呼吸脉搏均加快，可视黏膜正常或稍红，有的体温升高，当继发肠炎或腹膜炎时，热反应较明显。

（3）治疗　初次用 6% 葡聚糖溶液，按体重 2.5mL/kg 缓慢静脉注射，连用 3d，以后每 4d 注射一次，每次用 500mL，连用 27d，共注射九次为一个疗程。在注射时，如发现心跳加快、肌肉震颤、后躯摇摆，应立即停止。

镇痛可用 30% 安乃近，肌内注射；或水合氯醛 15~30g，同鱼石脂、芳香氨醚等止酵药一并口服。

提高血压、促进病变区侧行支循环，可用复方氯化钠注射液或葡萄糖氯化钠注射液 1000~2000mL、20% 安钠咖 10~20mL，静脉注射。

10. 马腹膜炎

马腹膜炎是腹膜发生的局限性或慢性弥漫性的炎症，主要以继发性为主。

（1）病因　急性腹膜炎是由于腹腔或骨盆腔器官的深层组织发炎，微生物侵入其组织所引起的，如胃肠炎、急性肠臌气、肠扭转、肠套叠、血栓性腹痛、直肠穿孔、子宫炎、肝炎、膀胱炎、肾周围炎等继发感染。直接的创伤，如腹腔手术、腹腔穿刺、公马去势、幼驹脐带感染等。内脏器官穿孔，如胃肠、膈肌、子宫、阴道、膀胱、肝破裂等均可引起。某些传染病和寄生虫病的也可继发腹膜炎，如炭疽、马腺疫、肠结核、棘球蚴、细颈囊尾蚴、肝片吸虫等。

（2）症状　马的弥漫性腹膜炎，多呈急性经过，病马精神萎靡、眼窝下陷、食欲废绝、肌肉震颤、痛苦呻吟、全身冷汗、不愿走动、低头弓背站立，强迫行走时举步艰难，转弯或卧地时表现小心，有时企图卧地、卧而复起。大多有腹痛症状，病马摇尾、前肢刨地，由于疼痛而腹围紧缩，腹水增多时，腹壁下垂和腹肋凸出，触摸腹部则表示躲避或抗拒，肠音初期增强，后期减弱或消失，因而发生便秘、体温升高、热型不定，呼吸浅快、呈胸式呼吸，心动加快、心脏衰弱、心律不齐，结膜充血、呈蓝紫色，口色赤紫、舌苔黄腻、口干臭。

（3）治疗 外伤引起者，作外科处理，用青霉素200万IU、链霉素200万IU、0.25%普鲁卡因300mL、5%葡萄糖注射液500~1000mL，加温至37℃，一次性腹腔注射；或用普鲁卡因做封闭注射。

为制止渗出、增强机体抵抗力，用10%氯化钙100~150mL、40%乌洛托品20~30mL、0.9%氯化钠注射液1500mL，静脉注射。

为防止肠臌气，可口服萨罗尔、鱼石脂。为解除便秘，用缓泻剂灌肠，为制止疼痛，可肌内注射安乃近。

【2018年执业兽医资格考试真题】治疗动物腹膜炎，为制止渗出应选择静脉注射的药物是（　　）。

A. 0.9%氯化钠　　　　B. 10%氯化钙　　　　C. 3%氯化钾
D. 5%葡萄糖　　　　　E. 0.25%普鲁卡因

11. 马胃肠卡他

马胃肠卡他是胃肠黏膜表层发生的卡他性炎症和消化紊乱的统称，又称为卡他性胃肠炎。症状上有的以胃卡他为主，有的以肠卡他为主。根据病程长短，可分急性和慢性两种。

【2009年、2019年、2010年执业兽医资格考试真题】卡他性炎发生在（　　）。

A. 黏膜　　　　B. 腱膜　　　　C. 肌膜
D. 筋膜　　　　E. 滑膜

（1）病因

①饲养管理不当：如淋雨受寒、褥草潮湿、突然变换草料、改变饲喂习惯、过饥过饱或不定时定量、久渴饮水或饮水不洁、饲喂后立即重役、长途运输后立即饲喂等。

②饲料品质不良：给予过多不易消化的饲料，如干玉米秸秆、过硬的麦秸等，受潮且霉败的稻草、豆秸，堆积发热的青草，霜冻的甜菜、胡萝卜等块根以及混有太多泥沙的草料等。

③给予刺激性药物：如水合氯醛未经适当稀释、健胃酊剂过浓过量、吐酒石等均可刺激胃肠道引起卡他性炎症。

④细菌性、病毒性、真菌性和寄生虫性疾病的继发或并发：如马霉玉米中

毒、马胃蝇的幼虫病等。

⑤其他疾病的继发：如牙齿磨灭不齐、幼驹的赘生齿、饲草料长时间咀嚼不良等。

（2）症状

①急性：病马精神倦怠、呆立嗜睡、常打呵欠、抬头翻举上唇、食欲不振、饮水量减少，有时出现异嗜。口腔黏膜潮红、唾液黏稠、口臭、舌面被覆灰白色舌苔。肠音减弱、粪球干小色深、表面被覆少量黏液、粪球内夹有未消化的饲料。体温有时升高，个别病马出现黄疸的症状。

②慢性：病马食欲持续性下降，有时出现舔墙壁、啃泥土和吃粪球等异嗜行为。精神疲乏、易出汗、不断呵欠、逐渐消瘦、被毛无光泽。可视黏膜苍白、稍带黄色，口腔黏膜干燥或有黏稠唾液，有舌苔、口臭，上颚略有肿胀，肚腹紧缩，粪球表面带有黏液。

马属动物发生以肠卡他为主的胃肠炎时，其肠蠕动增强，但肠吸收功能却减弱，以及有大量渗出物进入肠道，从而导致腹泻，小肠等个别肠段的痉挛性收缩还可产生疝痛。马的肠道较长，小肠段发病时，其液状内容物移行至大肠中会被浓缩，部分病例发展至后期时并无腹泻症状。腹泻一方面可造成营养物质的损失，另一方面还可造成水分的损失，由于脱水使血液浓稠，最终导致血液循环系统机能发生紊乱，此时，临床上病马多表现迅速消瘦和心力衰竭。

（3）治疗　治疗原则为除去病因、加强护理，清理胃肠、制止腐败发酵和调整胃肠机能。

①除去病因、加强护理：一是要修整牙齿，保证采食咀嚼正常；二是要保持圈舍通风良好，干湿适中；三是病初病马要减饲1~2d，给予易消化的青草、树叶、麸皮等优质草料。

②清理胃肠、制止腐败发酵：一是投服液体石蜡500~1000mL，以清除胃肠内腐败发酵的刺激物质；二是灌服硫酸钠200~500g，以清泻蓄粪，同时灌服鱼石脂20g、酒精80mL，以制止腐败发酵。

由细菌性因素所致的病马，可注射磺胺类药物，剂量为每天0.2~0.4g/kg，首剂加倍，但用药时间不可过长。

③调整胃肠机能：针对以胃肠机能紊乱为主的马胃肠卡他，在清理胃肠的基础上，用稀盐酸20~30mL，加在饮水中让马自饮，2次/d，连用5~7d。同时给予陈皮酊、草扣酊、龙胆酊等健胃剂。

马酸性胃肠卡他，在给予防腐止酵剂的同时，用0.5%~2%的碳酸氢钠溶液5000~6000mL灌肠。碱性胃肠卡他，用油类泻剂、5%高渗盐水250~500mL静脉注射。

④中药治疗

a. 平胃散。仓术 30g、厚朴 30g、陈皮 30g、"三仙"（麦芽、山楂、神曲）各 30g、干姜 15g、炙甘草 15g，研末开水冲服，适用于胃卡他。

b. 健脾散。当归 30g、白术 30g、菖蒲 30g、厚朴 30g、砂仁 30g、官桂 30g、青皮 30g、茯苓 30g、泽泻 30g、炙甘草 30g、五味子 30g、干姜 15g，研末开水冲服，适用于肠卡他。

12. 马、骡胃肠炎

马、骡胃肠炎是胃肠道表层黏膜及黏膜下层组织发生重度炎症疾病的统称。按其病因可分为原发性与继发性两种，临床上以急性经过较为常见。按其炎症类型，可分为黏液性、化脓性、出血性、纤维素性和坏死性胃肠炎。

（1）病因

①原发性胃肠炎：饲养管理不当是其发病的主要原因，如饲喂长期暴晒的玉米秸秆，或霉败的干草，冷冻热捂、腐烂、发霉变质的甜菜、胡萝卜等块根饲料，发霉的玉米、大麦，或饲料配合单一，以及误食化学药品或农药等。营养不良、使役过重和长途运输等致病因素，可降低马、骡机体防御疾病的能力，使胃肠机能减弱，平时腐生在胃肠道的大肠杆菌、坏死杆菌等常在细菌，此时大量繁殖而出现致病作用。此外，滥用抗生素，一方面可造成细菌耐药性增强；另一方面可造成肠道菌群失调而引起二重感染。

②继发性胃肠炎：常见于各种细菌性、病毒性传染病，如马肠型炭疽；寄生虫病，如马胃蝇幼虫病；以及某些内科病，如急性胃扩张、肠便秘和肠变位等。此外，心脏、肾脏疾病和产科疾病也可导致胃肠炎的发生。

（2）症状　病马精神沉郁、食欲减退或废绝，眼结膜先潮红后黄染，舌苔厚、口干臭，口鼻、四肢末端冷凉，排便恶臭、粪中含大量水分并混有血液、黏液和黏膜组织，有时会有脓液。病的后期，肠音减弱或停止，肛门松弛、排便失禁。腹泻持续时间较长的病马肠音消失，排便表现痛苦、时而努责，呈里急后重的症状。

病马以胃和小肠发生炎症为主时，可视黏膜黄染，并表现轻微腹痛的现象；体温略有升高，体力虚弱，排粪弛缓、量少、粪球干小，有时可继发液胀性胃扩张。

（3）治疗　治疗原则是抑菌消炎、清理胃肠、补液、强心、解毒。

清理胃肠、保护胃肠黏膜可用液体石蜡 500~1000mL、鱼石脂 10~30g，加温水口服；或用硫酸钠 200~300g，口服；或用人工盐 200~300g 配成 6%~8% 的溶液，再加酒精 50mL、鱼石脂 20g，调匀口服。

对腹泻不止的病马，用活性炭 100~200g，加适量的水，口服。

为制止炎症的发展，用磺胺咪 25~30g，一日 3 次。

肠出血者，用1%仙鹤草素注射液10~15mL，肌内注射，2次/d。对失水过多者，用5%葡萄糖氯化钠注射液1000~1500mL，静脉注射。

中药治疗：郁金散，郁金30g、大黄30g、栀子20g、诃子30g、黄连15g、白芍20g、黄芩15g、黄柏15g，共为末，开水冲，候温灌服，有较好的疗效。胃肠炎初期，内有积滞时，可重用大黄，加厚朴、枳壳，不用诃子、白芍；热毒盛者，加金银花、连翘；腹痛盛者，加没药、白芍；腹泻不止者，重用诃子、白芍，加乌梅、石榴皮，不用大黄。

白头翁散：白头翁50g、黄连30g、黄柏30g、秦皮35g，水煎服。对烦渴、体热、血痢、里急后重的胃肠炎效果良好。

【2019年执业兽医资格考试真题】马属动物急性胃肠炎的一般首要治疗原则是( )。

  A. 强心利尿　　　　B. 止吐止泻　　　　C. 抗菌消炎
  D. 健胃消食　　　　E. 解痉镇痛

13. 马、骡急性结肠炎

马、骡急性结肠炎是一种急性、超急性而非传染性的高致死性肠炎，驴很少发病。

(1) 病因　病因迄今尚不清楚。大多数人认为与病马近期有过重驮运、长途剧烈奔跑等过劳史，或有上呼吸道病史，或有急剧脱水的现象，最终导致外周血管血液衰竭或休克而发生死亡，致死原因也可能与某些革兰氏阴性细菌的内毒素有关。

(2) 症状　同年龄的马、骡均可发病，但以壮年马较为多见。病马突然出现腹泻，体温升高，呼吸加快，脉搏显著增数，食欲废绝，大多饮欲增加，精神沉郁甚至昏迷的症状，重者不能站立，末梢皮温下降，耳尖、口鼻发凉或冰冷，粪便稀软腥臭、排粪频繁、后期多不见排粪，尿浓稠、量少，有的甚至无尿，口腔黏膜紫红或发绀、干燥无光，肠音微弱或废绝。随着病情加剧，腹围逐渐增大，心音减弱，第二心音往往消失，压迫体表微血管，充盈时间延长。少数病马全身或局部出汗、肌肉震颤、轻度腹痛、心律不齐、瞳孔散大、肺部听诊有湿啰音。

(3) 治疗

①抗菌治疗：首先选择作用于革兰氏阴性菌的抗菌药，如庆大霉素。

②补充血容量：解除低血容量性休克，扩充血容量，应及时给予低分子右旋糖酐，静脉注射。

③纠正酸中毒：用5%碳酸氢钠溶液300~500mL，静脉注射。

④补充血钾：用0.9%氯化钠注射液500mL、氯化钾1~1.5g，缓慢静脉注射。

⑤激素疗法：病马休克时用肾上腺素，用量比正常剂量大 3~5 倍；或用氢化可的松、地塞米松，每 4h 重复一次，直至休克解除为止。

14. 幼年马驹便秘

幼年马驹便秘指发生于新生幼驹或 2~3 月龄的幼驹，因肠运动或消化机能紊乱，使肠内容物停滞于某段或某几段肠管而发生的完全或不完全阻塞的一种腹痛病。临床上以小结肠便秘多见。

（1）病因　母马妊娠期间营养不足，导致胎儿体质虚弱、肠液不足，出生后胎粪排出滞涩；或幼驹出生后母马乳汁不足，幼驹过早的采食粗硬饲料，不能充分消化，容易发生便秘；或母乳缺乏矿物质、微量元素和维生素，导致幼驹发生异嗜，贪食母马粪便或其他异物，也可引起便秘。断奶后的幼驹，在饲养不当、饮水不足、气候突变等因素的影响下，胃肠运动和分泌机能紊乱、排泄障碍，发生便秘。

（2）症状　幼驹突然出现腹痛、骚动不安、摇尾踢腹、卷尾急行，有的急起急卧、卧地后前肢抱头、急剧滚转。新生幼驹举尾努责、奔跑、转圈、起卧不安、精神紧张、表现极度痛苦，有的全身出汗，有的起卧滚转。人为通常无法控制，当强行接近时往往可碰伤其眼眶和口唇。

病驹食欲废绝，结膜潮红，口腔干燥、腐臭，有的舌苔黄腻，心跳快，体温一般正常。病初肠音不整，排粪排尿减少；以后肠音减弱或消失，排粪排尿停止，有的还可继发不同程度的肠臌气。

（3）治疗

①制止疼痛：用 30%安乃近 10mL、水合氯醛 5~15g，加水灌服；或用 2%普鲁卡因溶液 20~30mL、5%葡萄糖注射液 300mL、青霉素 80 万~120 万 IU，混合后腹腔内注射。

②排除结粪：用液体石蜡 250~500mL、鱼石脂 5g、酒精 30mL，混合灌服。新生幼驹，用甘油 100~200mL，直接注入直肠内。

③排气治结：病驹横卧保定，先用适宜的胶管涂润滑油插入肛门，用肥皂水反复灌肠，直至排出少量粪便时，再灌入少量液体石蜡，用手捏住肛门和胶管，胶管外端口装上打气筒，缓慢打气数下。此时，可见病驹腹围增大，出现肠音，放屁排粪。一次不见效时，可再打气。

（五）马属动物肝脏的常见疾病

马属动物原发性肝脏疾病比较少见，由于肝脏主要生理功能具有一定的特点，可参与新陈代谢、解毒等，所以肝脏疾病多为继发性。如在某些中毒疾病、胃肠疾病及寄生虫疾病的发展过程中，都可有不同程度的肝功能障碍，从而继发肝病。

1. 黄疸

黄疸是由于血液中胆红素含量增多，沉积在黏膜、皮肤、皮下组织及器官中，使这些部位出现不同程度的黄染的症状。黄疸不是一个独立的疾病，只是某些疾病（包括一部分肝病在内）的一个症状。

【2018年执业兽医资格考试真题】黄疸时，造成皮肤和黏膜黄染的色素是( )。

A. 含铁血黄素　　　　B. 黑色素　　　　C. 胆红素
D. 血红素　　　　　　E. 脂褐素

【2019年执业兽医资格考试真题】黄疸是由于血液含有过多的( )。

A. 胆红素　　　　　　B. 胆绿素　　　　C. 血红素
D. 胆色素　　　　　　E. 胆固醇

（1）黄疸的形成　红细胞在健康马属动物机体内衰老和新生的过程是不断进行着的，每天有1%~3%的红细胞出现衰老、破坏，同时有相应数量的新生红细胞进入血液循环。当红细胞解体后，释放出的血红蛋白有60%~80%在生成新的红细胞时会再被利用，有20%~40%的血红蛋白被网状内皮细胞转变为胆红素。

结合胆红素由肝脏经胆道系统进入肠内，在细菌的作用下被还原成尿胆素元和尿胆素。这两类合成化合物，大部分随粪便被排出体外，仅有小部分在结肠部被重新吸收，经门静脉进入肝脏，再次被转变为胆红素，又一次经胆道系统排入肠中，我们将这种反复吸收和排泄的过程称为胆红素的"肝肠循环"。

（2）黄疸的分类　根据其发生原因，可分为溶血性、实质性和阻塞性黄疸。

①溶血性黄疸：又称为肝前性黄疸，是在某些疾病过程中，红细胞遭到大量破坏，造成游离胆红素的主要来源血红蛋白数量相应增多，同时经过网状内皮系统（主要为脾、骨髓的网状内皮细胞）形成脂溶性游离胆红素的量也相应增加。但动物机体表现出的黄疸程度，主要还取决于下面几个条件。

a. 溶血的程度。

b. 肝脏的功能。肝细胞运送胆红素与胆红素产生的速度。

c. 游离胆红素的量。机体游离胆红素的含量超过正常生理水平的，其黄疸就会加深。

溶血性黄疸常见于血孢子虫病、新生骡驹溶血病和具有溶血性物质的中毒疾病等。

②实质性黄疸：又称为肝性黄疸，是由于肝小叶的结构和肝细胞机能障碍所引起的黄疸症状。肝脏发生炎症时，引起肝细胞坏死，结合胆红素经毛细胆

管、淋巴间隙等途径进入血液循环，同时部分游离胆红素在血液中聚集，导致可视黏膜及其他组织被染成黄色。

实质性黄疸常见于肝炎、传染性脑脊髓炎、血斑病及某些中毒病等。

【2019年执业兽医资格考试真题】引起实质性黄疸的疾病是（　　）。

A. 胆管结石　　　　　B. 胆囊结石　　　　　C. 胆管狭窄
D. 胆囊炎　　　　　　E. 肝炎

③阻塞性黄疸：又称为肝后性黄疸，是由于胆汁排泄障碍，使胆汁停滞于胆道并聚积在肝细胞内在压力等因素的影响下，胆汁渗入淋巴管和血管中，从而导致各组织、器官被染成黄色。

阻塞性黄疸可见于胆结石、脓肿、肿瘤、十二指肠炎疾病等。

2. 急性肝炎

马属动物肝细胞发生颗粒和脂肪变性、坏死和分解等变化，称为肝炎。临床表现以消化不良、黄疸及全身反应为主要特征。

（1）病因　采食发霉、腐败的草料和毒草，或误食某些农药、化肥引起的中毒，或错用某些毒、剧毒药物所致的中毒等，都可造成不同程度的肝炎。

某些传染病（如传染性胸膜肺炎、马传染性贫血等）、寄生虫病（血孢子虫病、锥虫病）、胃肠炎等疾病的过程中，可引起肝脏功能、结构方面发生变化，从而并发或继发肝炎。病原微生物的侵袭及心脏机能衰弱，可引起肝静脉淤血，造成代谢产物不能及时排出，最终导致淤血性肝炎的发生。

（2）症状　病马食欲显著减退或废绝、精神沉郁，有的皮肤发痒，出现啃咬和拭擦体表。可视黏膜发红，伴有程度不同的发黄，颊部发黄较为明显。随着病势的加重，口腔黏膜黏腻或干燥；尤其体温升高时，口腔的异常变化更为明显，且病马两眼出现多量黏性分泌物，甚至沾污上、下眼睑和睫毛，即所谓"肝热传眼"。心跳加快，脉弦数。当血液中胆酸增加到一定程度时，出现心跳变慢、心律不齐等现象。

随着病情的发展，肠音趋于减弱或强弱不均，肠蠕动迟缓，肠内容物排泄不利，以发酵腐败为主，故排出的粪便恶臭稀软。

本病多可继发肾炎，其尿胆素和胆红素均增多。

（3）治疗　对原发性急性肝炎（可视黏膜鲜黄如橘皮色，中兽医称阳黄），中药治疗用加味茵陈散，茵陈60~100g、大黄30g、栀子30g、连翘30g、黄芩25g、柴胡25g、龙胆草30g、青皮25g、薄荷20g、菊花30g、木香10g、藿香25g、香附子25g，研细末、冲服。若小便短少、色赤者加木通、扁蓄、瞿麦。

对慢性肝炎（可视黏膜呈暗黄色，中兽医称阴黄），中药治疗用加味茵陈五苓散，茵陈60~100g、大黄30g、栀子30g、白术30g、茯苓25g、猪苓20g、泽泻 20g、桂枝 15g、木香 10g，为末冲服。若食欲差、口湿润者加藿香、陈皮、麦芽。小便短少、色黄者加木通、扁蓄、瞿麦；同时用 10%～25%葡萄糖注射液 500～1000mL，静脉注射；复合维生素 B 溶液 20mL，肌内注射。

> 任务思考

（1）马属动物消化系统疾病的常见病因有哪些？
（2）简述马属动物直肠检查的方法。
（3）马口炎的特征性临床症状有哪些？
（4）简述马属动物腹痛发生的原因。
（5）马肠变位的治疗方法有哪些？
（6）幼年马驹便秘的发病原因有哪些？
（7）马腹膜炎的临床特征有哪些？
（8）黄疸是如何形成的？

任务二　呼吸系统疾病

> 任务目标

（1）掌握马属动物呼吸系统的组成、作用和呼吸运动的调节方式。
（2）掌握马属动物常见呼吸系统疾病的发生及预防。
（3）掌握马属动物上呼吸道的检查方法和内容。
（4）掌握马属动物胸部的检查部位、方法及内容。
（5）掌握马感冒，马鼻炎，马喉囊炎，马喉炎，马喘鸣症，马、骡胸膜炎的病因、症状及治疗。
（6）掌握马支气管炎，马支气管肺炎，马、骡肺泡气肿，马肺坏疽，马肺充血及肺水肿，马胸腔积水的病因、症状及治疗。
（7）掌握马大叶性肺炎病因、症状及治疗。

> 必备知识

本任务主要介绍马属动物呼吸系统的解剖构造及呼吸运动的调节方式、呼吸系统疾病的发生及预防，呼吸系统的临床检查技术及要点，临床上常见呼吸器官疾病的诊治。

(一) 概述

1. 呼吸系统的组成

马属动物呼吸系统主要由鼻腔、喉、气管、支气管、肺和胸膜构成。鼻腔、喉、气管总称为上呼吸道，它的作用是将空气导入肺内，并清除大部分异物，使空气变得清澈、温暖、湿润。鼻腔中的很多皱襞和隅角，是防止尘埃和异物进入体内的天然屏障。气管的颤毛上皮，也能阻留尘埃和异物，还可借助于纤毛颤动向体外排出。鼻腔黏膜所产生的分泌物，一方面可阻留尘埃或异物，另一方面还可稀释进入呼吸道的氯、氢氧化铵、氨和毒气等有毒物质。其分泌物中的溶菌酶对吸入呼吸道的一些病原微生物有溶解作用。分布在呼吸道黏膜的神经末梢，由于进入物的刺激，可以反射性地引起喷嚏，借打喷嚏这一动作可将有害物质排出体外。

【2011年执业兽医资格考试真题】不能用口呼吸的动物是( )。
A. 犬 B. 猫 C. 牛
D. 猪 E. 马

肺是马属动物机体进行气体交换的器官，其网状内皮细胞，同其他一些器官的网状内皮细胞一样，可从血液中除去悬浮的胶状物和外来尘粒，同时也能吞噬阻塞支气管的部分分解产物。

【2014年、2016年执业兽医资格考试真题】肺是气体( )。
A. 进入的器官 B. 排出的器官 C. 存储的器官
D. 冷却的器官 E. 交换的器官

2. 呼吸运动的调节

马属动物的呼吸运动是一种主动性发挥作用的过程，这种主动过程是通过迷走神经反射与中枢神经系统调节作用来共同实现的。马属动物的有机体就是借助于这样的呼吸运动，进行着外界环境与机体之间的气血交换，也就是气体代谢。血液从肺脏中获得氧气并运输到全身各组织中，同时各组织将氧化过程所形成的二氧化碳运送到肺脏，从而排出体外。一旦氧气供给停止，动物很快就会死亡。

3. 呼吸系统疾病的发生机理

马属动物呼吸器官具有天然的防御作用，但在不良环境下，由于微生物或理化性的刺激作用，往往引起病理变化，并且可以蔓延至机体相邻的附属腔内，甚至侵害组织器官，有的甚至通过血液循环侵害较远的器官，如喉炎可逐渐蔓延侵袭到气管、支气管和肺，引起气管炎、支气管炎和肺炎。

在呼吸系统的所有疾病中，感冒是发病的基础。感冒可引起许多器官的血管出现相应的反射性变化，使机体局部变冷，即引起皮肤相应的血管出现痉挛，但持续时间是短暂的，当寒冷的反应一旦停止，痉挛即可被动脉充血所替代。此外，在局部和全身寒冷的影响下，呼吸道黏膜的屏障机能可遭到破坏。临床实践证明，在寒冷的作用下，颤毛上皮的活动缓慢或完全停止，会减少机体溶菌酶的分泌，加剧组织蛋白的分泌，并且大量地进入血液，当血液大分子胶体蛋白增多时，可使网状内皮系统的活性减弱。所以在寒冷的作用下，可使机体所有的防卫机能减弱，抵抗力也降低，这是呼吸系统疾病发生的重要因素。

4. 呼吸系统疾病的预防

制止呼吸系统疾病发生最有力的措施就是预防，而预防的关键在于增强动物机体的免疫力。因此，首先应该建立规范的饲养管理制度，注意圈舍的卫生条件，防寒保温，防止马属动物受寒感冒，增强动物对疾病的抵抗力。

(二) 马属动物呼吸系统的临床检查

1. 上呼吸道的检查

马属动物上呼吸道检查包括鼻腔、鼻液、咳嗽、喉及气管的检查。

(1) 鼻腔的检查　检查时，术者站在病马左前方，右手握住笼头稍向上提，用左手拇指、食指和中指捏住鼻翼软骨，将其拉起，即可张开鼻孔。观察鼻腔内黏膜色泽，有无肿胀，有无出血斑点、结节、溃疡及疤痕等。

①色泽：常见有潮红、发绀。其临床意义与眼结膜色泽变化大体相同。

②肿胀：黏膜水肿时，其表面平坦、光滑而发亮，常见于急性鼻炎。

③出血斑点：鼻黏膜有点状出血斑时，常见于马传染性贫血、血斑病等。

④结节：鼻疽结节呈黄白色，米粒大至黄豆大，周围有红晕、界限明显，多分布于鼻中隔及鼻翼软骨内侧。

⑤溃疡：鼻疽溃疡，边缘不整齐，腔道较深，呈灰白色或黄白色，常见于鼻中隔黏膜上。

⑥疤痕：鼻疽性疤痕多呈放射状。

(2) 鼻液的观察　健康马正常时没有鼻液。若有鼻液，应注意观察鼻液的量、性状及有无混合物等。

①鼻液量：病马流出少量鼻液时常见于肺部的疾病；流出多量鼻液时常见于上呼吸道疾病或马腺疫、开放性鼻疽等。

②性状

a. 浆性鼻液。呈水样、无色透明，常见于呼吸道黏膜炎症过程的初期以及感冒。

b. 黏性鼻液。呈丝状、黏稠、灰白色不透明，常见于呼吸道黏膜炎症的中后期。

c. 脓性鼻液。呈黄色或灰黄色，常见于鼻窦炎、腺疫、鼻疽或其脓肿发生破溃时。

d. 腐败性鼻液。呈污秽不洁的灰黑色液状、有恶臭，常见于坏疽性肺炎、腐败性支气管炎。

③混合物：病马鼻黏膜损伤、肺出血时，鼻液中均混有血液。肺水肿时，常混有细小泡沫。食道阻塞、咽喉炎时，常混有饲料碎粒及唾液。在胃破裂之前，当肠梗阻、肠套叠或肠绞窄引发小肠闭塞不通时，常混有酸、败臭呕吐物。

（3）咳嗽的检查　咳嗽是一种保护性反射性动作。马属动物可借助咳嗽，将聚积在呼吸道内的炎性产物或细菌、尘物等异物排出体外。但剧烈而长时间的咳嗽，对上呼吸道功能会造成一定的不良影响。

①干咳：咳嗽声音干而短，是呼吸道内无分泌物或仅有少量黏稠渗出物时发出的咳嗽。常见于慢性气管疾病或急性炎症的初期，发生胸膜炎时可见反射性干咳。

②湿咳：咳嗽声音湿而长，是呼吸道内有大量稀薄渗出物时所发出的声音。常见于支气管炎。

③痛咳：咳嗽声音短而弱，咳嗽时病马伸颈、不敢用力。常见于胸膜炎。

（4）喉及气管的检查　马属动物喉及气管的检查一般使用触诊的方法。注意有无肿胀、增温和疼痛。当喉部有炎症时，触压时病马拒绝，并发出咳嗽。此外，还可用人工诱咳的方法进行检查，诱咳时马不发出咳嗽，则说明其健康无病。

2. 胸部的检查

马属动物胸部检查的方法包括胸部触诊、叩诊和听诊。

（1）胸部触诊　检查时，一手支于鬐甲部，另一手手指并拢、伸直，垂直在肋间部自上而下进行短促地触压。胸壁敏感时，触压可见病马骚动不安，常见于胸膜炎、肋骨骨折等。幼驹患佝偻病时，可在肋骨与肋软骨结合部触摸到肿胀变形。

（2）胸部叩诊　胸部叩诊主要根据叩诊音的变化，来判定肺界大小和肺部有无炎症变化。

①叩诊方法：马常用叩诊器叩诊：叩诊时，一手拿叩诊板，纵行紧贴于肋间，另一手握叩诊锤，活动手腕以垂直叩打叩诊板，反复对照叩诊范围内叩诊音的变化。叩诊音的强弱和高低受许多因素影响，如病马年龄的大小、体壁薄厚和营养状况等。

叩诊力量的大小，可依据体壁薄厚和病变部位的深浅而定。体壁厚者需重叩诊，体壁薄者需轻叩诊。

②马的叩诊区：为了便于叩诊，通常将胸壁分为三个区域。上区的下界为髋关节线，中区为髋结节线至肩端线，下区为肩端线至胸骨。如将肺的欲检查部位连接起来，叩诊区近似一直角三角形。三角形的前界为自肩胛后角沿肘肌向下至第五肋间所划的直线；上界为与脊柱平行的直线，距背线一掌宽；后界为向下向前经下列数点所划的弧线：由第17肋骨与脊柱交接处开始，经髋结节与第16肋骨肋间交点、坐骨结节线与第14肋骨间的交点、肩关节线与第10肋骨间的交点，止于第5肋骨间，这一区域称为心脏的相对浊音区。

③肺叩诊音

a. 正常叩诊音。正常肺部的叩诊音为清音（回响音），特征是音响强、音调低、历时较长。正常肺叩诊区的叩诊音也不完全相同，肺中部的叩诊音较响亮而长，上部和边缘的叩诊音稍弱并带有半浊音。

【2020年执业兽医资格考试真题】健康动物肺区边缘的正常叩诊音是(　　)。

A. 清音　　　　B. 半浊音　　　　C. 浊音
D. 鼓音　　　　E. 过清音

b. 病理性叩诊音。

浊音：类似叩打马臀部的声音，音调单纯，当肺组织发生实变时较常见，如大叶性肺炎。

半浊音：类似肺界后下缘的叩打音，当肺泡内含气量减少时，其音调弱而短，常见于支气管肺炎。

水平浊音：当胸腔积有大量液体，浊音区上界为水平线，常见于渗出性胸膜炎。

【2012年执业兽医资格考试真题】肺区叩诊出现水平浊音，主要见于(　　)。

A. 肺炎　　　　B. 肺水肿　　　　C. 胸腔积液
D. 肺气肿　　　E. 以上都不是

【2012年执业兽医资格考试真题】病畜胸部叩诊出现水平浊音，常提示(　　)。

A. 大叶性肺炎　　B. 肺水肿　　　　C. 渗出性胸膜炎
D. 心包积水　　　E. 肺充血和肺水肿

鼓音：常见于大叶性肺炎的充血期和消散期，此时肺泡中含有液体和气体，如气胸、支气管扩张、肺空洞等。当肺泡气肿时，叩诊为过清音。

【2012年执业兽医资格考试真题】临床上常见的叩诊音主要有(　　)。

A. 清音　　　　B. 浊音　　　　C. 实音
D. 鼓音　　　　E. 以上都是

【2016年执业兽医资格考试真题】肺部叩诊音不包括( )。
A. 清音　　　　B. 过清音　　　　C. 浊音
D. 钢管音　　　E. 空瓮音

(3) 胸部听诊

①正常呼吸音：健康马的肺泡呼吸音比较微弱，类似夫夫声，吸气时清楚，呼气时微弱，甚至听不见。

一般认为，马吸气时肺泡呼吸音是由空气进入肺泡内产生的涡流运动振动肺泡壁所产生的。呼气时的肺泡呼吸音是空气由狭窄的肺泡被挤出，振动细支气管壁而产生的低而弱的声音，随空气经支气管呼出，逐渐减弱，不足以振动较大的支气管壁，所以肺泡呼吸音很快消失。

②病理呼吸音

a. 肺泡呼吸音增强。分为普遍性增强与局限性增强。

马肺泡呼吸音普遍性增强为呼吸中枢兴奋的结果。特征为呼吸深而明显，呼吸强而长，肺听诊区均可听到夫夫声，常见于热性病。此外，细支气管发生病变时，肺泡扩张程度不一致，肺泡组织发生轻度浸润，可听到一种短促的、难于区分彼此的呼吸音，为肺泡呼吸音粗糙，常见于支气管炎和局限性肺气肿。

肺泡呼吸音局限性增强，又称为代偿性增强，为病变部位肺泡含气量减少所致，最终变为无气肺，常见于大叶性肺炎和支气管肺炎。

b. 肺泡呼吸音减弱或消失。马呼吸困难时，由于肺泡气肿、间质性肺气肿，肺弹性降低，所以导致肺泡呼吸音减弱。马胸膜炎时，呼吸时胸膜疼痛且其他运动受到限制，所以病马会抑制呼吸的强度和深度。肺与胸膜发生粘连时，胸壁增厚，使呼吸运动受到限制，因而肺泡呼吸音减弱。空气完全不能进入肺泡时，肺泡呼吸音消失，常见于大叶性肺炎的实变期。

c. 支气管呼吸音。类似赫赫声，马呼气时明显，吸气时微弱。空气经过喉头时，形成喉狭窄音；传到气管时，形成气管呼吸音；再传到支气管时，即成为支气管呼吸音。健康马由于但肺泡内充满气体，声音传导能力差，在胸部听不到支气管呼吸音。支气管呼吸音常见于大叶性肺炎、传染性胸膜肺炎以及渗出性胸膜肺炎。在患支气管肺炎时，支气管呼吸音很少见。

【2011年执业兽医资格考试真题】支气管呼吸音动物呼吸时，气流通过喉部的声门裂隙产生的旋涡运动以及气流在气管、支气管形成涡流所产生的声音，正常时，哪种动物肺部听不到此声音?( )。
A. 犬　　　　　B. 牛　　　　　C. 羊
D. 马　　　　　E. 猫

d. 啰音。呼吸道内聚积了分泌物或黏液引生肿胀所致，是一种重要的病理性呼吸音。

干啰音：当发生支气管炎时管腔狭窄、支气管黏膜附有黏稠的分泌物或呼吸时分泌物的薄膜形成丝条发生震动所致。干啰音较复杂，有咝咝声、笛声、口哨声及猫叫声等。局限性干啰音，常见于急、慢性支气管炎和间质性肺炎。弥散性干啰音，常见于马支气管炎、慢性肺泡气肿。如干啰音长期局限于某一处，则说明该处可能存在并伴有支气管狭窄的炎性病灶，如肺脓肿。

湿啰音：类似含嗽声、沸腾音或水泡破裂音，是由于呼吸时支气管内液体的移动、气流震动液体形成或疏或密的泡浪或气流与液体混合形成泡沫移动所致。湿啰音在吸气和呼气时都能听到，特别在吸气的末期较为明显。咳嗽后可能暂时消失，过后又会出现。湿啰音根据马属动物气管直径的大小而不同，临床上可分为大水泡音、中水泡音和小水泡音。大水泡音常见于支气管肺炎、气管炎、大支气管炎、肺水肿及肺充血等；中水泡音常见于中等的支气管，声音细碎；小水泡音常见于细支气管炎。湿啰音往往混合出现，常称为混合性湿啰音。

e. 捻发音。这是一种细小而均匀，类似捻头发的声音，吸气时可听到，呼气时听不到。捻发音是大叶性肺炎、肺水肿和肺膨胀不全等疾病的重要临床症状。肺泡内虽然充满分泌物、水肿液等，但并没有使其完全闭塞，当空气进入后还能展开，此时可听到捻发音。捻发音仅在吸气的顶点才能听到，而水泡音在吸气、呼吸时均能听到。捻发音发生在大小相同的肺泡内，声音大小一致；而水泡音发生在大小不同的支气管内，所以声音大小不同。捻发音呈塞音，而小水泡音持续时间较长。捻发音比较稳定，而小水泡音很容易发生变化，常因咳嗽而减少、增多或消失。

f. 胸膜摩擦音。类似于皮肤摩擦音，吸气与呼气时均能听到。当胸膜发炎时，由于纤维素沉着，胸膜变得粗糙不平，在呼吸时发生摩擦而产生的特殊声音。其声音类似皮革摩擦声，并有粗糙感。声音接近体表，如在耳边；声音时隐时现，常出现在肘后肺听诊区下 1/3 处。用手触诊此胸壁可以感受到振动，当咳嗽之后，其摩擦音消失。

g. 排水音。为胸腔积气和积液时，病马改变体位或心搏动时冲击液所发出的声音，类似拍击半瓶水所发出的声音，常见于渗出性胸膜炎。

(三) 上呼吸道的常见疾病

马属动物上呼吸道疾病包括感冒、鼻炎、喉囊炎和喉炎。常发生于气候剧变的春、秋季节，发病率较高，治疗见效较快。如果不及时进行治疗，可能继续向下传播蔓延，引起支气管和肺部其他疾病，从而使病情更加严重。

1. 马感冒

马感冒是由于体热受寒而引起的全身性疾病。不具有传染性，若及时治疗，可迅速痊愈。

（1）病因　马感冒主要发生在冬季和春季，当气候多变、忽冷忽热时，或在重役后，或剧烈奔跑后较易发生。

（2）症状　病马精神沉郁、头低耳聋、拱背、毛立，食欲减少或废绝，耳鼻发凉、皮温不调、肌肉震颤，结膜潮红、眼半闭、流泪；有热候者，舌质红、呼吸迫促、脉搏浮速。体温升高到39.5~40℃及以上，有的伴有咳嗽，鼻流清涕或浆黏涕。听诊肺泡音增强或有啰音。

（3）治疗　病初应解热镇痛：用30%安乃近10~30mL或复方奎宁注射液20~30mL（孕马禁用），肌内注射。

中药治疗：外感风寒者、发热轻，恶寒重者、流清涕，宜祛风散寒，用加减杏苏饮，杏仁20g、桔梗30g、紫苏30g、半夏15g、陈皮25g、前胡25g、枳壳30g、茯苓25g、甘草15g、生姜25g，为末，开水冲服。

外感风热、发热重、怕冷轻、口干舌燥、眼红多眵、流黄涕者，用加味桑菊饮，桑叶30g、菊花25g、金银花25g、连翘25g、杏仁15g、桔梗15g、牛蒡子30g、薄荷15g、甘草12g、生姜20g，为末，开水冲服。

2. 马鼻炎

马鼻炎是鼻腔黏液充血、肿胀，并分泌浆性、浆黏性或黏脓性鼻液为特征的疾病。按其病程不同，可分为急性和慢性鼻炎。多发于春、秋两季。

（1）病因　早春晚秋，寒冷空气刺激，气候乍冷乍暖，或风雨侵袭，或出汗遭受贼风，冷空气刺激鼻黏膜均可引发生鼻炎。鼻黏膜受到机械性和化学性因素的刺激，如投放胃管、吸入尘埃、霉菌孢子、有毒气体等，或圈舍通风不良产生的氨气，或烟火等。鼻疽、腺疫、传染性胸膜肺炎、咽炎及鼻窦炎的疾病发展过程中，均可引发鼻炎。

（2）症状　急性鼻炎初期，鼻黏膜潮红、肿胀，病马常常打喷嚏，遇冷加剧，遇暖减缓。鼻部较敏感，病马常在槽缘或墙上摩擦鼻部。鼻黏膜肿胀严重者，鼻腔变窄、呼吸困难、可听到鼻塞音。鼻孔流出鼻液，初期为水样，后期为浆液性或黏脓性，鼻孔周围结成干痂，鼻孔下方皮肤因鼻液侵蚀而发生糜烂。有的病马常伴有结膜炎，眼畏光、流泪。伴发咽炎时，咽下困难、咳嗽、颌下淋巴结肿大。

慢性鼻炎发展缓慢，病程较长。鼻孔流出鼻液多为黏脓性、有的带血丝、呈污灰色、并有腐败臭味，鼻黏膜有溃疡或糜烂。

（3）治疗

①冲洗鼻腔：用1%~2%食盐水、1%~2%碳酸氢钠溶液、0.1%高锰酸钾溶液、2%~3%硼酸溶液冲洗。后期为促进收敛，用1%明矾溶液或0.5%鞣酸溶液。

②对症治疗：为了促进鼻黏膜血管收缩，消除肿胀，降低鼻黏膜敏感性，可用0.1%肾上腺素或水杨酸苯酯-液体石蜡（1∶9）10mL，注入鼻腔。

③中药治疗：以散风清热为主，用苍耳子散，苍耳子30g、辛夷30g、白芷20g、薄荷15g、菊花25g、黄芩20g、栀子20g、紫苏30g，为末，开水冲服。

3. 马喉囊炎

马喉囊炎是指喉囊黏膜和喉周围淋巴结发生的急性或慢性炎症。临床常见有卡他性、化脓性和腐败性炎症。本病主要发生于马，骡、驴少见。

（1）病因　原发性喉囊炎，是在吞咽困难的情况下，草渣或受霉菌及其他病原微生物污染的饲料等通过耳咽管口，由腭帆张肌和腭帆提肌间的裂隙进入喉囊所致。继发性喉囊炎较为常见，往往继发于马腺疫、咽喉炎、腮腺炎等疾病。

（2）症状　由于喉囊发炎，囊中积有一定量的浆液性、脓性、腐败性的液体或气体，造成喉囊膨大。严重者，膨大可波及颈部食道沟及其上方。同时，膨大的喉囊挤压腮腺，使腮腺明显突出于体表。病马头部偏向健侧，并呈现稍向前伸展的姿势。触诊膨大的喉囊，病马不甚敏感，局部发软，偶有温热的感觉。当用力压迫喉囊，特别是病马低头时，可从病侧鼻孔流出上述性质的液体，同时病马表现出呼吸迫促。

单侧喉囊炎时，患侧腮腺肿胀突出，两鼻孔流出病理性鼻液，尤其在因采食、饮水而低头时，鼻液流出量增多。由于渗出液增多使喉囊膨大，导致吞咽障碍，病马饮食大减，甚至不食。

（3）治疗

①冲洗喉囊，以排出病理产物，消除炎症。可行喉囊穿刺术，外接输液管，向喉囊内输入0.9%氯化钠注射液500mL，然后压低马头，使体液从鼻孔流出。如此反复冲洗数次。冲洗后用0.25%普鲁卡因溶液20mL、青霉素120万IU、链霉素1~2g，溶解，混合注入喉囊。

②磺胺嘧啶钠100mL、鱼腥草注射液40mL，静脉注射，1次/d，连用3d。

4. 马喉炎

马喉炎是指喉黏膜及黏膜下层组织发生的炎症。临床以喉头肿胀，外部触诊敏感、疼痛，伴有剧烈的痉挛性咳嗽为特征。喉炎以急性者多见。

（1）病因　急性喉炎的发病原因与鼻炎相似。主要由感受风寒和化学性、物理性以及机械性刺激引起。邻近器官的炎症如鼻炎、咽炎、气管炎也可蔓延至喉部而引起该病。

（2）症状　咳嗽为其主要症状。初期为剧烈的痛咳、短咳和干咳，随着分泌物增加，咳嗽声变长且带有湿咳，疼痛逐步减轻，早晨或受凉时咳嗽加重。触诊喉头敏感，喉黏膜肿胀，故病马头颈伸直。人工诱咳时病马表现抗拒，摇头伸颈，并出现痛苦的剧烈性咳嗽，颌下淋巴结中度肿胀。

喉部听诊，可听到干啰音，渗出物增加时，可听到呼噜音。喉头严重狭窄时，往往在较远处也可听见喉狭窄音，常在吸气时表现明显。这时病马体温升高、呼吸困难、脉搏增数、口色赤紫，鼻液为浆液性或黏脓性。

（3）治疗

①注意厩舍保暖，通风良好，多给饮水，给予易消化的柔软草料，保持病马安静。

②用10%浓盐水或硫酸镁溶液加温外敷。

③炎症严重者，使用磺胺嘧啶钠溶液50~80mL，静脉注射。同时用输液管经鼻腔注入碘-液体石蜡（2∶8）10~20mL。

④咳嗽严重者，可给予相应祛痰、止咳剂。如分泌物黏稠时，用氯化铵10~15g、人工盐30g、蜂蜜120g，混合口服。

⑤中药治疗：射干30g、山豆根30g、牛蒡子25g、桔梗20g、连翘25g、玄参25g、黄芩25g、黄连15g、荆芥20g、薄荷15g，煎汤口服。

（四）下呼吸道的常见疾病

1. 马支气管炎

马支气管炎是支气管黏膜表层或深层发生炎症的统称。

（1）病因

①受寒是马支气管炎的主要原因。早晚、春秋，气候多变，寒冷露宿，风霜侵袭；或出汗后受寒，急奔归，拴在阴冷处等均可引发。当感冒被误诊错治时，也可继发支气管炎。

②机械性或化学性刺激。厩舍通风不良，吸入尘埃、霉菌或氨气、硫化氢等刺激性气体，投药误入气管等均可发生支气管炎。

③马流感、马腺疫、马鼻疽等传染病可继发或并发急性支气管炎。

④急性支气管炎如果持续或反复发作，可使炎症波及整个支气管并引起结缔组织增生，导致其发生支气管周围炎，致使气管狭窄或扩张。长期咳嗽、气喘、肺膨胀不全者，可蔓延成慢性肺气肿。

（2）症状 急性支气管炎以咳嗽为主要症状。初期表现为短、干咳并带疼痛，3~4d后，随着分泌物增加，咳嗽变为湿性而长，疼痛稍减轻。初期流浆性鼻液，以后逐步变为黏性或黏脓性，每次咳嗽之后，鼻液增多。

听诊肺部，初期肺泡呼吸音增强，后期因支气管分泌物黏稠、黏膜肿胀，可听到干啰音。支气管分泌物稀薄时，可听到湿啰音，呼吸一般加快。

大多数病马出现不同程度的全身症状，病初体温升高、精神不振、食欲减退或丧失。当支气管炎症加重时，全身症状更为严重，黏膜呈紫蓝色、呼吸困难、严重时出现张口呼吸。

慢性支气管炎，病呈较长，咳嗽呈干咳、痛咳，早晚和夜间气候急剧变化时，咳嗽较为剧烈，鼻液量少而黏稠。当病程延长时，支气管结缔组织增生；管腔狭窄或变形时，则呼吸困难；如果重役或急走，则出现气喘、持续性咳嗽，易继发慢性肺气肿。

(3) 治疗

①加强护理：厩舍要清洁，通风良好，防止潮湿，注意保暖，喂给易消化的饲料，适当运动。

②消除炎症：用青霉素 40 万 IU、0.25%~0.5%盐酸普鲁卡因溶液 10~20mL，混合后一次性注入气管，1 次/d，连用 4~5 次。如体温升高，全身症状严重时，用青霉素 100 万~200 万 IU、链霉素 2~3g，肌内注射，2 次/d，连用 3~5d；或静脉注射磺胺噻唑钠 80~150mL，第二次用量可减至 60~100mL。也可气管注入 5%薄荷脑液体石蜡（制备方法：先将液体石蜡煮沸，放凉至 40℃左右，加入薄荷脑，融化后密封备用），10~15mL/次，初期 1 次/d，以后隔日一次，4 次为一疗程。

③中药治疗：初发咳嗽，全身症状不严重者，用加减射干麻黄汤，射干 20g、麻黄 10g、细辛 10g、桔梗 30g、前胡 15g、陈皮 20g、杏仁 20g、五味子 25g、紫苏 15g、甘草 15g，为末冲服。

2. 马支气管肺炎

马支气管肺炎是支气管或细支气管和肺小叶群所发生的卡他性炎症，因其病变多限于一个或数个肺小叶，故又称小叶性肺炎。

【2010 年执业兽医资格考试真题】支气管肺炎的始发病灶位于(　　)。

A. 肺大叶　　　　　　B. 肺泡壁　　　　　　C. 肺小叶间质

D. 肺支气管周围　　　E. 细支气管或肺小叶

(1) 病因　感冒是诱发马支气管肺炎的主要原因。此外，鼻疽、腺疫、流感等传染病和子宫炎、乳腺炎、胃肠炎等化脓性疾病均可引发马支气管肺炎。

(2) 症状　初期有急性支气管炎的症状，全身症状严重，精神沉郁，黏膜充血、发绀，食欲减少或停止，口渴，呼吸加快、浅表，并有混合性呼吸困难。咳嗽音短而粗，痛苦、嘶哑，后期转为湿性，疼痛稍减轻。流出脓性鼻液，有的为黏脓性鼻液。病初 2~3d 体温升高至 40℃以上，呈弛张热。

胸部听诊，在病灶处，病初肺泡音减弱，可听到捻发音。后期由于炎性渗出物性质改变，可听到干啰音或湿啰音。当肺小叶炎灶相互融合，肺泡和细支气管内完全充满渗出物时，肺泡呼吸音消失，出现支气管呼吸音。肺的健康部分，其肺泡呼吸音增强，心音也增强，第一音浑浊并延长，第二音较高朗，脉搏加快，达 60 次/min 以上。胸部叩诊，呈小片浊音区。X 射线检查，肺纹理加深，呈大小不等的云雾状、片状阴影。白细胞总数增多，以嗜中性粒细胞增多为主，核左移，单核细胞增多，嗜酸性粒细胞缺乏。

【2010年执业兽医资格考试真题】马，食欲下降，咳嗽，呼吸困难，流黏液性鼻液，体温40.1℃，叩诊胸区出现灶性浊音区，胸部听诊有湿音，病灶部位肺泡呼吸音减弱。

1. 本病最可能的诊断是(　　)。
A. 胸膜炎　　　　　B. 支气管炎　　　　C. 大叶性肺炎
D. 支气管肺炎　　　E. 间质性肺气肿

2. 病马的热型最可能表现为(　　)。
A. 弛张热　　　　　B. 稽留热　　　　　C. 回归热
D. 间隙热　　　　　E. 不完整热

3. 病马的血常规检查最可能出现(　　)。
A. 白细胞总数增多　B. 白细胞总数减少　C. 白细胞总数正常
D. 红细胞总数增多　E. 红细胞总数减少

【2010年执业兽医资格考试真题】支气管肺炎的X射线影征是(　　)。
A. 黑色阴影　　　　B. 密度均匀的阴影　C. 大小不一的云絮状阴影
D. 边缘整齐的大块状阴影　　　　　　　E. 整个肺野出现高密度阴影

各肺小叶炎症的发生和发展是不平衡的。同一时间，有的小叶炎症已经消退，而有的小叶炎症刚刚开始。当炎症向新的小叶蔓延时，病马体温升高，而在部分小叶炎症消退时，体温略有下降，因而呈弛张热。由于上述特性，常使疾病经过缓慢，且易继发感染，引起化脓性肺炎。

（3）治疗
①消除炎症：使用抗生素和磺胺类药。
②制止渗出和促进炎性渗出物的吸收：用10%氯化钙溶液100mL，静脉注射，1次/d；或用酒精葡萄氯化钙溶液100mL，静脉注射，1次/d。同时使用利尿剂，乙酸钾10~15g，口服。
③中药治疗：半夏20g、陈皮30g、茯苓20g、百部15g、前胡25g、白前25g、桔梗20g、贝母20g、栗壳20g，研末，加蜂蜜200g，冲服。

3. 马、骡肺气肿

马、骡肺气肿是以肺泡弹力减退，发生病理性扩张或肺泡间的结缔组织聚积空气为特征的一种疾病。肺气肿分为急性和慢性两种。多发生于长期重役的老年马和长期咳嗽而没有及时治疗的马、骡和驴。沙尘暴严重地区的马属动物也多见本病。

（1）病因　肺气肿是由于呼气和吸气过度加强，肺泡长期过度扩张，回缩不全，剩余空气增多而发生的。慢性弥散性支气管炎、支气管周围炎、因结缔组织增生引起的支气管狭窄以及经常持续的咳嗽,都有可能继发慢性肺气肿。在冬、春季节发病率较高,夏季青草茂盛季节发病较低,长期放牧的马群,很少发生肺气肿。

由于肺泡长期过度扩张,压迫肺组织毛细血管,使肺泡间隔血液供应不良,引起肺泡壁萎缩,弹性纤维逐渐下降。在剧烈咳嗽时,往往使肺泡间隔破裂,形成较大的含气空腔,使肺的体积不断增大,导致肺的呼吸面积减小。

由于肺组织的萎缩,肺的呼吸面积减小以及肺组织弹性降低,使气体代谢发生障碍、机体缺氧,因而发生气喘。由于肺循环,肺动脉压升高,加重右心负担,初期表现为右心室肥大,第二心音增强,继而引起心脏衰竭、全身静脉淤血。

(2) 症状　马属动物病初症状不明显,只在剧烈使役时,易出现疲劳并伴有呼吸困难的症状。在疾病发展的过程中,出现呼气性呼吸困难,尤其在使役时发生剧烈气喘,沿肋骨弓与腹壁交接处形成明显的喘沟,吸气时肋间凹陷,呼气时肛门外凸。常有低、短的干咳,呼吸加快,多达50次/min以上,体温一般变化不大。

严重时,不论使役与否,喘气都十分明显,一般对症治疗收效不佳,即使一时症状减轻,也容易复发。病畜食欲减退,日渐消瘦。

胸部听诊,病变部位肺泡呼吸音减弱,健康部分则显著增强。在并发支气管炎时,可听到干啰音,偶有湿啰音。因肺内压升高,右心室肥大,第二心音增强。胸部叩诊,呈过清音,叩诊界后移。

(3) 治疗

①对症治疗:本病应早期治疗,咳嗽时间较长的马、骡不可延期治疗。发生气喘后,应停止使役和剧烈奔跑,加强饲养管理,有计划地治疗。可应用抗生素或抗霉菌药进行抗菌消炎,还可应用肾上腺皮质类固醇、抗组胺药、祛痰药、雾化吸入剂等进行治疗。

病初,体温升高时,用青霉素和链霉素,肌内注射,2次/d;或者每日注射1~2g,5~10d为一个疗程。

②中药治疗:核桃仁120g、杏仁25g、麻黄12g、地龙60g、百合60g、生姜30g,为末冲服。咳嗽痰多者加海浮石30g、百部20g,口色红燥者去生姜,加桑白皮30g、黄芩25g、蒲公英60g,粪便干者加瓜蒌60g,食欲不振者加山楂、神曲、麦芽。

若病马久喘不息、口色暗红,应补气养血、滋阴补肾、润肺定喘,用定喘散,熟地30g、山药30g、沙参30g、党参25g、五味子15g、紫苑20g、何首乌30g、麦冬30g、炒杏仁25g、前胡20g、白芍25g、丹参25g、葶苈子30g、紫苏子20g(炒),水煎服。

若咳嗽剧烈、体温高，用葶苈散，葶苈子30g、桔梗15g、川贝母15g、杏仁15g、紫苏15g、天冬15g、百合25g、麦冬15g、冬花15g、知母15g、麻黄10g、射干10g、蜂蜜60g，为末冲服。

【2016年执业兽医资格考试真题】马，16岁，长期劳役，发病约半年，易疲劳，出汗，可视黏膜发绀，呼气性呼吸困难，沿肋骨弓有一段深的凹陷沟，体温正常。

1. 该病最可能的诊断是（　　）。

A. 急性肺泡气肿　　B. 慢性肺泡气肿　　C. 间质性肺气肿

D. 肺充血　　　　　E. 肺水肿

2. 肺部叩诊的变化是（　　）。

A. 叩诊过清音，叩诊界后移　　　　B. 叩诊浊音，叩诊界前移

C. 叩诊半浊音，叩诊界后移　　　　D. 叩诊过清音，叩诊界前移

E. 叩诊浊音，叩诊界前移

3. 对本病的治疗不应选用（　　）。

A. 氨茶碱　　　　B. 地塞米松　　　C. 新斯的明

D. 阿莫西林　　　E. 沙拉沙星

4. 马大叶性肺炎

大叶性肺炎是以细支气管和肺泡内充满大量纤维蛋白和血细胞渗出物为特征的进行性肺炎。其主要侵害大片肺叶，典型病例呈纤维素性肺炎或胸膜肺炎的综合症状。临床上以高热稽留、铁锈色鼻液、肺部的广泛浊音区和病理的定型经过为特征。

【2012年执业兽医资格考试真题】大叶性肺炎的病变本质是（　　）。

A. 浆液性炎　　　B. 纤维素性炎　　　C. 化脓性炎

D. 出血性炎　　　E. 增生性炎

（1）病因　大叶性肺炎的病因主要为传染性因素，如马的传染性胸膜肺炎、化脓链球菌、马巴氏杆菌等疾病继发感染。另外，马受寒或感冒、过度劳逸、机械损伤、吸入刺激性气体等，可使机体的抵抗力降低，致使病原菌得以繁殖，引起大叶性肺炎。继发性大叶性肺炎，有时见于流感、腺疫、出血性败血病等，多取不定型经过。

（2）发病机理　在机体抵抗力降低的情况下，微生物迅速繁殖并沿淋巴管、大气管周围及肺泡间结缔组织扩散，进入肺泡并扩散到胸膜。微生物与肺组织相互发生影响，细菌释放毒素，在其作用下，使肺组织发生炎症，炎性产物和毒素被吸收后，可引起病马的全身反应。

（3）症状　根据临床症状可分为典型大叶性肺炎和非典型性大叶性肺炎。

①典型大叶性肺炎：体温迅速升高到41~42℃，多呈稽留热，持续6~9d，

病马精神沉郁，黏膜充血、黄染，脉搏快而硬，呼吸困难，并有干性痛苦的咳嗽。

【2016年执业兽医资格考试真题】大叶性肺炎患畜的典型热型为（　　）。
A. 弛张热　　　　B. 波状热　　　　C. 回归热
D. 不定型热　　　E. 稽留热

在炎症充血期，叩诊呈鼓音或半浊音；听诊肺泡呼吸音消失，可听到湿啰音或捻发音。肝变期叩诊呈浊音；听诊肺泡呼吸音消失，可听到支气管呼吸音。消散期叩诊呈鼓音或半浊音；听诊支气管呼吸音消失，重新出现湿啰音和捻发音。X射线检查，呈明显而广泛的大片阴影。

少数病例，只在病初从鼻腔流出铁锈色鼻液。肝变期尿量减少，尿相对密度增加；消散期尿量增加，相对密度下降。病初脉搏加快，但不与体温相适应（体温上升2~3℃，脉搏只增加10~15次）。

血液检查，中性粒细胞增多并呈核左移，淋巴细胞、单核细胞、嗜酸性粒细胞均减少，血小板和红细胞也减少，血沉加快。

②非典型大叶性肺炎：不像典型大叶性肺炎那样有纤维素性肺炎或胸膜肺炎典型经过，呈稽留热或弛张热，多反复发热，症状复杂，无规律，肺的病变较多，常见有肺化脓、肺坏疽、胸膜炎等。在并发肠炎时，往往来不及治疗。有的病程较长，但治疗效果不佳。

部分病例呈典型经过，大体分为三个阶段。

①炎性充血期和渗血期：循环障碍，持续数小时至一昼夜。肺毛细血管过度充血，肺泡上皮细胞肿胀并脱落，炎性渗出物向肺泡渗出并伴有大量血液。

②实变期：一般持续3~5d，聚积在肺泡、细支气管中的渗出物出现凝结，病变肺叶缺乏空气，并且肺泡被混有大量红细胞的纤维蛋白所充满，肺切面像肝切面一样，称为红色实变期。当脂肪变性达到高峰，颜色变黄时，又称黄色实变期。

③溶解期：在白细胞酶的影响下，渗出物被溶解并经淋巴道吸收。细支气管和肺泡内的内容物借助于祛痰而被排出体外。空气进入肺泡时，上皮再生，肺组织恢复正常的状态。

（4）治疗　妥善护理，早期治疗。

①早期大量使用新胂凡纳明，效果较好，用量0.015g/kg，一般马、骡用3.6~4.5g，溶于100~150mL微温的5%葡萄糖注射液（或蒸馏水）中，缓慢静脉注射。为了安全，可先肌内注射10~20mL 20%樟脑油。在注射过程中，若马属动物出现虚脱现象，应立即停止静脉注射，并皮下注射0.1%肾上腺素3~5mL。对心脏机能不好的病马，可先注射5%葡萄糖氯化钠注射液，在心脏机能改善后，再注射新胂凡纳明，或将一次剂量分两次静脉注射。注射时，切

忌将药液漏在血管以外。为此，在药液注射结束时，放低输液瓶或压迫静脉血管，发现回血后，再拔出针头。用药后，如病马未见好转，3~5d后再注射一次，共注射3~5次。

②配合应用抗生素和磺胺类药以防止继发感染。在应用新胂凡纳明的同时，相继应用青霉素（80万~120万IU/次）和链霉素（150万~200万IU/次），肌内注射，2次/d；或土霉素1.5~2g，肌内注射，2次/d。也可静脉注射10%磺胺噻唑钠液100~200mL，2次/d。

③对症治疗：消化不良的病马，可内服缓泻剂（液体石蜡500mL）、健胃散；为了加速渗出物的排出，可用氨茶碱1~2g，肌内注射；为了加速渗出物的吸收，可用10%氯化钙液100~200mL，静脉注射，1次/d。

④中药治疗：知母25g、贝母25g、桑皮25g、黄芩25g、天冬25g、百部15g、瓜蒌60g、薤白15g、郁金25g、桔梗30g、甘草15g，研末，冲服或煎服。

【2019年执业兽医资格考试真题】马，体温40.5℃，发病5d，精神沉郁，呼吸急促，脉搏数增加，流大量鼻液，肺部叩诊有大片浊音区。X射线检查肺有大片均匀致密影。

1. 患马流出特征性鼻液的颜色是（　　）。
A. 无色　　　　　B. 白色　　　　　C. 黄色
D. 绿色　　　　　E. 铁锈色

2. 患马流出特征性鼻液性质属于（　　）。
A. 浆液性鼻液　　B. 黏液性鼻液　　C. 黏脓性鼻液
D. 腐败性鼻液　　E. 血性鼻液

3. 临床可做出的初步诊断是（　　）。
A. 小叶性肺炎　　B. 大叶性肺炎　　C. 吸入性肺炎
D. 慢性阻塞性肺病　E. 胸腔积液

5. 马肺坏疽

马肺坏疽是由于误咽药物或其他异物进入肺脏，引起肺组织腐败分解所形成的坏疽性肺炎。

（1）病因　在破伤风、咽炎、腺疫和全身麻醉的情况下，全身机能障碍，异物误咽入肺内；投药不慎，药液进入气管；在食道严重阻塞时，反复使用胃管，使唾液进入气管等情况，都可引起肺坏疽。异物进入气管后，首先引起支气管肺炎，在腐败性细菌的作用下，在肺内形成坏疽灶。坏疽灶分解时，形成大量的恶臭黏稠液体。如坏疽灶与呼吸道相通，则可呼出腐败性恶臭气体，或从鼻孔流出恶臭的腐败分解产物。

（2）症状　病马体温升高，脉搏快而弱，呼出气体恶臭，两鼻孔流出多量污秽恶臭鼻液，呼吸困难，鼻翼扇动，咳嗽低弱，带痛而涩，往往低头咳嗽时，鼻液量增多。

听诊胸部有湿啰音和空瓮呼吸音，当伴发胸膜炎时，可听到摩擦音。

镜检鼻液，可发现弹性纤维。方法：取鼻液与等量10%氢氧化钾（钠）溶液混合，煮沸成均匀的液体后，离心沉淀。取沉淀物镜检，可见弹性纤维。其镜检呈双重轮廓、发亮、屈曲如羊毛状。

（3）治疗　异物进入气管时，立即用3mL 7%盐酸毛果芸香碱溶液和20mL苯甲酸钠咖啡因，皮下注射；同时注射青霉素100万~200万 IU、链霉素200万 IU，2次/d。为防止渗出，用10%氯化钙或酒精葡萄糖氯化钙注射液100mL，静脉注射。

6. 马肺充血及马肺水肿

马肺充血是肺毛细血管内血液异常增多的现象，可分为自动性充血和被动性充血。自动性充血是血液流入量增多而流出量正常；被动性充血是血液流出量减少而流入量正常或增加。

马肺水肿是肺充血，致使血清由肺的毛细血管渗出，侵入肺间质、肺泡及支气管内所致。但短时间的肺充血，不一定引起肺水肿。

（1）病因　自动性肺充血，通常是炎热天气过度使役或奔跑，或道难行，过度负重，或车船运输中过度拥挤以及吸入热空气，或吸入刺激性气体所致。在上述外因刺激下，流进肺脏的血液量增多，超过了肺循环的代偿耐受量，而引发肺充血。经常训练的跑马、军马，代偿耐受性比较强。

被动性肺充血是在左房室孔狭窄、二尖瓣闭锁不全等心脏机能不全的情况下，血液自肺流向心脏困难所引起的；或由心肌炎、传染病或中毒引起的心扩张与心衰弱，导致心脏收缩力减弱所引起的。此外，长期一侧性倒卧也可引起沉积性充血。

由于肺脏毛细血管充血，促使血浆经毛细血管向肺泡渗出，使肺泡张力丧失并被渗出液所充满，导致肺的呼吸面积减小、气体交换降低，引起缺氧，最终表现为气喘和黏膜发绀。当肺泡中充满渗出物并向支气管渗出时，听诊出现啰音或水泡音。当严重肺水肿时，渗出液常自支气管经鼻孔渗出，呈无色或淡红色泡沫状。

在传染病病程中以及患中毒性水肿时，也会直接发生对血管壁的毒性作用，而使血管壁的渗透性增强。

【2010年执业兽医资格考试真题】左心功能不全常引起(　　)。
A. 肾水肿　　　　　　B. 肺水肿　　　　　　C. 脑水肿
D. 肝水肿　　　　　　E. 脾水肿

（2）症状　肺充血和肺水肿的临床症状相类似，病马呈混合性呼吸困难，每分钟呼吸次数多达100余次。严重者，在较短距离就可听到气管呼噜声。病马表现焦躁不安，有时出现腹痛症状。静脉怒张、结膜潮红发绀、眼球突出。

肺充血一般没有鼻液流出，少数病马可流出粉红色泡沫状或白色泡沫状鼻液。体温可高达40℃左右，但由于心脏机能障碍所引起的肺充血，体温一般没有变化，脉细数，可达80次/min以上。主动性肺充血，脉搏及心音均增强，节律不齐。被动性肺充血或肺水肿时，脉搏与心音在病初较弱，经过休息后，体温、脉搏逐渐恢复正常，但在相当长的时间内，呼吸仍频数、表浅。

肺水肿时，由鼻孔流出大量淡黄色或无色、含细小气泡的鼻液。胸部听诊，有广泛的水泡音。叩诊时，在肺脏的前下三角区出现浊音，说明肺泡内既有液体，又有气体。当肺泡弹力减退时，多在肺的中、上部出现鼓音。

【2014年执业兽医资格考试真题】马精神沉郁，呼吸困难，鼻孔流出粉红色泡沫状鼻液脉搏跳动快，可视黏膜发绀，可能是(　　)。

A. 肺泡气肿　　　B. 肺充血和肺水肿　　C. 肺间质水肿
D. 支气管肺炎　　E. 大叶肺炎

【2017年执业兽医资格考试真题】马急性肺水肿的鼻液性质是(　　)。

A. 浆液脓性　　　B. 黏液脓性　　　　C. 脓性腐败性
D. 浆液性血性　　E. 血性腐败性

（3）治疗　发病时，应立即进行救治。为缓解肺循环障碍，可根据病马体质，进行静脉放血1500～3000mL，放血后输入等量的葡萄糖氯化钠注射液。对肺水肿者不可一次输入大量液体，输液速度不能过快，最好不要输入0.9%氯化钠注射液，以免钠离子渗到肺泡内，加重肺水肿的发生程度。

为了防止水肿，用5%～10%氯化钙溶液100～200mL，静脉注射；同时注入安钠咖溶液，但不可使用肾上腺素，因使用肾上腺素可能导致通过的血液量增大，促使肺充血转为肺水肿或加剧肺水肿的病情。

病马表现不安时，适当选用镇静剂，如安溴注射液80～120mL，静脉注射；或氯丙嗪150～300mg，肌内注射。

中药治疗：葶苈子30g、桑白皮30g、马兜铃25g、栀子25g、连翘25g、杏仁20g、大黄30g、花粉25g、沙参25g、甘草15g，研末，冲服。

【2019年执业兽医资格考试真题】马，7岁，2008年7月由于过度使役而突然发病。临床表现明显的呼吸困难，流泡沫状鼻液，黏膜发绀。体温40.5℃，呼吸85次/min，脉搏97次/min。肺部听诊湿啰音，X射线影像显示肺野密度增加，肺门血管纹理显著。

1. 最可能的诊断是(　　)。

A. 胸膜炎　　　　B. 喘鸣症　　　　　C. 支气管炎
D. 肺泡气肿　　　E. 肺充血与肺水肿

2. 肺部叩诊可能出现（　　）。
A. 清音　　　　　　B. 浊音　　　　　　C. 鼓音
D. 破壶音　　　　　E. 金属音

3. 血气分析最可能的异常是（　　）。
A. $p(O_2)$ 正常，$p(CO_2)$ 升高　　　　B. $p(O_2)$ 升高，$p(CO_2)$ 升高
C. $p(O_2)$ 降低，$p(CO_2)$ 降低　　　　D. $p(O_2)$ 升高，$p(CO_2)$ 降低
E. $p(O_2)$ 降低，$p(CO_2)$ 升高

7. 马喘鸣症

马喘鸣症是由于喉后神经（返回神经）麻痹引起的一侧声带出现弛缓和麻痹的病症。这种弛缓的声带受到吸入气流的影响，明显地伸入喉内，同时由于舒张喉裂的肌肉，环杓背肌和杓横肌的萎缩，最终导致喉口狭窄，当吸气时则发生以喘鸣为特征的异常狭窄音，故称为喘鸣症。由于病马喉头肌肉萎缩与声带的麻痹通常偏于左边一侧，故又称为喉偏瘫。

（1）病因　马喘鸣症的发病原因较复杂，目前尚无统一的说法，大体认为有以下几种：

①继发于传染病：喘鸣症常继发于马腺疫、传染性咽炎、传染性胸膜肺炎、传染性支气管炎和媾疫等疾病，这些疾病在患病的过程中由于血液内的细菌毒素作用而继发喘鸣症。

②外源性毒素：由铅中毒或其他毒物中毒引起喉后神经麻痹所致。

③喉后神经受压迫和损伤，如主动脉肿瘤、赘生物、淋巴结肿胀和甲状腺，以及纵隔中由于胸膜炎形成的瘢痕等，凡能引起喉后神经受压迫或损伤的因素均可引起本病的发生。

此外，有人认为喘鸣症与遗传性有关，该病曾出现在患有喘鸣症病马的后代中。

（2）症状　本病特有的症状为病马吸气时发生喉狭窄音，如吹笛、拉风箱似的喘鸣。

病的初期，病马在安静状态或使役时无特殊变化，但在重役、挤压喉部、将头抬起或将头压低稍偏于右侧时，则会出现喘鸣音。当头部恢复正常，或重役休息后，其喘鸣音即消失。

当病情加重时，即使轻微使役，或轻微运动也能发出清晰的喘鸣音，在几十米远都可听到。病马呼吸困难、鼻孔开张、吸气时肋间凹陷、收腹。严重者，在吞咽草料时，也可引起喘鸣。

喉部触诊，左侧喉软骨的右侧凹陷，如压迫右侧的杓状软骨，则可引起强烈的吸气性狭窄音。人工诱咳很难引起咳嗽，其原因是喉裂不能紧闭，即使诱咳成功，咳嗽也会嘶哑或呈破碎音。

（3）治疗　当致病因素为外源性毒物，应立即更换饲料，治疗以解毒为主。

喉后神经受到渗出物或肿大的淋巴结压迫者，用碘化钾 5g（用面粉或赋形剂制作成丸剂或舔剂），口服，2 次/d。

喉部周围涂擦汞软膏、斑蝥软膏，同时注射藜芦素 0.5g 和 70% 酒精 5mL；也可直接注射藜芦素、酒精和士的宁，第一天注射藜芦素和酒精，隔天注射士的宁 0.05g，依此反复数次。

自家血疗法也有一定效果，采取病马自体静脉血，加入 3%~5% 的柠檬酸钠作抗凝剂，其抗凝比例为 1∶10，抗凝血后在室内静置 10min，再注入病马静脉内，每次注射 100~120mL，可每天或隔天一次。

8. 马、骡胸膜炎

马、骡胸膜炎是胸膜发生伴有炎性渗出物和纤维蛋白沉积的炎性过程。根据发病过程可分为急性和慢性胸膜炎；根据病变特性可分为局限性和弥散性胸膜炎；根据渗出物的性质可分为干性和湿性胸膜炎。

（1）病因　马、骡在受寒感冒以及热性、机械性、化学性和毒素的刺激与影响下，机体抵抗力降低，引起两极杆菌、化脓菌、结核菌、肺炎球菌等某些细菌毒力加强，而导致胸膜炎的发生。

胸膜炎大多是继发病，当某些邻近器官发病时可继发本病，如大叶性肺炎、支气管肺炎、肺坏疽等。

（2）症状　病初精神沉郁，体温升高，食欲减退，呼吸急促、表浅，且多呈腹式呼吸。触压胸壁，表现疼痛，病马不能躺卧；若因过度虚弱而卧地时，往往病侧在上。安静时，间或有低弱的咳嗽。叩诊时表现疼痛，咳嗽加剧时更加痛苦，湿性胸膜炎因渗出物聚积，胸下部叩诊呈浊音，浊音区上界呈水平线。在初期有纤维素性渗出物时进行胸部听诊，可听到胸膜摩擦音，并与呼吸运动相一致；在渗出液聚积时进行胸部听诊，其摩擦音消失，而这些部位的呼吸音减弱或消失。肺的健康部分呼吸音增强，病侧心音减弱。

干性胸膜炎时，渗出物沉积在胸膜上，使胸膜增厚，表面粗糙，甚至结缔组织增生；湿性胸膜炎时，有浆性、浆性-纤维蛋白性、出血性、脓性或化脓腐败性渗出物聚积于胸膜。

血液检查，嗜中性粒细胞增多，核左移，淋巴细胞减少。渗出性胸膜炎时，尿量少、浓稠，常有蛋白尿；恢复期时，渗出液多被吸收，表现为多尿。

（3）治疗　治疗原则是消炎、制止渗出、促进渗出物的吸收和防止自身中毒。临床常用药有抗生素、氯化钙和碳酸氢钠等对症治疗。

中药治疗：干性胸膜炎者，银柴胡 30g、瓜蒌皮 60g、薤白 20g、黄芩 25g、白芍 30g、牡蛎 30g、郁金 25g、甘草 15g，研末冲服。

渗出性胸膜炎者，当归 30g、白芍 30g、白及 30g、桔梗 15g、贝母 20g、麦冬 15g、百合 15g、黄芩 20g、天花粉 25g、滑石 30g、木通 25g，研末冲服。

9. 马胸腔积液

马胸腔积液（胸水）是胸腔内积有漏出液，胸膜上并无明显炎症变化的一种疾病。大多数情况下其为某些器官或全身疾病的一种症状，常以呼吸困难为特征。

（1）病因　胸腔积液常因心脏疾病和肺脏的某些慢性疾病，或静脉干受到压迫时引起的血液循环障碍所致。慢性贫血和稀血症以及任何长期的消耗性疾病，也可引起胸腔积液。当有肿瘤压迫于胸导管时，也可发生乳糜性胸水。常为两侧性，但也可因局部血液循环紊乱而发生一侧性胸水。

（2）症状　病初胸腔有少量渗出液聚积，约为 2000mL 左右，常不表现出明显症状。只有在液体聚积过多时，病马表现呼吸迫促、表浅，体温正常，心音高朗，在水平浊音区也可听到心音。叩诊时，两侧呈水平浊音；当身体位置移动时，其液体水平也随之改变。听诊时，浊音部听不到肺音，有时可听到支气管呼吸音。胸腔穿刺时，有液体流出。

本病多因慢性心脏病，造成血液循环障碍，而引起全身静脉淤血，导致大量血清样液体漏出。此时，不仅可发生胸水，而且还会并发腹水及全身性水肿。由于病马胸腔有大量漏出液聚积，压迫膈肌后移，胸腔负压降低，导致呼吸障碍，最终出现呼吸困难。

（3）治疗　胸腔积液不多时，可限制饮水，注射利尿剂和强心剂，以促进其吸收和排出。当积液过多，导致呼吸困难并有窒息危险时，应穿刺抽出液体。

中药治疗：木通 30g、黄芪 30g、茯苓 25g、猪苓 30g、滑石 30g、车前子 30g、枳壳 25g、香附子 30g，研末，冲服。

> **任务思考**

（1）简述马属动物呼吸运动的调节机制。
（2）简述马属动物胸部叩诊的方法。
（3）马喉炎的特征性临床症状有哪些？
（4）简述马支气管肺炎的发病原因。
（5）马肺坏疽的治疗方法有哪些？
（6）马胸腔积液的发病原因有哪些？

任务三　血液循环系统疾病

任务目标

(1) 掌握马属动物血液循环系统的组成及机能。
(2) 掌握马属动物血液循环疾病的发生机制、常见病因以及对机体的影响。
(3) 掌握马属动物心搏动、心脏听诊的检查方法及判断。
(4) 掌握马、骡心力衰竭，马心肌炎，马急性心内膜炎，血斑病的病因、症状及治疗。
(5) 掌握马心循环虚脱的病因、症状及治疗。
(6) 掌握马属动物血液的组分及功能。
(7) 掌握贫血的分类、病因、症状及治疗。

必备知识

本任务主要介绍马属动物血液循环系统的解剖构造、机能，血液循环障碍的发生机理，血液循环系统疾病的常见病因和对机体的影响，血液循环系统的临床检查技术及要点，临床上血液循环器官的常见疾病的诊治。

(一) 概述

1. 血液循环系统的组成

马属动物血液循环系统（心血管系统），是由心脏和血管两部分共同组成的密闭管道系统。心脏是推动血液循环的动力器官，血管是血液运行的管道。

心脏呈倒圆锥形，被纵隔分为左、右两部分，即左心和右心。每一个部分又被房室瓣（左边房室瓣为二尖瓣，右边房室为三尖瓣）分为上、下两部，称为心房和心室。血液循环以心脏为中心，按其血液所走的路径不同，可分为体循环（大循环）和肺循环（小循环）两部分。前者起于左心室，终于右心房；后者起于右心室，终于于左心房。右心房接受前、后腔静脉返回心脏的血液，右心室则将来自右心房的血液经肺动脉送入肺脏。左心房接受经肺静脉来自肺脏的新鲜血液，又经左心室将其送入主动脉，以到达全身各部位。

【2014年执业兽医资格考试真题】由左心室发出的血管是(　　)。
A. 肺动脉　　　　B. 肺静脉　　　　C. 主动脉
D. 前腔静脉　　　E. 后腔静脉

【2014 年执业兽医资格考试真题】血液由左心室输出,经主动脉及分支分布到全身组织,由毛细血管和静脉回到右心房,此循环称为( )。
A. 体循环　　　　　B. 小循环　　　　　C. 门脉循环
D. 微循环　　　　　E. 肺循环

【2015 年执业兽医资格考试真题】家畜心脏的正常形态是( )。
A. 圆形　　　　　　B. 扁圆形　　　　　C. 椭圆形
D. 圆柱形　　　　　E. 倒圆锥形

【2018 年执业兽医资格考试真题】右心室口上的瓣膜称为( )。
A. 二尖瓣　　　　　B. 三尖瓣　　　　　C. 半月瓣
D. 主动脉瓣　　　　E. 肺干瓣

【2018 年执业兽医资格考试真题】右心室收缩使血液射入( )。
A. 主动脉　　　　　B. 肺动脉　　　　　C. 肺静脉
D. 前腔静脉　　　　E. 后腔静脉

血管包括动脉管、静脉管、毛细血管网以及位于小微动脉与小微静脉之间的微血管网状结构,这些都属于循环系统中最基本的结构。

2. 血液循环系统的机能

马属动物血液循环系统主要机能在于保持机体与外界环境之间,以及各器官与组织之间的密切联系,即通过心脏节律性的活动,使血液不断地在循环系统内流动,而其中的氧、水、氨基酸、脂肪酸、糖类等营养物质和生物活性物质等均被运送至机体各组织细胞内,同时又可将组织细胞的新陈代谢产物、分解产物及二氧化碳和蛋白分解产生的其他废物运至排泄器官排出体外。因此,血液循环是维持机体新陈代谢正常运行,以及维持生命活动不可缺少的重要条件。

机体的血液循环受神经和体液调节,使心脏和血管的机能活动始终维持在正常水平,从而保证全身各个器官、系统内血液供应和物质代谢的正常进行。在完整机体内,血液循环系统与其他系统,特别是与呼吸、泌尿等系统的活动紧密地联系在一起。

血液循环过程中,心脏起着主导作用,心脏类似一个"血泵",将血液沿着动、静脉管压出又吸入,心脏有强大的储备力量和代偿能力。在轻度运动期间,心脏的血液排出量比安静状态下增加许多倍,以适应机体的需要。这时加强工作量的表现有:一方面在心脏舒张期高度扩张、收缩期加强收缩,借以增加血液的输入量和排出量;另一方面是增加心搏动的速度,以提高单位时间内血液的排出量。但心血管系统的代偿能力有限,若超出一定范围,心血管系统首先出现工作时适应能力降低或丧失,临床上往往呈现所谓的血液循环障碍,这主要是由心脏和血管的机能性改变所引起,同样也可由其他神经系统、内分泌调节障碍、器质性疾病和肺脏、肝脏、肾脏等器官的机能紊乱所引起。相应的，全身性血液循环障碍也可影响其他系统的机能，甚至整个机体的生命活动。

3. 血液循环障碍的发生机理

马属动物血液循环障碍及其所造成的不利结果，在心肌营养良好的情况下，可能引起心脏肥大；而心肌营养不良时，则引起心脏扩张。心脏肥大可引起心肌变厚，心肌纤维变粗，毛细血管血液循环中的氧和营养物质到达心肌纤维中心的距离增加，但心肌内毛细血管数量并没有相应增加，这样就容易使肥大的心肌发生缺血、缺氧和代谢失常等，最终导致收缩力减弱。心脏扩张也使心肌纤维过度伸长，心肌纤维中的收缩蛋白，即肌凝蛋白和肌纤蛋白分子之间的距离过度加大，使心肌收缩力反而降低。

由于心脏肥大、扩张，伴随着病程的发展，使心脏收缩力减弱或降低，其排出的血液量不能适应机体的需要，则出现一系列的病症，如心搏动过速、节律不齐、脉搏微弱、呼吸困难、黏膜发绀和水肿等，临床上统称为心力衰竭。

而血管衰竭（又称外周血管机能不全）不同于心力衰竭，但其与心力衰竭有一定的因果关系。外周血管机能不全是心脏外的血管机能失调或平衡失调所引起的血液循环障碍的一种临床表现，尤其是感染、中毒、血管运动神经麻痹等引起的血管收缩不全和失血；脱水引起的血管充盈不足，导致微循环机能发生障碍，临床上通常称为休克。休克类型很多，如由微循环机能障碍引起的感染性休克、血容量丧失引起的出血性休克、心脏机能障碍引起的心源性休克等，这些统称为循环虚脱。

4. 血液循环系统疾病的常见病因

马属动物血液循环系统的疾病，特别是心脏的疾病，大多继发或并发于其他疾病，如炭疽、腺疫、出血性败血病、传染血性贫血病和幼驹副伤寒等传染病，如化学性、矿物性和有毒植物引起的中毒性疾病等，如肺炎、胸膜炎、肝炎、胃肠炎、肾脏疾病、子宫疾病、化脓性外科疾病、新陈代谢障碍疾病等；在饲养管理不当和使役不合理情况下，也可发生血液循环障碍，导致心力衰竭、休克等疾病。

5. 血液循环系统疾病对机体的影响

马属动物血液循环系统的疾病，常常由于无法抢救而引起死亡，即使免于死亡病马，也可因其生产能力过早地降低，造成一定经济损失。

基于上述情况，在进行马属动物疾病临床诊断时，必须加强对其血液循环状态的检查，这样可以及早发现异常，及时采取有效的预防和治疗措施，以减少或避免由于血液循环系统的疾病，而引起的机体其他系统或器官的机能紊乱，同时也可判断其预后。

（二）马属动物血液循环系统的临床检查

1. 心搏动的检查

马属动物心室收缩初期，由于动脉瓣开放，心室内压力增强，心脏横径变圆，并稍向左旋，使左心区相应部位的胸壁发生震动，称为心搏动，与第一心音同时出现。

检查心搏动主要采用触诊法。检查者站在病马左侧，用手掌紧贴在肘头后方2~3cm处的胸壁上，即可感到轻微的波动。波动强度和病马的营养状况、胸壁的宽窄以及运动有关。

心搏动增强，又称心悸亢进，说明心肌收缩有力，震动面积增大。常见于发热病初期、心肌肥大、贫血以及心包炎、心内膜炎等心脏病的初期。

心搏动减弱，说明心肌收缩无力，震动面积缩小，甚至摸不到心搏动。常见于心力衰竭、渗出性胸膜炎、胸腔积液及濒死期的病马。

另外，有的可发现心搏动移位，多向前移动，如严重腹水、胃肠臌气等引起的腹压增大，压迫横膈膜，推动心脏前移。向右移位，常见于对侧性胸膜炎、气胸等。

2. 心脏的叩诊

（1）检查方法　被检动物取站立姿势，使其左前肢伸出半步，以充分显露心区。用锤板叩诊法。心脏的叩诊主要观察动物有无敏感反应，浊音区域大小有无变化。

按常规叩诊法，沿肩胛骨后角向下的垂线进行叩诊，直至心区，同时标记由清音转变为浊音的一点；再沿与前一垂线成45°左右的斜线，由心区向后上方叩诊，并标记由浊音变为清音的一点；连接两点所成的弧线，即为心脏浊音区的后上界。

（2）正常状态　马的心脏叩诊区，在左侧呈近似的不等边三角形，其顶点相当于第3肋间距肩关节水平向下3~4cm处。由该点向后下方引一弧线并止于第6肋骨下端，即构成心脏浊音区的上后界，中间约有一掌大的地方，其中间是心脏绝对浊音区，由此往后渐变为心脏相对浊音区（半浊音区），宽3~4cm。

（3）病理变化

①心脏叩诊，浊音区缩小，主要提示肺气肿。

②心浊音区扩大可见于心肥大、渗出性心包炎、肺萎陷、心包积水。

③当在心区叩诊时，马属动物表现回视、躲闪或反抗而呈疼痛不安，乃心区敏感反应，常是心包炎或胸膜炎的特征。

【2011年执业兽医资格考试真题】在心脏叩诊时，浊音区扩大不是下列哪个疾病的症状？（　　）。

A. 心肥大　　　　B. 心扩张　　　　C. 肺萎缩
D. 心包炎　　　　E. 气胸

3. 心脏的听诊

马属动物心脏听诊，是心脏最主要的检查方法，可借以判断血液循环系统的机能状态，确定心音的性质，辨别心音的部位和变化，并可判定疾病的预后。

（1）正常心音　心脏机能正常时，可听到有节律的两个声音，称为心音。前者为第一心音（心缩音），后者为第二心音（心舒音）。

第一心音形成的因素：心室收缩，房室瓣关闭，主动脉弓、肺动脉紧张。特征：其音与心搏动同时出现，音长（0.2s）而低，音前休止长，音后休止短，其音如读"嘣"，近心尖部，比较清楚。

【2010年、2012年执业兽医资格考试真题】动物第一心音形成的原因之一是(　　)。

A. 房室瓣关闭　　　*B. 半月瓣关闭*　　　*C. 心室的舒张*
D. 心房的收缩　　　*E. 心室的充盈*

第二心音形成的因素：房室瓣开放，动脉瓣关闭。特征：其音在心搏动及搏动之后出现，音短（0.05s）而高，音尾截然中止，音前休止短，音后休止长，其音如读"咚"，近心基部，比较清楚。

（2）心音最强点　在距两房室瓣口和两动脉瓣口最近的部位，听取心音最清楚，这在胸壁上相应的位置称心音最强点。检查心音最强点的目的在于确定病理变化的部位，因此具有重要的意义。马的心音最强点如下。

心缩音：二尖瓣位于左侧第5肋骨间，胸廓下1/3中央水平线上。三尖瓣位于右侧第4肋骨间，胸廓下1/3中央水平线上。

心舒音：肺动脉瓣位于左侧第3肋骨间，肘头的稍上方。主动脉瓣位于左侧第4肋骨间，肩关节水平线下方2~3cm处。

【2017年执业兽医资格考试真题】马心脏二尖瓣口心音最强听取点位于左侧胸廓(　　)。

A. 下1/3中央水平线与第4肋间交汇处
B. 下1/3中央水平线与第5肋间交汇处
C. 下1/3中央水平线与第6肋间交汇处
D. 上1/3中央水平线与第5肋间交汇处
E. 上1/3中央水平线与第6肋间交汇处

（3）心音的病理变化　心音的病理变化主要有心音增强、心音减弱、心杂音和心律不齐。

①心音增强：第一心音增强，多由于心室充盈度不足或心肌收缩力代偿性

加强所致，常见于贫血、过度劳役和发热初期等。第二心音增强，常因主动脉或肺动脉血压升高，心室舒张时，半月瓣迅速、紧张关闭所致，常见于慢性肾炎、二尖瓣关闭不全及肺气肿等。

②心音减弱：第一心音减弱，常见于心肌炎、心扩张等。第二心音减弱，常见于动脉瓣关闭不全。两心音同时减弱，常见于渗出性胸膜类、心肌炎等。

③心杂音

a. 心内杂音。分器质性心内杂音和非器质性杂音。

器质性杂音：由于心脏瓣膜瓣炎症、增生、肥厚或有新生物等，形态结构变化，致使其闭锁不全或狭窄而出现杂音。器质性杂音尖锐粗糙，如锯木、箭鸣，位置较固定，持续时间长达数月至数年，随马属动物运动或用强心剂后而增强，是慢性心内膜炎的特征。

非器质性杂音：没有瓣膜瓣孔形态结构变化，杂音的出现是由于心机能不全，收缩无力，松弛扩张，使瓣膜相对闭锁不全；或由贫血，血流速加快所引起。前者称为机能性杂音，后者称为贫血性杂音。此杂音性质较柔和，如吹风样，可不限于在心区听到，持续时间较短，多出现于收缩期，且随治疗、病情好转、恢复或用强心剂后可减轻或消失，在马常表现为贫血性杂音，尤其当马患慢性传染性贫血时更为明显。

【2010年执业兽医资格考试真题】属于心脏收缩期的非器质性杂音的是（   ）。

A. 贫血性杂音　　　B. 心包摩擦音　　　C. 心包拍水音
D. 连续性杂音　　　E. 心肺性杂音

b. 心外杂音。分心包摩擦音、心包胸膜摩擦音和拍水音。

心包摩擦音，常见于心包炎。心包胸膜摩擦音，常见于纤维素性胸膜炎。拍水音，由心包中有积液和气体所致。

④心律不齐：两心音强弱不定、间隔不等，常见于期外收缩、阵发性心动过速等引起的心机能障碍和重病后期。

(三) 血液循环系统的常见疾病

1. 马、骡心力衰竭

马、骡心力衰竭，又称心脏衰竭，是由于马、骡过度劳役或心腔本身的病变，致使心肌收缩力不足而引发的全身血液循环障碍等一系列的临床综合征。心力衰竭也是各种心脏病常见的并发症。

(1) 病因　主要原因是过度劳役和使役不当，其次是心脏本身的疾病。

急性心力衰竭：

①马、骡长期休闲后突然重役，新调教的马、骡强制负重或用力过猛，或

在高山陡坡、道路崎岖上长期载重，是发生急性心力衰竭的重要原因。

②对心脏机能不全的马、骡，当静脉注射速度过快，如注射新胂凡纳明、钙制剂等侵害心肌的剧性药物；或静脉输液量超过了心脏最大的耐受量，也会引起急性心力衰竭的发生。

③此外，急性心力衰竭还可继发于大叶性肺炎、马传染性贫血、胃肠炎、中毒及血孢子虫病等疾病的经过中，由于毒素直接侵害心肌而发病。

【2011年执业兽医资格考试真题】不可能引起急性心力衰竭的原因有( )。

A. 电击　　　　B. 中暑　　　　C. 胃肠炎
D. 过劳　　　　E. 心包炎

慢性心力衰竭：由于心脏本身的疾病所引起，如心包炎、心肌炎、慢性心内膜炎；继发于妨碍血液循环的某些慢性病，如慢性肺泡气肿、慢性肾炎等。

(2) 症状　临床上可分为急性心力衰竭和慢性心力衰竭。

①急性心力衰竭：主要表现为血液循环障碍和缺氧。病马精神沉郁，食欲减退或废绝。黏膜淤血，呈紫蓝色，静脉怒张。呼吸困难，常发生肺水肿，肺部听诊呈广泛的湿啰音，鼻孔流出泡沫状鼻液，全身大量出汗。心搏动增强，震动整个胸壁或全身，脉搏极细弱。病至后期，心音逐渐减弱以至消失，可在数分钟内倒地死亡。

②慢性心力衰竭：其发生及发展较缓慢，病程长，病马精神欠佳，食欲不良，不耐使役，易出汗。黏膜淤血，常发生心性浮肿，多在胸下、腹下及四肢发生对称性浮肿，呈面团状，无热痛。轻微的浮肿，在当天运动后可能会减轻或消失。心音减弱，脉搏细弱，次数增加，常出现心律不齐和心内杂音。由于脑出血、脑组织缺氧，病马可发生意识不清，表现为反应迟钝和眩晕症状。胃肠淤血时，常发生慢性消化不良，病马逐渐消瘦。由于肝脏淤血，故肝脏肿大，肝功能也随之发生变化，出现黄疸。由于肺淤血，常发生肺水肿和慢性支气管炎，出现呼吸困难，肺部听诊有啰音。肾脏淤血，可引起尿量减少，尿液浓稠，尿色暗，尿中出现微量蛋白质，镜检可发现肾上皮细胞和尿液管型。

(3) 治疗　治疗原则是加强护理，减轻心脏负担，增强心肌功能，增加心脏驱血量。病马应立即休息，厩舍注意通风，给予柔软易消化的饲料。

①病情不是十分严重的病马，可用以下方法：

a. 根据病马体质，酌情放血1500～3000mL，并用25%～50%葡萄糖注射液500mL，静脉缓慢滴注，以减轻心脏负担，恢复心脏功能。必要时可加入氢化可的松，剂量为每100mL葡萄糖注射液中加入1mg。

b. 应用强心剂，用于心脏代偿机能衰竭初期。针对心跳加快，100次/min以上者，用洋地黄溶液8～10mL，静脉注射；洋地黄末2～5g，口服。全身水肿的慢性心力衰竭时，用苯甲酸钠咖啡因 5~10g，口服；或 2~5g，静脉注射。为了兴奋心肌，可用 20%樟脑油 10~20mL，或 10%樟脑磺酸钠液 10~20mL，皮下或肌内注射。

②对严重心力衰竭的病马，用 3%过氧化氢 1 份、复方氯化钠注射液 3 份混合，静脉注射，1~2 次/d。为兴奋呼吸机能，可用 25%尼可刹米 10~20mL，皮下注射。

③中药治疗：

a. 参附汤，党参 60g、熟附子 30g、生姜 60g、大枣 60g，水煎两次，混合灌服。

b. 营养散，当归 15g、黄芪 35g、党参 25g、茯苓 20g、白术 25g、白芍 20g、陈皮 20g、五味子 25g、远志 15g、红花 15g、甘草 15g。研末，冲服。四肢水肿者加泽泻、猪苓、木通各 15g，淤血严重者宜加重红花。

【2010 年执业兽医资格考试真题】用于治疗动物充血性心力衰竭的药物是（　　）。

A. 樟脑　　　　　　B. 咖啡因　　　　　　C. 氨茶碱
D. 肾上腺素　　　　E. 洋地黄毒苷

2. 马心肌炎

马心肌炎是心肌的兴奋性增强和收缩力减弱的炎症过程。有急性和慢性之分，临床上以急性心肌炎较为多见。

（1）病因　急性心肌炎并不是一个独立的疾病，多继发于类疽、传染性贫血、传染性胸膜肺炎、马腺疫等传染病，也可继发于寄生虫病、败血症，或化脓性蜂窝织炎、肺坏疽等脓毒败血症以及砷、汞、毒气等引起的中毒病。此外，风湿病和某些药物，如磺胺药和青霉素的变态反应等也可引起该病。

慢性心肌炎常常是急性心肌炎发展的结果。

（2）症状　急性心肌炎初期，部分心肌有充血、渗出和间质组织细胞浸润，以后则心肌纤维变性。随着心肌兴奋性增强、心肌收缩力减弱，则出现心脏衰弱的症状，造成血压降低、末梢循环发生障碍、静脉淤血、胸前及腹下发生水肿，呼吸困难。为了维持机体循环的功能，由于心脏收缩次数增多，致使心肌过度疲劳，加剧了心脏衰弱，使病情继续恶化。又因心脏衰弱，肾小球血管机能减弱，发生少尿的现象，因此毒素蓄积，引起自体中毒。

由于心肌炎是一种继发性疾病，故它的临床症状常被原发病所掩盖。病马精神沉郁，体温不定（传染病时体温升高）。站立时两肢交换负重，俗称"歇蹄"，次数频繁。心跳加快，特别是快步、奔跑等运动后心跳急剧加快，经相当时间休息，也不易恢复。几天后心收缩减弱，脉快而弱，第一心音增强，第二心音相对减弱，且节律不齐。后期由于心肌收缩力减弱，心室充血而扩张，心浊音区增大。由于左房室孔的关闭不全,听诊有缩期杂音。

全身循环障碍,表现为体表静脉怒张,黏膜发绀,四肢及耳冰凉,呼吸困难,皮下水肿及体腔积液。有的病马发生腹泻、少尿。

【2015年执业兽医资格考试真题】心肌炎时临床上不出现(　　)。

A. 大脉　　　　　　B. 小脉　　　　　　C. 早期收缩

D. 节律不齐　　　　E. 第二心音增强

(3) 治疗　停止使役,精心护理,给予富有营养、易消化的饲料,少量多次给予饮水,注意病马安全。

病初宜用强心剂,并冷敷心区。病的后期,可使用樟脑丸油,肌内注射,每次10mL,每3~4h一次,也可与咖啡因交替注射。严禁使用洋地黄,因其在急性心肌炎时,可减慢心脏收缩,延长舒张期,刺激炎症部分神经末梢的兴奋性,而导致心脏麻痹。为了维持心肌和神经传导系统的功能,可用50%葡萄糖注射液200~300mL,静脉注射。

中药治疗:樟脑粉12g、薄荷脑10g、蟾酥3g、丁香15g、花椒15g、陈皮15g、生姜15g、白酒300mL,浸泡上述药物。加凉水,口服,每次100mL。

3. 马急性心内膜炎

马急性心内膜炎是指在机体抵抗力降低的情况下,病原微生物随血流侵入心内膜和瓣膜发生炎症,致使心脏活动遭受破坏的疾病。马急性心内膜炎临床上以血液循环障碍、发热、心内器质性杂音为特征,多为继发病。马急性心内膜炎按病理剖检变化,可分为疣状性心内膜炎(良性)和溃疡性心内膜炎(恶性)两种。

疣状性心内膜炎:由毒性较弱的微生物及其毒素所引起的表在性炎症。在瓣膜游离缘、腱索及乳头肌上形成粟粒大的结节,呈灰白或灰黄色,被覆纤维蛋白凝固物。随着病情发展,结节融合而形成息肉状或疣状。由于结缔组织增生,使心内膜增厚或瓣膜皱缩,因而瓣孔狭窄或关闭不全,产生器质病变,但不危及生命。

溃疡性心内膜炎:由毒性较强的微生物引起的深部坏死性类症。瓣膜上有扁豆大的溃疡,被覆松软的纤维凝栓。当瓣膜边缘变形或穿孔时,可使血液循环发生严重障碍。当坏死组织和纤维素片软化时,其分解并随着血流到脑、肝、脾、肾等脏器内,而引起栓塞和脓毒败血症,可危及生命。

(1) 病因

①常继发于某些传染病和脓毒败血症,如马腺疫、马流感和传染性胸膜肺炎等。

②常继发于某些化脓性疾病,如咽炎、化脓性子宫内膜炎等。

③某些中毒病、新陈代谢疾病、维生素缺乏症,在机体衰弱的情况下,也

可促使心内膜炎的发生。

（2）症状　心内膜炎的症状受病变发生部位（瓣膜或心内膜）、炎症性质（疣状性或溃疡性）、伴发心肌炎的程度及有无全身性的感染影响，较为复杂。

通常表现为精神沉郁，食欲减退，静脉严重淤血，持续或间歇性发热，脉搏加快，可达 80~100 次/min。由于常发生期外收缩，心搏动数常超过脉搏数。听诊心脏有杂音，疣状心内膜炎可听到较固定的心内器质性杂音，其性质、强度及部位一般不变；溃疡性心内膜炎杂音较柔和，常有变化，并且节律不齐。第一心音增强且浑浊，第二心音减弱。由于心脏机能障碍，影响血液循环，病马表现为静脉怒张、黏膜发绀，严重者呼吸困难、出现水肿。

（3）治疗　停止使役，给予营养丰富的饲料。积极治疗原发病，心冲动严重时，可冷敷心区。

病初应用大剂量抗生素和磺胺类药，用青霉素 160 万~240 万 IU、链霉素 200 万 IU。体温升高时应用解热剂，如安替比林等。为了维持心脏机能，可应用强心剂，如樟脑磺酸钠、安钠咖等。针对脓毒血症的发展，常用 25% 葡萄糖注射液 500mL 或 10% 高渗盐水注射液 250~300mL，静脉注射。

4. 马心循环虚脱

马心循环虚脱又称为循环衰竭或休克，是由于血管舒缩功能紊乱或血容量不足，导致心排血量减少、组织灌注不良等一系列全身性病理综合征。可分为血管性衰竭和血液性衰竭两种，前者由血管舒缩功能紊乱引起，后者由血容量不足引起。临床上以血压下降、心动过速、体温偏低、末梢厥冷、浅表静脉塌陷、反应迟钝、肌肉无力乃至昏迷和痉挛为特征。

（1）病因　凡能导致心脏输血量急剧减少、循环血量不足、血管容量增大的，均可引起循环虚脱。在各类型心脏疾病、重度胃肠道疾病、某些代谢疾病、中毒性疾病、化学性药物过敏反应等过程中，大量血液潴留在外周血管，引起微循环灌注量不足，导致重要器官组织缺氧、缺血、脱水，发生心力衰竭，心脏输血量减少，血压急剧下降，导致循环虚脱，使生命活动受到严重影响。

各种急性大出血、大面积烧伤、肝脾破裂、子宫出血、重度外伤，或因某些大手术出血过多，致使毛细血管渗透性增强、血浆大量损耗，造成循环血量减少，引起循环虚脱。

各种剧烈性疼痛刺激，使交感神经兴奋性增高、循环血液减少；或因注射血清、异性蛋白以及青霉素、磺胺类药物，乃至血斑病过程中产生组织胺，使血容量增大，引起过敏性反应，发生循环虚脱。砷、汞、铋、滴滴涕、巴比妥、氨基水杨酸、氯丙嗪等外源性毒物，或某些解热剂，以及蛇毒或霉败草料等，也可导致肾功能不全，甚至肝昏迷，最终引起虚脱。

(2) 症状

①初期：外周毛细血管处于痉挛状态，病马神情兴奋，烦躁不安。汗出如油，耳鼻、四肢末端冷凉，皮温不均。黏膜苍白，口干舌红，心动过速，脉搏急速，气促喘粗。四肢与腹下皮肤呈玫瑰紫色，显花斑纹色，少尿或无尿，病情逐步恶化。

②中期：外周毛细血管扩张，血容量增大，脑、心等重要器官缺血、缺氧，病马精神沉郁，血压下降，脉细微，心音混浊，呼吸急速，节律不齐，站立不稳，步态踉跄。可视黏膜及皮肤呈紫红色，全身状况恶化，继而体温下降，肌肉震颤，黏膜发绀，无光泽。眼球下陷，耳鼻、四肢下端冷凉，心律不齐，脉微欲绝，静脉塌陷，血色乌紫。呼吸困难，全身出汗黏手，意识不清，反射机能减退或消失，呈昏迷状，病势垂危。

③后期：外周毛细血管呈麻痹状态，血液停滞，血浆外渗，血液浓缩，发生凝血，血流缓慢，血压急剧下降，循环衰竭，心功能不全，病马意识障碍，兴奋性降低，反应迟钝，精神沉郁，昏迷不醒，呼吸表浅无力，呈窒息状态。

此外，由于失血、脱水，可引起循环虚脱，马属动物出现下痢。当过敏引起应激反应时，中枢神经系统处于极度兴奋状态，突然发生强直性或阵发性痉挛，二便失禁，呼吸缓慢，甚至停止，心音消失，陷于死亡。若因内毒素强烈刺激而引起，则有广泛性出血和水肿。

(3) 治疗　可根据病情发展过程，采取适当的治疗措施。

①镇静安神：病初外周毛细血管处于痉挛状态，组织缺血、缺氧，用硫酸阿托品 0.05g，皮下注射，以缓解血管痉挛，增进心血管血容量，升高血压，兴奋呼吸中枢。为减轻或抑制疼痛刺激，增强大脑皮层保护作用，可用安乃近，肌内注射；或用盐酸氯丙嗪，0.5～1mg/kg，肌内或静脉注射，以镇静解痉。可用维生素 B_1，肌内注射，以增强神经系统的传导作用，改善新陈代谢。

②在心脏功能不全、脉微欲绝的情况下，用肾上腺素，以增强血管收缩机能；但必须及时补液，用葡萄糖氯化钠注射液 1000～3000mL，静脉注射。

③病至后期，微循环陷入衰竭，用 25% 葡萄糖注射液 500～1000mL，静脉注射，每 6～8h 一次；或用甘露醇 1～2g/kg，配成 20% 溶液，静脉注射。此外，对良种马可用细胞色素 C、三磷酸腺苷（ATP）、辅酶 A 配合胰岛素、葡萄糖注射液进行治疗，可提高细胞组织活性。

④中药治疗：生脉饮，党参 80g、麦冬 50g、五味子 25g，阴虚发热者加生地黄 30g、丹皮 25g，脉微弱者加石斛 25g、阿胶珠 30g、甘草 20g，水煎服。

若自汗肢冷、心悸喘促、脉微欲绝，用四逆汤，制附子 50g、干姜 50g、甘草 25g、党参 30g，水煎服。

（四）血液及造血器官的常见疾病

1. 概述

（1）血液的成分　血液为红色、不透明的黏稠液体，是有形成分（细胞）和液体成分（血浆）所形成的混悬体。正常情况下，马的血液总量为体重的 5%~10%，其中血浆占 55%，细胞占 45%，血液的颜色随其所含色素（血红蛋白）的氧合度而定，动脉血呈鲜红色，静脉血呈暗红色。

①血液的有形成分包括红细胞、白细胞和血小板。

②血液的化学成分包括水、蛋白质、糖、脂肪及类脂质、矿物质、含氮产物、乳酸、色素、酸和气体。全血中水分约占 80%，干物质约占 20%。血浆中水分占 90%~92%，干物质占 8%~10%。血浆蛋白质包括白蛋白、球蛋白、纤维蛋白三种。血浆中有葡萄糖。血浆中的脂肪以中性脂肪形式存在，还包括部分磷脂、胆固醇等。血液中的阳离子主要为 Na^+、K^+、Ca^+、Mg^+ 等，阴离子为 Cl^-、HCO_3^-、SO_4^{2-}、HPO_4^- 等，含氮产物包括尿素、尿酸、肌酸、氨基酸、肌酐及氨等。血红蛋白、蛋红素和脂色素都是血液的色素。血液中含许多酶，包括磷酸酶、胆碱脂酸、转氨酶及乳酸脱氢酶。血液含有氧、二氧化碳、氮等气体。

（2）血液细胞的产生　在生理情况下，血液细胞是在骨髓、淋巴系统和网状内皮系统内产生。

①骨髓：幼年期的骨髓呈红色，其造血机能很旺盛，红骨髓存在于扁平骨及短骨中。壮年期以后红骨髓逐渐被黄骨髓（脂肪髓）所代替，到老年期由于胶样变性而变为胶样髓，骨髓的造血机能也随着年龄而逐渐减弱。骨髓的主要功能是制造红细胞、粒细胞和血小板。

②淋巴系统：包括淋巴结、脾脏及骨髓中的淋巴组织，胸腺、黏膜的淋巴滤胞等，都可制造淋巴细胞。

③网状内皮系统：包括分布于骨髓、脾脏、淋巴结中网状支架的网状细胞，上述器官窦的内皮细胞，肝脏的星状细胞，肾上腺皮层毛细血管的内皮细胞，结缔组织中的游走细胞、浆细胞及组织细胞，动脉外膜细胞，这些细胞在形态学和机能上是统一的系统，它们的特点是具有吞噬细胞及异物的能力。

（3）血液的作用　血液供给机体组织以氧、营养物质、水、盐类，同时也从组织携带出代谢物和二氧化碳、乳酸、残余氮等。此外，血液还是机体免疫过程的媒介和参与者，也是激素及酶的运送者。

各血液细胞都有其特殊的功能，红细胞有输送气体的作用；中性粒细胞和单核细胞具有吞噬作用，作为机体防御病菌侵入的重要防线；嗜酸性粒细胞与过敏状态有关；淋巴细胞与感染的愈合过程有密切关系；浆细胞常见于组织中，但也偶尔出现于血液中，在免疫体的形成中起着重要作用。血液细胞还携有各种酶，如中性粒细胞含有氧化酶及蛋白酶、淋巴细胞含有脂肪酶等。

血小板和凝血酶原、纤维蛋白原、钙离子及其他因子能使血液在一定条件下变为凝血块。凝血作用的生物学意义在于其可防止出血。

血液细胞发生质量和数量的改变都能产生相应的病理变化。这种病理变化不仅直接影响造血器官，还可影响其他器官。反之，造血器官发生病理过程也直接影响血液细胞。其他器官发生障碍时，同样也能发现血液学的变化，如炎症可引起白细胞增多等。

2. 贫血

贫血是指单位容积血液中的红细胞数、血红蛋白量和红细胞容积值低于正常水平的综合征。贫血是马属动物某些疾病的一种症状，是疾病表现形式之一。引起贫血这一症状的原因较复杂，在生产实践中较为常见的可分为出血性贫血、溶血性贫血、营养性贫血和再生障碍性贫血。出血性贫血又称为失血性贫血，指由于血管受到损伤引起出血而导致的贫血。由于寄生虫吸血所致的马属动物大量血液丧失，也属于出血性贫血。溶血性贫血指红细胞遭受溶血性细菌、钩端螺旋体、血液原虫及有毒物质的破坏作用，引起溶血而发生的贫血。营养性贫血指由于饲养过程中铁缺乏所引起的，特别是母乳及饲料中缺乏铁。再生障碍性贫血指造血器官，主要是骨髓受到损伤所发生的贫血。

（1）急性出血性贫血

①病因：是由于血管，特别是动脉血管被破坏，使机体发生严重的出血，而机体血库及造血器官不能代偿所引起。如外伤和外科手术、内脏器官损伤，作为血库的肝脏和脾脏破裂时更为严重；另外，母马分娩损伤产道时可引起分娩性出血。

【2012年执业兽医资格考试真题】急性出血性贫血常见于（　　）。
A. 肝片吸虫病　　B. 慢性胃肠炎　　C. 出血性素质
D. 肝、脾破裂　　E. 铅中毒

②症状：急性出血性贫血时，由于红细胞急剧减少，血液携氧能力降低，同时血氧不足可提高血管壁的通透性，促使组织液进入血管内。但血浆内蛋白质缺乏及血液内有效成分的减少，会使血液黏稠度降低，血流加快，出现心搏动疾速、瞳孔散大、汗腺分泌增多。由于红细胞减少、氧化过程减缓，机体出现酸中毒，同时兴奋呼吸中枢，导致呼吸加深加快。

病马很快表现虚弱、行止跟跄，严重时出现呼吸困难、心跳加快、瞳孔反射迟钝、失明、尿失禁、出冷汗、肌肉痉挛、血压及体温急剧下降，四肢厥冷，有时发生休克，并迅速死亡。机体为补充损失的体液，常有明显的渴欲。

但由于胃酸不足，消化及吸收机能降低，食欲消失。

当大失血时，由于血管发生痉挛及充盈不足，皮肤、可视黏膜苍白，脉搏细微。心脏听诊有缩期杂音，由于供氧不足，而出现气喘、呼吸困难。

③治疗

a. 止血。

局部止血：外部出血时，需立即寻找出血部位的血管，可行结扎或压迫止血，或用烙铁烧烙止血。

全身止血：用安络血5%溶液5~20mL，肌内注射，1~2次/d；10%氯化钙注射液，100~200mL，静脉注射。

b. 补充造血物质。硫酸亚铁，2~10g，口服。

c. 中药治疗。黄芪40g、党参100g、陈皮40g、白术50g、远志40g、熟地黄40g、甘草50g，研末、冲服。

（2）慢性出血性贫血

①病因：慢性出血性贫血是由少量反复的出血或突然大量出血后长时间不能恢复所引起的低血红蛋白性、晚幼红细胞性贫血。当鼻、肺、肾、胃肠、膀胱、子宫内膜及出血性素质等长期、反复地失血所导致。发生慢性出血性贫血的前提是失血后缺乏造血原料，这是由于胃肠器官机能减弱，影响对铁的吸收，而使肝脏及骨髓得不到足够的铁，故发生慢性出血性贫血。某些寄生虫病虫，特别是马的圆形线虫病、马蝇蛆严重寄生时可引起发病。

②症状：由于病情缓慢，初期症状不明显，只见病马逐渐消瘦、严重时黏膜苍白、体质虚弱无力、精神不振、嗜睡、血压降低、脉搏快而弱，呼吸快而表浅。

由于脑贫血和代谢氧化不全产物引起的中毒，可出现昏厥、视力障碍、嗳气、呕吐和膈肌痉挛性收缩。

严重贫血时，在胸腹部、下颌间隙及四肢末端出现水肿、体腔积液，胃肠吸收和分泌机能降低，出现经常性下痢，机体日渐衰竭。

长期而持久的贫血，能使心肌、肝脏及其他器官发生变性。由于血管内皮和毛细血管细胞发生脂肪变性，形成稀血症，血管的渗透性增高，导致水肿和体腔积液。

③治疗：治疗原则为止血，补充造血物质。

在补铁的同时，配合给予盐酸及维生素C，以促进铁的吸收。另外，也可给予适量的铜和砷制剂，可刺激骨髓以促进造血机能。

止血用1%仙鹤草素，20~50mL，肌内注射，2~3次/d。

中药治疗：用八珍汤，当归7.5g、川芎25g、炒白芍40g、熟地50g、党参50g、白术50g、炙黄芪50g、炙甘草50g，研末、开水冲服。

(3) 溶血性贫血

①病因：溶血性贫血是红细胞大量被破坏，超过造血作用的代偿能力所引起的。溶血性贫血不是一个独立的疾病，凡是有溶血性症状的疾病皆为其发生原因。如血液原虫病（焦虫病、鞭虫病）、传染性贫血等，都可引起红细胞被大量破坏，出现溶血性贫血。

由链球菌、葡萄球菌、产气荚膜杆菌所引起的败血病和溶血病，都可引起溶血性贫血。大面积烧伤，汞、砷、铅、二硫化碳等中毒病，以及某些有毒植物中毒病也可引起溶血性贫血。当机体吸收肠源性毒素分解不全的产物时也可形成溶血。

新生幼驹（骡驹）溶血性贫血是由于妊娠马属动物与仔畜的血型不同所引起的。仔畜在胚胎期具有一定抗原，这种抗原会刺激妊娠马属动物产生免疫性抗体。在胚胎时期抗体不能通过胎盘进入胎儿体内，但抗体存在于血液和初乳中，当出生后的仔畜吃了含有抗体的初乳后，抗体通过肠黏膜进入血液，与带有抗原的仔畜红细胞发生凝集而造成溶血。

【2015年执业兽医资格考试真题】因亲代血型抗原差异较大，而易出现新生畜溶血性贫血的动物是(　　)。

A. 马　　　　　　B. 驴　　　　　　*C. 骡*
D. 猪　　　　　　E. 牛

【2014年执业兽医资格考试真题】血清胆红素升高主要见于(　　)。

A. 外伤　　　　　*B. 溶血*　　　　　C. 腹泻
D. 呕吐　　　　　E. 脱水

②症状：马属动物明显表现为可视黏膜、皮肤同时出现苍白、黄染。脾脏肿大且敏感。病马精神沉郁、心跳加快、呼吸喘促、运动无力。溶血严重者，当溶血达到全血量的1/60时，出现血红蛋白尿。

【2020年执业兽医资格考试真题】皮肤颜色呈现苍白黄染的现象见于(　　)。

A. 出血性贫血　　B. 再生障碍性贫血　　*C. 溶血性贫血*
D. 亚硝酸盐中毒　E. 一氧化碳中毒

血清学检查：溶血时血清呈金黄色，胆红素呈间接反应，马可达12.8%（正常约为0.6%）。溶血性毒素引起的溶血性贫血，在血液中出现大量胆固醇、类脂质和脂肪，这些反应说明肝脏机能已受到破坏。

③治疗：治疗原则是以消除原发病、输血和补充造血物质为主。

肾上腺皮质激素疗法：强泼尼松注射液0.05~0.15mg，肌内或静脉注射。

输血换血疗法：对新生仔畜的溶血性贫血，可先放血后输血，或者边放血边输血。最好给予与妊娠马属动物同一品种的健康妊娠马属动物的血液。另外患病幼驹不能再吃其母乳。

（4）营养性贫血

①病因：由于造血材料供应不足，包括微量元素（铁、铜、钴等）、维生素（维生素 B_{12}、维生素 B_6、叶酸、烟酸、硫胺素等）及蛋白质缺乏等所引起的贫血。

【2019年执业兽医资格考试真题】不引起贫血的营养因素是(　　)。

A. 叶酸　　　　　　B. 钴　　　　　　　C. 铜

D. 钙　　　　　　　E. 维生素 B_6

②症状：病程发展缓慢，临床症状初期不明显，当发展到一定程度时，可视黏膜暗淡苍白，体温正常或略低，脉搏增数。血液学变化：缺铁性贫血呈小细胞低色素性贫血，缺钴性贫血呈大细胞正常色素性贫血。

③治疗：要点是补充所缺乏的造血物质，并促进其吸收和利用。

缺钴性贫血：用维生素 B_{12}；或硫酸钴，30~70mg，口服，1次/周。

单纯缺铜性贫血：用硫酸铜 3~4g，溶于水中口服，1次/周；0.5%硫酸铜溶液 100~200mL，静脉注射。

缺铁性贫血：用 0.1%~0.2%硫酸亚铁水溶液，口服，2~10g/d；或用硫酸亚铁，配合人工盐，制成散剂混入饲料中喂给，初期 6~8g/d，一周后减到 3~5g/d，连用 1~2 周为一疗程。为促进铁的吸收，可同时用稀盐酸 10~15mL，加水 300~500mL，灌服，1次/d。

（5）再生障碍性贫血

①病因：再生障碍性贫血是由于骨髓的造血功能衰竭所致。

生物学因素包括传染性疾病如马鼻疽、传染性贫血以及肾盂肾炎，脓毒败血症，血液原虫病如马焦虫病，中毒病如有机汞、砷、有机磷中毒等，某些抗生素使用过量，如氯霉素、金霉素及链霉素等。此外物理因素如各种电离辐射（如 X 射线、放射同位素）等作用下也可发生。

②症状：病马可视黏膜、无色素的皮肤出现苍白、周期性出血，机体衰弱，易于疲劳，气喘，心动过速。当机体发生感染时，体温升高，皮肤发生局部坏死。

血液学检查：本病属于低色素性贫血，在末梢血液中出现红细胞减少症的同时，血红蛋白也降低，再生型的红细胞（网状内皮细胞及幼稚型红细胞）几乎完全消失。当有红细胞大小不均症时，白细胞数也降低。

骨髓细胞检查：由于骨髓机能的抑制，所有的骨髓细胞缺乏，仅可发现淋巴细胞、网状内皮细胞和浆细胞，常见不到巨核细胞。

③治疗：加强饲养，消除致病因素，提高造血机能，补充血液量。

提高造血机能，使用睾酮类药物，因其具有刺激骨髓新生细胞的作用，是目前比较有效的药物。用丙酸睾酮 0.1~0.3g，肌内注射，每 2~3d 一次；或氟羟甲睾酮，100~300mg、氯化钴 0.5g，口服。

中药治疗：补气益血为主，黄芪 100g、党参 100g、白术 50g、当归 50g、阿胶 50g、龙眼 50g、熟地黄 60g、甘草 30g，研末冲服。

3. 马血斑病

马血斑病也称为出血性紫癜，是一种急性或亚急非传染性疾病，临床上以形成广泛而界限明显的对称性水肿，并在皮肤、皮下、肌肉、黏膜甚至内脏器官出现溢血斑为特征。

（1）病因　马血斑病呈散发性或地方性发生。通常发生于腺疫、传染性胸膜肺炎、流感、传染性上呼吸道卡他、传染性鼻肺炎和传染性动脉炎等疾病痊愈之后。当患呼吸道卡他、咽炎、上颌窦炎、额窦炎、鬐甲瘘和去势手术之后，以及当全身各个部位有坏死病灶时也可发生。

（2）症状　发病初期，病马鼻黏膜、眼结膜和其他部位出血，这种出血开始呈小圆点状，以后融合成大的出血、淤血斑。同时，黏膜表面分泌黄色浆液，当浆液干燥时，可形成黄色、褐黄色污秽的干痂，病情严重时，出血的黏膜发生坏死而形成溃疡。

发生血斑的同时，在表皮和皮下结缔组织中可出现小的浆液性出血性水肿，以后融合成大片，多呈弥漫性，发生在四肢、腋下、胸侧面、头部、胸下、毛皮、阴囊及乳房。患处外形轮廓变得模糊甚至完全变形，头部、鼻、唇、颊发生剧烈肿胀，如河马头。眼睑也发生肿胀，结膜内分泌血样液体和眼睑出现淤血斑、眼球发炎和视神经萎缩，最终导致失明。

在肿胀的皮肤表面分泌黄色浆液性液体，迅速干涸形成黄褐色痂块。发病的组织器官因弥漫性肿胀而发生机能障碍，当鼻黏膜肿胀时可引起呼吸困难。若肿胀蔓延至咽、喉时，呼吸更加困难，可导致窒息，唇、舌、咽肿胀时，采食、咀嚼、咽下困难。胃肠出血时，则发生出血性胃肠炎。

发病轻微者，体温保持正常。若皮肤坏死或产生溃疡，则体温升高。血液循环系统功能紊乱，病初心搏动加强、加快，由于心肌变性和心室扩大，引起心音区扩大，伴有缩期杂音。随着病程恶化、心搏动快而弱、有时出现期外收缩。

（3）治疗　治疗原则为加强护理、脱敏、制止渗出。

①将病马放在宽敞、清洁、通风良好的厩舍。供给足量饮水和易消化的柔软全价饲料，对吞咽困难者，应给予玉米糊等流食，或用 25%~50% 葡萄糖注射液，静脉注射。为了补充水分，用 1% 食盐水灌肠，每次 4000~5000mL，1 次/d。

②脱敏：用盐酸苯海拉明，0.2~1g，口服，1~2 次/d；或将普鲁卡因 0.8~1g 溶于 5% 葡萄糖氯化钠注射液 500~1000mL，静脉注射。

③止血和降低血管通透性：用10%氯化钙注射液（或葡萄糖酸钙注射液）、10%葡萄糖注射液各500~1000mL，静脉注射。

输血对本病有良好的效果，可输全血，1000~2000mL/d；或应用钙化血，10%氯化钙注射液1份、全血9份，静脉注射，效果更好。

④中药治疗：金银花30g，连翘25g，桔梗20g，生地30g，玄参30g，芍药20g，白茅根60g，丹皮25g，阿胶30g，焦栀子25g，研末冲服。

> **任务思考**

（1）简述马属动物血液循环障碍的病因。
（2）简述马属动物心搏动的检查方法。
（3）马心肌炎的特征性临床症状有哪些？
（4）简述马、骡心力衰竭的病因。
（5）溶血性贫血发生的原因有哪些？
（6）马血斑病的治疗方法有哪些？

任务四　泌尿系统疾病

> **任务目标**

（1）掌握马属动物泌尿系统的组成及机能。
（2）掌握马属动物泌尿疾病的常见病因和常见综合征。
（3）掌握马属动物排尿状态、排尿次数、尿量及尿液的观察。
（4）掌握马属动物膀胱和尿道的临床检查方法及意义。
（5）掌握马属动物的导尿方法及注意事项。
（6）掌握马肾炎、马肾病、马肾盂肾炎、马膀胱炎、马膀胱麻痹、马尿石症的病因、症状及治疗。
（7）掌握马尿道炎、马血尿的病因、症状及治疗。

> **必备知识**

本任务主要介绍马属动物泌尿系统的解剖构造、机能，泌尿系统疾病的常见病因、症状，泌尿系统的临床检查技术及要点，临床上常见泌尿器官疾病的诊治。

(一) 概述

1. 泌尿系统的组成

马属动物泌尿系统由肾脏和尿路组成，尿路包括输尿管、膀胱、尿道，肾脏是最主要的泌尿器官，也是机体的重要排泄器官。

2. 泌尿系统的机能

肾脏生成的尿液，不断地通过输尿管流入膀胱，并暂时贮存于膀胱中，当尿液达到一定量时，可刺激引起神经反射作用，尿液经尿道排出体外。

【2020年执业兽医资格考试真题】暂时贮存尿液的器官是(　　)。
A. 雌性尿道　　　B. 雄性尿道　　　C. 膀胱
D. 输尿管　　　　E. 肾

泌尿器官，特别是肾脏的主要机能是通过泌尿将体内的尿素、尿酸、肌酐等代谢终末产物和进入体内的细菌、毒物等有害物质排出体外，并参与水盐代谢平衡、酸碱平衡的调节，以保持机体内部环境的相对恒定。此外，肾脏还具有活化维生素D、促进红细胞生成和产生肾素的作用。

泌尿器官的机能活动，主要是在大脑质的控制下，通过神经系统调节而实现的。此外，体液因素如垂体后叶、肾上腺皮质所分泌的抗利尿激素、醛固酮等激素，对泌尿器官的机能活动也有一定作用。由此可见，泌尿器官机能活动的调节是极其复杂的。

在正常情况下，各泌尿器官，特别是肾脏具有强大的代偿机能，但当超越其自身代偿能力时，可引起严重障碍或损伤，导致各泌尿器官发生相应的病理变化。

3. 泌尿系统疾病的常见病因及发生机理

引起泌尿器官疾病的原因是多种多样的，主要包括病原微生物的感染，某些毒物引起的中毒，机体的变态反应，以及机械性的阻塞和压迫，寒冷、潮湿等环境也很容易造成肾脏疾病的发生。此外，全身性病理过程、肾外疾病的影响，以及神经、内分泌系统调节机能障碍，也可引起肾脏和其他泌尿器官发生疾病。

由于泌尿器官各个部分在解剖生理上是密切联系的，各泌尿器官的疾病，也多半是相互联系、互相继发、互相转化、互为因果的。泌尿器官和机体内心脏、肝脏、肺脏、胃肠等其他内脏器官之间也有极其密切的机能联系。当机体任何一个器官发生机能障碍，或肾脏和其他泌尿器官发生病变时，均能引起不同程度的相互影响。如在肾脏的疾病过程中，可以引起心脏、肝脏、肺脏和胃肠道的机能紊乱，此乃肾脏机能不全，分泌机能障碍，有害代谢产物大量蓄积，对上述器官产生一系列的严重影响所致。同样，当上述任何一器官发病时，其病原菌及毒素或各种病理产物，也可通过不同途径侵入肾脏，刺激肾脏和其他泌尿器官发病。

4. 泌尿系统疾病的常见综合征

马属动物泌尿器官疾病并非某一器官单独的病变，而是整个机体患病的一种局部反应。因此，泌尿器官疾病的临床症状是错综复杂的，临床上主要以排尿障碍、尿液变化、心血管症候，肾性水肿及尿毒症等综合征为特征。

（1）排尿障碍　主要表现为排尿困难、排尿疼痛、尿频及尿失禁。

（2）尿液变化

①尿量变化：尿液是肾脏机能活动的产物，健康马的尿量和排尿次数是具有规律性的。当泌尿器官发病时，其排尿规律遭到破坏，临床上表现少尿、无尿、多尿或尿闭。

②尿液成分的变化：泌尿器官患病时，由于肾脏及尿路机能障碍，肾小球滤过膜通透性增强、肾小管重吸收机能障碍，导致尿液发生变化，出现蛋白、红细胞、管型等异常成分，临床上称其为蛋白尿、血尿、管型尿。

尿中出现的有机沉渣，是肾脏及尿路患病的一种病理性产物。尿的有机沉渣有红细胞、白细胞、上皮细胞以及病原菌，其中上皮细胞包括肾上皮细胞、肾盂上皮细胞、膀胱上皮细胞和尿道上皮细胞。

（3）心血管症候　肾脏患病时，临床上主要表现血压升高，以肾性高血压为主。心浊音区扩大，主动脉第二心音增强、脉搏变硬，称为硬脉。此外，血液成分也发生相应的变化，有低钠血症、高钾血症、低蛋白血症、氮血症、酸中毒及肾性贫血。

（4）肾性水肿　水肿是肾脏疾病的重要症状之一。水肿多发生在富有结缔组织的部位，如眼睑、胸下、腹下、四肢末端及阴囊等处。严重时可出现体腔积液。

（5）尿毒症　尿毒症是肾机能不全（肾脏衰竭）最严重的表现。主要是由于肾机能不全，致使代谢产物和毒性物质在体内蓄积以及内环境紊乱，而引起马属动物发生自体中毒综合征。尿毒症时，血液中的非蛋白氮明显增多。

尿毒症除肾机能不全引起的尿液成分改变、水和电解质平衡紊乱、氮血症及毒血症等症状之外，还可见痉挛、兴奋、沉郁、嗜睡、昏迷等神经症状，陈-施呼吸综合征，以及食欲减退、呕吐、便秘和腹泻等消化机能紊乱症状。

（二）马属动物泌尿系统的临床检查

1. 排尿状态的观察

（1）排尿困难和疼痛　中兽医称之为"胞经痛"，排尿时马属动物表现出呻吟、努责、不安、回顾腹部、拧尾等困难和痛苦状，而排尿后仍保持较长时间的排尿姿势。常见于膀胱炎、膀胱结石、膀胱过度膨满、尿道炎、尿道阻塞、阴道炎、前列腺炎、包皮疾患、肾盂肾炎、肾梗死或炎性产物阻塞肾盏等。

（2）尿失禁和尿淋漓　马属动物未采取一定的准备动作和排尿姿势，而尿液不自主地经常自行流出者，称为尿失禁，常见于腰荐脊髓的损伤、膀胱括约肌麻痹等；某些脑病、昏迷、中毒等使高级中枢不能控制低级中枢时，患病马属动物也不自主地排尿。尿失禁时两后肢、会阴部和尾部常被尿液污染、浸湿，久之则发生湿疹，直肠触诊膀胱空虚。当尿液不断地呈点滴状流出时，称为尿淋漓，常见于膀胱炎。

【2018年执业兽医资格考试真题】家畜频做排尿动作，但尿液仅呈细流状或滴状排出的症状称为（　　）。
A. 尿淋漓　　　　B. 尿失禁　　　　C. 尿闭
D. 少尿　　　　　E. 无尿

2. **排尿次数及尿量的观察**

排尿次数和尿量的多少，只有在马房内进行观察，才能得知。

（1）频尿和多尿　频尿是指排尿次数增多，且每次尿量不多甚至减少或呈点滴状排出，故24h内尿的总量并不多，常见于膀胱炎、尿道炎。马属动物发情时也常见频尿。多尿表现为排尿次数增多，且每次尿量不减少，故24h内尿的总量增多，常见于慢性肾炎（肾小管的重吸收机能障碍）、内分泌-代谢障碍性疾病（如糖尿病）以及渗出性炎症的液体吸收期等。

【2011年执业兽医资格考试真题】动物排尿量增加，可见于（　　）。
A. 急性肾功能衰竭　　B. 尿毒症　　　　C. 慢性肾炎
D. 脱水　　　　　　　E. 心功能不全

（2）少尿和无尿　马属动物24h内排尿总量减少或甚至接近没有尿液排出，称为少尿或无尿。根据形成原因又分为三种情况，即肾前性少尿或无尿（如严重脱水、心血管衰竭、肾动脉栓塞等）、肾原性少尿或无尿（由急性肾小球性肾炎及肾病等引起）和肾后性少尿或无尿。肾后性少尿或无尿（梗阻性肾衰竭），是尿路（主要是输尿管）梗阻所致，常见于肾盂或输尿管结石或被血块、脓块、乳糜块等阻塞，输尿管炎性水肿、瘢痕、狭窄等梗阻，机械性尿路阻塞，膀胱结石或肿瘤压迫两侧输尿管或梗阻膀胱颈，膀胱功能障碍所致的尿闭和膀胱破裂等。

（3）尿闭　肾脏的尿生成仍能进行，但尿液滞留在膀胱内而不能排出者称为尿闭，又称尿潴留。常见于膀胱肌麻痹、膀胱括约肌痉挛及尿道疾病等。

3. **膀胱的检查**

马属动物的膀胱检查，通常采用直肠检查法。检查时应注意膀胱的位置、形状、充盈度、有无结石或尿沙、肿瘤等。

膀胱空虚且有压痛，常见于膀胱炎；膀胱胀满，压之排出尿液，不压时尿停止，称为尿潴留，常见于膀胱麻痹。

膀胱剧烈增大时，触诊有波动，充满骨盆腔，且表现疼痛，常见于尿道阻塞、尿道结石、膀胱括约肌痉挛、直肠便秘对尿道造成压迫等。

膀胱破裂时，表现为膀胱空虚。病马不呈排尿姿势，不排尿，腹部逐渐膨大，腹腔内积液，可出现腹膜炎、尿毒症的症状，表现为精神高度沉郁、体温升高、食欲废绝。严重者，皮肤或呼出气发出尿臭味，腹腔穿刺检查，有大量液体流出，颜色为黄褐色，带尿臭味。

4. 尿道的检查

公马的尿道检查具有重要临床意义，主要用外部触诊和导尿管探诊的方法进行检查。

应着重检查公马尿道的坐骨弓部，当触压该部时，马有疼痛反应或感到有坚实而小的物体存在时，多为尿道结石之处，其上部因尿潴留而变粗，压之有波动。

母马尿道较短，开口于阴道前庭下壁前端，可用导尿管或手指检查。

5. 尿液的观察

正常马尿液呈淡黄色、混浊。在发热、尿液减少、大量出汗等因素的作用影响下，尿色变深；而采食青草等水分多的饲料和大量饮水之后，尿色变淡。马尿清亮透明、呈酸性，常见于马软骨病。某些药物或毒物的作用也可造成尿液的颜色发生变化，如百浪多息可使尿液呈红色、呋喃西林可使尿液呈黄色等。在病理情况下，由于某些色素随尿液排出，故也可改变尿液的颜色。

【2015 年执业兽医资格考试真题】正常尿液混浊的动物是（　　）。

A. 马　　　　　B. 牛　　　　　C. 犬
D. 猪　　　　　E. 羊

红色尿是指尿中带血，又称为血尿，其尿中的血液来自肾脏，或由尿路感染、损伤所致。

尿色暗红或呈洗肉水样的均匀一致的红色，多为肾性出血，常见于出血性肾炎。

当尿中出现血红蛋白时，称为血红蛋白尿。其如葡萄酒色、透明，静置后其沉淀物镜检无红细胞的存在，这是红细胞发生崩解所致，常见于焦虫病、败血病及新生驹溶血病等。当血液见于排尿之初、其后则无时，提示尿道出血；当血液存在于排尿开始至终末时，提示膀胱出血；当一次或几次排尿都有均匀一致的红色时，提示肾脏出血。

当尿中含有一定的胆红素和尿胆素时，尿呈黄褐色或黄绿色，常见于肝脏疾病及黄疸。当马属动物服大黄、芦荟后，尿液呈棕红色。

6. 导尿法

马属动物导尿术及尿道探诊，主要用于怀疑尿道阻塞，以探查尿路是否通畅时；也用于当膀胱充满而又不能排尿时，以导出尿液、排空膀胱；必要时用消毒剂进行膀胱冲洗以作治疗；还可用于采集尿液以供检验等。

(1) 公马导尿：采取站立保定并固定后置。术部及术者手、臂清洗消毒后，一手伸入包皮内，抓住龟头，并慢慢拉出阴茎。用0.1%高锰酸钾液、2%硼酸液等无刺激性的消毒液，擦净尿道外口并清洗龟头、阴茎。另一手将已消毒并涂以润滑油（或用温水浸泡使之变软、滑润）的橡胶导尿管沿着尿道口缓慢插入。当导尿管达到坐骨弓部处由于阻力不能顺利插入时，可由助手在此处向上向前稍加按压，使导尿管弯向前方，转至骨盆腔内，术者稍用力再向里插入10cm左右，即可通过盆腔到膀胱内。

(2) 母马导尿法：采取六柱栏内站立保定，用消毒液洗净外阴部，术者手臂清洗消毒后，沿着阴道下壁插入导尿管，即可插入膀胱。或先用一手在前庭下方处摸到外尿道口，另一手持导尿管顺手指下方缓慢插入尿道外口，再向前推进10cm左右直至插入膀胱内。必要时，先用阴道扩开器打开阴道，以便找到阴道外口，再进行导尿术的操作。

当膀胱括约肌痉挛时，导尿管不能进入膀胱内，这时不可强推硬送，应进行直肠按摩或用温水灌肠，待痉挛缓解后再行推送。若导尿管不能插入，应进一步查明原因，或因尿道结石阻塞或尿道某一段狭窄等因素所致。

(三) 马属动物泌尿系统的常见疾病

1. 马肾炎

马肾炎是肾小球、肾小管和肾间质组织发生炎症性病理变化的总称。肾炎的主要特征是肾区敏感或疼痛、尿量减少、尿液中含有病理性产物。按病程经过，可分急性肾炎和慢性肾炎。临床上通常以肾小球毛细血管的炎症变化为主，而肾小管则呈轻微的变性。

急性肾炎是肾实质发生急性炎症的病变，因炎症主要侵害肾小球，故又称肾小球性肾炎。慢性肾炎是指肾小球发生弥漫性炎症、肾小管发生变性以及肾间质组织发生浸润的一种慢性肾脏疾病。间质性肾炎是由于肾间质结缔组织增生，肾实质受压而萎缩，使肾脏变小、变硬的一种慢性疾病，也称为肾硬化。

(1) 病因 原发性急性肾炎很少见，多见于继发性感染与中毒。常见于胸疫、腺疫等传染病，是由于病毒和细菌及其毒素作用于肾脏，或是病愈后的变态反应所致。中毒的因素有内源性中毒，如胃肠道炎、代谢障碍疾病、肌红蛋白尿、皮肤病、大面积烧伤或烫伤时所产生的毒素、代谢产物或组织分解产物等；外源性中毒，如马属动物采食醉马草、紫云英等有毒植物，或霉玉米、发霉的玉米秸秆、青贮玉米等大量腐败饲料；或错误地应用有毒药物或松节油、石碳酸、水杨酸等强烈刺激性的药物，或砷、汞、铅、磷等重金属物质，这类毒物经肾排出时产生强烈刺激而引起发病。此外，由于近邻器官发生肾盂肾炎、膀胱炎、子宫内膜炎、阴道炎等，炎症的蔓延也可引起发病。机体受感风寒、潮湿的刺激，营养不良以及过度劳累，均为肾炎发病的诱因。如马、骡感冒时，由于机体遭受寒冷刺激，引起全身血管发生反射性刺激而收缩，尤其是肾小球毛细血管的痉挛性收缩，引起肾血液循环及其营养代谢发生障碍，导致肾脏防御机能降低，病原微生物侵入而致病。

慢性肾炎的发病原因与急性肾炎基本相同，只是刺激较轻微，但持续时间较长，因而引起肾脏慢性炎症的过程。此外，急性肾炎延误治疗或治疗不彻底也可转化为慢性肾炎。

间质性肾炎的发病原因，主要与某些慢性传染病和慢性中毒病有关。如马传染性贫血、慢性胃肠病、慢性皮肤病、饲喂发霉饲料或化学毒物等。

(2) 症状

①急性肾炎：病马精神沉郁、体温升高、食欲减退、消化不良。肾区敏感、疼痛，不愿活动。站立时拱背、后肢叉开或集拢于腋下，强迫行走，运步困难、步态强拘、小步前进，严重时后曳前进。触诊腰区，呈疼痛反应，病马躲避或拒绝。病马频频排尿，但每次排尿较少，尿色浓暗或呈粉红色，甚至排血尿。动脉压升高，主动脉第二心音增强，脉搏强硬。病程较长者，出现全身静脉淤血和血液循环障碍。有时在病的后期，眼睑、胸腹下、阴囊部位水肿，严重时可伴发喉水肿、肺水肿或体腔积液。重症病马由于大量含氮物质蓄积，引起血中非蛋白氮含量增高，呈现尿毒症症状。病马体力急剧下降，意识障碍或昏迷，全身肌肉阵发性痉挛，严重时腹泻、呼吸困难。

【2012年执业兽医资格考试真题】肾炎的主要临床特征是触诊时肾区（　　）。

A. 敏感性增高　　　　B. 敏感性降低　　　　C. 敏感性无变化

D. 膀胱敏感性增高　　E. 以上都不是

尿液检查可见尿蛋白升高，尿沉渣中有透明颗粒、红细胞管型，有时有上皮管型或散在的红细胞和白细胞。

②慢性肾炎：由急性者发展而来，症状与急性者相似，但发展缓慢且症状多不明显，在临床上不易辨识。病马全身虚弱，疲乏无力，食欲时而减退，消化不良或严重胃肠炎。病至后期，眼睑、胸腹下及四肢末端出现水肿。严重时，发生体腔积液或肺水肿。

③间质性肾炎：初期尿量多，后期尿量少；尿沉渣中有少量蛋白、红细胞、白细胞及肾上皮细胞。

（3）治疗　治疗原则是消除病因，加强护理，消炎利尿以及对症治疗。

①将病马置于温暖、干燥、阳光充足及通风良好的厩舍内充分休息，防止受寒、感冒，给予富有营养、易消化的糖类饲料，适当限制饮水和补饲食盐，以减轻肾脏负担和水肿。

②消除感染：青霉素 80 万～120 万 IU，链霉素 2～3g，肌内注射；氯霉素 2～4g，静脉注射。

③抑制免疫反应：使用肾上腺皮质激素，如醋酸泼尼松，50～150mg，口服每日 2 次，连服 3～5d 后，应减量 1/10～1/5；氢化可的松，200～400mg，分 2～4 次肌内注射。

④利尿消肿：有明显水肿时，用速尿 0.5～2g，肌内注射，1～2 次/d，连用 3～5d 后停药；或用乙酸钾 10～30g，口服。

⑤对症治疗：心脏衰弱时，用安钠咖；尿毒症时，用 5%碳酸氢钠注射液 200～500mL，静脉注射；补充蛋白质，用丙酸睾丸素；血尿时，用止血剂。

⑥中药治疗

a. 防己散。防己 30g、没药 30g、黄芪 50g、白术 25g、陈皮 25g、知母 25g、黄柏 25g、苍术 25g、泽泻 25g、木通 25g、金银花 25g、茵陈 25g，研末冲服。

b. 导赤散。生地 50g、木通 50g、栀子 50g、瞿麦 50g、车前草 50g、萹蓄 50g、猪苓 50g、泽泻 50g、竹叶 50g、滑石 50g、甘草 25g、石苇 50g，水煎，去渣，口服。

c. 加味五皮饮。大腹皮 50g、茯苓皮 50g、生姜皮 50g、陈皮 50g、桑白皮 50g、猪苓 40g、泽泻 40g、苍术 40g、白术 40g、桂枝 40g、甘草 25g，水煎，去渣，口服。

2. 马肾病

马肾病主要是指肾小管上皮发生弥漫性变性的一种非炎性肾脏疾病。临床以大量蛋白尿、水肿、低蛋白血症为特征。

（1）病因　马肾病主要发生于急、慢性传染病，如马传染性贫血、传染性胸膜肺炎、流感、鼻疽等疾病的经过中。

当机体遭受某些有毒物质侵害时也可引起该病，如汞、砷、磷、氯仿、吖啶黄等化学药品的中毒，采食霉败变质饲料引起的真菌毒素中毒，消化道疾病、肝脏疾病、蠕虫病、大面积烧伤和化脓性炎症等所产生的内毒素中毒。

由体外侵入的病毒、细菌和毒素等有害物质和机体生命活动中产生的各种代谢产物，主要经过肾脏排出体外，当这些有毒物质通过肾脏时，由于肾小管对尿液的浓缩作用，致使毒物含量增高，对肾小管上皮产生强烈的刺激，久之，肾小管可发生变性，甚至坏死。

肾小管上皮变性可致使重吸收机能发生障碍，使尿中出现大量蛋白质，当尿呈酸性反应时，进入尿中的部分蛋白质发生凝结而形成管型，随尿排出时则发生管型尿。由于蛋白质大量排出，使血浆蛋白含量减少而出现低蛋白血症。当血浆蛋白含量过低时，可引起血浆胶体渗透压下降，使液体成分蓄积在组织间隙中而发生水肿。

（2）症状 轻微病例，尿中可见有少量蛋白质和肾上皮细胞。尿呈酸性反应时，可见有少量管型，但尿量不见变化。

重症病例，可出现不同程度的消化机能紊乱，如食欲减退、周期性腹泻、逐渐消瘦、衰弱或贫血等。同时还可出现水肿，严重时胸、腹腔积液，尿量减少、密度增大、蛋白增多，尿沉渣中有大量肾上皮细胞及透明、颗粒管型，但无红细胞。

血液变化，病症轻者无异常变化，重者发现血浆中总蛋白含量降低、血浆胆固醇含量增高。

肾病的病变特点是肾小管上皮发生混浊、肿胀、变性，甚至坏死，但肾小球的病变是轻微的，其病变的实质是组织胶体的物理、化学性状发生高度的变化，主要表现为白蛋白、球蛋白、类脂质代谢紊乱以及电解质发生代谢障碍。

（3）治疗 治疗原则是消除病因，改善饲养条件，抗菌消炎，利尿、防止水肿。

①适当给予丰富蛋白饲料，以补充蛋白质，为防止水肿，可适当限制饮水和饲喂食盐。

②经感染所致的，用抗生素或磺胺类药。消除水肿，用利尿药，如速尿。

③补充蛋白质，用丙酸睾丸酮 $0.1 \sim 0.3g$，肌内注射，每 $2 \sim 3d$ 一次。

3. 马肾盂肾炎

马肾盂肾炎是指肾盂和肾实质受细菌侵袭而引起的炎症疾病。

（1）病因 马肾盂肾炎多发生于某些全身传染病或局部化脓性疾病的发展过程中，主要是由于病原微生物的侵害而引起的一种化脓性炎症。常见的病原微生物有肾棒状杆菌，有时也可由大肠杆菌、葡萄球菌、链球菌、变形杆菌、化脓杆菌等感染所致。

此外，也见于肾脏寄生虫的机械性刺激，或口服具有强烈刺激的药物，或积留的尿液分解而产生的氨时，也可引发本病。

病原微生物一般可经血源性、尿源性、淋巴源性等感染途径侵入肾脏。

①血源性感染：当病马患传染病或局部化脓性疾病时，病原微生物及其毒素可经血液循环侵入肾脏，先在肾小球毛细血管网内形成细菌性栓塞，紧接着病原菌移行至肾小管和集合管，并在其周围的间质形成小脓肿，最后通过肾乳头到达肾盂，引起肾盂肾炎。

②尿源性感染：病原微生物从尿道经膀胱和输尿管逆行进入肾盂，使肾盂黏膜发生化脓性炎症，炎症不断发展，并沿集合管上行，在肾小管及其周围组织也引起化脓性炎症。严重时形成多量小脓肿，肾小管发生变性，甚至坏死。脓肿在肾小管管腔内破溃，使腔内充满脓细胞和细菌，形成脓尿和菌尿。

③淋巴源性感染：当与肾脏相邻的肠管发生病变时，病原微生物或其毒素可沿淋巴途径侵入肾盂。一般情况下，经上述途径侵入的病原微生物并不一定都能引起炎症，只有在一定条件下，当动物抵抗力降低，特别是肾盂发生淤血、黏膜损伤、尿液蓄积或其他病理变化时，可导致肾盂肾炎发生。开始时，肾盂黏膜呈进行性肿胀且增厚，继之黏膜下层发生化脓性浸润，使肾盂上皮脱落，尿中出现大量黏液、脓液、上皮细胞、病原细菌等，导致尿液变得混浊、黏稠。若病原微生物及其毒素和炎性产物不断被吸收而进入血液时，则可引起机体全身性反应，出现体温升高、精神沉郁、食欲减退和消化紊乱等症状。

（2）症状 本病属剧烈的化脓性炎症，炎症常常波及输尿管和膀胱，同样引起化脓性炎症，并表现明显的全身症状，病马表现精神沉郁、食欲减退、消化不良、腹泻及疝痛。体温升高到39~40℃，有的高达41℃，多呈弛张热或间歇热。

肾区疼痛，病马多拱背站立，行走时腰脊僵硬，直肠检查时肾体积增大、敏感性增高。当肾盂内有脓液蓄积时，可使输尿管出现膨胀，并有波动感。

病马频频排尿，病初尿量少，以后尿量变多，排尿困难，尿液混浊，尿中混有黏液、脓液和大量蛋白。尿沉渣中含大量脓细胞、红细胞、白细胞和肾上皮细胞。随着病程的发展，病马出现心脏衰竭、脉象快速，并有贫血的现象。

（3）治疗 本病的治疗原则首先是抑制病原微生物并减弱其毒力，其次是增强肾盂的活动机能，促进尿液和炎性产物的排出。

可应用磺胺类和抗生素药物。磺胺类药物可选择在尿中浓度高、乙酰化率低且主要以原形从尿中排出的磺胺异噁唑（STZ）、磺胺二甲基嘧啶、磺胺苯吡唑（SPP）等合用，以提高治疗效果。但对肾机能不全的病马，应慎用或禁用。

在上述药物无效时，可选用抗生素药物青霉素、链霉素或四环素。病情严重者可选用卡那霉素、庆大霉素、先锋霉素。

此外，若为变形杆菌和大肠杆菌感染时，用萘啶酸3~5g，口服。为提高疗效，可与抗生素联合使用。

中药治疗：滑石散，滑石50g、木通50g、猪苓50g、泽泻50g、酒知母50g、酒黄柏50g、瞿麦40g、灯芯20g，水煎，去渣，口服。

八正散，瞿麦50g、猪苓50g、泽泻50g、地肤子50g、茯苓50g、木通50g、栀子50g、滑石50g、萆薢50g、黄芩50g、芍药50g、甘草40g，水煎，去渣，加白砂糖200g，口服。

4. 马膀胱炎

马膀胱炎是指膀胱黏膜或黏膜下层发生的炎症。按期炎症的性质可分为卡他性、纤维蛋白性、化脓性和出血性膀胱炎四种。临床上卡他性膀胱炎比较多见。

(1) 病因　膀胱炎主要是病原微生物的感染、邻近器官炎症的蔓延和膀胱黏膜受机械性的刺激或损伤所致。

病原微生物感染，如化脓杆菌、葡萄球菌、大肠杆菌、变形杯菌等。以上病原菌主要经血液循环或从尿道侵入膀胱而引起发病。有时还可因导尿管消毒不严引起。

邻近器官的炎症，如肾炎、输尿管炎、尿道炎，特别是母马患阴道炎、子宫内膜炎时，可蔓延至膀胱。

机械性损伤，常见于导尿过程中的损伤或膀胱结石的刺激。

此外，各种毒物或强烈刺激性的药物，如松节油、斑蝥、甲醛等，刺激膀胱黏膜均可引起。

(2) 症状　急性膀胱炎的典型症状是排尿频繁和疼痛。由于膀胱黏膜敏感性增高，病马频频排尿或经常做排尿姿势，但每次仅排出少量尿液或呈点滴状排出，排尿时病马表现疼痛不安。严重时由于膀胱黏膜肿胀或膀胱括约肌痉挛性收缩，可引起尿闭，此时病马表现极度的疼痛不安、呻吟，公马阴茎频频勃起，母马摇摆后躯，阴门不时开张。直肠检查触摸膀胱时，病马表现疼痛，膀胱体积缩小或空虚；当膀胱颈组织增厚或痉挛时，由于尿潴留而引起膀胱高度充盈。

卡他性膀胱炎，尿液浑浊，尿中含有大量黏液和少量蛋白。化脓性膀胱炎，尿中混有脓液。出血性膀胱炎，尿中含有大量血液或血凝块。纤维蛋白性膀胱炎，尿中含有纤维蛋白膜或坏死组织碎片，并具有氨臭味。

全身症状一般不明显，若炎症波及深部组织，可表现体温升高、精神沉郁、食欲减退。严重时，由于出血性膀胱炎，病马可表现贫血。

(3) 治疗　治疗原则是改善饲养管理，抑菌消炎，防腐消毒及对症治疗。

首先应使病马适当休息，给予无刺激性、富有营养且易消化的饲料，并给予清洁饮水，限制高蛋白及酸性饲料。

药物治疗，可根据病情施行局部或全身疗法。局部疗法是用导尿管排净膀胱尿液，然后自导尿管向膀胱内注入0.9%氯化钠注射液对膀胱多次冲洗，然后再向膀胱内注入消毒或收敛性药物，如1%~3%硼酸溶液、0.1%高锰酸钾溶液、0.1%乳酸依沙吖啶溶液、0.5%~1%氨苯磺胺溶液等，用药液反复冲洗2~3次，最后一次将药物留在膀胱内让马自行排出。

慢性膀胱炎，用0.02%~0.1%硝酸银溶液或0.1%~0.5%蛋白银溶液进行膀胱冲洗。

重度膀胱炎，用消毒液冲洗后，再用青霉素 40 万~100 万 IU，溶于 500~1000mL 温蒸馏水中，注入膀胱；还可静脉注射 40%乌洛托品注射液 80~100mL。绿脓杆菌感染时，用乳酸依沙吖啶；变形杆菌感染时，用四环素；大肠杆菌感染时，用卡那霉素或新霉素。

中药治疗：

①滑石散，滑石粉 50g、泽泻 35g、灯芯 40g、茵陈 30g、猪苓 35g、车前子 30g、知母 35g、黄柏 50g，水煎后去渣口服。治疗一般性膀胱炎。

②治浊固体汤，黄柏 30g、黄连 25g、茯苓 40g、猪苓 25g、半夏 25g、砂仁 25g、益智 40g、甘草 25g、莲须 40g，水煎后去渣口服。治疗炎性产物较多的膀胱炎。

③秦艽散，秦艽 50g、瞿麦 40g、车前子 40g、当归 25g、黄芩 35g、赤芍 35g、炒蒲公英 40g、焦栀子 40g、阿胶 25g，水煎后去渣口服。治疗出血性膀胱炎。

5. 马膀胱麻痹

马膀胱麻痹是膀胱括约肌丧失收缩能力，致使尿液不能自主排出体外，而引起尿液积留，导致膀胱体积增大、扩张弛缓的疾病。临床上以病马不能排尿，膀胱充满，但无疼痛为特征。

（1）病因　膀胱麻痹多属继发性，主要是脑、脊髓等中枢神经系统的损伤以及支配膀胱括约肌的神经机能障碍所引起的，常见于脊髓疾病，如脊神经炎、腰椎脊索损伤、出血和肿瘤等所引起的脊髓麻痹。此时，由于支配膀胱的神经机能发生障碍，使膀胱缺乏自主的运动机能，妨碍其正常收缩，导致尿液积留在膀胱内。

其次，由于严重的膀胱炎，或膀胱相邻器官感染炎症而波及深部肌层时，可引起肌肉收缩乏力，此时膀胱先充满尿液，而尿液又无力排出，或是由于尿道阻塞及膀胱括约肌痉挛所引起的膀胱长时间膨胀，导致膀胱肌肉过度伸展而变得弛缓，最终引起其发生末梢性或肌源性麻痹。

此外，对重役或长途奔走而得不到排尿机会的马，由于其膀胱过度充盈，可发生暂时性的膀胱麻痹，一旦尿液排出后，麻痹可立即解除。

（2）症状　当脊髓性麻痹时，病马排尿反射减弱或消失，排尿间隔时间延长，直到膀胱高度膨满时，才被动性排出少量尿液。直肠检查可发现膀胱胀满，用手触压膀胱时排尿增多。当膀胱括约肌发生麻痹时，病马表现为排尿失禁，即尿液不断地或间歇地呈细流状或点滴状排出，触诊膀胱空虚。

脑性麻痹时，病马有排尿企图，但由于脑的抑制而丧失调节排尿的作用，只有在直肠内压迫膀胱，或当膀胱内压超过膀胱括约肌紧张度时，才能排出少量尿液。直肠检查时按压膀胱，尿呈细流状喷射出来，当停止按压时，排尿也停止。

末梢性麻痹时，病马不时做排尿姿势，但排出的尿量始终不多，可能是由于膀胱炎或尿道阻塞。直肠检查时膀胱虽膨胀，但无疼痛表现，按压膀胱时可波动性地排出尿液。

（3）治疗　治疗原则是消除病因，治疗原发病。

①经直肠检查按压膀胱，使其排出尿液，2~4次/d，5~10min/次。

②为提高膀胱括约肌的收缩力，可用神经兴奋剂和具有提高膀胱肌肉收缩力的药物。如0.1%硝酸士的宁注射液1~5mL，1次/d，皮下注射。

③中药治疗：熟地黄100g、山药100g、朴硝100g、红茶末100g、黄芪50g、肉桂50g、车前子50g、茯苓25g、猪苓25g、木通25g、泽泻25g、竹叶30g、灯芯25g，水煎，去渣，口服。

6. 马尿道炎

马尿道炎指马的尿道黏膜发生的炎症。

（1）病因　常由尿道的细菌感染所致。如在导尿时由于导尿管消毒不严或损伤尿道黏膜后使尿道被细菌感染，尿结石的机械性刺激、化学性药物的刺激造成尿道黏膜损伤并被病原菌所感染。

此外，邻近器官组织炎症的蔓延，如膀胱炎、包皮炎、阴道炎及子宫内膜炎等，也可引起尿道炎。

（2）症状　病马频频排尿，由于炎性疼痛，其尿液呈断续状排出。公马阴茎频频勃起，母马阴唇不断开张，严重时可见到黏性、脓性分泌物不时从尿道口排出，尿液浑浊，其中混有黏液、血液或脓液，有时排出坏死、脱落的黏膜。

触诊可见阴茎肿胀、敏感，探诊时表现疼痛不安。

【2018年执业兽医资格考试真题】出现尿频症状提示（　　）。

A. 肾病　　　　　　B. 尿毒症　　　　　　C. 膀胱麻痹

D. 尿道炎　　　　　E. 慢性肾衰

【2020年执业兽医资格考试真题】急性尿道损伤的典型症状是（　　）。

A. 尿中带血　　　　B. 尿闭　　　　　　　C. 体温升高

D. 阴囊肿大　　　　E. 前列腺肿大

（3）治疗　治疗原则为治疗原发病，抑菌，消炎，防腐。临床上可使用磺胺类、乌洛托品等药物。

7. 马血尿症

马血尿症指马尿液中混有血液的病症。血尿症并非一种独立的疾病，而是泌尿器官发生出血性疾病时一个共有的症状。其特征是尿液呈不同程度的红色，透明度改变，静置后有红细胞沉淀层，肉眼可发现血凝块。

（1）病因　血尿症是一种继发症或综合征，主要是泌尿器官本身的疾病所致，如肾炎、肾盂肾炎、膀胱炎、尿道炎、尿石症、肾脏及膀胱肿瘤、肾寄生虫病、泌尿系统损伤，以及某些药物和毒物中毒所导致的泌尿系统血管发生损伤并引起出血，而形成血尿。

（2）症状

①肾源性血尿：临床上常见有肾炎、肾损伤等疾病的原发病症状。血尿的特点是血液与尿液呈均质性混合，每次排出的尿液全部混有血液，尿沉渣中除有大量红细胞、管型外，还有肾上皮细胞、上皮管型及颗粒管型。

②膀胱源性血尿：其特点是血液和尿液不呈均质性混合，每次排尿，最初部分不见有血液，只在终末部分混有血液，并在尿液中常混有凝血块和坏死组织片，尿沉渣中混有膀胱上皮细胞，有时有磷酸铵镁结晶或沙砾样物质。

③尿道源性血尿：临床上常见有尿道炎或尿道损伤的症状，特点是尿液与血液不均质性混合，每次排尿，只有初期部分混有血液，其余部分不含血液，尿沉渣中有大量尿道上皮细胞。

（3）治疗　治疗原则为消除原发病、制止出血。

首先应查明原发病，采取相应治疗措施。

止血可选用止血敏、安络血等药物。

中药治疗：秦艽散，秦艽50g、当归50g、芍药25g、炒蒲黄50g、瞿麦50g、焦栀子40g、大黄50g、没药25g、车前子40g、连翘35g、茯苓40g、甘草20g、竹叶25g、灯心草25g，研末，煎汤口服。

8. 马尿石症

马尿石症是马尿路中盐类结晶颗粒的凝结物，刺激尿道黏膜引起出血、炎症和阻塞的泌尿器官疾病，是肾结石、输尿管结石、膀胱结石、尿道结石的总称。尿石形成起源于肾或膀胱，而阻塞部位可在输尿管和尿道。

尿石是在某些核心物质，如黏液、凝血块、脱落上皮细胞、坏死组织片、异物构成的基础上，其外周由碳酸盐、磷酸盐、硅酸盐、草酸盐、尿酸盐等矿物质盐类和黏蛋白、核酸、黏多糖等保护性胶体物质，环绕凝结物所形成的。尿石的形状为多样形，有的是球形、椭圆形或多边形，也有呈细粒状或沙石状者，其大小也不一致，小者如粟粒，大者如蚕豆或更大。

（1）病因　促进尿石形成的（盐类析出和胶体沉淀）的因素，主要有下列几种。

①饲料与饮水的质量不良，当长期饲喂马铃薯、甜菜、萝卜等块状饲料，或硅酸盐较多的酒精，或喂给单纯富磷的麸皮、谷类等精饲料，以及长期给予钙盐丰富的饮水时，均能引起尿中盐类浓度过高，促使尿石的生成。

②长期饮水不足，特别是炎热季节，马、骡大量出汗，引起尿液浓度增加，致使盐类浓度过高而形成尿石。

③饲料中维生素 A 或胡萝卜素缺乏，可引起中枢神经机能紊乱，导致盐类形成的调节机制障碍，同时也可引起肾脏尿路上皮形成不全角化或脱落，导致形成尿石核心的物质增多。

④肾及尿路感染性疾病时，尿中的细菌及炎性产物聚积，可成为盐类晶体沉淀的核心。特别是肾炎使尿中晶体和胶体的正常溶解与平衡状态被破坏，导致盐类晶体易于沉淀而形成结石。

⑤甲状旁腺机能亢进，特别是甲状旁腺激素分泌过多时，致使血钙含量增加，导致肾脏排出的钙盐和磷酸盐增多，促使尿石形成。

此外，某些乙酰化率高的磺胺类药物长时间大量使用，也可形成尿石症。

尿石的形成原因其说不一，但主要原因与饲料和饮水的数量及质量、机体矿物质代谢状态，以及泌尿器官，特别是肾脏的机能活动有密切关系。在正常尿液中，会有大量溶解状态的盐类晶体及一定量的胶体物质，且晶体盐类与胶体物质之间保持着相对平衡。一旦这种平衡被破坏，即晶体超过正常的过饱和浓度，或胶体物质由于不断丧失其分子间的稳定性结构，且核心物质又不断产生，则引起尿中的晶体不断地析出，进而凝结形成尿石。

(2) 症状　尿石症的主要症状是排尿困难、肾性疝痛和尿血。但由于尿石存在的部位不同及对该部位器官损害程度的不同，其临床症状各有不同。

肾盂结石时，病马多呈肾盂炎症状，并见有尿血。严重时，肾盂积水、肾区疼痛、运步强拘、步态紧张。

输尿管尿石时，病马表现剧烈疼痛。若单侧输尿管阻塞，则不见闭尿现象。直肠检查可发现阻塞部位近肾端的输尿管显著紧张且膨胀，而远端输尿管呈柔软状。

膀胱尿石时，多见于尿频或尿血，触摸膀胱时敏感性增高。

(3) 治疗　尿石症者，可通过改善饲养，即给病马以流体饲料或大量饮水，必要时注射利尿剂，以便排出体积小或沙石状的结石。

若是草酸盐尿石症者，可应用硫酸阿托品或硫酸镁；对磷酸盐尿石症者，可口服稀盐酸，治疗获得的效果较良好；对体积较大的膀胱结石，可行膀胱切开手术，取出结石。

中药治疗：海金沙 30～60g、金钱草 60～100g、萹蓄 30g、瞿麦 30g、酒知母 25g、酒黄柏 25g、延胡索 25g、甘草 15g、滑石 30g、木通 20g，水煎服。

消石散：芒硝 150g、滑石 50g、茯苓 30g、冬葵果 30g、木通 50g、海金沙 40g，研末，开水冲服。

> 任务思考

(1) 马属动物泌尿系统疾病的常见病因有哪些？
(2) 简述马属动物膀胱检查的方法。
(3) 马膀胱麻痹的临床症状有哪些？
(4) 简述马肾炎的发病原因。
(5) 尿石症发生的原因有哪些？

任务五　神经系统疾病

> 任务目标

(1) 掌握马属动物脑的组成及功能。
(2) 掌握马属动物脑疾病的临床综合征。
(3) 掌握马属动物脊髓的结构及反射。
(4) 掌握马属动物精神状态和反射的检查方法及判断。
(5) 掌握马属动物运动、脑、脊髓、感觉机能的检查方法及判断。
(6) 掌握马脑炎及脑膜炎，马、骡日射病及热射病，马慢性脑室水肿，马脊髓炎，马癫痫的病因、症状及治疗。
(7) 掌握马脑震荡、马膈痉挛的病因、症状及治疗。

> 必备知识

本任务主要介绍马属动物神经系统的解剖构造、功能，脑疾病的临床综合征，神经系统的临床检查技术及要点，临床上常见神经器官疾病的诊治。

(一) 概述

1. 脑的组成

马属动物脑的形态结构及功能，从解剖生理学上看是极其复杂的。脑分为脑干、大脑和小脑三部分，而脑的前端可分为脑干和前脑，脑干由后向前依次又可分为延髓、脑桥和中脑。小脑与后脑相邻接，前脑形成大脑半球，分为大脑皮层和皮层下中枢。十二对脑神经，除两对嗅神经和视神经外，都是从脑干的不同部位发出的，并且与延髓、脑桥和中脑相连接。

脑神经是最广泛、最精细的控制系统，哺乳动物的脑功能，没有任何高科技计算机能比拟。生物的神经系统，包含若干亿个细胞，相互联系、相互作用,最终产生复杂的机体过程。很显然,神经系统是机体的主要协调机构,即使是通过激素来协调代谢和生长的内分泌系统,也受到神经系统的控制,而且在较大程度上其属于神经系统的一部分,因为具有反馈作用的控制系统,既来自传导冲动的神经途径,也来自激素。

2. 脑疾病的临床综合征

一般而言,马属动物脑的疾病临床综合征虽然复杂,但概括地讲,也不外乎一般脑症状与灶性症状两部分。

(1) 一般脑症状 当脑及脑膜的实质发生病理学变化时,其所表现出来的具有脑病特征性的临床症状,称为一般脑症状。尽管马属动物发生脑病时,不可能表达出自觉症状,但也有头痛、惊慌、恐惧、眩晕等一些异常病症的表现。常表现为以下几种特征。

①意识障碍:某些外源性或内源性中毒和实质性脑病的常见症状,表现出精神委顿、嗜睡、意识不清、沉睡、昏迷、晕厥等病理状态。

②兴奋狂躁:主要是脑的炎性变化,颅内压突然升高引起中枢神经系统障碍,极度运动引起冲动的发作,意识障碍、精神兴奋、狂躁不安、癫狂冲撞,甚至攻击人和动物。

③异常运动:在脑炎、破伤风、饲料中毒、自体中毒、士的宁中毒及重度传染病过程中,可发生痉挛、震颤、强制运动,并呈现强迫姿势,即病畜发生强迫横卧、站立,以及各种反常的不协调的运动。

④视觉障碍:在脑病、脑寄生虫病等过程中,视神经乳头充血、淤血,或视网膜发炎、视神经萎缩,而瞳孔有的缩小、有的散大,甚至眼球不转动,光感消失。

⑤呼吸节律变化:重度脑病,特别是由于某些毒物中毒引起的意识障碍,其呼吸深长、缓慢,次数减少,常呈潮式呼吸、间停呼吸、晕厥式呼吸(即起初呼吸吃力,逐渐减轻,继而间歇),都是病情危急的征象。

⑥脉搏变化:在脑炎及脑膜炎过程中,颅内压升高时,由于迷走神经兴奋,造成房室传导减慢,从而引起心搏动缓慢、脉搏减少。但重度脑病时,脉搏疾速、脉象微弱。

【2018年执业兽医资格考试真题】正常情况下,迷走神经兴奋时心血管活动的变化是( )。

A. 心率加快　　　　B. 心肌收缩力增强　　C. 心输出量增加
D. 外周血管口径缩小　E. 房室传导减慢

⑦反射机能变化:当发生慢性脑病、破伤风以及某些中毒性疾病时,由于中枢神经系统过度兴奋或抑制,引起反射机能亢进,或减退、消失。

⑧其他:病畜有时发呕,采食饮水出现异常,有的把饲草采食在口中但忘

记咀嚼等。

（2）灶性症状　脑的一定部位，如中枢、神经束、神经核、神经根等，受到直接损害时，可引起各种特异病症，称为灶性症状。

①麻痹：运动传导神经经任何部分发生的损伤或冲动传导中断时，均可引起运动和感觉的消失，即发生麻痹或不完全麻痹。若发生于一个肢体，称为单瘫；发生于躯体的半侧时，称为偏瘫；发生于躯体两侧对称部分，称为截瘫；发生于躯体两侧肌肉，称为四肢瘫痪。由于神经系统受损伤部位不同，可分为外周性麻痹和中枢性麻痹。

a. 外周性麻痹。如脊髓、脑干的运动神经细胞，或其轴突组成的脊髓神经和脑神经受到损伤时，可使中枢的运动神经冲动中断，肌肉的随意运动和反射运动消失，表现为肌肉弛缓、萎缩、电兴奋性降低，病畜呈现外周麻痹。脊髓炎、维生素 B_1 缺乏症、外伤等，均可引起外周性麻痹。

b. 中枢性麻痹。由于大脑皮层运动区或锥体束受损伤而引起的麻痹。其特征是肌肉随意运动，紧张性增强，腱反射亢进，肌肉不萎缩，电兴奋性正常。这种麻痹现象常见于脑炎、脑出血、脑肿瘤以及脑中毒性坏死等。

②运动失调：也称共济失调，是由大脑层及皮层下中枢神经核和脑干运动区的某些部位受到损伤所致，如脑炎等。原有的自动性运动减弱，随意运动困难，病畜的姿势，运动的方向、次序、速度和强度都发生变化，站立不稳、步态蹒跚。其中有所谓小脑性的、迷路性的和大脑性的运动失调。

③强迫运动：当大脑皮层运动区某些部位受到侵害时，病畜往往无目的徘徊、转圈运动，甚至高度发作，不顾障碍，向前猛进或暴退。一侧的前庭神经迷路或小脑受到损伤时，也会出现这种强迫运动。

④痉挛：是由大脑皮层调节运动机能障碍引起的。病畜全身、半身、一肢或某一肌群发生强制性的或阵发性的痉挛收缩，呈现癫痫样的动作。特别是在脑炎及脑膜炎过程中，常常出现眼球震颤、斜视、眨眼、缩瞳，乃至角弓反张等症状。

⑤感觉障碍：当大脑皮层感觉区受损伤时，常引起外部、深部及内部的感觉机能减退或消失。同时，意识异常，有时视觉、听觉和嗅觉等也发生障碍。

3. 脊髓的结构及反射

马属动物脊髓位于脊椎管内，上下稍平，呈长柱状。前端在枕骨大孔部与脑相连接，后端在荐骨中部成细丝，称之为终丝。

马属动物的脊髓可分为颈部、胸部和腰部，由颈部转入胸部，以及由腰部转入荐部的脊髓部分轻度膨大，分布到前肢和后肢去的神经，都是从这两个膨大部位所发出的。

从其生理机能讲，脊髓中枢的反射过程通常是来自外感受器和内感受器的兴奋，沿着传入纤维通过背根传递到脊髓中枢。同时将脊髓中枢所发出的兴奋，通过腹根沿着传出纤维传递到骨骼肌、平滑肌和腺体。因此，传入、感受、传出三个部分相互联系和作用，即形成反射弧。

脊髓内有许多神经中枢，其中与躯干和四肢肌肉运动有关的反射中枢在第三至第四颈椎水平线上有膈神经核（膈的中枢），第五颈椎与第一胸椎水平线上有肩胛和前肢肌的中枢，胸椎水平线上有胸廓、背腹肌的中枢，腰部脊髓有后肢肌的中枢。当这些中枢所在部位的脊髓受到损伤时，可引起其支配的器官知觉消失和肌肉麻痹。

在最后颈椎与第一、第二胸椎的水平线上有支配眼肌的中枢，在胸部和腰部脊髓中有血管运动中枢和泌汗中枢。当这些中枢兴奋时，可引起瞳孔、眼球、眼睑的变化，以及血管的收缩和一定部位有出汗表现。

荐部脊髓中有排尿、排粪、阴茎勃起和射精中枢，当这些中枢受到损伤时，可引起直肠、膀胱括约肌紊乱和性反射障碍。

当然，其中尚有自主神经系统中枢，接受由脑传出的刺激，通过自主神经系统，间接地支配内脏器官的活动。而这些中枢，都是在高级中枢支配下进行各种活动。

虽说脊髓具有各种不同的反射机能，传导途径比较复杂，但不外乎上行径和下行径两种。上行径即在脊髓白质内具有各种感觉神经元，这些神经元能分别将来自外周的刺激从脊髓传递至脑。下行径则将脑发出的刺激，通过一定路径传递至脊髓，从而保证了机体内各器官的感觉和运动等反射性活动。

很显然，当上行径受到损害时，可引起各种感觉机能障碍，下行径受到损害时，可引起运动机能障碍。当脊髓和脊髓膜发生病理变化时，即引起临床综合征。病畜常见表现有躯干、四肢（特别是后肢）运动障碍，知觉麻痹，肢体痉挛，步态强拘，腰痿或卧地不起，排尿、排粪失禁等现象。

（二）马属动物神经系统的临床检查

马属动物神经系统的检查，包括精神状态、运动机能、脑和脊髓机能、感觉机能和反射。

1. 精神状态的检查

（1）兴奋状态　其特征是狂躁不安、惊恐、横冲直撞不可遏制，甚至攀登饲槽，跳入沟渠。在传染性脑脊髓炎、脑水肿、脑膜脑炎等疾病的初期，多呈兴奋状态。

（2）抑制状态　依其程度不同可分为沉郁、嗜睡及昏迷。

①沉郁：表现垂头呆立，眼半闭，但对轻微的刺激能迅速反应。

②嗜睡：陷入睡眠状态，对外界刺激反应迟钝，不听呼唤，只在强烈刺激

时，才能使之觉醒。

③昏迷：对外界的一切刺激全无反应，角膜反射、瞳孔反射消失，卧地不起，四肢松弛或不自主地乱蹬，有节律不齐的心跳和不均匀地呼吸，常见于脑炎的濒死期和严重中毒。

2. 运动机能的检查

神经系统疾病产生的运动障碍包括转圈运动、共济失调、麻痹和痉挛。

①转圈运动：指无意识的不随意运动，不受外界因素的干扰，病马常按一定的方向无目的地圆圈运动，常见于脑炎、李斯特菌病等。

②共济失调：指由于肌张力障碍所引起的一种动作不协调的状态。病马站立时，呈现体位平衡失调，头和躯干摇晃、偏斜，四肢叉开站立，力图保持平衡，甚至跌倒在地。运动时，步样不稳，举肢过高，过分伸向侧方，踏地特重，形如涉水。当脊髓传导路径受损伤和小脑疾病过程中可出现体位平衡失调的表现。常见于马传染性脑脊髓炎、小脑和前庭神经疾病等。

③麻痹：当肌肉的运动机能完全丧失时，称为麻痹；肌肉的运动机能不完全丧失时，称为不完全麻痹或轻瘫。在临床上可分为单瘫、偏瘫和截瘫，其中以截瘫最为常见。根据病变部位的不同，可分为中枢性麻痹和末梢性麻痹。

a. 中枢性麻痹：又称痉挛性麻痹，是由于脊髓腹角细胞以上至大脑皮层各部位的疾病所致。其特征是肌肉紧张性增高，肢体的运动范围受到限制，对被动性运动具有抵抗，肌肉萎缩不显著，腱反射亢进，皮肤反射减弱或消失。常见于传染性脑脊髓炎、脑炎、脑寄生虫、脑瘤和中毒等。

b. 末梢性麻痹：又称为弛缓性麻痹，是脊髓腹角细胞以下的脊髓神经疾病、脑神经核以下末梢神经疾病所致。其特征是肌肉紧张性减低，肌肉萎缩，软弱松弛，关节的运动范围增大，对外来力量的被动性运动无抵抗力，腱反射消失。常见于面神经麻痹、桡神经麻痹、肩胛上神经麻痹等。

④痉挛：肌肉的不随意收缩称为痉挛。痉挛和麻痹相反，是皮层和皮层下中枢兴奋所导致的。按其性质不同，可分为阵发性痉挛和强直性痉挛。

a. 阵发性痉挛：是最常见的一种痉挛。其特征是个别肌肉或肌组织发生短而快的不随意地间歇性收缩，收缩动作一个接着一个，然后表现一阵弛缓。常见于传染性脑脊髓炎、膈肌痉挛、中毒和低血钙症等。

当大范围的肌肉发生阵发性痉挛时，称为抽搐，常见于初生驹抽搐。大脑皮层引起全身阵发性痉挛，并伴有意识丧失、瞳孔散大、粪尿失禁的现象，称为癫痫，常见于癫痫病。幼驹破伤风时，也可见癫痫样发作。

b. 强直性痉挛：其特征为肌肉发生长期性的不随意收缩。发生收缩的肌肉，长期处于紧张状态中，呈持续性和均等性。强直性痉挛可能为局限性，也可能为全身性。局限性痉挛，常见于头后挛缩、嚼肌痉挛、四肢痉挛等；全身性痉挛以破伤风为典型代表。

3. 脑和脊髓机能的检查

（1）脑机能的检查　脑机能的检查，应注意病畜的行为扰乱和意识扰乱，其表现为兴奋、抑制，或二者交替发生。

当面神经受损时，可见病侧耳下垂，采食咀嚼困难；三叉神经运动核受损时，可见咀嚼困难；舌神经受损时，人工诱咳无反应；迷走神经受损时，则吞咽困难；舌下神经受损时，舌体松地、垂于口外、不能自动缩回；喉返神经麻痹时，表现喘气、呼吸有声。

检查头颅时，注意其形态、大小，有无被毛脱落，有无皮肤骨骼的损伤。额部、头骨局限性隆起，见于外伤、脑和颅壁肿瘤等。触诊头颅，可确定局部温度、疼痛、组织的硬度。局部增温，见于脑炎、热射病、日射病及传染性脑脊髓炎；局部压痛，见于颅部炎症；局部发软，见于创伤。

（2）脊髓机能的检查　脊髓轻度损伤时，表现为运动异常；重度损伤时，可发生截瘫。脊髓常受损伤的部位在腰部，当腰部骨折时，压迫局部呈现疼痛、软组织肿胀，病畜不能站立，两后肢不能运动，臀部和尾部感觉消失，直肠和膀胱括约肌麻痹，尿、粪失禁。在脊髓疾病、脑膜炎和士的宁中毒时，可出现角弓反张。

【2016年执业兽医资格考试真题】腰部脊髓损伤致两后肢瘫痪，表现为（　　）。

A. 偏瘫　　　　　B. 短暂性瘫痪　　　　C. 完全瘫痪
D. 单瘫　　　　　E. 截瘫

4. 感觉机能和反射的检查

（1）感觉机能的检查　感觉反射是受感觉神经所支配的，当感觉神经传导途径的不同部位发病时，其相对应部位的机能也发生变化，常见的有皮肤感觉性增高和减弱。

当皮肤发炎时，表现为过敏。在许多皮肤病中，皮肤感觉神经末梢受到刺激时，会出现痒觉，如感染螨病、湿疹和荨麻疹等。多发性神经炎时，可发生大面积的疼痛反应。肌肉、腱、骨和关节等深层组织发炎时，可引起感觉扰乱，发生体位异常。脑室积液时，如人为使病马两前肢交叉站立，病畜不能自行恢复正常姿势。

皮肤感觉减弱，常见于脊髓损伤。感觉消失，常见于中毒、截瘫及意识丧失的疾病。

（2）反射的检查　神经系统活动的基本动作就是反射。通过反射活动的检查，可发现神经系统早期轻微的病变。临床上根据刺激部位的不同，分为浅反射和深反射两种。

①浅反射

a. 角膜反射。用毛发触及角膜边缘时，被刺激的眼睑立即闭合，同时对侧眼睑也闭合，病畜昏迷时，角膜反射消失。

b. 腹壁反射。用针轻轻刺激腹壁皮肤，皮肤反射正常时，可见腹壁肌肉立即收缩，患锥体束疾病时，腹壁反射消失。

c. 提睾反射。当刺激股内侧皮肤时，同侧睾丸上缩。提睾反射消失，常见于锥体束的疾病、腹股沟疝和睾丸炎。

d. 黏膜反射。人工诱咳，压迫病畜气管前几个软骨环时，可引起咳嗽。舌咽神经麻痹时则黏膜反射消失。

②深部反射

a. 膝反射。用叩诊锤叩击膝韧带时，该肢膝关节处强力屈曲，反射中枢在第3~4腰椎。

b. 跟腱反射。用叩诊锤叩击跟腱时，跗关节伸展、球关节屈曲，反射中枢在荐部脊髓的前部。

【2020年执业兽医资格考试真题】动物侧卧、后肢保持松弛，叩诊锤叩击跟腱，正常表现为(　　)。

A. 跗关节屈曲、球关节屈曲　　B. 跗关节伸展、球关节伸展
C. 跗关节屈曲、球关节伸展　　D. 跗关节伸展、球关节屈曲
E. 跗关节不动、球关节屈曲

(三) 神经系统的常见疾病

1. 马脑炎及脑膜炎

马脑炎及脑膜炎是脑实质和脑膜发生的急性或慢性炎症。脑实质和脑膜在组织结构上互相联系和互相影响。因此，脑实质发病可波及脑膜，脑膜发病也可波及脑实质。在病理过程中，脑实质和脑膜同时发病，但有轻重区别。

(1) 病因

①外界因素，如脑震荡、强烈日光照射头部、厩舍闷热及颅骨发生损伤等。

②脑部邻近组织器官发病，波及脑和脑膜，如眼球化脓可使炎症扩散到脑及脑膜。

③在正常动物体内存在着一些病原菌，如双球菌、坏死杆菌、李斯特菌、链球菌、葡萄状霉菌及病毒等。当机体抵抗力降低时，在一定条件下，可以致病并引起脑炎及脑膜炎。

④继发于其他疾病，如马腺疫、中耳炎、额窦炎、眼球炎、腮腺炎等，均可继发脑炎及脑膜炎。

⑤中毒性因素，如铅中毒、醉马草中毒、紫云英中毒、霉玉米中毒等，都可引起脑炎及脑膜炎的病理现象。

本病的发生，是由于病毒、病原菌、有毒物质及其他因素，通过不同途径侵入脑膜及脑组织中引起炎性病理变化。主要由于病毒或病原菌侵入血液，运行到脑，沿着神经干或通过淋巴途径，侵入脑网膜下腔及硬脑下腔。由其他器官而来的病原微生物，包括从消化道来的有毒物质，都可以通过血液或血脑屏障，侵入脑膜和脑实质中。引发邻近器官炎症的病原微生物，侵入颅腔后，可从蛛网膜下腔直接蔓延至脑组织中，还可通过脑脊液或沿着血管外膜鞘，侵入脑组织和脑室中，导致本病的发生和发展。

由于脑组织血液和脑脊液的循环受到影响，可引起脑组织的炎性浸润，发生急性脑水肿。脑脊液增多时，颅内压升高，脑神经和脑组织受到严重的侵害，而呈现一般脑炎的症状。病马出现意识障碍、精神沉郁、极度兴奋、狂躁不安、痉挛、震颤、运动异常、视觉障碍、呼吸和脉搏节律性变化。由于病原微生物及其毒素的影响，同时可伴发毒血症，引起体温升高。

（2）症状　急性脑炎及脑膜炎，常突然发病，病情急剧，病马意识障碍，精神沉郁，闭目垂头，站立不动，目光无神，不听呼唤，直到呈现昏迷状态。有的病马突然发作、意识不清、狂躁不安、攀登饲槽、不避障碍、向前猛进，往往可伤害人、畜。有时前肢腾空，后肢立地，以致摔倒，痉挛抽搐。公马有时阴茎勃起或脱垂、有时鸣叫，继而昏迷嗜睡、神情恍惚、迫使运动、步态蹒跚、共济失调、动作笨拙、高举其肢、形如涉水，有时盲目徘徊或转圈运动。

此外，由于脑组织病变部位不同，所表现的灶性症状各异。

眼肌痉挛，眼球震颤，斜视，瞳孔左右不一、散大不均匀，瞳孔反射机能消失；咬肌痉挛，牙关紧闭，磨牙；唇、鼻、耳肌痉挛，其肌肉收缩；颈肌和项肌痉挛时，颈部强直、头向上后方或一侧反张，倒地时四肢游泳状划动；咽和舌肌麻痹时，吞咽障碍、舌脱垂；面神经和三叉神经麻痹时，唇向一侧或弛缓下垂；单瘫或偏瘫时，一组肌肉或半侧身体麻痹。

（3）治疗　当怀疑是传染病时，立即隔离、严格消毒，将病马放在宽敞安静处并治疗。

剧烈兴奋者，用水合氯醛15~20g，一次性灌服；盐酸氯丙嗪注射液120~250mg，肌内注射；溴化钠10~25g，一次性口服。

为了消散炎性渗出物，减轻颅内压，可用40%乌洛托品或氯化钙注射液100~150mL，静脉注射，1次/d；2%毛果芸香碱注射液2~3mL，皮下注射；20%甘露醇250~500mL，静脉注射；或用硫酸钠、大黄泻下。

【2018年执业兽医资格考试真题】治疗脑膜脑炎时可降低颅内压的药物是(　　)。

A. 磺胺嘧啶钠　　　B. 盐酸氯丙嗪　　　C. 甘露醇
D. 肾上腺素　　　　E. 头孢噻呋钠

为了消炎抑菌，用 20%磺胺嘧啶钠注射液 100mL、25%葡萄糖注射液 1000~1500mL，静脉注射。

中药治疗：生石膏 120g、酒黄连 15g、酒黄芩 15g、酒黄柏 10g、龙胆草 30g、酒知母 45g、焦栀子 20g、木香 10g、茵陈 30g、桔梗 15g、木通 15g、厚朴 20g、芒硝 120g、甘草 15g、鸡蛋清 5 个、清油 250g，以上药研末，加鸡蛋清，清油灌服。具有清心热、平肝火、解毒安神、通便利水之功效。狂躁者，去厚朴、甘草，加朱砂 10g、琥珀 10g、天竺黄 30g、连翘 30g；沉郁者，去厚朴、芒硝、大黄，加党参 15g、当归 20g、煅石决明 20g、菊花 15g、菖蒲 15g，初期用冷水淋头。

2. 日射病和热射病

马、骡在炎热季节，头部受到阳光、紫外线照射引起脑及脑膜充血和脑实质的急性病变，导致中枢神经系统机能严重障碍的病症，称为日射病。在炎热季节，由于环境潮湿闷热，新陈代谢旺盛，产热多、散热少，体内积热，引起中枢神经系统严重紊乱的病症，称为热射病。日射病和热射病统称为中暑。

【2015 年执业兽医资格考试真题】中暑是(　　)。
A. 脑炎的脑室积水的统称　　　B. 脑炎和脊髓炎的统称
C. 日射病和热射病的统称　　　D. 脑室积水和癫痫的统称
E. 癫痫和脑痉挛的统称

(1) 病因　日射病是由于病畜长期休闲，缺乏使役和运动，体质虚弱，突然在烈日下使役，出汗过多，饮水不足，受日光直射而发病。当长途运输时，马、骡在敞篷车船上经烈日暴晒后，也可发生。

【2009 年执业兽医资格考试真题】家畜日射病的病因是(　　)。
A. 散热障碍　　　B. 高热应激　　　C. 热平衡失调
D. 环境通风不良　　　E. 日光持续照射头部

热射病是由于暑热，厩舍狭小，通风不良，潮湿闷热，体内积热所致。因产热多、散热少，产热和散热不能保持相对的统一平衡，引起体温升高、新陈代谢旺盛，氧化不完全的中间代谢产物蓄积，引起机体脱水和酸中毒。

(2) 症状

①日射病：初期精神沉郁，有时眩晕，四肢无力，步态不稳，共济失调，突然倒地，四肢游泳状划动，目光狞恶，眼球突出，神情恐惧，有时全身出汗。病情发展急剧时，因心血管、呼吸、体温调节等中枢机能紊乱，致使心力衰竭、静脉怒张、脉微欲绝、呼吸急促和节律失调。有的病马突然出现全身麻痹，皮肤、角膜、肛门反射减弱或消失，腱反射亢进，常因剧烈抽搐而死亡。

②热射病：突然发病，体温急剧上升，高达41℃及以上，皮温增高，甚至烫手，大汗淋漓，马在运动或使役中突然停步不前，站立不动，鞭策不走，剧烈喘息，倒地，状似电击。部分病马发病初期精神兴奋，狂暴不安，疯狂冲撞，难于控制。随着病情急剧恶化，心力衰竭，心悸，心律不齐，第一心音微弱，第二心音消失。脉搏疾速，可达每分钟百次以上，脉弱，不感于手，血压下降。静脉淤血，黏膜发绀。呼吸浅表，并因伴发肺充血和肺水肿而呼吸困难，张口伸舌，有时口腔或两侧鼻孔喷出粉红色泡沫。眼结膜充血，瞳孔扩大或缩小。病马呈昏迷状态，意识丧失，四肢划动；病马脱水，汗液分泌迅速停止，皮肤干燥，尿液减少或无尿。濒死前，体温下降，静脉塌陷，昏迷不醒，多有体温下降，陷于窒息和心脏麻痹状态，并最终死亡。

【2016年执业兽医资格考试真题】重度热射病患畜最常出现(　　)。
  A. 浆液性鼻液　　B. 粉红色泡沫状鼻液　　C. 脓性鼻液
  D. 铁锈色鼻液　　E. 黏液性鼻液

(3) 治疗
①立即将病马牵至阴凉通风处，用冷水浇头或灌肠。
②用2.5%盐酸氧丙嗪溶液10～20mL，肌内注射；病马静脉放血1000～2000mL，同时在另一侧颈静脉输入5%葡萄糖氯化钠注射液1000～2000mL、20%安钠咖溶液10mL。
③心力衰竭时，用25%尼可刹米溶液10～20mL，皮下或静脉注射；或用0.1%肾上腺素3～5mL、10%～25%葡萄糖注射液500～1000mL，静脉注射。
④为降低颅内压，减轻肺水肿，可用20%甘露醇500～1000mL，静脉注射。
⑤中药治疗：
  a. 香薷散，香薷25g、黄芩25g、黄连15g、甘草15g、柴胡20g、青蒿30g、当归25g、连翘25g、花粉25g、栀子15g、白扁豆30g，研末，开水冲，加蜂蜜200g，口服。具有清心解暑，养血生津之功效。
  b. 茯神散，茯苓40g、朱砂10g、雄黄10g、香薷40g、薄荷30g、连翘35g、玄参35g、黄芩30g，研末，开水冲服。具有清神解毒，镇静安神之功效。

【2014年执业兽医资格考试真题】马热射病时，不宜采取的治疗措施是(　　)。
  A. 牵遛运动　　B. 冷水浇洒全身　　C. 使用碳酸氢钠
  D. 使用氯丙嗪　　E. 使用地塞米松

3. 马慢性脑室水肿
马慢性脑室水肿，又称为神乏症或眩晕症，主要是侧脑室聚积大量的脑脊液，引起脑室扩张、颅内压升高，影响脑循环和脑的新陈代谢，导致病马出现意识异常、知觉和运动机能障碍。

(1) 病因　慢性脑室水肿的发病原因有先天性和后天性两种。

①先天性：可能是在胚胎期，胎儿逐渐发育的过程中，脑脊液的分泌与吸收失去动态平衡所引起的，或是胚胎期受到母马体内各种传染病因素的侵害，致使脑膜炎的结果，也可能由于物理性、中毒等因素的侵害而引起的。另外，在胚胎发育期间，母马缺乏营养，特别是缺乏维生素 A 的供给，往往可引起胎儿先天性脑水肿。

②后天性：一般是怀孕母马长期剧烈、繁重的劳役，体力过度消耗；或者气候剧烈的变化，导致持续地心脏收缩增强；或呼吸性脑搏动，颅内压持续上升，大脑的枕叶、中脑的四叠体受到压迫，第三脑室和第四脑室之间的导水管发生狭窄和闭塞，导致脑脊液循环障碍，引起的脑室积液。

此外，患急性脑膜炎、脑炎、脑充血、脑肿瘤、颗粒性脑膜炎以及脑膜化脓性炎症，也可导致静脉和淋巴间隙的阻塞，而引发脑积水。另外，肺脏、心脏、肝脏的慢性疾病以及顽固性消化不良，均可导致机体的异常代谢产物增多、脑组织肿胀，而引发脑积水。

(2) 症状　病马初期精神痴呆，目光凝滞，瞳孔有时散大有时缩小，站立不动，姿态反常，头抵于饲槽或墙壁，有时无目的前进或奔跑，有时头高举，步态异常。

随着病情的发展，精神淡漠、目光无神、眼半闭、垂头站立、听觉扰乱、耳不随意转动，常转至声音来源相反的方向，当响声大时可引起惊恐和战栗。

意识障碍，采食异常，有时长期不吃不饮，有时采食缓慢或作急促采食动作。咀嚼无力，时而停止，甚至忘记口中的食物，或在咀嚼时忘记吞咽，常将饲草挂在嘴角。饮水时吮吸缓慢，有时嘴放入水中，做嚼水动作，因呼吸受阻而猛抬头进行深呼吸。

感觉迟钝，皮肤敏感性降低，轻微刺激无反应，对人为敲打前额、鼻、唇或搔耳、拔毛均无反应。人为令其站立姿势反常，病马两前肢交叉站立，可长时间不改变站立姿势。

运动扰乱，步态呆笨、性情执拗。特别在跑步、奔驰、转弯、前进、后退、停步时都不听驾驭，运动中头低或高举，运步抬腿，向一侧行进或转圈。

呼吸、心跳缓慢，心跳降至 20~30 次/min、呼吸 7~9 次/min，心律不齐，肠蠕动缓慢，常出现便秘。病情严重的可呈灶性症状，上眼睑下垂，出现黑内障，眼球震颤，有时出现癫痫样惊厥，运动后症状加重。

(3) 治疗　本病的治疗尚无特效疗法，可加强护理，降低颅内压，促进脑脊液吸收，缓和病情，调理胃肠，促进消化。

①为促进脑脊液吸收，降低颅内压，防止脑水肿，可用甘露醇或山梨醇；或用盐类泻剂或油类泻剂，治疗便秘，减少肠道腐解产物。

②用磺胺类药治疗脑膜炎。

③加强脑血屏障渗透性，可用20%安钠咖10mL、40%乌洛托品溶液50mL，静脉注射；同时加碘化钾6g溶解病变组织，或用维生素C1~4g，肌内注射。

【2014年执业兽医资格考试真题】甘露醇最佳的适应证是（　　）。
A. 肺水肿　　　　　B. 脑水肿　　　　　C. 肝性水肿
D. 乳房水肿　　　　E. 肾性水肿

4. 马脑震荡

马脑震荡是由于颅骨受到钝力的冲击、冲撞或打击，致使脑神经受到全面损害，病马表现昏迷、反射机能减退和消失等脑机能障碍的现象。

（1）病因　由于冲撞、蹴踢、斗角、跌落、摔倒、打击，或在运输途中从火车或汽车上摔下，以及翻草时的冲撞，既可发生脑震荡，也可导致脑挫伤。

（2）症状

①脑震荡：病情较轻的，站立不稳，踉跄倒地，失去知觉，经过片刻又清醒过来并和正常时一样，或者可能在短时间内持续性地出现某些脑症状。

病情严重者，一瞬间倒地后立即死亡，或者于短时间内死亡。不太严重者，倒地后昏迷，知觉和反射减弱或消失，瞳孔散大，呼吸缓慢，有时出现喘鸣音，脉搏增数，节律不齐，有时大小便失禁，过数分钟或数小时苏醒后，反射机能得以恢复，肌肉抽搐和兴奋性不断增加，知觉恢复，站立如常。

②脑挫伤：除神志昏迷、呼吸、脉搏、知觉、运动和反射机能发生变化外，脑组织还受到不同程度的损害，导致脑循环障碍、脑组织水肿，甚至出血，从而出现某些灶性症状。通常在意识恢复后，可发生痉挛、抽搐、麻痹、瘫痪，间或呈癫痫状发作，比较常见的是偏瘫，有时呈交叉性偏瘫。

当大脑皮层颞叶运动区、顶叶运动区、前庭核、迷路和小脑受到损害时，病马沿着脑受损的一侧方向转圈运动；当一侧颈肌麻痹，头颈则向另一侧弯曲，冲挤或跌倒，头向弯曲侧不停地转动；当小脑、小脑脚、前庭、迷路受损伤时，引起运动失调，使其身躯向后仰滚转，有的病马头部出现不自主的摇摆；当脑干受损害时，体温、呼吸、循环等重要生命中枢都受到影响，并且意识异常、运动障碍、角弓反张、四肢痉挛、眼球震颤、斜视、瞳孔散大、视觉障碍；当大脑皮层和脑膜受到损害时，病马呈周期性兴奋发作，并出现癫痫症状；当硬膜出血形成血肿时，导致脑组织受压迫，引起意识障碍、半身不遂、感觉消失、瞳孔散大、一侧或两侧失明、听觉障碍。

此外，颅骨损伤可引起局部肿胀、温热、疼痛；颅底骨折可引起咽部和耳部血管受损伤，两侧耳鼻出血；甚至倒地后立即昏迷，全身痉挛，迅速死亡。

（3）治疗　对脑震荡者，要注意加强护理，病马保持安静，给予充分休息。陷于昏迷的病马，多铺垫草，头部垫高，维持营养，及时强心补液，用

25%葡萄糖注射液500~1000mL，静脉注射。

对发生脑挫伤者，头部施行冷敷，用0.5%安络血注射液10~20mL，肌内注射。为降低颅内压，用甘露醇、山梨醇、速尿等，静脉注射。对发生痉挛或兴奋不安的，可用盐酸氯丙嗪、安溴注射液。

中药治疗：广角钩藤汤，广角150g、钩藤80g、石决明100g、珍珠母100g、龙胆40g、半夏60g、石菖蒲40g、郁金60g、黄连30g、天竺黄60g、槐花100g、益母草80g、茜草60g、丹参60g，水煎两次，去渣，一次性灌服。

5. 马脊髓炎和脊髓膜炎

马脊髓炎是由于脊髓实质发炎、软化和变性，表现为局限性、弥漫性或散发性的炎性病变。而脊髓的硬膜、蛛网膜和软膜发生的炎性变化，可称为脊髓膜炎。有时两者同时发生；有时以发生脊髓实质炎性变化为主，并蔓延至脊髓膜；有时以脊髓膜炎为主，蔓延至脊髓实质，引起感觉过敏和运动机能障碍。

（1）病因　通常由传染性病原、细菌毒素或有毒植物中毒引起。除马的乙型脑炎和流行性脊髓麻痹外，常继发于胸疫、腺疫、流感、媾疫、脓毒血症、败血症、脑脊髓丝状虫症等，有的是由于曲霉菌、麦角菌、镰刀菌污染的霉败饲料和山黧豆、小萱草根等有害毒物中毒而引发的。

此外，脊髓震荡、挫伤、椎骨损伤、颈部或纵隔脓肿、肿瘤、受寒、过度劳役也可引起本病。

（2）症状　弥漫性脊髓炎多呈上行性蔓延，腹部、胸部、前肢肌肉逐渐麻痹，病马卧地不起、不能站立。若蔓延至延髓，则发生咽下障碍、心律不齐、呼吸机能紊乱。侵害呼吸中枢，则突然引起窒息死亡。散布性脊髓炎，有的病例共济失调、肌肉震颤、眼球震颤，有的膀胱和肛门机能障碍。由于传染性因素引起的，通常以高热开始，体温升高。慢性型多见麻痹、肌肉萎缩。

【2010年执业兽医资格考试真题】不属于脊髓炎的临床特征是(　　)。

A. 昏迷　　　　　　B. 肌肉萎缩　　　　　C. 运动机能障碍

D. 浅感觉机能障碍　E. 深感觉机能障碍

脊髓膜炎是脊髓神经根受到炎性的刺激，由于其神经分布区在背部和四肢，因而感觉疼痛、运动障碍、四肢强拘、步态紧张、皮肤感觉过敏，即使轻微刺激，也会出现一系列异常反应。如果触摸、叩打、压迫均会引起四肢和后枕肌肉、呼吸肌以及腹肌出现抽搐或痉挛，呼吸疾速，腹部收缩，膀胱和肛门括约肌痉挛，排尿、排粪困难，皮肤与腱反射亢进，公马阴茎勃起。反之，运动神经根传导障碍时，反射机能和敏感性降低。

（3）治疗　病马加强护理，多铺垫草，经常翻转，防止褥疮。对排粪、排尿障碍的应定时导尿、掏粪。

药物疗法，应用消炎止痛、兴奋中枢药物，促进反射，缓和病情。用安乃近、溴化钠、巴比妥钠以及水杨酸钠，口服；同时用40%乌洛托品注射液20~40mL、地塞米松0.3~0.5g、5%~10%葡萄糖注射液，静脉注射，1次/d。此外，还可用碘化钾5~10g，口服，以溶解病变组织，促进炎性渗出物吸收。

中药治疗：苍术40g、石膏100g、知母50g、粳米100g、黄柏40g、牛膝30g，水煎，去渣，口服。

6. 马癫痫

马癫痫是由于大脑皮层机能障碍所引起的，以突然发作、昏迷并迅速恢复或反复发作为特征。本病以继发性较为多见。

(1) 病因　可分原发性和继发性两种。原发性癫痫又称为自发性或真发性癫痫，其可能由于脑组织代谢障碍，导致大脑皮层或皮层下中枢受到过度刺激，使兴奋与抑制相互干扰紊乱而引发本病。有的可能与遗传有关。

继发性癫痫又称为征候性癫痫，通常继发于脑及脑膜炎、脑血管疾病、脑肿瘤、脑寄生虫病、先天性脑异常、脑变性病、脑外伤、脑震荡和脑挫伤等疾病过程中。同时传染性胃肠炎、出血性败血症、急性坏死性肝炎、心血管疾病、氮血性尿毒症、低血糖症、低钙血症、妊娠毒血症、内分泌机能紊乱以及各种化学物质中毒等也可引起癫痫发作。

此外，外周神经损害、皮肤与黏膜疾病、胃肠道寄生虫疾病以及过敏性反应等，也可反射性地引起癫痫发作，故称为反射性癫痫。又如极度的兴奋、恐惧、鞭打、摔倒、过劳、饱食、过饮及其他强烈刺激，也可促使癫痫发作。

(2) 症状　本病的发作，部分病马可出现前驱症状，如神情迟钝、反射消失、不听呼唤、表现兴奋、点头摇头、头颈僵硬、步态踉跄、出汗。轻度癫痫，病马呈现意识障碍、呆立不动、呼唤不应，抽搐、痉挛症状轻微而短暂，且局限于个别部分，多在头颈部，通常几秒钟或几分钟迅速消失而恢复正常。严重癫痫发作时，病马惊恐、站立不动、眼神凝视、鼻孔张大、呼吸深长。癫痫发作持续时间一般为数秒钟或几分钟，很少持续1~2h及以上。发作末期时，惊厥现象迅速减轻或消失，病马自动起立，全身机能迅速恢复正常。但有的病例在一定时间内出现消瘦和虚弱现象。

此外，有的病例由于大脑皮层受到器质性病变的刺激。癫痫发作时主要表现于一侧头部肌肉发生阵发性抽搐，无意识障碍，可自局部性抽搐扩散到对侧肢体，乃至全身，随之出现意识障碍。

(3) 治疗　首先加强病马护理，使之安静躺卧，防止跌伤头部。

药物治疗，宜安神镇静，可选用苯巴比妥钠、苯妥英钠、巴比妥、水合氯醛、利眠灵、安定等镇静解痉药，进行预防性治疗。当癫痫发作时，用安溴注射液50~100mL，静脉注射，1次/d，5~7d为一疗程。

中药治疗：加味八珍汤，党参 60g、白术 60g、茯苓 60g、炙甘草 50g、当归 100g、白芍 75g、川芎 35g、熟地 100g、僵蚕 30g、蝉蜕 30g、全蝎 20g，水煎，去渣，口服。

7. 马膈痉挛

马膈痉挛，是指膈神经受到刺激，膈肌产生痉挛性收缩，病马躯干、两侧腹肌呈现有节律的震颤，引起病马神情不安的现象。

(1) 病因　本病通常是由于食道扩张、主动脉瘤，以及靠近胸腔入口部的上颈部脊髓神经（脊髓膈神经中枢）受到刺激和压迫，饱腹后剧烈奔跑，通过迷走神经反射性的刺激膈神经，引起膈肌痉挛。另外，某些炎性产物、肠道内腐败分解产物以及蓖麻毒素等植物性毒物等异常代谢产物被吸收，通过血液使膈神经受到刺激，使兴奋性增高，引起膈肌痉挛性收缩。颈部脊髓发生炎症灶，也可使膈神经兴奋性增高。此外，胸腔器官、浆膜、膈的炎症以及心动过速、心搏动强盛等，也能引起膈肌痉挛。中枢神经系统或外周神经系统疾病，尤其是延髓受到损害时，也会导致膈肌痉挛。

(2) 症状　本病的特征是躯干发生独特的节律性震颤，特别是腹肋部一起一伏有节律的跳动，故中兽医称之为"跳肷"；与此同时，伴发急促的吸气，在鼻孔附近可听到呃逆声。有的病例，由于植物性毒素中毒引起膈的收缩力增强，数步外都能看到腹肋部跳动。膈的痉挛性收缩，有的与心搏动一致，达 10~60 次/min。有的病马脉搏增数，吸气时全身震颤、神情不安、头颈伸直、流涎。

(3) 治疗

①安溴注射液 100mL、0.25% 盐酸普鲁卡因溶液 100~200mL，静脉注射。

②水合氯醛 15~20g，淀粉浆 500~1000mL，混合口服或灌肠；25% 硫酸镁溶液 50mL，静脉注射。

③中药治疗：桂皮 30g、白术 40g、当归 50g、陈皮 50g、厚朴 20g、枳壳 25g、茯苓 25g、香附 35g、乌药 25g、瓜蒌皮 40g、薤白 25g，研末，开水冲服。

> 任务思考

(1) 马属动物脑疾病的临床综合征有哪些？

(2) 马属动物临床上常见的痉挛类型有哪些？

(3) 简述日射病的发病原因。

(4) 马脊髓炎的常规治疗方法有哪些？

(5) 简述马癫痫的发病原因。

任务六　被皮系统疾病

任务目标

（1）掌握马属动物皮肤的生理作用。
（2）掌握马属动物皮肤病的常见原因、局部症状、治疗原则及预防。
（3）掌握马属动物湿疹、荨麻疹的病因、症状及治疗。
（4）掌握马属动物皮肤瘙痒症、血虱病、马螨病、马胃蝇蛆病、真菌性皮肤病的病因、症状及治疗。

必备知识

本任务主要介绍马属动物皮肤的生理作用，皮肤病的常见原因、局部症状、治疗原则及预防，临床上常见皮肤病的诊治。

（一）概述

皮肤是机体最外的一层组织，它保护着体内各器官，具有感觉、分泌、排泄、调节体温等重要功能。其一方面接受外界环境中的各种刺激，另一方面可与体内各部发生密切联系，通过神经系统来调节，以维持整体的平衡与周围环境的统一。

皮肤的结构是相当复杂的，包括表皮、真皮和皮下组织三部分。皮肤的上皮细胞衍生物包括毛和腺体，主要在真皮层内。真皮又是血液、电解质的贮藏处，为皮肤的主体部分。

【2017年执业兽医资格考试真题】皮肤的结构包括(　　)。
A. 表皮、真皮和基底层　　　　　　B. 表皮、真皮和网状层
C. 表皮、网状层和皮下组织　　　　D. 表皮、真皮和皮下组织
E. 真皮、网状层和皮下组织

1. 皮肤的生理作用

（1）皮肤的保护机能　马属动物的皮肤是保护机体的重要器官，它参与全身的防御反射机能，可抵抗机械性和化学性的刺激以及光线、电热、微生物等各种外来物的侵害。

①对机械性刺激的防护：表皮层的坚韧性、真皮层纤维的弹性作用以及皮下脂肪的软垫作用，不但使皮肤本身免受轻度的机械性刺激，还能保护其下面的组织免受冲击和损伤的影响。在经常遭受机械性刺激的部位，可发生防御性

反应而形成胼胝。

②对物理性伤害的防护

a. 对干燥环境的防护。皮肤在干燥环境中，特别是冬季，容易因干燥而骚痒，重则发生皲裂。表皮中存在的类脂物质和水，产生乳化作用而生成脂类薄膜，可以防止干燥环境对皮肤的伤害。

b. 对紫外线的防护。角质层内的角质蛋白能吸收来自光中的紫外线，起到过滤紫外线的作用，当机体暴露在紫外线照射下，可迅速引起其增厚。透明层内的水溶液可选择性吸收最易伤害细胞核的紫外线。基层树枝状细胞在紫外线影响下，可产生大量黑色素。

c. 对热和电的防护。皮肤细胞不易传热和导电，受热以后，皮肤血管扩张，血流量增加，使热容易辐射出去。当外界温度过高，达 45~55℃时，皮肤就可受伤；在 50~60℃时，皮肤就会凝固死亡。电压太高时，皮肤血管可以扩张和麻痹，造成红细胞渗出，而引起树枝状皮肤损害。

③对化学性损伤的防护：表皮除有角质层外，还有皮脂，其能防止化学物质的侵蚀，即使一些微小的异物由伤口侵入，也会被组织细胞所吞食。

④对微生物侵害的防护：皮肤的角质层、脂肪酸能抵制微生物和外界光线，皮肤的脱屑和酸性使病菌难以生存。机体各处皮肤的酸度不一致，马在干燥状态皮肤 pH 为 5.6~6.8。使皮肤呈酸性的物质有乳酸、脂肪酸及碳酸。若皮肤受伤或不适当的擦洗，可使皮肤干燥破裂，pH 降低，从而降低生理性防御机能，造成皮肤表面存在的细菌可随时侵入机体。但当微生物侵入机体后，皮肤又有阻止细菌扩散和消灭细菌的能力，此时，皮肤因炎性反应而成为整个机体抵抗病原菌战斗的一员。皮肤表皮分泌的皮脂，主要能防止汗水及各种化学物质的侵害。健康的表皮是热和电的不良导体，被毛和皮肤色素能减轻光线对机体的危害。实验证明，7-脱氢胆固醇，存在于表皮内，它受紫外线作用可转化为维生素 D，并进入血液循环中。

由此可见，皮肤的生理机能，不仅保护机体不受外界的刺激，并能预防微生物的侵袭，同时对整个机体的物质代谢也有一定的作用。

（2）皮肤血液循环对调节体温的作用　马属动物的皮肤分布有结构复杂的血管网，是机体重要的血库之一。当毛细血管扩张时，皮肤可容纳有机体全部循环血量的 10% 以上。因此，皮肤能起到调节体温的作用。不论人或马属动物，在生理条件下，都能保持有机体的恒定温度，无论是严寒或炎热，有机体的体温变动，均在生理范围以内。体温的调节，首先是依靠机体的产热和散热，如果产热量超过散热量，在中枢神经系统的控制和调节下，皮肤血管就发生扩张，从机体内部流入皮肤的血液量增多，而且速度加快，然后通过辐射或传导方式增加散热作用。辐射就是将热量放射到周围环境中去，是皮肤散热的主要方式之一，而传导散热方式在马属动物中没有实际意义。

其次，散热作用也可以通过反射实现，加强汗液分泌以促进散热作用。当外界温度升高时，或在盛暑季节，皮肤也会通过上述方式散热。

相反，如果热量的发散超过热量的形成，或者环境气温下降时，可以通过反射，使皮肤血管收缩，血液回流到内脏，热量的消散则减少，同时竖毛肌发生回缩，排出皮脂，阻滞热量的发散，使机体温度保持平衡。

（3）皮肤的分泌与代谢作用　马属动物的皮肤也是一个分泌器官，因而在某种程度上，起着对肾脏功能的辅助作用，这主要通过汗腺和皮脂腺来完成，在排出废物和保持电解质与水的平衡中起重要作用。当长期处于高温环境下或长时间限制饲喂食盐时，汗腺可以在一定时间内回收一定量的钠，以缓解钠的损失。

（4）皮肤的感觉作用　马属动物的皮肤具有丰富的神经末梢，构成精密的"情报网"，感受外界的各种刺激，它们产生的冲动，沿着感觉通路传入神经系统，依靠大脑皮层活动而产生各种感觉。如冷感、热感、触觉和痛觉等，这些感觉对于保持机体不受外界环境的伤害起平衡作用。

2. 皮肤病的常见原因

马属动物的皮肤病和其他疾病一样，病因复杂，种类繁多，根据表现症候可分为：

（1）外科病　常见于创伤、冻伤、烧伤、皮肤脓肿及因酸、碱腐蚀性物质引起的损伤等。

（2）流行病及寄生虫病　常见于蜀行疹、疥螨、皮肤丹毒、假性皮疽及皮肤鼻疽等。

（3）过敏性疾病　按其病因可归纳外在因素和内在因素引起的过敏。

①外在因素：多种物理性、机械性或化学性因素都可诱发过敏性疾病，如寒冷、高温、日光、放射线、摩擦、荨麻等。

②内在因素

a. 神经性因素。当中枢神经与外周神经系统发生病理变化时，往往引起荨麻疹、湿疹、皮肤瘙痒、知觉过敏等。

b. 中毒性因素。主要是消化障碍，或采食有毒的与腐败饲料，以及在某些传染病和非传染性疾病过程中，如肾脏或其他排泄机能障碍，可能引起湿疹、饲料疹、药物疹及荨麻疹等皮肤病。

c. 致敏感因素。如采食了敏感性食物、病灶感染、药物或血清或由于机体的组织蛋白在其体内、体表经过复杂的过程，使马属动物皮肤发生自身敏感作用。

凡使机体致敏的抗原物质，称为变应原或过敏原。过敏原通过呼吸、消化道、皮肤黏膜等途径进入身体后，使机体致敏，经一定时间，机体对抗原呈超敏状态，如第二次接触同一抗原，就会出现超敏反应。其包括速发型超敏反应和迟发型超敏反应。

速发型超敏反应：肥大细胞被机体产生的抗原所附着，而变为被动致敏。当遇到抗原时，抗体和抗原结合，使细胞释放出活性物质，如组胺，可引起血管扩张、通透性增强，导致充血、水肿、血浆外渗等一系列过敏性反应。

迟发型超敏反应：免疫活性细胞，即已接触过抗原的淋巴细胞，渗透到抗原居留的地方，造成组织损伤，如细胞参与的结核菌素试验反应。

3. 皮肤病的局部症状

马属动物皮肤病由于变应原或过敏原作用的部位不同，在临床上出现的反应也不同，分为局部性或全身性，有的则二者兼有。

局部性皮肤症状以痒、痛、热等为主，随着炎症的加剧，被毛脱落，表皮破溃，露出大片红色糜烂面，并有淡黄色渗出液，渗出液日久形成大片结痂，使皮肤肥厚、久不痊愈，也有的干痂脱落后，形成麦粒和黄豆粒大的脱毛斑，覆盖白色的鳞屑，渐渐生毛自愈。

4. 过敏性皮肤病的治疗原则

马属动物过敏性皮肤病的治疗原则主要是除去发病原因、脱除敏感、避免继续受内外不良因素的刺激，并注意原发病的治疗。

5. 皮肤病的预防

①必须注意预防外界和内在的不良因素对皮肤及机体内部器官的影响，经常性维护动物机体和环境卫生，加强饲养管理，避免寒冷、潮湿、创伤、微生物和昆虫的侵袭。

②夏季预防蚊、蝇、虻刺蜇皮肤，定期喷洒灭虫药，并药浴。

③防止消化机能与新陈代谢紊乱，预防中毒，禁喂霉败饲料。对消化系统病要及时治疗。

(二) 马属动物常见的皮肤病

1. 湿疹

湿疹是表皮细胞被致敏物质引起的一种炎性反应。其特点是患部皮肤发生红斑、丘疹、水疱、脓疱、糜烂、痂皮及鳞屑等皮损，并伴有热、痛、痒症状。本病多发生在春季和夏季。

(1) 病因

①外界因素

a. 机械性刺激。如持续性摩擦，特别是鞍、挽具的压迫和摩擦，以及昆虫叮咬等。

b. 物理性刺激。皮肤不洁，被毛积蓄污垢，直接刺激皮肤；或外牧雨淋、潮湿使皮肤角质层软化，引起皮肤表层生存的裂殖菌及各种分解产物进入生发层细胞中，导致皮肤的抵抗力降低，而发生湿疹。另外，厩舍潮湿寒冷，或外牧烈日暴晒，使皮肤防御屏障力降低，易患湿疹。

c. 化学性刺激。主要是使用化学药物使用不当，如用浓度过高的螨净药浴；或使用敌敌畏、六六六等浓度过高、强烈刺激皮肤的药剂。

②内在因素

a. 超敏反应。如病马患胃肠卡他、胃肠炎、便秘等消化道疾病并伴有腐败分解产物被吸收，由于食入致敏饲料、病灶感染、微生物毒素或者病马自身的组织蛋白在其体内或体表经过复杂的过程，使皮肤自身发生敏感作用等。

b. 由于营养失调、维生素缺乏、新陈代谢紊乱、慢性肾脏疾病、内分泌机能紊乱等疾病，机体抵抗力降低，导致湿疹的发生。

(2) 症状　在临床上，按病程和皮损表现分为急性、慢性两种。

①急性湿疹，由于病理变化及经过不同，出现如下几期。

红斑期：初期由于患部充血，在无色素皮肤处可见大小不一的红斑，并有轻微肿胀，指压褪色，称红斑性湿疹。

丘疹期：若炎症进一步发展，皮肤乳头层被血液渗出的浆液性液体浸润，形成界限分明的粟粒至豌豆大小的隆起，触诊发硬，称为丘疹性湿疹。

水疱期：当丘疹的炎性渗出物增多时，皮肤角质层分离，在表皮下层形成含有透明的浆液性水疱，称为水疱性湿疹。

脓疱期：在水疱期有化脓感染时，水疱变成小脓疱，称为脓疱性湿疹。

糜烂期：小脓疱或小水疱破裂后，露出鲜红色糜烂面，并有脓性渗出物，创面潮湿，称为糜烂性湿疹。

结痂期：糜烂面上的渗出物凝固干燥后，形成黄色或褐色痂皮，称为结痂性湿疹。

鳞屑期：急性湿疹末期痂皮脱落，新生上皮增生角化并脱落，呈糠秕状，称为鳞屑性湿疹。

②慢性湿疹：病程大致与急性湿疹相同，其特点是病程较长，易于复发，病变界限不明显，渗出物少，患部皮肤干燥变厚。

马的湿疹，常发生于系凹部、腕关节的后面与跗关节的前面，有结节或水疱，而后转为慢性湿疹。发病后不久，则出现瘙痒、糜烂、皮肤粗厚。其病多发生在春、夏季，夏季增多，病变大多是局限性的，很少波及全身，皮肤干燥，长毛处多聚积皮屑。由于剧痒，不时啃咬，故有脱毛或擦伤的病症。

(3) 治疗　除去病因，脱除敏感，促进消炎。

①厩舍通风干燥，病马适当运动，常晒太阳，给予富有营养、易消化的饲

料，一旦发病及时治疗。

②消散炎症：根据湿疹发生的病程不同，予以相应的治疗。

红斑性、丘疹性湿疹：用胡麻油和石灰水等量混合，涂于患部。

水疱性、脓疱性湿疹：剪毛，用消毒液清洗消毒，然后涂3%~5%龙胆紫、5%亚甲蓝液，或撒碘仿鞣酸粉（1∶9），以防腐、收敛、制止渗出。

慢性湿疹：涂布可的松软膏或碘仿鞣酸软膏（碘仿10g、鞣酸5g、凡士林100g）。全身疗法，用10%氯化钙100~150mL，静脉注射，隔日一次。

③脱敏：苯海拉明0.1~0.5g或异丙嗪0.25~0.5g，肌内注射，1次/d。

④中药治疗

a. 急性湿疹。茵陈75g、生地50g、二花50g、黄芪25g、栀子25g、蒲公英50g、苦参40g、苍术50g、泽泻40g、车前子40g，剧痒者加蝉蜕25g、白蒺藜40g，水煎，去渣，口服。

b. 慢性湿疹。当归50g、生地50g、白芍40g、薏米50g、丹皮50g、白鲜皮50g、地肤子40g、何首乌50g、蝉蜕30g、荆芥30g，研末冲服。具有养血消风之功效。

c. 外用方剂。雄黄50g、白及50g、白蔹50g、龙骨50g、大黄50g、黄柏50g，研细末，水调糊状，涂患部，隔日一次。

2. 荨麻疹

荨麻疹又称为风疹块，是受体内、外因素刺激所引起的一种过敏性疾病。其特征是在病马体表发生许多圆形或扁平的连片疹块、奇痒，发展快，消失也快。中兽医称之为遍身黄，是一种肺热生风之症。

（1）病因　其致病原因较复杂，常见者如下：

①外在的刺激：吸血昆虫（蚊、虻等）的叮咬；荨麻等有毒植物的刺激；外用药用量过多（松节油、碳酸等）的刺激；马、骡发汗之后，突遭冷风侵袭，可反射性地引起皮肤血管运动神经机能障碍，而发生本病。

②内在的刺激：由饲喂霉败饲料，毒素进入外周血液引起；或是胃肠炎、便秘等消化道疾病，马腺疫、马传染性贫血等传染病，马媾疫、蛔虫病、马胃蝇蛆等寄生虫病的过程中，有毒物质被机体吸收所致的过敏反应。

此外，有的马、骡对马铃薯、豆类、荞麦、苜蓿、刺蒺藜等饲料的过敏性高，虽饲料质量高，适口性好，但其会引发荨麻疹。注射免疫血清、鼻疽菌素点眼、口服某些药物等，也可由于机体过敏而引发本病。

（2）症状　本病无任何先兆，突然在皮肤上现疹块，呈现扁平或半球形的蚕豆乃至核桃大。周围呈堤状肿胀，被毛竖立，这种风团往往又相互融合，形成较大风块。有时在风块上面发生浆液性水疱，乃至破溃、结痂。

荨麻疹初期多发生于头部、颈部两侧、肩、背、胸壁和臀部，而后于肱部、四肢下端及乳房等处。病马因奇痒而摩擦、啃咬病部，常有擦破和脱毛的现象。疹块发展迅速，消失也较快，1~2d可完全消失，也有复发者。往往伴有口炎、鼻炎、结膜炎及颌下淋巴结肿胀等。

荨麻疹一般表现为红色或黄白色，尤其在无色素部分的皮肤最为明显。有的病马，在发生荨麻疹的同时会出现体温升高、精神沉郁、食欲减退、消化不良等病理变化。

(3) 治疗

①除去病因：若由发霉饲料引起者，应更换饲料，给予盐类如硫酸镁（钠）以清理胃肠；给予鱼石脂、酒精以制止发酵。

②脱敏疗法：病马奇痒不安，用 0.25%~0.5%普鲁卡因注射液 100~150mL，或安溴注射液 100~120mL，静脉注射；或用扑尔敏注射液 60~100mg，肌内注射。防止血管渗出，降低敏感性，可用肾上腺素注射液 2~5mL，皮下注射；或溴化钙注射液，2.5~5g，静脉注射，1次/d。

③局部疗法：用冷水洗净患部，并用水杨酸酒精合剂（水杨酸 0.5g、甘油 250mL、苯酚 2mL、酒精 50mL），涂擦止痒。

④中药治疗：治宜疏风解表，金银花 50g、蒲公英 50g、生地 40g、黄芩 30g、栀子 30g、蝉蜕 50g、苦参 40g、防风 30g、连翘 40g、百部 25g，研末，开水冲服。

3. 皮肤瘙痒症

瘙痒是一种症状，是局部或全身的皮肤病的临床表现。

(1) 病因　肛门瘙痒，可能由蛔虫、马胃蝇、蛲虫等刺激引起。

局部瘙痒，可能因感觉异常所致，如被狂犬病患犬咬伤、伪狂犬病发生于感染处或马腺疫发生于某些神经的分布区域内时，会出现局部感觉异常，类似瘙痒症状。

全身瘙痒，常见于神经系统疾病，如慢性肾炎、慢性消化不良、黄疸、糖尿病、维生素缺乏症、饲料霉菌中毒、马腺疫、伪狂犬病等，神经系统的机能障碍导致皮肤机能障碍，伴发皮肤瘙痒。

(2) 症状　以痒为临床症状，一般为阵发性或持续性，每次长数小时，病马表现啃、咬、摩擦痒感部位，因此病马全身各处有擦痕、皮肤剥脱、皲裂、潮红、湿润和血痂等。

(3) 治疗

①局部疗法：用酒精适量，加 1%~2%薄荷脑；或用苯酚 1mL、薄荷脑 1g、水杨酸 2g、80%酒精 100mL，溶解后，每天涂擦一次。

②全身疗法：由消化不良引起的瘙痒，可用泻下剂和健胃剂。由马胃蝇、蛔虫等内寄生虫所引起的，可用驱虫剂驱虫，如丙硫苯咪唑。

剧烈瘙痒时，可口服或静脉注射止痒药剂，如异丙嗪、苯海拉明、溴化钙等抗组织胺药。因维生素缺乏引起的，可口服鱼肝油，肌内注射维生素 AD 注射液。

4. 血虱病

马属动物血虱病是由血虱科血虱属的驴血虱和毛虱科毛虱属的马毛虱寄生在马属动物体表的一种皮肤病。

（1）病因　驴血虱寄生于马的头部、颚及耳内，颈部的鬃、肩、鼠蹊等部位。其基本形态与其他血虱相似，黏附于马被毛上。马毛虱寄生于马的毛上，以食毛及皮屑为生，体长较血虱小以吸血为主。

血虱病主要为直接接触传播，即患病马属动物与健康马属动物相互接触时，虫卵、若虫或成虫落到或爬到健康马属动物身体上而引起其感染。此外也可以通过带有虱卵或爬有若虫或成虫的饲养工具、树桩、栏杆、墙壁、饲槽及垫草等间接接触而感染。

（2）症状　患病马属动物表现为体痒，可见泡状小结节，不安心采食和休息，易疲倦，久之出现消瘦，增重缓慢，幼驹发育不良。经常蹭痒，精神不安，啃痒或到处擦痒，造成皮肤损伤、脱毛、消瘦、发育不良等。皮肤甚至产生炎症和痂皮。检查耳根、颌下、腋下、股内侧可发现椭圆形、背腹扁平的灰白色或灰黑色血虱，毛上黏附有椭圆形、黄白色的血虱卵。

（3）治疗　常用杀昆虫药喷洒马属动物体表，包括菊酯类和有机磷药物，皮下注射伊维菌素也有效。预防主要是做好厩舍及马属动物体表卫生。

①1%敌百虫溶液，阳光下喷洒马体，隔 10d 再重复用药 1 次。

②中药治疗：百部 30g，水 500mL，煎煮 30min 后，涂擦体表。

③皮蝇磷、辛硫磷、马拉硫磷、氧硫磷、双甲脒、二氯苯醚菊酯和戊酸氰菊酯等均可有效杀死马属动物体表的血虱，用时需要注意剂量不能过大，以防引起马属动物发生有机磷中毒。

5. 马螨病

马螨病是由马疥螨、马痒螨、马足螨和马蠕形螨所引起的皮肤病，后两者很少见，临床上可通过皮肤镜检来进行诊断。

【2014 年执业兽医资格考试真题】螨的主要检查方法是(　　)。
A. 粪便检查　　　　　B. 血液检查　　　　　*C. 皮屑检查*
D. 抗原检查　　　　　E. 抗体检查

（1）病因　该病主要由疥螨和痒螨引起，此外还可由马足螨、马蠕形螨引起。该病的主要传播途径为接触传染，健康马接触患马或受到污染的厩舍、饲喂用具等均可感染，也可通过与工作人员的接触传播。本病主要发生于冬季和春季。

【2017年执业兽医资格考试真题】痒螨的感染途径是( )。

A. 经口感染　　　　B. 经呼吸道感染　　　C. 接触感染

D. 经胎盘感染　　　E. 自身感染

(2) 症状　马疥螨病病初可见马的头部、颈部和肩部皮肤有损伤，受长毛保护的部位和低位末梢部位一般不受侵害。最初症状为强烈骚痒，出现丘疹和小泡，后发展成急性皮炎，皮肤迅速鳞屑化，随后结痂、掉毛、皮肤增厚。痂皮硬固，不易剥离。以颈部皮肤病变最严重。病情严重的可蔓延至全身，导致虚弱无力、全身衰竭、厌食。病程长，预后差，尤其是感染严重而体质差的病例更是如此。

马痒螨病最常发生的部位是鬃、尾、颌间、股内面及腹股沟。乘挽马常发于鞍具、颈轭、鞍褥部位。皮肤皱褶处不明显，痂皮柔软，黄色脂肪样，易剥离，但皮肤结痂面积更大。

马足螨病特征是散发性的后肢系部屈面皮炎。

马螨形病报告很少，该病螨虫生活在毛囊和皮脂腺中，可使皮肤产生丘疹和溃疡。以眼周和额头处多见。损伤随后扩展到肩部，最后遍及整个体表。病变处皮肤覆盖鳞屑，无痒感。

(3) 治疗

①应保持厩舍和马属动物体表的卫生清洁。同时马具和刷马用具也应固定，必要时可使用杀虫药物处理相关的马体和用具。

②当发现有马患有螨病时，需立即停止使役，隔离治疗，同时对其厩舍、用具进行消毒处理。用杀螨剂进行治疗，方法有喷雾擦洗或药浴。对发病马群，药浴是最方便有效的一种疗法。伊维菌素对该病有高效。

【2014年执业兽医资格考试真题】发生疥螨的养殖场，控制发病的最有效措施是( )。

A. 加强通风　　　　B. 药物预防　　　　C. 通风干燥

D. 控制温度　　　　E. 勤换垫料

【2020年执业兽医资格考试真题】马，鬃部盖有浅黄色脂肪样的柔软痂皮，容易剥离。刮取皮屑显微镜检查，见长椭圆形微小虫体，口器圆锥形，足细长，均伸出体缘之外。

1. 该病是( )。

A. 痒螨　　　　　　B. 蜱　　　　　　　C. 虱

D. 蚤　　　　　　　E. 疥螨

2. 该病原寄生部位是( )。

A. 体表　　　　　　B. 皮脂腺　　　　　C. 皮下

D. 真皮层　　　　　E. 毛囊

3. 治疗该病的药物是( )。
A. 伊维菌素　　　　B. 吡喹酮　　　　　C. 硝氯酚
D. 三氮脒　　　　　E. 氯硝柳胺

6. 马胃蝇蛆病

马胃蝇蛆病是胃蝇科胃蝇属幼虫寄生于马属动物皮肤上而引起的皮肤病。

（1）病因　患病马属动物主要出现在夏、秋季，其体内的卵孵化成幼虫并在皮肤上移行，健康马属动物接触患病马属动物后幼虫爬到其皮肤从而导致感染；或者患病马属动物通过粪便将虫卵排入生活的环境中，污染牧草、饲槽、饮水等，健康的马属动物通过接触被病原菌污染的饲料、饮水、用具等经消化道感染。

【2019年执业兽医资格考试真题】我国北方马的胃蝇成蝇活动时间主要在( )。
A. 1~2月　　　　　B. 3~4月　　　　　C. 5~9月
D. 10~11月　　　　E. 12月

（2）症状　幼虫移行时，马属动物上下颌、肩部瘙痒，移行至口腔时，流涎、咳嗽、打喷嚏、咀嚼困难、口腔黏膜有水肿或溃疡。当马胃蝇蛆在移行至直肠或排出后在肛门周围附着时，由于其锐钩刺激直肠黏膜和肛门周围皮肤而发生瘙痒，患病动物后躯扰动和擦痒，尾根毛蓬乱，肛门周围皮肤脱落、充血、皮疹、湿疹，甚而诱发化脓性感染。

（3）治疗

①肛门外的虫体，用手摘除，并用碘酒涂擦患处。

②如发现直肠中有虫体，用1%敌百虫溶液300mL，灌肠。

③用敌百虫，按体重30~50mg/kg配成1%溶液，灌服；或用盐酸左咪唑8mg/kg，内服。

7. 真菌性皮肤病

真菌性皮肤病是由发癣菌属、小芽孢癣菌属等原真菌所引起的马属动物皮肤以及黏膜等皮肤附属器的一类慢性传染性皮肤病

（1）病因　马属动物皮肤真菌主要存在于患病马属动物的皮肤表层、毛囊内、毛根周围、毛干及鳞屑内。其病原体有小芽孢癣菌、发癣菌、石膏样毛癣菌、红色毛癣菌和絮状表皮癣菌等，是一种的人兽共患病。

（2）症状　皮肤真菌以马驹最常见，成年马也有发生。常见发病部位有头、颈、肩、体侧、背和臀部等，也可发生于身体的其他部位。患病马属动物皮肤上出现界限明显的圆形脱毛斑，并带有残毛，且常被覆痂皮或鳞屑，皮肤增厚。在患病的初始阶段，发生进行性脱毛，并出现红斑，随后有痂皮形成。患病区域向外周扩展数个小的发病区域，且可以融合形成较大的病变区域。年

龄较大的马属动物可能有全身性的感染。脱毛后的皮肤发红，呈现干燥的鳞片样外观。有时可引起瘙痒，患病马属动物常摩擦柱桩或食槽，从而使真菌孢子在环境中扩散。存在于环境中的真菌孢子的感染能力长达四年之久。临床上可使用外科手术刀从其健病交界处取少许的鳞屑和毛根，进行显微镜检查。

（3）治疗　首先隔离患病马属动物，同时要注意护理。

在治疗时，先对患部进行剪毛，再用肥皂水清洗患部皮肤，然后使用温的碘伏洗涂患部，最后除去软化的痂皮。然后用抗真菌药物，如口服灰黄霉素；或外用酮康唑、克霉唑等涂擦患部，初期每天涂擦1~2次，以后每隔1~2d重复一次。直至痊愈为止。

【2015年执业兽医资格考试真题】可用于治疗犊牛、马属动物皮肤真菌病的药物是(　　)。

A．泰万菌素　　　B．苯唑西林　　　C．黏菌素
D．氨苄青霉素　　E．灰黄霉素

> 任务思考

（1）马属动物皮肤的生理作用有哪些？
（2）马属动物皮肤病的局部症状有哪些？
（3）简述湿疹的发病机理。
（4）血虱病的常规治疗方法有哪些？
（5）马胃蝇蛆病的临床症状有哪些？
（6）真菌性皮肤病的常见病因有哪些？

任务七　营养代谢疾病

> 任务目标

（1）了解马属动物营养代谢疾病的分类。
（2）熟知马属动物新陈代谢的过程及其营养代谢病的发生发展史。
（3）掌握马肌红蛋白尿症、马营养性衰竭症、幼驹佝偻病、马纤维素性骨营养不良的病因、发病机理、症状及治疗。
（4）掌握马异食癖的病因、症状及治疗。
（5）掌握幼年马驹拉稀的症状和治疗。

> 必备知识

本任务主要介绍马属动物皮肤的生理作用,皮肤病的常见原因、局部症状、治疗原则及预防,临床上常见营养代谢病的诊治。

(一)概述

马属动物的营养代谢疾病,包括糖、脂肪、蛋白质、矿物质和水、盐的代谢紊乱,维生素和微量元素缺乏和过多症等。水盐代谢紊乱和微量元素过多症,常与血液相联系。

新陈代谢是新旧物质在生物体内通过一系列合成、分解的过程,以新的物质更新旧的物质,实现机体内、外部之间的物质交换和能量转化。机体内部物质交换和能量转化过程的正常进行,保证了机体生命活动的延续和发展。

由于近代畜牧业的高速度发展、生产方式的集约化以及畜牧业现代化的不断推进,马属动物的数量不断增加,并沿着标准化的饲养和定向选育的目标,不断获得质量的提高,推动了马属动物营养、代谢问题研究的进展,在高标准饲养和定向选育过程中,若饲养管理条件和技术上稍有缺失,将导致某些营养、代谢疾发病的发生,从而给畜牧业带来损失。因此,马属动物营养、代谢疾病的病因和防治问题,在现代畜牧业生产上已经引起了高度的重视。

另外,由于对生物体与地球表层岩石、土壤和水源之间关系变化的研究,推动了生物地质化学的进展,同时由于新的马属动物品种的不断引进和对原有品种的改良,以及新的资源不断开发,对马属动物所需的矿物质、微量元素有了新的发现,同样对因此而产生的疾病有了进一步的研究。由于近代冶金工业的快速发展,带来了环境污染的问题,已知在进入动、植物体内的金属与非金属元素之间,存在着互相加减或拮抗作用,其不仅导致这些物质的中毒,还可导致这些物质的缺乏。

为了有效地预防马属动物营养、代谢疾病,必须在熟悉马属动物正常营养、代谢过程的基础上,了解在不同的地区环境、不同的马属动物品种和用途,以及饲养管理的一般和特殊要求,这样就可掌握动物在饲养管理上一般生理和特殊生理的需要,制定一套适应其需求的饲养管理技术和方法,当这些技术和方法没有正确实施,或一旦遭受破坏时,必将出现一系列物质代谢和能量代谢障碍的病理过程,可造成营养、代谢疾病的发生和马属动物的死亡。只有了解病因,才能知道如何预防。糖、蛋白质和脂肪的正常代谢与代谢障碍,矿物质、微量元素和维生素的生理平衡与平衡关系的破坏,若能在二者之间正确地做出分析与比较,那就可发现其发病原因,也可据此制定合理的治疗措施。为了达到这个目的,首先要熟练掌握马属动物营养学和生理学知识,然后在这个基础上运用兽医学,主要是有关新陈代谢的临床生化和病理学知识,以解决马属动物营养、代谢疾病。

(二) 糖、脂肪及蛋白质代谢障碍性疾病

1. 马肌红蛋白尿症

马肌红蛋白尿症又称为氮尿,是由于糖代谢障碍,体内蓄积大量乳酸,临床上以急性发作、运动障碍、后躯股部肌肉麻痹或僵硬、肌肉变形和排出红褐色肌红蛋白尿为特征的代谢性疾病。亚急性病例呈现后肢跛行及蹲伏地上,但无肌红蛋白尿。本病多发生于5~8岁的役用马,幼年马很少发生。

(1) 病因　马肌红蛋白尿症多见于肌肉丰满的役用马,由于日常饲养条件较好,特别是饲喂富含碳水化合的精饲料日粮,一旦停止使役但不减少精料,在恢复使役后会突然发病。幼驹长时间饲喂精料,导致肌糖原贮备增高;过度使役或运动量较少时,在交感神经高度兴奋状态下肾上腺素释放增加、肝糖原加速分解为血糖,同时又促进肌糖原分解及血乳糖增高和肌乳酸聚积而引发本病。寒冷因素可能是一种重要诱因,因为寒冷可促使肌糖原分解以提高能量代谢水平,故本病多发生于寒冷季节。另外,马属动物机体内缺乏维生素E也可引起本病。

(2) 症状　大多数病马在运动或使役15min后至1h内开始发病,也有的在劳动结束后发生。早期症状是大量出汗、步态不稳、运步强拘、不愿移步。休息几小时后症状消失,此时继续劳动,症状将加剧,呈现不安、后肢挣扎,最后后肢卧地、前肢站立、呈犬坐姿势,反复企图站立,直至完全不能站立为止,表现极度痛苦。这时呼吸加快,脉小而硬,体温升高至40.5℃,股四头肌和臀肌发硬,尿呈暗红色或红褐色。

【2015年执业兽医资格考试真题】马,5岁,长期饲喂富含碳水化合物的饲料,在一次剧烈运动后,大量出汗,出现步态强拘,进而卧地不起,呈犬坐姿势,尿液呈深棕色,该病例红尿的性质是(　　)。

　A. 血尿　　　　　　B. 卟啉尿　　　　　C. 肌红蛋白尿
　D. 血红蛋白尿　　　E. 药物性红尿

【2018年执业兽医资格考试真题】马,7岁,营养良好,半月余未参加任何活动,参加比赛后24h发病,后肢瘫痪,排红色尿液。最可能的红尿性质是(　　)。

　A. 血尿　　　　　　B. 血红蛋白尿　　　C. 肌红蛋白尿
　D. 卟啉尿　　　　　E. 药物性红尿

【2019年执业兽医资格考试真题】马肌红蛋白尿症最可能出现的症状的是(　　)。

A. 犬坐样姿势　　　B. 共济失调　　　C. 强直痉挛
D. 血红蛋白尿　　　E. 血尿

有的病例症状比较轻微，无肌红蛋白尿。主要特征是跛行，后肢运动不自然，臀部疼痛，以至蜷伏地上。若立即停止劳动或运动，可在 2~4h 内恢复正常，预后良好，2~4d 可以痊愈。

（3）治疗　病马停止使役和剧烈运动，少喂或不喂精料，多给饮水，并给予利尿剂，以加快排尿和防止肾小管阻塞。若挣扎不安可给予镇静剂，如 8% 水合氯醛、5% 硫酸镁 100mL，静脉注射；5% 碳酸氢钠 300~500mL，静脉注射。为了促进丙酮酸氧化脱羧作用，加速三羧酸循环的进行，可应用维生素 B_1 0.5g，肌内注射。

2. 马营养性衰竭症

马营养性衰竭症是由于饲料短缺、营养成分不足、机体能量消耗增加，导致的马属动物出现体质亏损的病症。中兽医称之为"过劳症"。

（1）病因　马营养性衰竭症是机体营养供给与消耗之间呈现负平衡所致。在营养供给不足的时，役畜由于体力（能量）消耗的增加，有的老年马加上齿病、消化机能减退，以及继发于某些可引起贫血和恶病质的传染病、寄生虫病，伴有慢性消化紊乱、慢性消耗性疾病、慢性化脓性疾病等，均可引发本病。

马的饲料缺乏、牧草质量低劣，过劳；且兼有严重胃蝇蛆病、圆形线虫病、螨病等寄生虫病，慢性鼻疽、恶性腺疫等传染病，长期患鬐甲漏、额窦炎等化脓病时，都可导致营养不良和衰竭状态。

（2）症状　病马最突出的症状是进行性消瘦，全身骨架显露，被毛粗乱、易脱落、无光泽，皮肤干枯、多皮屑、弹性降低，黏膜呈淡红、苍白或污秽发暗等不同变化，也有的呈现黄疸。全身重要的骨骼肌萎缩，肌腱紧张度下降，肌纤维震颤、站立无神，久病者卧地不起，保持着一定食欲和饮欲。体温变化不明显，但皮温不整，四肢、耳、鼻冷凉。安静休息时呼吸无力，强迫运动时，呼吸迫促，有时发喘，脉微弱，运动时心跳加快。发病后期，心力衰竭、气喘、四肢浮肿、食欲下降、咀嚼无力。久卧者，身体突出部位可产生褥疮及化脓感染。

营养不良性衰竭，包括渐进性消瘦、体温降低、心肌和胃肠平滑肌变薄、紧张度下降，最终导致胃肠道弛缓和充血性心力衰竭。

（3）治疗　改善饲养管理，补充营养，劳逸结合，多晒太阳，厩舍保暖。

饲喂麸皮水、玉米粥，加人工盐，每天或隔天加 10% 葡萄糖注射液 500mL。

中药治疗：加味八珍汤，党参 40g、白术 30g、茯苓 25g、甘草 25g、当归

40g、白芍 25g、川芎 20g、熟地黄 30g、陈皮 30g、黄芪 40g、五味子 25g、龙眼 30g，研末，开水冲服。

(三) 矿物质代谢障碍性疾病

1. 幼驹佝偻病

幼驹佝偻病是指幼驹因钙、磷代谢障碍而引起骨组织发育不良的一种非炎性疾病。维生素 D 缺乏症在本病中起重要作用。病理特征主要表现为成骨组织细胞钙化作用不足、持久性软骨肥大及骨骺增大的暂时钙化作用不全。临床以消化紊乱、异嗜癖、跛行及骨骼变形为特征。

(1) 病因　幼驹断奶后饲料中的维生素 D 缺乏、缺乏运动以及光照不足引起。因为哺乳幼驹对维生素 D 缺乏极为敏感，往往由于成年母马不能适应钙、磷比例的变化，其所生的幼驹就同样受到这种比例变化干扰，从而导致佝偻病。且本病又受到地域水土、饲养方式等因素的影响，以及幼驹消化不良影响机体对维生素 D 的吸收等。同时，长期舍饲的马匹，由于皮肤中 7-脱氢胆固醇不能转变为维生素 D，可引起乳汁中维生素 D 的严重不足，而形成幼驹佝偻病。

【2011 年执业兽医资格考试真题】与佝偻病的病因关系最密切的是(　　)。

A. 维生素 B 缺乏　　B. 维生素 B_2 缺乏　　C. 维生素 D 缺乏
D. 维生素 A 缺乏　　E. 维生素 E 缺乏

(2) 症状　早期食欲下降、消化不良，精神委顿，然后出现异嗜癖。病驹经常卧地不起，不愿站立和运动。发育停滞、消瘦、出牙期延长，齿形不规则，齿质钙化不良，排列不整齐，齿面易磨损，不平整。相继出现颜面骨和躯干、四肢骨变形，间乎出现咳嗽、腹泻，呼吸困难和贫血。X 射线检查，可见骨质密度降低，长骨末端呈现"羊毛状"外观，外形上，骨的末端凹而扁（正常骨则凸起而等平）。血清学检查可见碱性磷酸酶活性升高，但血清钙、磷水平则视致病因子而定，如磷或维生素 D 缺乏，则血清磷水平将在正常低限(3mg/L) 以下，血清钙水平在最后阶段才会降低。

【2010 年执业兽医资格考试真题】对佝偻病动物进行血液生化检查，活性升高的酶是(　　)。

A. 脂肪酶　　　　　B. 肌酸激酶　　　　C. 碱性磷酸酶
D. 酸性磷酸酶　　　E. 乳酸脱氢酶

(3) 治疗

①加强护理，多晒太阳，冬季在厩舍内安装紫外线灯，距离 1~1.5m，每日照射 2~3 次，每次照射 5~10min。

②饲喂豆科青干草，如开花阶段收割的苜蓿等。

③饲料中增加维生素 D 制剂，如鱼肝油 1~2g。同时用骨化醇，20~30IU/kg，肌内注射。

【2020 年执业兽医资格考试真题】维生素 D 可用于治疗(　　)。

A. 白肌病　　　　　　B. 佝偻病　　　C. 甲状腺机能减退症

D. 角膜软化症　　　　E. 干眼病

2. 马纤维性骨营养不良

马纤维性骨营养不良是由于骨组织呈现进行性脱钙和白纤维组织增多，以骨组织的总量减少，但骨体积增大、质量减小，增大的骨骼以面骨和长骨骨端最为明显。

马属动物的纤维性骨营养不良呈地方性和季节性流行特点。一般冬、春季发病马较多，夏、秋则显著降低，据调查，冬、春季节白天日照时间短、光照强度弱及北方地区气候严寒是其发病的主要原因。

(1) 病因　由于日粮中钙的含量不足或磷的含量过高，改变了正常饲养中所需的钙、磷比例关系［(1~2)∶1］所致。或由于长期饲喂麸皮和稻糠（二者钙、磷含量分别为 0.22∶1.9、0.08∶1.42）。马的理想钙磷比例为 1.2∶1。

饲料中的植酸盐、蛋白质及脂肪过多，可影响钙的吸收，因植酸盐在马、骡的胃肠中不易被水解，与钙结合成不溶性化合物，不能被消化利用。草食动物消化道中纤维素可大量形成尿酸而导致钙的损失，最终引起钙的缺乏。

长期舍饲、缺乏运动、光照不足，皮肤中的 7-脱氢胆固醇不能转化为维生素 D，使钙盐的吸收发生障碍，会影响钙、磷的吸收和代谢；机体甲状旁腺机能亢进，甲状腺素分泌增多，会加速骨质脱钙，均能促进本病的发病。

【2015 年执业兽医资格考试真题】马患纤维性骨营养不良时，血清中可能升高的激素是(　　)。

A. 甲状腺素　　　　　B. 甲状旁腺素　　C. 肾上腺素

D. 促肾上腺皮质激素　E. 皮质醇

本病发生的主要原因是饲料钙不足或磷过多，且马长期患有慢性胃肠卡他，也影响着消化道对钙的正常吸收作用。本病的骨组织进行性脱钙过程与骨软病相同，但在脱钙后的过程中，骨软病是被未曾钙化的、成骨组织缺乏的一种骨样组织所代替，而本病则是被含细胞丰富的纤维组织所代替，因此骨骼呈现纤维化和骨端增大等特征。

(2) 症状　马纤维性骨营养不良的主要症状是消化紊乱、异嗜癖、跛行、拱背、面骨及四肢骨关节增大、尿清亮透明等。病马啃食木槽、屋柱、系马桩和树皮。由于消化紊乱，病马喜食食盐和精饲料，排出的粪球带有大量液体，粪球落地易破碎，含未消化的大量饲料渣。一些患"爬窝病"的马，后期可呈现便秘，粪球干而硬。开始出现轻度跛行，以后逐渐加重，并转为四肢轮跛。发生跛行没有任何损伤原因，但在跛行发生后，往往可引起四肢损伤，甚至骨折。有的病马经常卧地，由于椎骨增大、背部疼痛，走路拱背、转弯直腰，同时腹部收缩、后肢屈于腹下。此外，还可见胸廓扁平、跗关节肿大、鼻甲骨隆起。严重者，头面部呈圆桶状。

【2019年执业兽医资格考试真题】马，3岁，异嗜，喜啃树皮，消化紊乱，跛行，拱背，有吐草团现象，鼻甲骨隆起，下颌间隙狭窄，尿液澄清、透明，同时还出现(　　)。

　　A. 骨组织软骨化　　B. 骨小梁增多　　C. 骨组织纤维化
　　D. 骨基质钙化过度　E. 骨质密度升高

（3）治疗

①加强饲养管理，调整饲料中钙、磷比例，不可长期、单一或过量饲喂麸皮和稻糠。

②及时给马匹补充钙剂。用8%水杨酸钠溶液和10%氯化钙溶液，分别100mL，静脉注射，1次/d，1~2周为一疗程。

3. 马异食癖

马异食癖是由于代谢机能紊乱，造成味觉异常的一种非常复杂的多种疾病综合征。其临床特征是病马到处舔食啃咬，通常认为无营养价值而不应该采食的东西都称之为异物，这不是一种单一的疾病，而是骨软症、慢性消化不良等各种疾病的一种临床症状。

（1）病因

①由于钠、铜、钴、锰、钙、铁、硫等矿物质不足，特别是钠盐不足，引起病马舔食带碱性的物质。饲料中钾盐过多，机体要排出过多的钾，同时也增多了钠的排出，又得不到及时的补充。据试验表明，当土壤中含钴量仅有1.5~2mg/kg（正常含量为2.2~2.5mg/kg）、饲料中含铜量2~5mg/kg（正常含量为6~12mg/kg），或长期饲喂过酸的饲料，都可导致马体内碱的消耗过多，而引起异嗜癖。

②某些维生素的缺乏，特别是维生素B族缺乏症。因为其是体内许多与代谢关系密切的酶和辅酶的组成部分，当缺乏时，可导致体内代谢紊乱。

③蛋白质和某些氨基酸的缺乏，也会导致异嗜癖。

（2）症状　异嗜癖一般多以消化不良开始，相继出现味觉异常和异食症状，病马舔食、啃咬、吞食被粪便污染的饲草或垫料，舔食墙壁、食槽，啃吃砖瓦片、煤渣、破布、塑料片等。病马易惊恐，对外界刺激的敏感性增高，以后则迟钝、皮肤干燥、弹性减退、被毛粗乱无光泽、拱腰、磨牙。天冷时畏寒战栗，口腔干燥，初期多便秘，后期拉稀或便秘和下痢交替出现，贫血，渐进性消瘦，食欲进一步减退，甚至衰竭死亡。

初生幼驹采食母马粪便，特别是采食母马刚拉下的有热气的新鲜粪便。这样往往可引起幼驹肠阻塞，若不及时治疗，严重时可引起死亡。

（3）治疗　改善饲养管理，给予全价日粮，缺什么补什么，多放牧或多喂优质青干草，补喂麦芽、酵母等富含维生素的饲料。

药物治疗，应给予氯化钴，每日 20mg；配合硫酸铜，每日 200mg。也可对幼驹给予生长素，补充铁、铜、钴、锰等多种微量元素。

4. 幼年马驹腹泻

幼年马驹腹泻是幼驹由于硒缺乏症而引起的临床上以消化障碍为特征的一种病变。

（1）病因　主要是幼年马驹体内硒元素缺乏所致。

（2）症状　可分为急性和慢性两种类型。

急性型：幼年马驹出生后 1~3d 发病，最初排糊状粪便，很快出现水样腹泻，迅速表现脱水、心力衰竭，心跳可达 120~150 次/min，第一心音分裂，精神沉郁，若不及时抢救，很快死亡。

慢性型：表现消化机能紊乱，多发生于 10~30 日龄，病驹经常排糊状粪便，呈灰白色或黑色，恶臭，有时粪如水样，带肠黏膜或血液。心跳快而弱，可达 180~200 次/min，精神倦怠，步态强拘，行动迟缓，口舌有溃疡。病程长短不一，长者可达一个月以上，有的可自行恢复，自愈后多数发育不良。

（3）治疗

①用维生素 E 50~75mg，分点肌内注射，每 5d 注射一次，直至痊愈。0.2%亚硒酸钠溶液 3~5mL，颈部皮下注射，每 20d 注射一次。

②对症治疗，用磺胺咪、胃蛋白酶等止泻健胃。

> 任务思考

（1）简述马肌红蛋白尿症的发病机理。
（2）马营养性衰竭症的临床症状有哪些？
（3）幼驹佝偻病的治疗方法有哪些？
（4）马异食癖的发病原因有哪些？
（5）幼年马驹拉稀的临床表现有哪些？

任务八　中毒性疾病

任务目标

（1）掌握马属动物中毒病的类型、常见原因、主要症状、诊断和治疗。

（2）掌握有毒紫云英中毒、棘豆中毒、醉马草中毒的病因、症状及治疗。

（3）掌握木贼中毒、蓖麻子中毒、蕨中毒、食盐中毒、亚硝酸盐中毒、氢氰酸中毒、霉玉米中毒、机磷农药中毒、有机氟化物中毒、安妥中毒、磷化锌中毒、蛇毒中毒的病因、症状及治疗。

必备知识

本任务主要介绍马属动物中毒病的类型、常见病因、主要症状、诊断方法和治疗，临床上常见植物性、饲料、农药及其他中毒病的诊治。

（一）概述

毒物是指以一定剂量进入机体后，可以引起机体出现相应的病理过程甚至死亡的物质。由毒物引起机体发生的疾病，称为中毒病。

毒物一般可分为生物性毒物和非生物性毒物两大类。生物性毒物包括植物性的，如有毒植物（如有毒紫云英、棘豆草、醉马草等）、动物性毒物（如蛇毒）和某些微生物（镰刀菌、赤霉菌等）所产生的毒素等。非生物性毒物包括有机或无机农药、化学药物、矿物质元素及化工副产品等。

1. 中毒病的类型

中毒性疾病可呈现下列病型。

（1）最急性型　马属动物自摄入毒物至发生中毒死亡，其发病经过仅1~2d，甚至仅数小时，常呈"不明原因的暴死"，在临床观察或尸体解剖时无显著的病理变化。

（2）急性型　马属动物中毒并显露临床症状时，病情急剧发展，整个病程约数天至一周，临床上可见到各种毒物中毒所特有的典型症状。

（3）慢性型　马属动物中毒后发病过程可达数周或更长，病情一般呈渐进性发展，其表观的症状较固定，但某些病例初期症状不典型，也有某些毒物在多次少量摄入的情况下，经过较长的"潜伏"，一旦出现临床症状，则病情猛烈发作。

上述各型中，临床上以急性型研究较多，这可能是因其可以呈现出较典型的中毒症状。

2. 中毒病的常见原因

（1）饲料的品质不良，原料含水量过高；或由于保存不当致使某些微生物滋生，使饲料变质，如赤霉菌、镰刀菌等在饲料（谷物）内产生毒素。

（2）饲料在加工、调制、贮藏过程中发生变质，导致马属动物中毒，如亚硝酸盐、氢氰酸、发芽马铃薯中毒。

（3）对农药、化肥和拌过农药的种子，保管不当，使用错误，以致污染饲料和饮水，或将拌过的农药当作饲料饲喂马属动物而中毒。

（4）马、骡饲养管理不当，饥饱不均，特别是放牧的马、骡因饥饿误食紫云英、醉马草等有毒植物而发生中毒。

（5）工业矿区的废水、废气、废渣处理不当，污染空气、饮水和饲草（植物），致使马属动物中毒，如氟石矿、磷灰石矿、铝矿石矿、炼铝厂和磷肥厂附近，由于饮水、牧草含氟量增高，可引起动物发生慢性中毒。

（6）毒蛇咬伤或昆虫刺蜇，以及人为的投毒等。

（7）兽医临床用药剂量过大，如毒性较强的药的量超过了极限；或体表大面积涂擦杀虫剂；投服大剂量抗寄生虫药，均可导致中毒。

3. 中毒病的主要临床症状

（1）消化道症状　主要表现为腹痛、腹泻、便秘、臌气以及采食、咀嚼、胃肠蠕动机能的变化等。

（2）神经症状　表现为异常的兴奋和抑制，多种形式的肌肉痉挛或震颤，以及视觉、听觉、触觉机能的异常等。

（3）血液变化　如由于溶血而发生血红蛋白尿和黄疸时，由于正常血红蛋白转化为高铁血红蛋白而使血色变为棕褐色，或因中毒而发生血液凝固性的降低等。

（4）心血管病症　可表现为心脉搏的次数和性质的发生改变、血压的异常变动。当循环衰竭时则可见皮肤、黏膜发绀，或发生出血等。

（5）肝脏病变　表现为黄疸和伴有消化障碍和神经症状，严重者则发生腹水和肝性昏迷。

（6）肾脏病变　表现为泌尿量和排尿次数的变化，以及尿液的性状发生改变，严重时可发生皮下水肿和体腔积液。

（7）还可表现为不明原因的消瘦、减重，怀孕时发生流产、死胎或胎儿孱弱、早死，以及皮肤出现皮疹等。

4. 中毒病的诊断

关于中毒病的确诊，应包括以下的诊断依据。

（1）有接触或摄入毒物的病史。

（2）有特征性的临床症状和病理变化。

（3）有毒物质的检验证明。即采取可疑带毒的饮水、饲料及胃内容物、粪、尿、血液、乳汁、被毛和病马尸体的器官、组织等病料，经过必要的检验，以确定某种毒物的存在及含量。

（4）有动物实验的证明，即用可疑带毒的病料经过相应的处理，对试验动物和本类动物进行人工中毒试验的阳性结果。

（5）使用特效解毒药具有确定的解毒效果。

5. 中毒病的治疗

（1）切断摄毒途径　立即严格控制可疑的毒源，禁止马属动物继续接触或摄入毒物。

（2）排除毒物　外用毒物黏附体表，尚未被吸收，用肥皂水或清水冲洗体表以去除毒物。口服毒物如果尚在胃内，用0.1%高锰酸钾液洗胃。当毒物进入肠道后，可根据毒物的性质，使用盐类泻药以排出毒物，如果毒物已被吸收入血液，则可适当放血，并结合使用利尿剂、发汗剂等，促使毒物尽早排出。

（3）使用特效解毒剂　如有机磷中毒时可使用解磷定和阿托品，氟制剂中毒可使用解氟灵，砷中毒时可使用二硫基丙醇。目前生产的复方甘草酸铵为广谱解毒药。

【2009年执业兽医资格考试真题】抢救中毒动物的最佳疗法是（　　）。

A. 特效解毒　　　B. 强心利尿　　　C. 对症施治

D. 保肝利胆　　　E. 加速排泄

（4）对症治疗　心脏衰弱时可使用强心剂，如安钠咖、维生素C等；呼吸机能障碍时可使用阿托品、盐酸洛贝林等；狂躁不安时使用镇静剂；出现脱水、酸中毒时，可静脉注射葡萄糖注射液、复方氯化钠注射液、碳酸氢钠注射液等。

【2014年执业兽医资格考试真题】临床上可作为一般解毒剂的维生素是（　　）。

A. 维生素A　　　B. 维生素B_1　　　C. 维生素C

D. 维生素D　　　E. 维生素E

（二）植物性中毒的常见疾病

1. 有毒紫云英中毒

紫云英俗称红花草，为豆科黄芪属多年生草本植物，有数百种，其中有些品种在动物采食后可引起中毒，称为有毒紫云英。主要分布在西北谷地，当地群众又称其为"马般昌""死羊草"，有毒紫云英对动物毒害作用极大，其有毒成分一般认为是一种生物碱，但也有人认为紫云英对马的毒害作用属于硒中毒。

(1) 病因　由于紫云英是一种聚硒植物，具有转变土壤中的硒化合物，将其吸收于体内的特性。因此，生长在土壤含硒量高的地区的紫云英含硒量很高，马、骡采食后即可引起中毒。

(2) 症状　马、骡中毒后首先表现为站姿改变、长期呆立、不听使唤，以后逐渐表现惊恐、兴奋。在采食和饮水时，似乎表现嚼肌痉挛，很不自如。运动时后肢无力，步态蹒跚，不避障碍，有时性情狞恶，突然咬人。死前张口流涎，全身冒汗，无目的地踉跄奔走，有时后肢麻痹，突然倒地。

(3) 治疗　目前尚无特效治疗方法。

马、骡可口服亚砷酸钾溶液，每日 20mL。并用对症疗法，予以镇静、强心等。

2. 棘豆中毒

棘豆俗称醉马豆、马绊草，为豆科棘豆属草本植物，有数百种，在我国西北地区及内蒙古、四川、西藏等地的牧区均广为分布。棘豆的有毒成分尚不明确，可能为生物碱，棘豆中毒一般呈慢性经过。据国内有关研究单位报道，小花棘豆在其根茎，特别在种子中，含硒量较高，可达 $4.5 \sim 5.2 \mu g/g$。由于马属动物的中毒症状同硒中毒极其相似，所以认为小花棘豆中毒的实质是硒中毒。

(1) 病因　春季放牧时因饥饿采食而中毒。一部分棘豆被动物采食后可引起中毒，目前已查明能引起马属动物中毒的有小花棘豆、黄花棘豆、甘肃棘豆及急弯棘豆，其中小花棘豆和黄花棘豆在西北地区已列为危害较严重的毒草。

(2) 症状　马、骡前期采食棘豆后上膘较快，中毒后则嗜食棘豆，到一定时期（多在秋季）出现营养下降、神经症状、贫血、浮肿、厌食、视力障碍或失明。病马初期精神沉郁，不听呼唤，行为反常，牵其后腿、拴系之后则骚动后退，甚至绷断缰绳。中毒较轻时，四肢、颈及背腰微显僵硬。严重时肌肉强直，步态蹒跚，有时叉腿呆立，呆若木马，口腔干燥，牙关较硬，采食困难，有的口唇浮肿，含草呆立。喝水时，嘴伸入水中，似猪吃食。严重时，牙关紧闭，食欲废绝，心跳加快，节律不齐，瞳孔散大，视力丧失。病马易于摔倒，倒地后不能起立，四肢滑动，衰竭死亡。

(3) 治疗　目前尚无特效治疗方法。

①病初，可给服盐类泻药以排出毒物。

②用25%葡萄糖注射液 $500 \sim 1000mL$、15%硫代硫酸钠溶液 40mL，静脉注射。

③用2%盐酸毛果芸香碱溶液 $40 \sim 60mg$，皮下注射，1次/d。同时用此药点眼，以缩小瞳孔。

3. 醉马草中毒

醉马草属于禾本科芨芨草属，多年生草本植物，分布于我国西北以及内蒙古、四川、西藏等地。一般生于河流两岸、气候较暖和地带，如山脚、草原、沙漠地区的低山坡以及干枯河床和河滩地区。

(1) 病因　醉马草的有毒成分尚不清楚，可能有某种生物碱。有人认为醉马草中毒与氰苷有关。当地生长的马属动物能够识别而不采食，偶在过度饥饿时，或与其他植物相混时，误食中毒。马属动物误食醉马草或被其芒刺刺入皮肤、口腔、扁桃体、口角、蹄叉、角膜等处，可发生中毒。一般采食此青草至体重的1%的量即可发生中毒。

(2) 症状　马属动物一般采食此毒草后30～60min，就可出现症状。轻度中毒时表现为精神沉郁、食欲减退、口吐白沫。中度中毒时病马头低耳耷，颈部僵硬，步态不稳，蹒跚如醉，知觉过敏，有时呈阵发性狂暴，起卧不安，有时倒地不起，呈昏睡状。结膜潮红或呈紫蓝色，心跳加快，呼吸迫促，鼻翼扩张。严重中毒时，除上述症状外，还可见到腹胀、腹痛、鼻出血和急性胃肠炎等病症。

芒刺刺伤角膜时，可致失明。刺伤皮肤时，可出现血斑、浮肿、硬结或形成小溃疡。

(3) 治疗　目前尚无特效治疗方法。

早期可应用酸类药物解救，尚可收效。如发现采食毒草或表现中毒后，可给病马灌服乙酸30～50mL或乳酸20～30mL或稀盐酸15～20mL，加适量水后口服。也可给服食醋或酸奶500～1000mL。

对严重病例，可配合补液、补糖、强心等对症措施。

4. 木贼中毒

木贼科植物中的问荆、木贼和节节草是多年生常绿草本，多生长在低洼、潮湿、沼泽、多荫的沙土地带。由于这类植物含有生物碱和皂苷等有毒物质，马、骡大量采食后，可引起中毒。临床上以中枢神经系统紊乱、运动障碍、抽搐、痉挛、后躯麻痹为特征。

(1) 病因　木贼科植物中的问荆、木贼和节节草等植物分布很广，全国各地均有生长，其中木贼和节节草有较大毒性，马、骡采食后多引起中毒。

问荆全草含有黄酮苷（包括异槲树皮苷、问荆苷、紫云英苷等）、皂苷（问荆皂苷）、生物碱（尼古丁和犬荆问碱）等。此外，还含二甲基砜、乌头酸、草酸、氯化钾以及β-谷甾醇和其他溶血物质。木贼全草含有尼古丁、二甲基砜、咖啡酸、阿魏酸、硅酸和鞣质以及皂酸等。节节草全草的甲醇提取物水解后，得毒芹素、木犀草素以及生物碱、甾醇及三萜、皂苷等。

由于木贼科植物含有各种不同的有毒物质，因而马属动物采食后就可引起中毒。据试验，马、骡每日饲草中混杂250g木贼，连续饲喂3～5d，就会出现中毒现象。

(2) 症状 本病的前驱症状为异嗜、四肢运动机能障碍、跛行、站立不稳，步态蹒跚，共济失调，或呈犬坐姿势。有时兴奋不安，有时精神沉郁，呼吸和脉搏疾速，眼睑下垂，两眼半闭。

随着病情的发展，病马神经兴奋性增高，瞳孔散大，行为狂暴，甚至咬人，并呈现阵发性痉挛，肌肉强直，局部或全身肌肉震颤，感觉过敏，容易惊恐，呼吸和脉搏疾速，全身出汗。继而转入沉郁，呈昏睡状态。

兴奋和抑制交替出现，间歇期长短不一。每次痉挛发作期间，病马的头颈、背腰、胸腹部以及四肢肌肉可发生痉挛性收缩，颈项板硬，不能弯曲，背腰僵硬，四肢关节伸展困难，运动障碍，卧地不起，四肢向侧方伸展，不时呈游泳样划动。后肢麻痹，病马呻吟，用力挣扎，不断磨牙，呼吸困难，发生喘息。个别病例，口吐白沫，可视黏膜发绀，心动过速，心律不齐。消化机能障碍，有时出现下痢或便秘，个别病马胸腹发生浮肿。

(3) 治疗

①用维生素 B_1，0.2~0.3g，肌内注射，以促进糖代谢，增强神经系统传导机能。

②根据病情，可强心、补液、补充电解质，防止脱水和酸中毒。病马可先放血 1000~2000mL，继用复方氯化钠注射液或 5%葡萄糖氯化钠注射液 1000~2000mL，静脉注射。另用 20%樟脑油或 25%氨茶碱溶液 20mL，皮下注射。

③当脑及脑膜充血，颅内压升高，中枢神经机能障碍明显时，可应用高渗葡萄糖或甘露醇，静脉注射，降低颅内压，改善脑循环。

如果痉挛频繁发生，可及时应用水合氯醛、溴化钠或安乃近，以解痉、镇静、镇痛、安神。

④若出现消化机能障碍，发生下痢或便秘时，用人工盐或硫酸镁 200~300g，常水 4000~6000mL，口服，以清理胃肠，调整胃肠机能。

5. 蓖麻子中毒

蓖麻为大戟科植物，根叶可以入药，鲜叶可以喂蚕，籽实可以榨油供工业和医药用，所以我国多在路边地角和庭院种植。

蓖麻籽除含 45%~60%蓖麻油外，还含蓖麻毒素 2.8%~3.0%，蓖麻碱 0.2%以及酯酶、蛋白水解酶等。马、骡中毒主要是由蓖麻毒素和蓖麻碱所致。蓖麻毒素是一种毒性蛋白，其具有植物性蛋白的各种性质，加热至 60~70℃ 及以上可凝固并失去毒性，所以经过热榨的油粕可以作为饲料。其中所含的毒素和凝集素进入机体后可损害肝、肾等实质器官，使其发生混浊、肿胀、出血、坏死等，还可使红细胞发生凝集和溶解。所以中毒的马、骡可出现中毒性肝病、肾病、出血性胃肠炎、小血管栓塞，以及麻痹呼吸血管和血管运动中枢等。

蓖麻碱是一种白色结晶性生物碱，存在于全植株中，虽毒性较弱，但在其幼芽中和叶子中可达 3.3%，故使籽实的毒性剧增。据试验证明，马每顿服蓖麻籽的致死量为 0.1g/kg，但在不同的个体，致死量有一定的差异。因为蓖麻毒素作为一种蛋白质，具有刺激抗体形成的性质，据试验表明，用少量递增的注射方式，可使其致死量提高 800 倍。

（1）病因　近几年，有的农户将蓖麻作为经济作物，大片种植。蓖麻成熟后，壳裂籽落，马属动物采食而中毒，或以榨油后的蓖麻籽饼（渣）作为马、骡饲料而引起中毒。

（2）症状　马、骡采食后的数小时发病，病状呈进行性发展。初期体温升高，具特异性的口唇痉挛和头颈伸张现象，呼吸动作明显费力，脉搏增数，可视黏膜潮红和黄染，继而出现腹痛和严重腹泻，同时伴发运动失调或全身肌肉痉挛，呼吸加快，脉性浅表而快，心动异常亢进，体温下降，黏膜发绀，末期病马躺卧，血压降低，常表现少尿或无尿。

（3）治疗　目前尚无特效治疗方法，可对症采用强心、利尿等措施。中毒早期可行放血，试用鞣酸解毒，并配合使用盐类泻药和胃肠保护等。

6. 蕨中毒

蕨属于孢子植物的蕨科，广泛分布于山区的阴湿地带，是一种多年生的落叶蕨类，其孢子叶和营养叶到冬季将枯萎，春季则由其地下根基萌发新叶，其生新叶被马采食后，可引起中毒。

（1）病因　主要是在放牧饲养或靠收割山野杂草饲养的马、骡，经过冬、春的枯草期后，由于蕨类在山野首先萌发，成为短时间内仅有的新鲜饲草，蕨中毒常在此时发生，后期由于其他草类逐渐生长，马属动物采食其他草类，蕨中毒就逐渐减少。

（2）症状　马、骡中毒后，常在运动失调和机体消瘦前，出现体温升高、脉快速而节律不齐等。随着病情的加重，食欲逐渐减少，常陷于睡眠状态，其运动障碍愈加显著，出现四肢叉开站立或步态蹒跚强拘，同时呈现拱背和肌肉震颤，甚至跌倒后因挣扎而撞伤。严重时可发生阵发性痉挛和呈典型硫胺素（维生素 B_1）缺乏引起的角弓反张的死亡姿势。

（3）治疗　马、骡蕨中毒时，须早期进行系统性的硫胺素治疗，每天用 500~1000mg，皮下注射。同时，做换血疗法和强心、补液，调节运动中枢。

（三）饲料中毒的常见疾病

1. 食盐中毒

食盐中毒是马在饮水不足的情况下，过量摄入食盐或含盐饲料而引起的以消化紊乱和神经症状为特征的中毒性疾病。因为食盐是饲料的重要组分，但在饲喂过多或饲喂不当时，就会引起马属动物出现中毒表现。据测定，对食盐的耐受性，动物因品种、个体不同而各有差异，马约为 1g/kg。

日常所用的食盐并非纯净的氯化钠，据商品规格，食盐可分五个等级，五等盐为饲料盐（即牧业用盐）。据分析，一份五等盐样品的组成，除含水分 11.57% 以外，其固形物有氯化钠 76.11%、氯化钾 1.74%、氯化镁 3.47%、硫酸镁 3.86%、硫酸钙 1.81%、不溶性杂质 0.09%、夹杂物（泥沙）12.22%。

(1) 病因

①不正确地利用腌制食品（如腌菜）或奶酪加工后的废水、残渣以及酱渣，突然过多饲喂或未同其他饲料搭配使用时，易引发中毒。

②对长期缺盐饲养的马属动物突然加喂食盐，特别是喂给含盐的饮水，而未加限制时，则可引起中毒。

③机体水盐平衡状态的稳定性，可直接影响机体对食盐的耐受性。如环境温度较高，使机体大量失散水分，可使马属动物不能耐受寒冷季节所用的食盐饲喂量，一旦食盐添加过量，就会造成中毒。

④马、骡发生疝痛，用炒盐镇痛，用量过大时也会引起中毒。

采食大量食盐后，有一部分进入血液，而大部分仍留存于消化道内，可直接刺激胃肠黏膜引起炎性反应。另外，由于胃肠内容物的渗透压升高，可导致组织失水，所以当饮水不足时，可加快机体中毒。

(2) 症状　马属动物中毒后出现明显衰弱、肌肉震颤、躺卧不起、四肢划动。最急性者很快死亡，急性者 1~2d 发生死亡。慢性者病初食欲增加，皮肤瘙痒，尿少，可视黏膜潮红；视力和听觉发生障碍而表现淡漠，出现无目的转圈徘徊，继而出现阵发性痉挛；呼吸迫促，脉搏快速，黏膜发绀，体温变化不大；往往伴有严重的胃肠炎，若延误治疗，多因衰竭而死亡。

(3) 治疗　立即停止饲喂含盐饲料并严格控制饮水。对症治疗，用溴化钠、硫酸镁等镇静；同时用葡萄糖酸钙注射液、5% 葡萄糖注射液，静脉注射；用油类泻药清理胃肠，并重视利尿，加速盐分排泄。

【2012 年、2014 年执业兽医资格考试真题】畜禽食盐中毒尚未出现神经症状者，给予清洁饮水的方法是(　　)。

A. 大量多次　　　B. 少量多次　　　C. 不限次数
D. 不限饮量　　　E. 自由饮水

2. 亚硝酸盐中毒

亚硝酸盐中毒是由于饲料富含硝酸盐，其在体内外转换并形成亚硝酸盐，亚硝酸盐进入血液可使血红蛋白被氧化为高铁血红蛋白，而使其失去携带氧的能力，造成马属动物机体组织缺氧而发生的中毒。

【2016年执业兽医资格考试真题】下列能引起血液性缺氧的病因是( )。
A. 呼吸道狭窄　　B. 心力衰竭　　C. 氰化物中毒
D. 肺动脉栓塞　　E. 亚硝酸盐中毒

(1) 病因　在自然条件下，亚硝酸盐系硝酸盐在硝化细菌的作用下还原为氨的过程中的中间代谢产物，其发生和存在取决于硝酸盐的数量与硝化细菌的活跃程度。

马属动物饲料中，各种鲜嫩青草、作物秧苗以及菜叶类均富含硝酸盐，特别是在重用化肥或农药的情况下，如大量施用硝酸铵、硝酸钠等硝酸盐类；另外添加除苯剂或植物生长刺激剂（如2,4-D）后，可使甜菜叶中的硝酸钾含量高达其风干物的4.5%之多，而未喷撒2,4-D者，硝酸钾含量仅为0.22%。

硝化细菌广泛分布于自然界，其活动性受环境的湿度、温度等条件的直接影响，最适宜的生长温度为20~40℃。如果将幼嫩青饲料堆放过久，特别是经过雨水淋湿或烈日暴晒者，极易发酵产热，如此延长其加温或冷却过程，给硝化细菌提供了足够条件，致使饲料中的硝酸盐转化为亚硝酸盐，马属动物采食后即发生中毒。

(2) 症状　一般在采食后1h左右发病，病马表现为精神不安，严重的呼吸困难，脉快而细，可视黏膜发绀，呈酱油色，皮肤蓝紫色，体温稍有偏低，躯体末梢部位发凉。后期则出现强直性痉挛，并出现疝痛、腹泻等消化系统症状。

【2014年执业兽医资格考试真题】亚硝酸盐中毒性缺氧，可视黏膜的颜色变化是( )。
A. 黄色　　B. 鲜红色　　C. 樱桃红色
D. 酱油色　　E. 苍白色

【2018年执业兽医资格考试真题】亚硝酸盐中毒时皮肤和黏膜的颜色是( )。
A. 鲜红　　B. 蓝紫　　C. 黄染
D. 粉红　　E. 苍白

(3) 治疗　目前使用的特效解毒药为亚甲蓝和甲苯胺蓝，同时配合维生素C和高渗葡萄糖注射液，静脉注射。亚甲蓝为一种氧化还原剂，小剂量1%的亚甲蓝溶液（亚甲蓝1g、酒精10mL、0.9%氯化钠注射液90mL），按体重1mL/kg，静脉注射，可将高铁血红蛋白还原成血红蛋白，恢复其携氧能力。维生素C也可使高铁血红蛋白还原成血红蛋白，高渗葡萄糖能促进高铁血红蛋白转化过程，所以配合使用可加强治疗效果。

此外，可根据病情进行补液，使用强心剂和呼吸兴奋剂等。

3. 氢氰酸中毒

氢氰酸中毒是马属动物采食富含氰苷元的青饲料，在胃内因胃酸的水解和胃液中盐酸的作用，产生游离性的氢氰酸，而使动物机体发生中毒。临床上以伴有呼吸困难、震颤、惊厥综合征的组织中毒性缺氧症为特征。

【2019年执业兽医资格考试真题】 可引起组织缺氧的原因是(　　)。

A. 呼吸功能不全　　B. 贫血　　C. 一氧化碳中毒

D. 氰化物中毒　　E. 缺血

（1）病因

①高粱和玉米的新鲜幼苗中均含有氰苷，特别是再生的幼苗氰苷含量更高。

②亚麻籽含有氰苷，其榨油的残渣（如亚麻籽饼）可作为饲料。由于榨油方法不同，其含氰苷量也不同，如土法榨油时亚麻籽经过蒸煮，则氰苷含量减少，不会引发中毒。机榨则相反，易引起中毒。

③蔷薇科植物，如桃、李、杏、梅、枇杷、樱桃的叶、种子也含有氰苷，当饲喂过量时，均可引起中毒。也有马、骡口服中药，生用带皮的杏仁、桃仁、李仁等，当用量过大时可发生中毒。

（2）症状　本病发病很快，当马属动物采食含有氰苷的饲料后15~20min，病马首先表现腹疼，呼吸加快且困难，可视黏膜鲜红，流出白色泡沫状唾液。先兴奋，很快转为抑制，呼出的气体有苦杏仁味，随之全身极度无力，步态不稳，很快倒地，体温下降，后肢麻痹，肌肉痉挛，反射降低或消失，心搏动徐缓，呼吸浅表，最后昏迷死亡。

【2012年执业兽医资格考试真题】 某患畜检后发现：血液呈鲜红色，凝固不良，胃内容物有苦杏仁味。则该畜可能患的疾病是(　　)。

A. 氢氰酸中毒　　B. 亚硝酸盐中毒　　C. 有机农药中毒

D. 灭鼠灵中毒　　E. 棉籽饼中毒

【2014年执业兽医资格考试真题】 氰化物中毒性缺氧，可视黏膜颜色的变化是(　　)。

A. 黄色　　B. 鲜红色　　C. 樱桃红色

D. 酱油色　　E. 苍白色

（3）治疗

①特效解毒法：发病后立即使用亚硝酸钠2g，配成5%的溶液，静脉注射。随之注射5%~10%硫代硫酸钠溶液100~200mL。

以上两种药的作用机制是：亚硝酸钠的亚硝酸离子具有氧化作用，能使体内血红蛋白氧化为高铁血红蛋白。这种高铁血红蛋白能与体内的氰离子以及与细胞色素氧化酶结合的氰离子形成氰化高铁血红蛋白，从而减少了氰离子与组织中细胞色素氧化酶的结合。硫代硫酸钠的硫基在与氰化高铁血红蛋白的氰离子结合成硫氰化合物，变为无毒的硫氰酸盐排出体外，达到解毒的目的。

②根据病情，采取补液、镇静、解痉的措施，并调节呼吸机能。

【2014年、2019年执业兽医资格考试真题】亚硝酸钠适用于解救动物的(　　)。

A. 氰化物中毒　　B. 重金属中毒　　C. 有机氟中毒
D. 有机磷中毒　　E. 磷化锌中毒

【2018年执业兽医资格考试真题】能使血红蛋白的二价铁（Fe^{2+}）氧化成三价铁（Fe^{3+}）的药物是(　　)。

A. 乙酰胺　　B. 硫代硫酸钠　　C. 亚硝酸钠
D. 二巯丙醇　　E. 氯磷啶

【2018年执业兽医资格考试真题】与亚硝酸盐联合应用解救动物氰化物中毒的药物是(　　)。

A. 解磷定　　B. 乙酰胺　　C. 亚甲蓝
D. 硫代硫酸钠　　E. 二巯丙醇

4. 霉玉米中毒

霉玉米中毒是由于玉米含水量过高、贮存不妥当，导致其发生霉败，当给马、骡饲喂后可引起中毒性疾病。临床上以神经症状和脑白质软化坏死为主要特征，属于严重的中毒性病。

(1) 病因　发霉玉米中含有很多菌种，研究结果表明，在致病的霉玉米中，可分离出镰刀霉和曲霉的约在80%以上。根据流行病学调查，本病在冬季发病最多，同样在多雨的夏季也比较显著，可见玉米受潮是发霉的主要原因。

(2) 发病机理　马、骡食入发霉的玉米，玉米中含有念珠状镰刀菌产生的毒素，该毒素能耐120℃高热30min，当毒素进入机体后，主要在脑实质内形成软化灶，所以临床上呈现明显的神经症状。

(3) 症状　本病以神经症状为主，临床上根据神经症状的不同，可分为兴奋型、沉郁型和混合型。

①兴奋型：病马精神高度兴奋，视力减弱和消失，以头撞击饲槽或其他障碍物，挣扎脱缰，盲目游走，步态踉跄，或前冲，或后退，直到抵于障碍物。

②沉郁型：精神高度沉郁，饮食欲减退或废绝，头低耳耷，双目无神。唇舌麻痹，松弛下垂，流涎，吞咽障碍，咀嚼困难，低头呆立，头支于食槽上。

③混合型：兴奋与沉郁交替出现。

(4) 治疗

①停喂霉玉米，改喂优质饲料、保持安静，减轻不良刺激。

②促使毒素排出，以减少其吸收。用0.1%高锰酸钾水或1%碳酸氢钠水反

复洗胃，然后用8%硫酸钠2000~4000mL，口服，以排出有毒物质。

③兴奋不安时，用10%安溴注射液100mL，静脉注射。精神沉郁时，用尼可刹米兴奋呼吸中枢。

④补液强心，用10%氯化钠100~150mL、40%乌洛托品50~100mL、10%葡萄糖注射液1000~2000mL、10%安钠咖10~20mL，静脉注射。

（四）农药中毒的常见疾病

1. 有机磷农药中毒

有机磷农药中毒是由于马属动物接触、吸入或采食了某种有机磷制剂所引致的病理过程，以体内的胆碱酯酶活性受抑制从而导致神经生理机能的紊乱为特征。

有机磷制剂作为农用杀虫剂已有数年的历史，其杀虫效果显著，所以有许多改良的制剂相继出现，有机磷杀虫剂种类很多，但其对人、畜具有一定毒性。

剧毒类：对硫磷、内吸磷、甲基对硫磷、甲拌磷等。

强毒类：敌敌畏、乐果、甲基内吸磷、杀螟松、螨净等。

弱毒类：敌百虫、马拉硫磷等。

有机磷农药具有高度脂溶性，可经完整的皮肤渗入机体，主要是干扰胆碱酯酶的活性。有机磷化合物可同胆碱酯酶结合而产生对硝基酚和磷酰化胆碱酯酶。前者为除草剂，虽对机体有毒性，但可转化成对氨基酚，经过水解，并与葡糖醛酸结合从尿道排出。而磷酰化胆碱酯酶为比较稳定的化合物，可在体内发生乙酰胆碱蓄积，出现胆碱能神经的过度兴奋。但由于健康机体内一般都贮备有充分的胆碱酯酶，少量摄入有机磷化合物时，则不显示症状。

此外，还有人认为，有机磷化合物还对三磷酸腺苷、胰蛋白酶、胰凝乳蛋白酶等具有抑制作用。

【2011年执业兽医资格考试真题】乙酰胆碱在体内蓄积，引起中毒症状，是哪种中毒的主要表现？（ ）

A. 有机磷　　　B. 有机氟　　　C. 有机氯

D. 无机氟　　　E. 氰化物

【2012年执业兽医资格考试真题】体内与有机磷农药化学结构相似的物质是（ ）。

A. 肾上腺素　　B. 乙酰胆碱　　C. 胆碱酯酶

D. 细胞色素　　E. 磷酸腺苷

（1）病因

①采食、误食或偷食喷撒过农药的农作物、牧草、蔬菜等，尤其是在使用

农药过后而未被雨水冲洗的更加容易导致动物中毒。

②误食拌过农药的种子。

③驱虫制剂应用不当，在预防马属动物寄生虫病时用药浓度过高，涂布面积过大等。

④饮水被农药污染：如在池塘、水渠等马属动物饮水处配制农药、洗涤喷药用具和工作服等，或饮用撒过农药的田水均可引起中毒。

⑤农药保管不当：如拌过农药的种子和饲料在一个库房保存，或在饲料间配制农药或拌种。

（2）症状　有机磷农药中毒时，因制剂的化学特性、病马个体特异性以及造成中毒的具体情况不同而有不同表现，其主要表现的症状为胆碱能神经受乙酰胆碱的过度刺激而引起的过度兴奋。临床将其分为以下三类。

①毒蕈碱样症状：当机体受毒蕈碱作用时，可引起副交感神经的节前和节后纤维以及分布在汗腺的交感神经节后纤维、胆碱能神经发生兴奋，按其程度不同可表现食欲不振、流涎、腹泻、疝痛、多汗、尿失禁、瞳孔缩小、可视黏膜苍白、呼吸困难、支气管分泌增多、肺水肿、发绀等。

②烟碱样症状：当机体受烟碱作用时，可引起支配横纹肌的运动神经末梢和交感神经节前纤维（包括支配肾上腺髓质的交感神经）等胆碱能神经发生兴奋，但在乙酰胆碱蓄积过多时，则将转为麻痹，具体的表现为肌纤维性震颤、血压升高，进而肌紧张度减退（特别是呼吸肌）、脉频数等。

③中枢神经系统症状：这是病马脑组织内的胆碱酯酶受抑制后，中枢神经细胞之间的兴奋传递发生障碍，造成中枢神经系统机能紊乱，病马表现兴奋不安、体温升高、抽搐，甚至昏睡等。

中毒马的瞳孔变化不明显，但眼球突出，出汗和自鼻孔漏出食糜，步态踉跄，做后退动作如欲卧下状，肠蠕动音亢进，腹围膨大和疝痛，便溏或腹泻，还可出现阴茎勃起和滴尿现象。有的表现视力障碍或后躯麻痹等后遗症。

（3）治疗

①胆碱酯酶复活剂：解磷定（氯磷定）按体重 15~30mg/kg，配成 2.5%水溶液，缓慢静脉注射，2~3d 后减半量重复注射一次。解磷定能与体内的有机磷结合，使之失去毒性，迅速排出体外，从而恢复胆碱酯酶的活性。或用双复磷，按体重 10~15mg/kg，用法同上。其特点是作用快，易透过血脑屏障，迅速缓解神经症状。

②乙酰胆碱对抗剂：硫酸阿托品，按体重 0.5~1mg/kg，肌内注射，每两天注射一次，一直达到阿托品化（呈轻度骚动不安、瞳孔散大、心跳加快等）。

【2009年执业兽医资格考试真题】抢救有机磷农药中毒动物时，使用解磷定的目的是(　　)。

A. 对抗烟碱样症状   B. 对抗毒蕈碱样症状
C. 恢复胆碱酯酶活力   D. 恢复顺乌头酸酶活力
E. 恢复细胞色素氧化酶活力

【2009年执业兽医资格考试真题】抢救有机磷农药中毒动物时，使用阿托品的目的是(　　)。

A. 对抗烟碱样症状   B. 对抗毒蕈碱样症状
C. 恢复胆碱酯酶活力   D. 恢复顺乌头酸酶活力
E. 恢复细胞色素氧化酶活力

【2010年、2012年执业兽医资格考试真题】有机磷农药中毒的特效解毒药是(　　)。

A. 硫代硫酸钠   B. 阿托品   C. 亚磷酸盐
D. 阿托品+解磷定   E. 亚甲蓝

③防止毒物继续吸收：立即停饲可疑饲料和饮水。毒素经皮肤吸收的，应清洗皮肤，清洗可选用清水、0.9%氯化钠注射液、3%碳酸氢钠水、肥皂水、0.1%高锰酸钾水等，但应注意，敌百虫中毒不可使用碱溶液（肥皂水、碳酸氢钠水）清洗。因敌百虫在碱性环境下，形成毒性更强的敌敌畏。中毒药物不明时，最好用清水清洗。经消化道中毒的要反复洗胃。

④对症治疗：肺水肿时，应用高渗剂减轻肺水肿，并同时应用兴奋呼吸中枢的药物，如樟脑、戊四氮等。有胃肠炎时应用抗菌消炎药物，保护胃肠黏膜。兴奋不安时，用氯丙嗪等镇静剂。

2. 有机氟化物中毒

有机氟化物中毒是马属动物误食或采食含各种有机氟化物时所引起的以心血管系统症状为主的中毒性疾病。临床以突然发病、痉挛、鸣叫、疾速奔跑、迅速死亡为特征。

（1）病因 有机氟化物包括氟乙酰胺、氟乙酰钠、甘氟、氟蚜螨等，主要用于杀虫、灭鼠。有机氟是一种高效、剧毒、内吸性的含氟农药，被马属动物误食后，就会引起中毒。

另外，在某些盆地、盐碱地区或某些矿区，如氟石矿、磷灰石矿附近的土壤、植物、水源内含氟较多时，当马属动物长期采食植物和饮水后，可引起蓄积性慢性中毒。炼铝厂、磷肥厂、陶瓷厂等厂区周围，由于含氟废气、废水的污染，马属动物采食被污染的植物和饮水，也会导致慢性中毒。

（2）症状 急性氟中毒主要表现流涎、腹泻、衰弱、无力、肌肉震颤，以及阵发性、强直性痉挛，最后因虚脱而导致死亡。

氟乙酰胺中毒时，往往出现阵发性痉挛、肌肉震颤、步行不稳、共济失调、心跳急速、节律不齐等。

慢性氟中毒，主要表现为骨髓疏松变形、关节粗大、间歇性跛行，很易发生骨折，出现对称性的斑釉齿，齿釉失去光泽，呈黄色、褐色或黑色斑纹，齿列不齐、过度磨灭，咀嚼困难、吐草、营养不良、逐渐消瘦、消化不良、异嗜，幼驹生长发育缓慢。

（3）治疗　有机氟中毒，用50%乙酰胺（解氟灵）60~100mg、2%普鲁卡因10~40mL，肌内注射，2~3次/d。同时给予缓泻剂和静脉注射高渗葡萄糖注射液。

【2015年执业兽医资格考试真题】可用乙酰胺解救的动物中毒病是（　　）。
  A. 有机氟中毒　　B. 亚硝酸盐中毒　　C. 有机磷中毒
  D. 有机砷中毒　　E. 氰化物中毒

无机氟中毒，用0.5%鞣酸液洗胃，再口服1%~2%氯化钙或石灰水以解毒，使用前可先用硫酸铝20~30g，口服，以中和胃内产生的氢氟酸。也可同时静脉注射氯化钙、肌内注射维生素D等。

（五）其他中毒的常见疾病

1. 安妥中毒

安妥，即1-萘基硫脲，纯品呈白色结晶，商品为灰色的粉剂。通常是将其按2%的比例加入食品内配成毒饵，用以杀灭鼠类。

（1）病因　由于保管不严，致使安妥失散，或因同其他药剂混淆，造成使用上的失误，或因投放毒饵的地点、时间不当，致使马属动物吞食而中毒。据试验，马单次口服安妥的致死量为30~80mg/kg。有的马、骡在饥饿时因采食被安妥毒死的老鼠而造成二次中毒。

（2）症状　中毒病马呼吸迫促，体温偏低，肺部水肿，渗出性胸膜炎，呼吸困难，流出带血色的泡沫状鼻液，咳嗽，听诊肺部有明显的湿啰音，心音混浊、脉搏增数，同时表现兴奋、不安，或轻声嚎叫，最后窒息死亡。

（3）治疗　本病目前尚无特效的治疗方法，只有用盐水洗胃，并对症消除水肿，另可强心、保肝、补充维生素K或给予含硫基解毒剂。

2. 磷化锌中毒

磷化锌中毒是动物食入含磷化锌的毒饵而导致的中枢神经系统和消化系统功能发生紊乱的中毒性疾病。磷化锌曾是我国广泛使用的灭鼠药和熏蒸杀虫剂，纯品是暗灰色带光泽的结晶。其以2.5%~5%的比例和食物配制成毒饵，用于灭鼠。

磷化锌暴露在空气中，可散发出磷化氢气体，在酸性溶液中，散发更快。散发出的磷化锌气体有剧毒，不仅能杀灭鼠类，而且对人、畜均有较强的毒害作用。据测定其对马属动物的致死量为 20~30mg/kg。

（1）病因　马类动物误食其毒饵或被磷化锌污染的饲料、饮水而发生中毒。磷化锌被食入后，在胃酸的作用下，释放出剧毒的磷化氢气体，并被消化道所吸收，进而分布在心、肝、肾以及横纹肌等组织中，可引起机体内所有组织的细胞发生变性、坏死等病变，并在肝脏和血管遭受损害的基础上，发展至全身广泛性出血，直至陷于休克和昏迷。

（2）症状　首先食欲显著减少，继而出现腹痛，同时发生腹泻，粪中混有血液，在暗处发出磷光，打开病马口腔，发出强的蒜臭味。病马迅速衰弱，脉搏减慢而节律不齐，结膜黄色，尿色也发黄，并出现蛋白尿、血尿和管型尿，粪便呈灰黄色。末期病马陷于昏迷状态。

（3）治疗　本病目前尚无特效的治疗方法。早期可灌服 0.2%~0.5% 硫酸铜溶液，使之形成磷化铜，从而阻滞吸收而降低毒性。与此同时静脉注射高渗葡萄糖注射液和氯化钙溶液。

【2017 年执业兽医资格考试真题】解救磷化锌中毒时不宜选用的方法是（　　）。

A. 静注乳酸钠　　　B. 灌服硫酸镁　　　C. 灌服硫酸铜
D. 灌服碳酸氢钠　　E. 静注葡萄糖酸钙

3. 蛇毒中毒

毒蛇中毒是由于马、骡在放牧过程中被毒蛇咬伤而引起的中毒病，以神经症状、呼吸麻痹和循环衰竭为特征。

（1）病因　马、骡在放牧时，一旦被毒蛇咬伤，即可发生中毒。蛇毒是一类复杂的蛋白质化合物，包括神经毒、血循毒和混合毒。神经毒能使全身肌肉及呼吸中枢麻痹；血循毒能引起心力衰竭、溶血、出血、凝血等病变；混合毒则兼有神经毒和血循毒的毒性作用。

（2）症状　各马属动物对蛇毒的敏感性不同，马最为敏感。

神经毒症状：银环蛇、金环蛇的蛇毒为神经毒。马被咬伤后，伤口流血少，局部症状不明显，病马表现痛苦呻吟、兴奋不安、口吐白沫、吞咽困难、四肢无力、运动障碍、呼吸困难、心律不齐、瞳孔散大、全身出汗。最后，倒地、抽搐、血压下降，终因呼吸麻痹，窒息死亡。

血循毒症状：蝰蛇、蝮蛇、竹叶青等毒蛇的蛇毒是血循毒，当被咬伤后，局部症状突出，伤口剧痛，流血不止，迅速肿胀，发黑变紫，多发生坏死，肿胀处逐渐向外扩展。毒素吸收后，呈现全身症状，发热、战栗、心动过速、血压下降、呼吸困难、血尿、血红蛋白尿、尿闭，最后倒地后因心脏麻痹而死。

混合毒症状：眼镜蛇和眼镜王蛇的蛇毒多属混合毒，病马兼有神经毒和血循毒的症状，以神经毒症状为主。

（3）治疗　为防止毒素被吸收，立即在蛇咬部的近心端进行结扎，用肥皂水或 0.1%高锰酸钾液冲洗伤口，然后切开伤口，使之扩大，挤压排毒。

局部用药：用 2%氯化钠温敷伤口，以促进毒液外流和肿胀消退。

全身疗法：注射抗蛇毒血清。另外，可静脉注射葡萄糖注射液、维生素 C。

> 任务思考

（1）简述马属动物中毒病的常见原因。
（2）有毒紫云英中毒的临床症状有哪些？
（3）醉马草中毒的常见病因有哪些？
（4）简述食盐中毒的机理。
（5）有机氟化物中毒的治疗方法有哪些？
（6）简述磷化锌中毒的机理。

> 技能训练

实操训练三　马属动物的直肠检查技术

1. 技能目标

掌握马属动物的直肠检查技术并辨别所触摸到的各器官的特征，提升职业素质和能力。

2. 实训准备

大动物临床诊断实训室或门诊，马、骡、六柱栏、围裙、剪毛剪、碘酊棉球、酒精棉球、注射器、一次性长臂塑料手套或乳胶手套、手臂消毒桶、纱布块、5%水合氯醛酒精溶液、30%安乃近、1%普鲁卡因注射液、液体石蜡、肥皂水。

3. 训练方法

（1）教师先演示直肠检查的操作方法，边操作边讲解。

（2）首先对马属动物进行保定，按常规方法对其注射镇静剂；用温水灌肠，待其排除粪便；对肛门周围进行清洗，并在后海穴注射 1%普鲁卡因溶液；术者对手指及手臂清洗消毒并戴长臂手套；术者按操作流程，以旋转动作经肛门进入直肠；按照检查顺序逐一对腹腔脏器进行检查（肛门→直肠→骨盆腔→膀胱→小结肠→左侧大结肠及骨盆曲→腹主动脉→左肾→脾脏→胃→盲肠→胃状膨大部→肠系膜根→十二指肠）；检查结束后，对马属动物解除保定，对操作器械、环境进行清洗消毒，对诊疗废弃物按要求进行无害化处理。

（3）将学生分为每组 5 人，以小组为单位进行马属动物直肠检查的训练，确保所有同学都能掌握直肠检查的方法，并能辨别所触摸到各器官的特征。实操过程中对学生的要求同实操训练一。

（4）实训结束后，教师对各小组的训练过程进行分析与总结，并根据项目考核单（表 2-1）进行考核，提高专业技术水平和职业素质。

表 2-1　　　　　马属动物的直肠检查技术项目考核单

大项内容	子项内容	考核标准	标准分	得分
准备工作	器材的准备	准备好直肠检查过程中需要的器材	2	
	药品的准备	准备好直肠检查过程中需要的药品	2	
	术者的准备	指甲有无提前剪短、磨光，手、臂的清洗、消毒，佩戴防护手套	5	
实操过程	操作方法	术者手指进入直肠的方法是否正确	5	
	肛门及直肠状态的检查	能够正确对肛门及其周围进行检查，并判断直肠内容物的状况	15	
	骨盆腔内部的检查	能够正确对骨盆腔内部（膀胱、子宫）进行检查	15	
	腹腔内部的检查	能够正确按照检查顺序对腹腔内部各器官进行逐一检查	20	
	内部脏器特征的描述	能够正确描述所触摸到器官的特征	20	
收尾工作	动物的处置	实验动物解除保定并送回厩舍	2	
	场地的处理	实训室进行清扫、洗刷、消毒	2	
	医疗废弃物的处理	直肠检查过程中所产生的医疗废弃物有无按照要求进行无害化处理	2	
职业素养	学习与创新能力	具备通过搜集资料获取新知识、新技能及自主学习能力	2	
	社会能力	具备爱岗敬业、吃苦耐劳、严谨务实的精神	2	
	交往合作能力	具备团队合作意识及妥善处理人际关系的能力	2	

续表

大项内容	子项内容	考核标准	标准分	得分
职业素养	心理调适能力	充分展示成果，对结果分析评价有较强的心理承受能力	2	
	信息分析处理与表达能力	运用所学专业知识解决问题及对突发事件紧急处理的能力；执业兽医应具备较强的语言表达、沟通和协调能力	2	
合计			100	

被考核人：_____   考核教师：_____   日期：____年___月___日

4. 归纳总结

马属动物的直肠检查技术是临床兽医在诊断消化系统疾病时所必须掌握的检查方法之一。直肠检查整个过程中的每一步都必须严格按照操作流程来进行，遵守"努则退、缩则停、缓则进"的原则。掌握好马属动物的直肠检查技术，不仅可以对相应器官的疾病进行诊断，还可以帮助妊娠诊断，同时对某些疾病的治疗起着重要的作用。

5. 实训报告

完成实训报告，并对本次实训的过程进行分析与小结。

实操训练四　马口炎的诊断与防治技术

1. 技能目标

掌握马口炎的临床诊断方法与防治技术，使职业素质和能力得到提升。

2. 实训准备

大动物临床诊断实训室或门诊，马、常用保定器具、体温计、注射器、干棉球、碘酊棉球、酒精棉球、纱布块、镊子、口炎常规治疗的药品。

3. 训练方法

（1）在大动物门诊收集马口炎的病例或由教师提前准备好模拟病例。

（2）将学生分为每组5人，以小组为单位进行马口炎病例诊断与防治技术的训练，完成病例诊断与防治任务单（附录一）的内容。实操过程中对学生的要求同实操训练一。

（3）实训结束后，教师对训练过程进行分析总结，并根据病例诊断与防治技术考核单（附录二）进行考核，从而提高专业技术水平和职业素质。

4. 归纳总结

马口炎在兽医临床诊疗工作中较为常见，临床诊断并不困难，通过问诊、视诊、触诊、嗅诊检查即可确诊。难点在于区别其是否为继发性疾病，同时需要对其他口腔疾病进行鉴别诊断。如为继发性感染的，我们在临床治疗的过程中还需要重点治疗其原发病。通过本次实操训练主要掌握马口炎临床诊断与防治的方法，在诊疗过程中要思路明确，整个诊疗的过程都需有据可依。

5. 实训报告

完成实训报告，并对本次实训的过程进行分析与小结。

实操训练五　马、骡胃肠炎的诊断与防治技术

1. 技能目标

掌握马、骡胃肠炎的临床诊断方法与防治技术，提升职业素质和能力。

2. 实训准备

大动物临床诊断实训室或门诊、马、骡、常用保定器具、体温计、听诊器、叩诊器、可移动式 X 射线透视机、注射器、输液器、干棉球、碘酊棉球、酒精棉球、胃管、灌药瓶或灌角、胃肠炎常规治疗的药品。

3. 训练方法

（1）在大动物门诊收集马、骡胃肠炎的病例或由教师提前准备好模拟病例。

（2）将学生分为每组 5 人，以小组为单位进行马、骡胃肠炎病例诊断与防治技术的训练，完成病例诊断与防治任务单（附录一）的内容。训练过程中对学生的具体要求同实操训练一。

（3）实训结束后，教师对训练过程进行分析总结，并根据病例诊断与防治技术考核单（附录二）进行考核，提高专业技术水平和职业素质。

4. 归纳总结

马、骡胃肠炎是在兽医临床诊疗工作中较为常见的消化系统疾病之一，临床诊断并不困难，可通过问诊、视诊、触诊、听诊、叩诊、嗅诊进行临床检查，即可得到初步诊断结果，再通过 X 射线检查进行确诊。难点在于对其和其他腹痛病进行区别诊断，同时需要判断该病是否为某些疾病的继发病。如为继发性感染的，我们在临床治疗的过程中还需要重点治疗其原发病。学生主要掌握马、骡胃肠炎临床诊断与防治的方法，在诊疗过程中要思路明确，整个诊疗过程都需有据可依。

5. 实训报告

完成实训报告，并对本次实训的过程进行分析与小结。

实操训练六　马感冒的诊断与防治技术

1. 技能目标

掌握马感冒的临床诊断方法与防治技术，提升职业素质和能力。

2. 实训准备

大动物临床诊断实训室或门诊，马、常用保定器具、体温计、听诊器、叩诊器、注射器、干棉球、碘酊棉球、酒精棉球、胃管、灌药瓶或灌角、感冒常规治疗的药品。

3. 训练方法

（1）在大动物门诊收集马感冒的病例或由教师提前准备好模拟病例。

（2）将学生分为每组5人，以小组为单位进行马感冒病例诊断与防治技术的训练，完成病例诊断与防治任务单（附录一）的内容。训练过程中对学生的具体要求同实操训练一。

（3）实训结束后，教师对训练过程进行分析总结，并根据病例诊断与防治技术考核单（附录二）进行考核，提高专业技术水平和职业素质。

4. 归纳总结

马感冒在兽医临床诊疗工作中较为常见，临床诊断并不困难，可通过问诊、视诊、触诊、听诊、叩诊进行临床检查即可进行确诊。难点在于对其和其他上呼吸道疾病进行区别诊断，同时需要判断该病是否为某些疾病的继发病。如为继发性感染的，我们在临床治疗的过程中还需要重点治疗其原发病。主要掌握马感冒临床诊断与防治的方法，在诊疗过程中要思路明确，整个诊疗的过程都需有据可依。

5. 实训报告

完成实训报告，并对本次实训的过程进行分析与小结。

实操训练七 马支气管肺炎的诊断与防治技术

1. 技能目标

掌握马支气管肺炎的临床诊断方法与防治技术，提升职业素质和能力。

2. 实训准备

大动物临床诊断实训室或门诊，马、常用保定器具、体温计、听诊器、叩诊器、可移动式X射线透视仪、注射器、输液器、碘伏棉球、酒精棉球、纱布块、胃管、灌药瓶或灌角、支气管肺炎常规治疗的药品。

3. 训练方法

（1）在大动物门诊收集马支气管肺炎的病例或由教师提前准备好模拟病例。

（2）将学生分为每组5人，以小组为单位进行马支气管肺炎病例诊断与防治技术的训练，完成病例诊断与防治任务单（附录一）的内容。训练过程中对学生的具体要求同实操训练一。

（3）实训结束后，教师对训练过程进行分析总结，并根据病例诊断与防治技术考核单（附录二）进行考核，提高专业技术水平和职业素质。

4. 归纳总结

马支气管肺炎是兽医临床诊疗工作中较为常见的呼吸道疾病之一，临床诊断并不容易，可通过问诊、视诊、触诊、听诊、叩诊等临床检查得到初步诊断结果，再通过 X 射线检查进行确诊。难点在于其和感冒、支气管炎、大叶性肺炎、胸膜炎等呼吸道疾病的区别诊断，我们需要总结和归类各类似疾病的共同点和不同点，通过临床典型特征来指引诊断的方向，然后再加以综合诊断，最后得出诊断结果。主要掌握马支气管肺炎临床诊断与防治的方法，在诊疗过程中要思路明确，整个诊疗的过程都需有据可依。

5. 实训报告

完成实训报告，并对本次实训的过程进行分析与小结。

实操训练八 马、骡心力衰竭的诊断与防治技术

1. 技能目标

掌握马、骡心力衰竭的临床诊断方法与防治技术，提升职业素质和能力。

2. 实训准备

大动物临床诊断实训室或门诊，马、骡、常用保定器具、体温计、听诊器、叩诊器、可移动式 X 射线透视仪、B 型超声诊断仪、注射器、输液器、干棉球、碘酊棉球、酒精棉球、胃管、灌药瓶或灌角、心力衰竭常规治疗的药品。

3. 训练方法

（1）在大动物门诊收集马、骡心力衰竭的病例或由教师提前准备好模拟病例。

（2）将学生分为每组 5 人，以小组为单位进行马、骡心力衰竭病例诊断与防治技术的训练，完成病例诊断与防治任务单（附录一）的内容。训练过程中对学生的具体要求同实操训练一。

（3）实训结束后，教师对训练过程进行分析总结，并根据病例诊断与防治技术考核单（附录二）进行考核，提高学生的专业技术水平和职业素质。

4. 归纳总结

马、骡心力衰竭在兽医临床诊疗工作中既是一个单独的疾病，也是某些疾病的一个病理过程或病变阶段，临床诊断并不容易，可通过问诊、视诊、触诊、听诊、叩诊进行临床检查得到初步诊断结果，再通过 X 射线、B 型超声、血液学检查进行确诊。难点在于其导致的缺氧、水肿等病变，在中暑、肺充血、肺水肿以及引起皮下水肿的肝病、肾病、营养不良等疾病上都可出现，我们需要对这些疾病进行鉴别诊断。主要掌握马、骡心力衰竭临床诊断与防治的方法，在诊疗过程中要思路明确，整个诊疗的过程都需有据可依。

5. 实训报告

完成实训报告，并对本次实训的过程进行分析与小结。

实操训练九　马属动物的导尿技术

1. 技能目标

掌握马属动物的导尿技术，提升职业素质和能力。

2. 实训准备

大动物临床诊断实训室或门诊、马、六柱栏、围裙、剪毛剪、导尿管、阴道扩开器、一次性塑料手套或乳胶手套、消毒桶或盆、纱布块、2%硼酸溶液或0.1%高锰酸钾溶液、液体石蜡、温水、肥皂水。

3. 训练方法

（1）教师分别演示公马和母马导尿术的操作方法，边操作边讲解。

（2）首先对马属动物进行保定并固定后肢，以防踢人；术者手臂清洗消毒并戴一次性手戴，同时术部也要进行清洗消毒，导尿管需要提前消毒并涂以润滑油备用；术者按操作流程，对公马、母马实施导尿术的操作，必要时助手给予帮助；检查结束后，对马属动物解除保定并送回马房，对操作器械、环境进行清洗消毒，对诊疗废弃物按要求进行无害化处理。

（3）将学生分为每组5人，以小组为单位分别进行公马和母马导尿术的训练，确保所有同学都能掌握导尿的方法，并能辨别各器官的特征。训练过程中对学生的具体要求同实操训练一。

（4）实训结束后，教师对各小组的训练过程进行分析与总结，并根据项目考核单（表2-2）进行打分，以提高技能训练的效果。

表2-2　　　　马属动物的导尿技术项目考核单

大项内容	子项内容	考核标准	标准分	得分
准备工作	器材的准备	提前准备好导尿过程中需要的器材	2	
	药品的准备	提前准备好导尿过程中需要的药品	2	
	术者的准备	指甲有无提前剪短、磨光，手、臂的清洗、消毒，佩戴防护手套	5	
实操过程	公马导尿术	术者导尿的操作过程是否规范，操作过程中导尿管遇到受阻的问题能否分析并解决，与助手协作的能力	40	
	母马导尿术	术者导尿的操作过程是否规范，操作过程中导尿管遇到受阻的问题能否分析并解决	35	

续表

大项内容	子项内容	考核标准	标准分	得分
收尾工作	动物的处置	实验动物解除保定并送回厩舍	2	
	场地的处理	实训室进行清扫、洗刷、消毒	2	
	医疗废弃物的处理	导尿操作过程中所产生的医疗废弃物有无按照要求进行无害化处理	2	
职业素养	学习与创新能力	具备通过搜集资料获取新知识、新技能及自主学习能力	2	
	社会能力	具备爱岗敬业、吃苦耐劳、严谨务实的精神	2	
	交往合作能力	具备团队合作意识及妥善处理人际关系的能力	2	
	心理调适能力	充分展示成果，对结果分析评价有较强的心理承受能力	2	
	信息分析处理与表达能力	运用所学专业知识，解决问题及对突发事件紧急处理的能力；执业兽医应具备较强的语言表达、沟通和协调能力	2	
合计			100	

被考核人：_____   考核教师：_____   日期：____年___月___日

4. 归纳总结

马属动物的导尿技术，是临床兽医在诊断和治疗泌尿系统疾病时所必须掌握的方法之一。导尿术整个过程中的每一步，都必须严格按照操作流程来进行；选用与马属动物尿道内径相适应的橡皮导尿管，对母马或用特制的金属导尿管进行；在插入或拉出导尿管时，动作要轻柔，不能粗暴操作，防止人为造成尿道黏膜损伤及感染的发生。掌握好马属动物的导尿技术，不仅可以对相应泌尿器官的疾病进行诊断，同时对某些疾病的治疗也起着重要的作用。

5. 实训报告

完成实训报告，并对本次实训的过程进行分析与小结。

实操训练十　马膀胱炎的诊断与防治技术

1. 技能目标

掌握马膀胱炎的临床诊断方法与防治技术，提升职业素质和能力。

2. 实训准备

大动物临床诊断实训室或门诊，马、常用保定器具、体温计、听诊器、叩诊器、可移动式 X 射线透视仪、B 型超声诊断仪、尿液分析仪、注射器、输液器、碘伏棉球、酒精棉球、纱布块、导尿管、一次性长臂手套、液体石蜡、灌药瓶或灌角、膀胱炎常规治疗的药品。

3. 训练方法

（1）在大动物门诊收集马膀胱炎的病例或由教师提前准备好模拟病例。

（2）将学生分为每组 5 人，以小组为单位进行马膀胱炎病例诊断与防治技术的训练，完成病例诊断与防治任务单（附录一）的内容。训练过程中对学生的具体要求同实操训练一。

（3）实训结束后，教师对训练过程进行分析总结，并根据病例诊断与防治技术考核单（附录二）进行考核，提高的专业技术水平和职业素质。

4. 归纳总结

马膀胱炎是兽医临床诊疗工作中较为常见的泌尿道疾病之一，临床可通过问诊、视诊、嗅诊、直肠检查等得到初步诊断结果，再通过尿液分析、X 射线检查、B 型超声检查等进行确诊。难点在于对其和肾盂炎、尿道炎等泌尿道疾病进行鉴别诊断，可通过尿液检查和尿沉渣镜检来区别。但大多数基层实验室建设比较落后，不能满足尿液分析等实验室检查的条件。我们需要依靠临床总结和归纳各相似疾病的共同点和不同点，通过临床典型特征来指引诊断的方向，然后再加以综合诊断，最后得出诊断结果。主要掌握马膀胱炎临床诊断与防治的方法，在诊疗过程中要思路明确，整个诊疗的过程都需有据可依。

5. 实训报告

完成实训报告，并对本次实训的过程进行分析与小结。

实操训练十一　马肌红蛋白尿症的诊断与防治技术

1. 技能目标

掌握马肌红蛋白尿症的临床诊断方法与防治技术，提升职业素质和能力。

2. 实训准备

大动物临床诊断实训室或门诊，马、常用保定器具、体温计、听诊器、叩诊器、可移动式 X 射线透视仪、B 型超声诊断仪、尿液分析仪、注射器、输液器、碘伏棉球、酒精棉球、肌红蛋白尿症常规治疗的药品。

3. 训练方法

（1）在大动物门诊收集马肌红蛋白尿的病例或由教师提前准备好模拟病例。

（2）将学生分为每组 5 人，以小组为单位进行马肌红蛋白尿病例诊断与防治技术的训练，完成病例诊断与防治任务单（附录一）的内容。训练过程中对学生的具体要求同实操训练一。

（3）实训结束后，教师对训练过程进行分析总结，并根据病例诊断与防治技术考核单（附录二）进行考核，提高专业技术水平和职业素质。

4. 归纳总结

马肌红蛋白尿症是兽医临床诊疗工作中较为常见的营养代谢性疾病之一，临床可通过问诊、视诊、嗅诊等得到初步诊断结果，再通过尿液分析、X射线检查、B超等进行确诊。难点在于对其和风湿症、脊髓损伤等疾病进行鉴别诊断，同时需要排除该病是否为某些疾病的继发病。如为继发性的，在临床治疗的过程中还需要重点治疗其原发病。主要掌握马肌红蛋白尿症临床诊断与防治的方法，在诊疗过程中要思路明确，整个诊疗的过程都需有据可依。

5. 实训报告

完成实训报告，并对本次实训的过程进行分析与小结。

实操训练十二　幼驹佝偻病的诊断与防治技术

1. 技能目标

掌握幼驹佝偻病的临床诊断方法与防治技术，提升职业素质和能力。

2. 实训准备

大动物临床诊断实训室或门诊、幼驹、常用保定器具、体温计、听诊器、叩诊器、可移动式X射线透视仪、注射器、输液器、碘伏棉球、酒精棉球、佝偻病常规治疗的药品。

3. 训练方法

（1）在大动物门诊收集幼驹佝偻病的病例或由教师提前准备好模拟病例。

（2）将学生分为每组5人，以小组为单位进行幼驹佝偻病病例诊断与防治技术的训练，完成病例诊断与防治任务单（附录一）的内容。训练过程中对学生的具体要求同实操训练一。

（3）实训结束后，教师对训练过程进行分析总结，并根据病例诊断与防治技术考核单（附录二）进行考核，提高专业技术水平和职业素质。

4. 归纳总结

幼驹佝偻病是兽医临床诊疗工作中较为常见的营养代谢性疾病之一，临床可通过问诊、视诊、叩诊等得到初步诊断结果，再通过血清学检查、X射线检查等进行确诊。难点在于和风湿症、铜缺乏症等疾病的区别诊断，同时需要排除该病是否为某些疾病的继发病，当通过X射线检查发现骨骺变宽及不规则时，可确定为佝偻病。主要掌握幼驹佝偻病临床诊断与防治的方法，在诊疗过程中要思路明确，整个诊疗的过程都需有据可依。

5. 实训报告

完成实训报告，并对本次实训的过程进行分析与小结。

实操训练十三　亚硝酸盐中毒的诊断与防治技术

1. 技能目标

掌握亚硝酸盐中毒的临床诊断方法与防治技术，提升职业素质和能力。

2. 实训准备

大动物临床诊断实训室或门诊、马、常用保定器具、体温计、听诊器、叩诊器、注射器、输液器、碘伏棉球、酒精棉球、亚硝酸盐中毒常规治疗的药品。

3. 训练方法

（1）在大动物门诊收集亚硝酸盐中毒的病例或由教师提前准备好模拟病例。

（2）将学生分为每组5人，以小组为单位进行亚硝酸盐中毒病例诊断与防治技术的训练，完成病例诊断与防治任务单（附录一）的内容。训练过程中对学生的具体要求同实操训练一。

（3）实训结束后，教师对训练过程进行分析总结，并根据病例诊断与防治技术考核单（附录二）进行考核，提高专业技术水平和职业素质。

4. 归纳总结

亚硝酸盐中毒是兽医临床诊疗工作中较为常见的饲料中毒性疾病之一，临床可通过问诊、视诊、叩诊等得到初步诊断结果，再通过血清学检查、亚硝酸盐简易检测等进行确诊。其诊断要点是确定病畜有无食入硝酸盐和亚硝酸盐的病史，临床上有无发病急、黏膜发绀、呼吸困难、痉挛、血液呈酱油色等典型特征，亚硝酸盐检测是否呈阳性，用特效解毒药亚甲蓝治疗是否有效等。主要掌握亚硝酸盐中毒临床诊断与防治的方法，在诊疗过程中要思路明确，整个诊疗的过程都需有据可依。

5. 实训报告

完成实训报告，并对本次实训的过程进行分析与小结。

实操训练十四　有机磷农药中毒的诊断与防治技术

1. 技能目标

掌握有机磷农药中毒的临床诊断方法与防治技术，提升职业素质和能力。

2. 准备工作

大动物临床诊断实训室或门诊、马、常用保定器具、体温计、听诊器、叩诊器、注射器、输液器、胃导管、碘伏棉球、酒精棉球、有机磷农药中毒常规治疗的药品。

3. 训练方法

（1）在大动物门诊收集有机磷农药中毒的病例或由教师提前准备好模拟病例。

（2）将学生分为每组5人，以小组为单位进行机磷农药中毒病例诊断与防治技术的训练，完成病例诊断与防治任务单（附录一）的内容。训练过程中对学生的具体要求同实操训练一。

（3）实训结束后，教师对训练过程进行分析总结，并根据病例诊断与防治技术考核单（附录二）进行考核，提高专业技术水平和职业素质。

4. 归纳总结

有机磷农药中毒是兽医临床诊疗工作中较为常见的农药中毒性疾病之一，临床可通过问诊、视诊、叩诊等得到初步诊断结果，再通过血清学检查、胆碱酯酶活性测定等进行确诊。其诊断要点是确定病畜有无食入有机磷农药的病史，临床上有无瞳孔缩小、肌肉痉挛、流涎、呼吸困难、出汗、口吐白沫、血压升高等典型特征，胆碱酯酶活性是否降至60%以下，用特效解毒药解磷定治疗是否有效等。主要掌握有机磷农药中毒临床诊断与防治的方法，在诊疗过程中要思路明确，整个诊疗的过程都需有据可依。

5. 实训报告

完成实训报告，并对本次实训的过程进行分析与小结。

思政小课堂

伯乐相马的故事

据说，有一匹千里马拉着沉重的盐车翻越太行山。在羊肠小道上，马蹄用力挣扎，膝盖跪屈；尾巴下垂着，皮肤也受了伤；浑身冒汗，汗水淋漓，在山坡上艰难吃力地爬行，还是拉不上去，伯乐遇见了，就下了自己的车，挽住千里马并对着它淌眼泪，还脱下自己的麻布衣服覆盖在千里马身上。千里马于是低下头吐气，抬起头来长鸣，嘶叫声直达云霄。这是它感激伯乐了解并且体贴它啊！

伯乐，生卒年代不详，春秋时期郜国人。在秦国因善相马立下功劳，得到秦穆公信赖，被封为"伯乐将军"。伯乐后来总结毕生相马经验写成我国历史上第一部相马学著作——《伯乐相马经》。他在研究医治马病方面也不懈追求，成为春秋时期著名的畜牧兽医专家，有《伯乐针经》《伯乐疗马经》《疗马方》《伯乐治马杂病经》等传世，在后世兽医学的发展中产生了较大的影响。

可见，不管在什么样的生活、工作条件下，要将所学专业作为自己终生不渝的事业。任何一个职业通过比较摸索、深思探究，都可发现其规律。正如韩愈《马说》所言："世有伯乐，然后有千里马。千里马常有，而伯乐不常有。"学生应具备爱国主义情怀、工匠精神、责任意识、创新精神、文化自信等，为大力发展我国的马产业做出自己的贡献。

项目三　马属动物外科、产科疾病

课程思政目标

（1）通过马属动物外科疾病的学习，培养较高的专业素养，将社会主义核心价值观融入专业课堂，通过学习树立强烈的爱国情感和社会责任感，使自己成为有责任和担当的人。

（2）通过马属动物产科疾病的学习，将家庭美德融入专业课程教育，常怀感恩之心，孝敬父母，回馈社会。

（3）通过各疾病治疗技术的学习，树立正确的世界观、人生观、价值观，珍爱生命，懂得感恩，用万物健康的理念诊疗马属动物疾病。

（4）通过技能训练，培养"懂农业、爱农村、爱农民、有理想、有本领、有担当"的"一懂两爱三有"青年人才，成为乡村振兴的中坚。

（5）通过思政小课堂的介绍，切实履行动物福利，形成较好的职业精神，树立较高的职业理想，遵守兽医的职业道德。

本项目主要介绍马属动物部分非传染性外科、产科疾病的发生、发展过程和临床诊断与防治技术。随着兽医治疗技术的迅速发展和进步，外科、产科疾病正在逐步得到更有效地控制，以保证马属动物的正常生活和繁殖，提高其生产和繁殖效率，从而加快行业的发展。本项目主要从马属动物外科疾病和马属动物产科疾病两个方面进行介绍。

任务一　外科疾病

任务目标

（1）掌握马属动物常见外科感染的分类。

（2）掌握马属动物脓肿、蜂窝织炎、败血症的病因、症状和治疗。

（3）掌握创伤的概念、症状，创伤的愈合、临床检查方法和治疗技术。

（4）掌握马属动物挫伤、血肿、淋巴外渗、休克、溃疡、瘘管的病因、症状和治疗。

（5）掌握马属动物眼的解剖结构、检查方法，以及常见眼科疾病的诊断与治疗。

（6）掌握马属动物鼻旁窦积脓、面神经麻痹和常见牙科疾病的诊断与治疗。

（7）掌握马属动物跛行发生的原因、种类、程度和诊断方法。

（8）掌握马属动物关节扭伤、关节滑膜炎、脱臼、屈腱炎、腱断裂、腱鞘炎、黏液囊炎、骨折、蹄叶炎、蹄底创伤、蹄叉腐烂、外伤性腹壁疝、脐疝、腹股沟阴囊疝、风湿病的病因、症状和治疗。

（9）掌握马属动物疝的概念、构成和分类。

必备知识

本任务主要介绍马属动物外科感染、损伤及其并发症，马属动物头部、四肢疾病、疝和马、骡风湿病的诊治。

（一）马属动物外科感染

当病原菌经皮肤、黏膜的创伤或其孔径侵入动物机体，并在组织内生长繁殖产生毒素，导致机体呈现病原作用，而引起局部和全身的病理过程，称为外科感染。外科感染主要是由于外科手术及外伤所引起的感染，一般都有明显的局部症状，常为多种细菌混合感染。损伤的组织或器官常发生化脓和坏死，使组织遭到破坏，严重感染还能引起全身反应。

【2016年执业兽医资格考试真题】关于外科感染论述不正确的是（　　）。

A. 很少为混合感染　　　　　　　　B. 大部分由外伤引起
C. 常发生化脓坏死过程　　　　　　D. 常伴发明显的局部症状
E. 愈合后局部常形成瘢痕组织

1. 外科感染的分类

（1）按致病菌的种类和病理的过程分类

①非特异性感染：又称为化脓性感染或一般性感染，如脓肿、蜂窝织炎等，这些都具有化脓性炎症的共同特征，即红、肿、热、痛和功能障碍。

②特异性感染：致病细菌、病程演变和防治方法都与非特异性感染不同。临床上，又可将其分为厌气性感染和腐败性感染。

【2011年执业兽医资格考试真题】外科感染常见的病原菌不包括(　　)。
A. 葡萄球菌　　　B. 链球菌　　　C. 绿脓杆菌
D. 大肠杆菌　　　E. 布鲁菌

(2) 根据病原菌感染的途径分类

①内源性感染：马属动物体内已形成感染灶，但病原微生物仅被限定在某一部位，使其处于隐性感染状态。在手术时如果接触了这些染菌的组织，或手术后机体抵抗力下降，则可能造成意外的感染。隐性感染灶如手术后的伤疤、淋巴结、形成包膜的脓包、囊肿等。

②外源性感染：是指由于手术，外界病原微生物通过不同的途径侵入创口而引起的感染，是手术感染的重要原因。

(3) 根据感染细菌的种数分类

①单一感染：是由一种细菌引起的感染。

②混合感染：是由多种细菌引起的感染。

2. 脓肿

脓肿是指组织或器官内形成的外有脓肿膜包裹、内有脓汁潴留的局限性脓腔。当鼻窦、喉囊、胸膜腔、关节腔等解剖腔内有脓汁潴留时称为蓄脓。

(1) 病因　引起脓肿的主要病原菌有葡萄球菌、链球菌、绿脓杆菌、大肠杆菌和腐败性菌，经过损伤的皮肤或黏膜进入机体在其局部生长、繁殖过程中形成脓肿。当给马、骡注射氯化钙、高渗盐水、水合氯醛、新胂凡纳明、松节油等刺激性强的药物误注或漏入组织内，也可引起无菌性脓肿。

(2) 症状

①浅在脓肿：常发生在皮下、筋膜下及肌肉间的组织内。病初出现急性炎症，患部肿胀，界限不明，质地坚实，局部温度增高，皮肤潮红，剧痛。继而发生局部化脓，病灶中央软化，有波动感，皮肤变薄，被毛脱落而化脓，病灶皮肤破溃，排出脓汁，此时脓肿症状较缓和。

【2015年执业兽医资格考试真题】发生在组织内的局限性化脓性炎是(　　)。
A. 蓄脓　　　B. 脓性卡他　　　C. 脓肿
D. 蜂窝织炎　　　E. 坏疽

②深层脓肿：多发生深部肌肉、肌间、骨膜下、腹膜下及内脏器官，局部症状不太明显、患部皮下组织有轻微的水肿，触诊指压留指痕、疼痛，病灶中央无波动感，但全身症状明显。

(3) 治疗

①促进脓肿成熟：在脓肿形成过程中，患部涂鱼石脂软膏，或用温热疗法、超短波疗法、促进脓肿成熟。

②手术疗法：脓肿成熟以后及时施行手术切开或穿刺抽出脓汁，然后用消毒液冲洗脓腔，用纱布吸净脓腔内残留的药液，并向脓腔内注入抗生素溶液。切开脓肿时，应在波动最明显处切开。如果脓腔内压力较高时，应先穿刺抽出脓汁，减压后再切开脓肿。切开时不要损伤脓膜，切口应有一定长度，以利于排脓，为了彻底排脓，可另做一个小的辅助切口。脓肿膜完整的浅在性脓肿可直接摘除。

【2015年执业兽医资格考试真题】脓肿摘除法适用于治疗(　　)。
A. 臀部大脓肿　　B. 肩臂部大脓肿　　C. 关节蓄脓
D. 体表浅在小脓肿　　E. 上颌窦蓄脓

3. 蜂窝织炎

蜂窝织炎指发生于疏松结缔组织的急性弥漫性化脓性炎症。多发生于皮下、筋膜下及肌肉间的疏松结缔组织内。

【2015年执业兽医资格考试真题】疏松结缔组织内的弥漫性化脓性炎称为(　　)。
A. 纤维素性炎　　B. 蜂窝织炎　　C. 浆液性炎
D. 出血性炎　　E. 变质性炎

【2010年、2018年执业兽医资格考试真题】蜂窝织炎属于(　　)。
A. 急性弥漫性化脓性炎症　　B. 慢性化脓性炎症
C. 慢性增生性炎症　　D. 慢性局限性化脓性炎症
E. 急性局限性非化脓性炎症

【2020年执业兽医资格考试真题】易发生蜂窝织炎的组织器官是(　　)。
A. 骨皮质　　B. 皮肤　　C. 内脏器官
D. 肌肉组织　　E. 皮下疏松结缔组织

(1) 病因　溶血性链球菌通过伤口感染所致，有的化脓性球菌、腐败菌也可引起；疏松结缔组织误注或漏入氯化钙、松节油等刺激性强的药物也可引起。

【2011年执业兽医资格考试真题】下列易继发蜂窝织炎的创伤是(　　)。
A. 切创　　B. 裂创　　C. 咬创
D. 火器创　　E. 毒创

【2020年执业兽医资格考试真题】发生蜂窝织炎时最常见的化脓性病原菌是(　　)。
A. 肺炎球菌　　B. 棒状杆菌　　C. 李斯特菌
D. 溶血性链球菌　　E. 破伤风梭菌

(2) 症状　马属动物病势发展较快，迅速呈局部和全身的明显症状。

【2009年、2012年执业兽医资格考试真题】可引起动物明显全身症状的疾

病是（　　）。

A. 血肿　　　　　　B. 脂肪瘤　　　　　　C. 蜂窝织炎
D. 局部气肿　　　　E. 淋巴外渗

局部症状：短时间内局部呈现大面积肿胀。浅在的病灶初期按压有压痕，化脓后肿胀部位有波动感，常发生多处皮肤破溃，并排出脓汁。深的病灶呈坚实的肿胀，界限不清，局部增温，剧痛，脓汁形成后，可导致患部内压增高，使患部皮肤、筋膜及肌肉高度紧张，皮肤不易破溃。

全身症状：病马精神沉郁，食欲下降或废绝，体温高达40℃以上，呼吸、脉搏增数，同时循环、消化系统都发生改变。深部蜂窝织炎病情较严重，往往可继发败血症。

（3）治疗

①局部治疗：发病初期用10%鱼石脂酒精、复方乙酸铅冷敷，并用普鲁卡因青霉素做周围封闭治疗。发病3~4d，将上述药物加温后进行温敷。

②手术方法：局部治疗无效时可进行外科治疗，切开患部，用3%过氧化氢溶液或0.1%新洁尔灭溶液冲洗创腔，然后再用中性高渗溶液（如50%硫酸镁溶液）做纱布引流，并按时更换引流条。

③全身治疗：用抗生素或磺胺类药治疗。为提高马属动物机体的抵抗力、预防败血症，可用葡萄糖60g、精制樟脑4g、酒精200mL、0.9%氯化钠注射液700mL，混合灭菌，一次性静脉注射250~300mL；或用5%碳酸氢钠注射液，或40%乌洛托品注射液，静脉注射。

4. 败血症

败血症也称为全身化脓性感染，机体从感染病灶吸收致病菌后，致病菌所产生的毒素和组织分解的产物，引起马属动物发生全身性的病理过程。其主要表现为神经系统、实质器官和组织发生一系列机能和形态的改变，是损伤感染的一种严重并发症。

（1）病因　常见致病菌主要有金黄色葡萄球菌、溶血性链球菌、大肠杆菌、绿脓杆菌及坏死杆菌，可单一感染或混合感染。

过劳、营养不良以及某些慢性传染病，均可引发败血症。另外，粗暴地处理创伤，使创内防卫性肉芽面受到损伤，造成创内存有大量脓汁、创液和坏死组织分解的产物且不能排出创外，以及创内有异物、坏死灶和脓窦等都可引发败血症。

【2017年执业兽医资格考试真题】最易导致烧伤感染并易发败血症的化脓菌是（　　）。

A. 大肠杆菌　　　　B. 绿脓杆菌　　　　C. 溶血性链球菌
D. 金黄色葡萄球菌　E. 化脓棒状杆菌

(2）症状

①脓血症：其特征是致病菌通过细菌栓子或感染的血栓进入血液循环而被带到各组织器官内，形成转移性脓肿，其有米粒至拳头大，可见于机体的任何器官。

病灶周围严重水肿、剧痛，肉芽组织肿胀、发绀、坏死、分解，表面脓汁较多、稀而恶臭。

病马精神沉郁，食欲废绝，饮欲增加，恶寒战栗，呼吸加快，脉频而弱。体温升高至40℃以上，体温下降时出冷汗，呈稽留热、间歇热或弛张热，长期高热不退，全身症状恶化时，多造成病马死亡。

血沉加快，白细胞增数，达2.3万~3.5万/mm^3，核左移。

②毒血症：指机体吸收毒素、组织坏死和腐败分解的产物，进入血液后所引起的中毒症。可导致中枢神经系统、网状内皮系统、造血器官及氧化过程出现抑制、新陈代谢紊乱。

病马精神沉郁，意识消失，卧地不起，食欲废绝，体温升高至40℃以上，呼吸困难，脉弱而快，黏膜黄染，有时有出血点，肌肉剧烈颤抖。病马有时呈中毒性腹泻，尿少且有蛋白尿。局部病灶含有大量坏死性组织及腐败性脓汁，有些病例局部化脓不显著，但组织再生力缺乏。

（3）治疗

①局部治疗：彻底清除病灶内的坏死组织，扩大创口，消除创囊、清除异物、排出脓汁，用消毒液彻底冲洗创腔，并用普鲁卡因青霉素做创围封闭。

②全身疗法：尽早使用青霉素、链霉素及增效磺胺嘧啶注射液。

及时给病马补液、补充血容量，纠正机体电解质，中和毒素，提高机体抵抗力。用25%葡萄糖注射液1000mL、40%乌洛托品40mL、0.9%氯化钠注射液1000mL、5%碳酸氢钠500mL，静脉注射；B族维生素、维生素C，肌内注射。

③对症疗法：当心力衰竭时用安钠咖，肾机能紊乱时用乌洛托品，败血性腹泻时用氯化钙。

（二）马属动物的损伤

由外界各种因素作用于机体引起其组织、器官形态及机能遭到破坏，并伴有局部及全身反应的病症，称为损伤。损伤可分软组织损伤和硬组织损伤两种。软组织损伤又分为开放性损伤和非开放性损伤。马属动物的皮肤或黏膜的完整性受到破坏所引起的损伤称为开放性损伤，反之为非开放性损伤。硬组织损伤主要是指骨组织的损伤。

引起损伤的原因有机械性、物理性、化学性及生物性等因素。锐性的外力及强大的钝性外力作用于机体，常常可引起开放性损伤；一般性的钝性外力作用于机体多引起非开放性损伤。非开放性损伤又可分为挫伤、血肿和淋巴外渗。

【2011 年执业兽医资格考试真题】下列不属于软组织非开放性损伤的是（　　）。

A. 挫伤　　　　　B. 血肿　　　　　C. 淋巴外渗
D. 耳血肿　　　　E. 脓肿

1. 创伤

（1）创伤的概念　马属动物机体受到锐性外力和强大的钝性外力作用而导致的开放性损伤称为创伤。

创伤由六个部分组成，包括创围、创缘、创口、创壁、创底和创腔。创围是指围绕创口周围的皮肤或黏膜；创缘是指被损伤的皮肤、黏膜及其以下的结缔组织；创口是指创缘之间的空隙；创壁是指损伤的肌肉、筋膜和位于其间的疏松结缔组织；创底是指创伤的最深层；创腔是指两创壁之间的空隙，管状创腔又称为创道。

（2）创伤的症状

①新鲜创的症状：手术创和 8~24h 以内的污染创都称为新鲜创。其主要症状有出血、创口裂开、疼痛及机能障碍。

【2014 年执业兽医资格考试真题】新鲜创伤的特点是损伤时间短，创内存有（　　）。

A. 脓汁　　　　　B. 血凝块　　　　C. 肉芽组织
D. 血凝痂皮组织　E. 坏死组织

a. 出血。新鲜创的主要特征。所以在创伤急救时首先要进行止血。出血量的多少取决于受伤的部位、组织损伤的程度、血管损伤的状况和血液的凝固性等。当动脉、大静脉及内脏器官损伤时，多数呈持续性出血，应及时止血。急性大出血往往可导致出血性休克或死亡。

b. 创口裂开。由受损组织的断离和收缩所致。活动程度大的部位，深而长的创伤裂开显著，如关节部、鬐甲部、肌腱部及肌肉横断的创伤。

c. 疼痛及机能障碍。由感觉神经纤维受到损伤所致。其程度取决于损伤的程度、神经的分布以及动物种属和个体的差异。富有神经纤维分布的器官、组织受损伤时疼痛剧烈，如蹄冠、外生殖器、肛门、腹膜、骨膜等。由于疼痛和受伤部位的解剖学结构被破坏，常出现肢体的机能障碍。

d. 各种新鲜创的特征。

刺伤：由尖锐细长的物体刺入组织所致。如钉子、铁丝、耙齿、叉子、竹签等。由于创口小，创道长而狭，创口易被血液污染封闭；创道内留有凝血块及异物，易使刺伤感染化脓，导致马属动物患破伤风。因此，应及时彻底清创，必要时扩创，并注射破伤风类毒素和抗毒素。发生体腔的刺创，易形成透创，需要特别注意。

刀割创：由各种锐利物体割伤所致，如刀具、薄金属片、玻璃片等。其创缘、创壁较平整，疼痛较轻，出血较多，创口明显，常常造成神经、血管等组织断裂，一般经适当的外科处理，可很快愈合。

砍伤：由刀、斧、锛等砍击所致。由于致伤物体重，砍击力强，故伤口较大，疼痛剧烈，出血多，常伴有骨髓损伤。

挫伤：由于打击、冲撞、压挤、踢蹴、跌倒等钝性外力的作用而致，其创形不整，创面大，出血少，疼痛剧烈，创伤内存在有许多挫灭组织及血凝块，且创面多被尘土、粪块、被毛等污染，易感染化脓。

裂伤：由钉子、钩子等尖锐物体导致皮肤等撕裂而造成的损伤，其出血多，疼痛剧烈，创形不规则，创壁、创底呈凹凸不平，创口明显，撕裂组织易发生坏死或感染。

压伤：由车轮碾压或重物挤压所致，其出血较少，疼痛轻，创内有大量挫灭组织，有的皮肤缺损或形成粉碎性骨折，一般污染严重，易感染化脓。

咬伤：由动物撕咬所致，其接近于刺伤、裂创或缺损创。出血较少，创伤内常有挫灭组织，易感染，并继发蜂窝织炎。

缚伤：由粗糙的新绳捆绑所致。易感染，常发于系、跗部。

毒创：由毒蛇、毒蜂叮蜇所致。创部呈点状损伤，疼痛剧烈，肿胀迅速，并出现坏死。毒素进入机体后能迅速引起严重的全身反应，病情严重的马属动物可因呼吸中枢和血液循环系统麻痹而死亡。

复合伤：同时具备上述几种创伤的特征。常见的有挫刺创、挫裂创等，其创缘不整齐，组织被撕裂，剥离较严重。常见于腕关节、膝关节、球关节、肩端部、前臂部等。

②感染创：感染创指微生物进入创内并大量繁殖，对机体产生致病作用，使损伤部组织出现明显的化脓性炎症，甚至引起机体的全身性反应。

a. 化脓期（化脓创）。由于感染的进行性发展，使创伤组织发生充血、渗出、肿胀、剧烈疼痛和局部温度增高等急性炎症反应。然后受损伤的组织细胞发生坏死、分解液化，形成脓汁。在创腔、创缘和创围内堆积大量脓汁，这是化脓创的临床特征。

b. 肉芽期（肉芽创）。随着化脓后期急性炎症的消退，化脓症状减轻，毛细血管内皮细胞及成纤维细胞增殖，形成肉芽组织。健康的肉芽组织质地坚实、粉红色，呈粟粒大的颗粒状，表面有少量黏稠灰白色脓性物。病理性的肉芽组织质地脆弱，颜色苍白或暗红色，颗粒不均匀，表面有大量脓汁。

【2012年执业兽医资格考试真题】创伤按有无感染分为(　　)。

A. 无菌创　　　　B. 污染创　　　　C. 感染创
D. 以上都是　　　E. 以上都不是

（3）创伤的愈合　创伤的愈合过程可分为第一期愈合、第二期愈合和痂皮下愈合。

①第一期愈合：是一种比较理想的愈合方式，是在没有污染及炎症反应较轻的条件下出现的愈合方式。创内无异物、坏死灶和血肿，组织仍有活力，生活组织少，具有这些条件的创伤可完成第一期愈合。绝大多数无菌手术创可形成第一期愈合。新鲜的污染创如果及时做清创处理，可形成第一期愈合。

【2010年执业兽医资格考试真题】取第一期愈合的是(　　)。

A. 瘘　　　　　　B. 褥疮　　　　　C. 坏疽
D. 化脓创　　　　E. 无菌手术创

【2018年执业兽医资格考试真题】可能取第一期愈合的是(　　)。

A. 褥疮　　　　　B. 污染创　　　　C. 化脓创
D. 陈旧创　　　　E. 肉芽创

创伤出血停止后，第一期愈合即开始，创内的少量血液、血浆、纤维蛋白等共同形成纤维蛋白网将两创壁黏合。随后这些黏合物质刺激创壁组织，使毛细血管充血、渗出浆液、白细胞等逐渐渗入已黏合的空腔，进行吞噬、溶解和搬运，以清除创腔内死亡的细胞、纤维素、血凝块及微生物等，使创腔得以净化。创伤发生24~48h，创壁的毛细血管内皮细胞和结缔组织细胞增生，以新生的肉芽组织将创壁连接起来，而创缘的上皮由病灶的四周向中央生长，覆盖创面而使创口愈合，新生的肉芽组织逐渐转变成纤维性结缔组织。这时的愈合不太牢固，整个过程需要6~7d，故无菌手术创在术后7d左右才拆线。

【2014年执业兽医资格考试真题】适用于初期缝合的创伤特征是(　　)。

A. 创伤严重污染　　　　B. 创伤已经感染　　　C. 创伤尚未感染
D. 创内异物尚未取出　　E. 创内出血尚未制止

②第二期愈合：化脓创为第二期愈合，创口大量增生肉芽组织，并逐步填满创腔，随后创面以上皮组织覆盖疤痕组织而愈合。临床上大多数创伤取第二期愈合。

根据第二期愈合过程中生物形态、物理及胶体化学的特点，此愈合过程可分为两个阶段，即炎性净化阶段和组织修复阶段。

a. 炎性净化阶段。炎性净化是通过炎性反应促使创伤的自行净化。临床上主要表现为受伤部的发炎、肿胀、增温、疼痛，然后创伤内坏死组织液化，形成脓汁并流出。

各种动物的创伤净化需要的时间各有差别，马的创伤净化快，但易引起中毒。

b. 组织修复阶段。其核心为肉芽组织的新生,其构成是新生的毛细血管和成纤维细胞。新生的肉芽组织由伤口边缘及底部向中心生长,使伤口收缩,创面缩小,以利于伤口愈合。

【2010年执业兽医资格考试真题】构成肉芽组织的主要成分除毛细血管外,还有(　　)。

A. 肌细胞　　　　B. 上皮细胞　　　C. 纤维细胞

D. 成纤维细胞　　E. 多核巨细胞

【2018年执业兽医资格考试真题】肉芽组织是指新生幼稚的(　　)。

A. 上皮组织　　　B. 网状组织　　　C. *纤维结缔组织*

D. 肌组织　　　　E. 软骨组织

肉芽组织本身神经纤维分布较少,所以触之不痛。健康的肉芽组织为红色、坚实、表面湿润、呈颗粒状,其上有一层很薄的黏稠、灰白色脓性物,对新生肉芽组织有保护作用。

肉芽组织的增生和创缘上皮组织增殖是同时进行的,当肉芽组织增生达皮肤面时,新生的上皮组织刚好覆盖创面而完成理想的愈合。若创面较大,由创缘增殖的上皮组织不能覆盖整个创面时,则形成疤痕。疤痕组织无毛囊、汗腺和皮脂腺。

③痂皮下愈合:痂皮下愈合是指在痂皮脱落后,露出新生的上皮。如擦伤、轻度烧伤等表皮损伤,受伤局部表面有血液、淋巴液渗出,在渗出液凝固干燥时,形成暗褐色的痂皮;而烧伤后形成的痂皮,由组织蛋白形成。当痂皮下感染化脓时,此创伤为第二期愈合。

(4) 创伤的检查　检查的目的是观察创伤的性质,以决定治疗措施和判断愈合情况。

①一般检查:首先通过询问,了解受伤的时间,什么物体致伤,发生创伤当时的情况和病马的表现等;其次是测定病马的体温、呼吸、脉搏,观察可视黏膜的颜色和病马的精神状态;最后是检查受伤部位、急救情况和四肢的机能障碍等。

②创伤检查:按由外到内的顺序,仔细检查创伤部位。首先检查创伤部位、大小、方向、性质、创口裂开的程度、出血情况、创围组织和被毛状态、有无感染现象;其次观察创缘是否平整,创壁是否肿胀,创腔内是否有挫灭组织及异物;最后对创围进行仔细而轻柔的触诊,以感受局部温度的高低、疼痛情况等。

③实验室检查:进行 pH 的测定、血液和脓汁的检查。创面可做病理压片的检查。

(5) 创伤的治疗

根据创伤的部位、程度、愈合过程、症状,制订合理的治疗方案。

①一般原则

a. 抗休克。首先采取抗休克措施，待休克症状减轻后再做清创处理，但对于大出血、胸壁穿透创等严重的创伤及症状，应在抗休克的同时，进行对症治疗。

b. 防止感染。马、骡受伤后，为预防化脓性感染，应立即应用抗生素，同时彻底处理创伤，使之变为清洁创伤，并进行缝合。

c. 促进水、电解质平衡。可以通过补液，纠正水、电解质失衡状况。

d. 消除影响创伤愈合的因素。在治疗创伤时，应消除影响创伤愈合的因素，促使创伤尽快愈合。

e. 加强饲养管理，供给丰富的营养，防暑保暖，促进创伤愈合。

②治疗方法

a. 新鲜创的急救。

止血：根据创伤和出血情况可采取药物止血或手术止血。

处理创围、创面：创围剪毛、消毒，清洁创面，撒布磺胺粉，并包扎。

制动绷带：当四肢骨折或筋腱断裂时，应扎制动绷带。

预防破伤风：给病马注射破伤风类毒素或破伤风抗毒素。

对症用药：根据病情，可应用强心剂、止痛剂或补液等。

缝合包扎：为了防止感染和继续损伤，并为愈合创造条件，应根据创伤做必要的缝合与包扎。

b. 化脓感染创（炎性净化期）的治疗。治疗原则是使马属动物保持安静，控制感染、防止炎症蔓延、使水化作用加强，以利于坏死组织及异物借水化作用迅速排出，保证引流畅通，排尽脓汁，促进肉芽组织迅速、健康地生长。

首先应清洁创围，冲洗创腔。炎性净化的初期，创面呈高度的酸性反应，如果持续较久，将影响白细胞的吞噬作用和肉芽组织的生长。故冲洗创伤时宜选碱性药物，如0.9%氯化钠注射液、2%碳酸氢钠溶液、0.1%新洁尔灭溶液等。

严重的污染创以及有厌气性的感染，如绿脓杆菌、大肠杆菌感染时，宜选酸性药物冲洗，如0.1%高锰酸钾溶液、2%乳酸溶液等。

【2011年执业兽医资格考试真题】创伤冲洗常用的高锰酸钾浓度是（　　）。

A. 0.1%　　　　　　B. 0.5%　　　　　　C. 1%

D. 5%　　　　　　　E. 10%

急性化脓阶段，经冲洗后使用高渗溶液灌注或引流，如20%硫酸镁溶液，一般3~4d，可见组织消肿、脓汁减少、炎症消退，并出现肉芽组织。

急性炎症消退、化脓现象缓和时，经冲洗后再用松碘油膏（节馏油5mL、碘仿3g、蓖麻油100mL）浸纱布引流。

化脓创一般不装绷带和包扎，实行开放疗法。对易染的部位，要注意保持清洁。

c. 肉芽创（组织修复期）的治疗：随着急性化脓性炎症消失，组织代谢恢复，肉芽组织逐渐生长，在创伤后 2～3 周生长最快，以后随着疤痕的增多，生长则减慢。肉芽创的治疗原则是促进肉芽组织和上皮组织的正常发育，保护肉芽组织不受侵害，防止继发感染和肉芽的赘生。

d. 影响创伤愈合的因素。

创伤感染：创伤感染并化脓是创伤愈合缓慢的主要因素，一是病原菌的作用，使创伤组织损坏更大，愈合慢；二是因机体吸收了细菌毒素及有害的炎性产物，导致机体抵抗力下降，影响创伤的修复。

创内有异物或坏死组织：若创内有坏死组织或异物时，创伤的炎性净化过程不会停止，化脓不会结囊，创伤也不会愈合。

局部循环障碍：若受伤部位炎性反应较强，可造成其血液循环障碍，创伤组织既得不到充足的营养，又不能将局部代谢产物排出，影响了创伤的净化和肉芽组织、上皮组织的生长，使愈合迟缓。

创伤不安静：若创伤部位活动过强，易造成新的损伤，当损伤新生肉芽组织时，可影响创伤的愈合。

创伤处理不适当：止血不充分、清创不彻底、不当的缝合、频繁的外科处理或不遵守无菌原则、用药不合理等，都会影响创伤的愈合。

机体缺乏维生素：机体缺乏维生素 A 时，上皮组织生长缓慢；缺乏 B 族维生素时，神经纤维发生再生障碍；缺乏维生素 C 时，新生肉芽组织水肿，易出汗；缺乏维生素 K 时，可使血凝变慢；缺乏维生素 D 时，骨组织修复缓慢，延迟创伤愈合。

e. 创伤的全身治疗

当发生组织损伤严重、严重污染的新鲜创和出现全身反应的化脓创时，应及时使用抗生素、磺胺类药或采用中药治疗，以促进创伤尽快痊愈。

连翘败毒散：连翘 30g、金银花 30g、紫花地丁 30g、蒲公英 30g、荆芥 20g、薄荷 20g、黄药子 30g、白药子 30g、菊花 25g、黄芪 30g、牛蒡子 25g、甘草 10g，研末，开水冲服。

若大失血，创口愈合迟缓时，可口服八珍汤和内补黄芪汤。

八珍汤：当归 30g、川芎 25g、白芍 25g、熟地黄 25g、党参 30g、白术 25g、茯苓 25g、甘草 10g 大枣 20g，研末，口服。

内补黄芪汤：黄芪 30g、党参 30g、茯苓 25g、川芎 20g、白芍 20g、熟地黄 25g、肉桂 20g、麦冬 20g、远志 20g、甘草 10g，研末，口服。

2. 挫伤

挫伤是由较强的钝性外力直接作用于机体，引起软组织的非开放性损伤。

（1）病因　马、骡可由被踢、抵、车辆冲撞、棍棒打击、鞍挽具过度摩擦等造成挫伤。

（2）症状　损伤部位被毛脱落、皮肤擦伤，伤部出现溢血、肿胀、疼痛和器官机能障碍。

①溢血：溢血量的多少和受损血管的范围、大小及周围组织的性状有关。致密组织内溢血少，疏松组织内溢血多。轻微的溢血呈斑点状，严重的内溢血可以形成血肿。

②肿胀：受伤组织由于炎性渗出、溢血和淋巴外渗等原因可造成肿胀。轻度的挫伤，轻微肿胀，呈红色或紫色，质地坚实、局部稍增温。严重挫伤时，肿胀迅速，局部质地坚实。

③疼痛：轻微挫伤引起的疼痛较短暂，重度挫伤可引起暂时性知觉丧失。

④机能障碍：四肢挫伤可引起跛行，胸部挫伤可引起呼吸障碍。

（3）治疗　治疗原则是制止溢血和渗出，防止感染、休克和酸中毒，镇痛消炎，促进吸收和机能恢复。

①轻度挫伤：清洁创面后，涂擦龙胆紫溶液或3%碘酊。若创面渗出物较多，可撒布消炎粉。

②重度挫伤：进行全身治疗时，用5%碳酸氢钠注射液、5%葡萄糖氯化钠注射液，静脉注射；30%安乃近注射液，肌内注射。

为预防感染，可应用磺胺类药物。一般挫伤可先进行冷却疗法（制止渗出、疼痛），2~3d后改用温热疗法（促进吸收，恢复机能）。

3. 血肿

血肿是在外力作用下，血管破裂，流出的血液分离周围组织，形成充满血液的腔洞，马属动物多发生在胸部、腹部、臀部、腕部和髻部。

（1）病因　血肿主要发生在骨折、刺伤、挫伤及火器伤的病程中。

（2）症状　受伤部位迅速肿胀，有明显的波动感，局部皮肤较紧张。4~5d后肿胀的中央部波动更加明显，周围坚实，触压有捻发音，局部增温。穿刺时流出血液，有时体温升高并出现全身症状。

【2015年执业兽医资格考试真题】血肿早期临诊特点是(　　)。

A. 肿胀缓慢　　　　B. 波动感明显　　　C. 局部无热痛

D. 界限不明显　　　E. 穿刺液呈淡黄色

（3）治疗　治疗原则为止血、排出积血、防止感染。

先在受伤部位涂擦碘酊，并装压迫绷带，4~5d后可以切开血肿，清除积血、血凝块和挫灭组织，清创后缝合切口或实行开放疗法。

4. 淋巴外渗

淋巴外渗是在机体钝性外力的作用下，因淋巴管破裂，导致淋巴滞留于组织间隙的一种非开放性损伤。

(1) 病因　由于钝性物体在马属动物机体上强行滑擦，引起皮肤、筋膜及其以下的组织分离，造成淋巴管破裂，导致淋巴液渗出。淋巴外渗多发于淋巴管丰富的皮下结缔组织，常见于颈基部、胸部、鬐甲部、肩胛部及腹侧部等。

(2) 症状　受伤部位肿胀缓慢，3~4d后肿胀部位逐渐明显，质地较软，有波动感。浅表的淋巴外渗呈囊状隆起，界限明显。较深的淋巴外渗肿胀较均匀，界限不清。穿刺液呈稀薄、透明、橙黄色或红黄色。随时间延长肿胀质地逐步变硬。

(3) 治疗　让病马保持安静，以减少淋巴外渗。禁止施行按摩、温热及冷却疗法，其可促进淋巴外渗或皮肤坏死

【2017年执业兽医资格考试真题】不适用于淋巴外渗的治疗方法是(　　)。

A. 温热疗法　　　　B. 切开疗法
C. 保持动物安静　　D. 注入95%酒精，停留片刻后抽出
E. 注入95%酒精福尔马林液，停留片刻后抽出

对于较小的淋巴外渗，可进行穿刺，先用灭菌注射器抽取淋巴液，再注入95%酒精或1%~2%碘酒等，半小时后将注入药物抽出，并装上压迫绷带。

对于较大的淋巴外渗，应早期实行无菌切开。切开后先清除渗出物，然后用酒精福尔马林溶液（95%酒精100mL、福尔马林1mL、碘酊数滴）冲洗，并用浸有药液的纱布填塞创腔，皮肤切口做假缝合。每两天换药一次，当渗出液明显减少时，可按创伤进行下一步治疗。

(三) 马属动物损伤的并发症

1. 休克

休克是指马属动物机体受到强烈的刺激引起微循环血量锐减，造成微循环障碍，导致全身性细胞缺氧，代谢和功能紊乱。

(1) 病因　常见于严重外伤、大出血、大神经损伤、骨折、过度地牵引肠系膜等。

(2) 症状　根据休克的发展过程，一般分为三个时期。

①初期（微循环缺血期）：病马呈现兴奋状态，皮温下降、黏膜苍白、排粪排尿失禁、呼吸加快、脉搏快而有力，该期持续时间较短，短则几秒，故常被忽略。

②中期（微循环淤血期）：病马呈现抑制状态，精神沉郁、无饮食欲，视

觉、听觉、痛觉均消失,全身或局部颤抖、步态不稳、黏膜发甜、瞳孔散大、血压下降,体温降低,如不及时抢救,可导致死亡。

③晚期(微循环衰竭期):病马呈现昏迷状态,体温继续下降,血压也急剧下降,呼吸快而表浅,脉搏快而微弱,无尿。

(3) 治疗　治疗原则为消除病因,改善微循环,提高血压,除去毒血症、缺氧症并恢复代谢。

①消除病因:对于出血性休克,应及时止血,迅速补充血容量。对伴有剧烈疼痛的要及时应用止痛剂,如吗啡、哌替啶等。对中毒性休克,要尽快去除污染源,对化脓性病灶、脓肿、蜂窝织炎要尽早切开引流,并合理使用抗生素。对急腹症引起的休克,首先缓解症状,再及时手术治疗。

②补充血容量:先给病马静脉注射乳酸钠林格注射液 20~40mL/kg,然后再静脉注射 6% 中分子右旋糖酐。

③纠正酸中毒:轻度酸中毒时,用 0.9% 氯化钠注射液;中度以上酸中毒时,用 5% 碳酸氢钠注射液,配合注射过氧化氢,提高疗效。

④激素疗法:糖皮质激素可治疗休克,应早期大剂量使用,如地塞米松 15mg/kg,常用于出血性、败血性和过敏性休克。

⑤抗生素疗法:为预防或控制感染,休克早期可应用广谱抗生素。若配合糖皮质激素时,抗生素要加大剂量。

⑥血管活性药物的应用:心源性休克的,可静脉注射毒毛花苷 K 等。在休克初期为了升高血压,可使用肾上腺素。在扩充血容量后,可使用异丙肾上腺素。为治疗过敏性休克,可使用 0.2% 多巴胺注射液 2mL(成年马)。

2. 溃疡

溃疡是指马属动物皮肤或黏膜经久不愈合的病理性肉芽创。其表面是细胞分解产物、细菌、脓性分泌物或腐败分解产物,其深部为生长缓慢的肉芽。溃疡病灶周围常伴有慢性炎症。

(1) 病因　局部血液、淋巴循环和物质代谢紊乱;机体缺乏维生素和内分泌紊乱;异物、分泌物及排泄物的刺激;慢性消耗性疾病的局部表现,如肿瘤、糖尿病等;某些外科感染、传染病和炎症的刺激等都可引发溃疡。

(2) 症状及治疗

①单纯性溃疡:有少量浓稠黄白色的脓性分泌物覆盖在肉芽表面,干涸后形成痂皮,脱落后,露出蔷薇红色肉芽,表面平整,颗粒均匀;上皮生长慢,呈淡红色或紫色,溃疡病灶周围肿胀。

治疗时用 2%~4% 水杨酸锌软膏、鱼肝油软膏等,以促进肉芽的正常发育和上皮形成。

②炎症性溃疡:多因机械性、理化性等因素,在机体的分泌物和排泄物的

长期作用下所形成，肉芽呈鲜红色，表面脓汁较多，局部增温，周围肿胀，触诊有痛感。

治疗时，局部禁用刺激性的药物。若有脓汁潴留，应及时扩创排净脓汁，病灶周围用青霉素普卡因注射液封闭。为了防止从溃疡表面吸收毒素，可用浸有20%硫酸钠（镁）溶液纱布盖在创面上。

③蕈状溃疡：多发于四肢末端，肉芽组织表面有少量紫红色脓性分泌物，易出血，常高于体表，呈大小不同、凹凸不平的蕈状突起，上皮生长缓慢，病灶周围有肿胀。

治疗时，使用外科切除法或烧烙法去除，或用NaOH、20%硝酸银溶液腐蚀除去，还可用CO_2激光去除。

④褥疮性溃疡：由于局部长期受压，导致血液循环不良而发生皮肤坏疽，多发生在机体突出的部位。坏死的皮肤脱毛、干涸，呈灰褐色或黑色，坏死部与周围界限明显。坏死组织脱落后，露出不易愈合的肉芽创，其表面有灰白色的黏稠脓汁。

治疗时，要预防褥疮的发生，对患病而长期不能站立的马，应在躯体下铺上较厚的垫草，并经常给病马变换卧地姿势。发生褥疮时，用3%~5%龙胆紫酒精或3%煌绿溶液涂患部，每日2~3次，多晒太阳；或用紫外线和红外线照射，以促进褥疮愈合。

3. 瘘管

瘘管是马属动物深部组织、器官的脓窦或解剖腔与体表相通的狭窄不易愈合的病理性管道，由管口、管壁、管腔及管底组成。

（1）病因 创内存留的异物长期刺激并化脓形成瘘管，如沙石、被毛、谷芒、金属丝、被污染的缝合线、纱布及棉球等。不及时有效对脓肿、蜂窝织炎、开放性骨折等进行处理，也可形成瘘管。

（2）症状 初期化脓严重，从管口不断地流出大量稀脓汁。病久，管腔内有少量稠脓汁存留，有恶臭味。若瘘管与腺体相通时，可从管口排出腺体分泌物，如唾液、乳、汗。若瘘管与消化道相通时，可从管口排出胃肠分泌物。管口向内凹陷呈漏斗状，管腔内可能存在异物或坏死组织。

（3）治疗 治疗原则是彻底去除管腔异物、坏死组织，并顺畅引流。

①简单的瘘管：清洁创围，先用3%过氧化氢溶液、0.2%高锰酸钾溶液等冲洗管腔，再用锐匙彻底刮净管壁，取出异物后再次冲洗管腔，并向管腔内注入10%碘仿醚。

②手术疗法：手术前一天向管腔内注入2%~5%龙胆紫溶液或5%亚甲蓝溶液，让管壁着色，便于手术时辨认。在探针的指引下，切开管壁，并切除或刮净管壁坏死组织。用消毒剂冲洗管腔后，向创腔内注入碘仿醚。

瘘管通向解剖腔时，先用纱布堵塞管口（瘘管体表端的口），做梭形切口切开管口周围的组织，分离瘘管，找到内口（瘘管解剖腔端的口），并在此处切断管壁。缝合解剖腔壁的切口，用消毒剂彻底冲洗创腔，再用灭菌纱布拭净创腔内残留的药液，然后，向创腔内撒布消炎粉，用外科手术法，闭合创腔。

【2012年执业兽医资格考试真题】损伤的并发症主要有（　　）。

A. 溃疡　　　　　B. 窦道　　　　　C. 坏疽
D. 外科休克　　　E. 以上都是

（四）马属动物头部的疾病

1. 眼的常见疾病

（1）眼的解剖结构　马属动物的眼包括眼球、保护器和眼肌三部分。

①眼球：由眼球壁和内容物构成。

a. 眼球壁。由外膜、中膜、内膜组成。

外膜：又称为纤维膜，由透明的角膜和白色不透明的巩膜组成。

中膜：又称为色素膜，分为虹膜、睫状体和脉络膜三部分。

虹膜位于眼部最前面，是褐色的小圆盘状薄膜，中央扁圆形的孔称为瞳孔。瞳孔随光的强弱而收缩或扩大。虹膜将角膜和晶状体、睫状体之间的眼房分为两部分，虹膜之前为前房，之后为后房。

睫状体和虹膜的外围相连接，呈环状。外有睫状肌，内有睫状突。睫状肌可调节晶状体屈光率。睫状突分泌房水，供眼球内部组织营养和排泄代谢产物，还有屈折光线和维持眼内压的作用。

【2015年执业兽医资格考试真题】位于眼球壁中层，具有调节视力作用的结构是（　　）。

A. 虹膜　　　　　B. 睫状体　　　　C. 角膜
D. 脉络膜　　　　E. 巩膜

脉络膜紧贴在巩膜内面，向前和睫状体相连，内含丰富的血管和色素，其主要功能是营养眼内的组织和排泄代谢产物。

内膜：又称为视网膜，是眼睛的最内层，满布神经纤维，并有一小的突起，即视神经乳头。后部为照膜，其上方呈亮绿色者为绿毡部，能接受外来光线的刺激，呈现视觉；下方则呈黑色，为黑毡部，无感光作用。

【2014年执业兽医资格考试真题】哺乳动物眼球壁的三层结构中有感光功能的是（　　）。

A. 虹膜　　　　　B. 巩膜　　　　　C. 纤维膜
D. 脉络膜　　　　E. 视网膜

b. 眼内容物。包括房水、晶状体和玻璃体。

【2019年执业兽医资格考试真题】眼球内容物包括( )。
A. 眼房水、晶状体、玻璃体
B. 晶状体、玻璃体、视网膜
C. 晶状体、玻璃体、虹膜
D. 眼房水、虹膜、晶状体
E. 眼房水、虹膜、视网膜

房水：在角膜之后晶状体之前的液体，中间隔有虹膜。虹膜之前的称前房水，之后的称后房水。

晶状体：为一双凸面的透明体，位于眼后房与玻璃体之间。晶状体的皮质较软，中央核比较致密，外面包着一层富有弹力的囊，周围借悬韧带与睫状体相连。悬韧带弛张时，可以改变晶状体的凸度，以调节视力。

玻璃体：是透明无色的胶质，充满于晶体状之后的眼球腔内。

角膜、房水、晶状体与玻璃体构成眼的屈光系统。

【2010年执业兽医资格考试真题】不属于眼折光系统的结构是( )。
A. 角膜
B. 虹膜
C. 房水
D. 晶状体
E. 玻璃体

【2016年执业兽医资格考试真题】眼球折光系统不包括( )。
A. 角膜
B. 眼房水
C. 晶状体
D. 视网膜
E. 玻璃体

②保护器

a. 眼睑。分为上、下睑。其外层为皮肤，内层为粉红色黏膜，称为眼结膜。覆盖在巩膜上的黏膜称球结膜。眼结膜和球结膜的折转处构成结膜囊。在眼内眦处，有第三眼睑（也称瞬膜）。上、下睑的外缘均生有睫毛，有防灰尘进入眼内。

【2017年执业兽医资格考试真题】结膜囊指的是( )。
A. 上、下睑之间的裂隙
B. 上睑与角膜之间的裂隙
C. 下睑与角膜之间的裂隙
D. 睑结膜与球结膜之间的裂隙
E. 睑结膜与眶筋膜之间的裂隙

b. 泪器。包括泪腺、泪小管、泪囊和鼻泪管。泪腺位于眼的外上方，分泌泪液。泪液经泪小管、泪囊和鼻泪管从鼻腔排出，有湿润眼球表面、使角膜清亮和润滑的作用。大量泪液能冲掉角膜和结膜上的细微异物。

c. 眼肌。眼球外壁上有六条肌肉，即上直肌、下直肌、内直肌、外直肌、上斜肌、下斜肌，这些肌肉的收缩和松弛，可使眼球转动。

(2) 眼的检查

①问诊：着重了解眼病发生的原因、时间和病程。

②视诊：按下列顺序进行检查。让患眼自然睁开，勿用手接触。

a. 眼睑。注意眼睑皮肤及其周围有无损伤、肿胀、肿瘤、脓肿及眼睑开闭状态。

　　b. 结膜。主要观察结膜色泽和有无肿胀、创伤、异物、分泌物及其性状。

　　c. 角膜。应注意角膜损伤、混浊和新生的血管。角膜外伤时，应注意外伤的形状和程度；角膜混浊时，应注意其色泽、范围、厚薄及透明程度。当角膜混浊薄层时，略带灰色或蓝色，呈云雾状，半透明；混浊层较厚时，则呈石灰样或牛奶状白色，但不透明；化脓感染时，角膜呈现黄色的混浊。若混浊是由若干小块且位于角膜中央处，称为角膜白斑或斑翳。发生深层混浊时，从侧面观察，在角膜翳的外面，可见到薄的透明层。角膜在发炎过程中，其浅层可见到淤血斑或如树枝状的新生血管，严重时角膜呈现无光泽及软化等症状。

　　d. 巩膜。应观察其血管色泽及分布程度。眼球深部组织发炎（如脉络膜炎、睫状体炎）时，巩膜表面的血管充血，血管分布广泛，呈深红或暗红色等。

　　e. 晶状体。注意观察晶状体的位置和有无混浊。可先用1%硫酸阿托品点眼，使瞳孔散大，则晶状体暴露更为清晰，以便详细观察。若晶状体向后房或前房脱位时，晶状体常有混浊。完全混浊时，则呈灰白色或白色的不透体；不完全混浊时，常呈现灰白色斑点或云石状。

　　f. 眼前房。注意观察眼前房的深浅和眼房液清亮或混浊。如眼房液混浊并有灰白色絮状物，说明有纤维素渗出；如前房底有黄绿色或黄白色沉淀，往往是化脓性渗出物；如前房液红色，说明前房内有出血；若眼房内有白色的丝状虫，则是混睛虫病。

　　g. 虹膜。注意观察其色泽及线纹。虹膜炎时，由于炎性分泌物而使其色彩由原来的褐色变成黄灰褐色，线纹模糊不清。虹膜与晶状体粘连时，对光的反应有影响。

　　【2014年执业兽医资格考试真题】容易引起虹膜粘连的眼病是（　　）。
　　A. 结膜炎　　　　　B. 角膜炎　　　　　C. 虹膜炎
　　D. 青光眼　　　　　E. 白内障

　　h. 瞳孔。注意观察其大小和感光反应。瞳孔散大，常为脑病、大出血或临死前的症状。虹膜发炎时，常因虹膜与晶状体粘连，瞳孔不规则，对光线的反应迟钝或消失。

　　瞳孔的正常反应：光线强时，瞳孔缩小，光线弱时，瞳孔放大。

　　检查瞳孔反应时，用两手遮双眼，数秒钟后将一只手移去，另一只眼继续遮蔽，若机能正常，则在黑暗时瞳孔舒张，而曝光之后即缩小。

　　③触诊：用手指检查，注意眼睑的温度、肿胀情况，有无痛感及眼球的紧张程度。

　　（3）眼的常见疾病

①结膜炎：指眼睑结膜和眼球结膜的表层或深层的炎症，是马属动物常见的眼病。根据分泌物的性质不同，可分为浆液性、黏液性和化脓性结膜炎。

a. 病因。主要由于异物的刺激，如风沙、灰尘、芒刺、谷壳、草棍、花粉以及化学药物、烟雾、毒气等进入结膜囊内而发病；此外，机械性损伤、压迫、摩擦等也可引发眼病；或继发于某些疾病过程中，如腺疫、流感及高热疾病等。

b. 症状。

急性结膜炎：初期畏光流泪，结膜潮红，随着炎症的发展，眼睑肿胀闭锁，结膜表面有出血点，分泌大量的黏性、脓性分泌物，继发角膜炎时，角膜表面呈蓝色或灰白色浑浊状。

慢性结膜炎：一般症状较轻、不畏光，眼结膜暗红、肥厚呈丝状，分泌脓稠。由于分泌物长时间刺激，眼内角下方皮肤发生湿疹、脱毛、发痒。

c. 治疗。除去病因，消炎镇痛，防止光线刺激。

清洗患病眼睛：用3%硼酸溶液或0.1%乳酸依沙吖啶溶液洗涤眼结膜囊，消除异物和分泌物。

消炎镇痛：用抗生素眼膏或氢化可的松点眼，每日2~3次；镇痛时用1%~3%盐酸普鲁卡因溶液点眼；或用数层纱布浸0.1%乳酸依沙吖啶溶液，敷在患病眼睛上，装备眼绷带，每日更换3~4次。

分泌物过多时，用0.5%~1.0%硝酸银溶液，点眼，每日2~3次。

【2020年执业兽医资格考试真题】治疗结膜炎的原则不包括(　　)。

A. 手术疗法　　　B. 遮挡阳光　　　C. 除去病因
D. 对症治疗　　　E. 清洗患眼

②角膜炎：是角膜上皮发生的病症。临床上可分为外伤性、表层性、深层性及化脓性角膜炎等。当转为慢性时，则可形成角膜翳。

a. 病因。多由外伤（如鞭梢打击、笼头的压迫、摩擦、尖锐物体的刺激）或异物误入眼内（如碎玻璃、碎铁沙粒、沙石）而引起。细菌感染导致营养障碍，邻近组织病变的蔓延等均可诱发本病。此外，某些传染病也可继发角膜炎。

b. 症状。急性期呈现畏光流泪、疼痛、眼睑闭锁、结膜潮红、肿胀等一般症状。根据损伤部位、疾病程度和有无痒感，临床表现各有差异。

浅在性角膜炎：角膜表层损伤，侧面观看可见表层上皮脱落及伤痕，炎症侵害角膜表层，角膜表面粗糙，侧观无镜状光泽，呈灰白色混浊，有时在角膜周围增生很多血管，呈树枝状侵入角膜表层，形成血管性角膜炎。

【2018年执业兽医资格考试真题】角膜上出现树枝状新生血管，提示炎症主要在角膜(　　)。

A. 浅层 B. 深层 C. 后弹力层
D. 上皮细胞层 E. 内皮细胞层

深在性角膜炎：一般症状与浅在性角膜炎基本相同，主要区别是角膜表面不粗糙、呈镜状光泽；浑浊部位在深部，呈点状、小棒状及云雾状，其颜色有灰白色、乳白色、淡蓝色等。角膜周围及边缘血管充血，有明显的血管增生现象，有时与虹膜发生粘连。

化脓性角膜炎：初期角膜边缘充血、畏光、流泪、疼痛剧烈，进而浸润形成脓肿，角膜上呈现粟粒状至豌豆大的黄色局限性混浊，在混浊周围有灰白色的晕圈，轻者向外破溃，流出脓汁变为溃疡。重者向内破溃，形成前房蓄脓症。

当炎症消失转为慢性时，角膜上面形成白斑或色素斑，有的呈烟雾状，混浊程度不等，称为角膜翳，造成不同程度的视力障碍。

【2020 年执业兽医资格考试真题】混血马，8 岁，骑乘后次日发现该马左眼半闭，流泪，角膜混浊，结膜呈粉红色。该马病的诊断是（　　）。

A. 角膜炎 B. 结膜炎 C. 虹膜炎
D. 视网膜炎 E. 青光眼

c. 治疗。治疗原则是消除炎症，促进浑浊物消散。

消除炎症：用 3%硼酸液或 0.1%乳酸依沙吖啶液冲洗后，再用醋酸可的松或抗生素眼药点眼，2~4 次/d。外伤性角膜炎用抗生素眼药点眼，或向眼内吹入少许硫化汞粉。

消散混浊：可进行热敷；或将氯化亚汞与蔗糖等量混合，研末后吹入眼内；或用 2%黄氧化汞眼膏点眼。为加速浑浊吸收，可于眼睑皮下注射自家血 2~3mL，隔 3~4d 注射一次，也可在球结膜下注射氢化可的松与 1%盐酸普鲁卡因等量混合液 0.1~0.3mL。

继发虹膜炎时，用 0.5%~1.0%硫酸阿托品，点眼。感染化脓时，冲洗后用抗生素点眼。

急性角膜炎，可施行球后封闭疗法，有较好的消炎镇痛作用。其方法是 0.5%~1.0%盐酸普鲁卡因 10~15mL，加青霉素 20 万~40 万 IU，在眼窝后缘向面嵴做垂直线，其交点即注射部位，注射用 10cm 左右的针头，垂直刺入眼球后，深 7~8cm，缓慢注入药液，每周注射两次。

③周期性眼炎（月盲）：一种白蒙遮睛病，其特点是突然发病，以后则周期性反复发作，间隔为一个月左右或更长时间。病初表现为虹膜、睫状体及脉络膜发炎，后期则波及全眼球或呈现化脓性全眼球炎，最后导致眼球萎缩，以致失明。

a. 病因。长期放牧在低洼、潮湿、沼泽地带，喂养在氨气浓或灰尘大、阴暗潮湿、通风不畅的棚圈内；或过劳、料伤等邪热伤肝，伤传于眼，也可致病；饲料及饮水中缺乏维生素或矿物质也可能引起本病。据报道，钩端螺旋体也可引发本病。

b. 症状。周期性眼炎在临床上分为急性发作期、慢性期和复发期。

急性发作期（急性炎症期）：突然发病，怕光、流泪、眼睑浮肿、闭目难睁，结膜潮红肿胀，角膜周围充血，出现严重的角膜炎、结膜炎和虹膜炎肿胀，并伴有体温升高。急性发作期，一般为2~3周，也有达5~6周的。

1~2d后，虹膜发生纤维素性出血性炎症，被覆淡黄色或铁锈色的纤维素薄膜，虹膜无光泽，线纹不清楚。眼前房底出现灰白色或铁锈色絮状渗出物，眼房水混浊，瞳孔缩小。3~4d后，角膜周围开始发生混浊，并逐渐扩大到整个角膜，由巩膜缘生出血管，向角膜中央呈树枝状延伸。严重者经5~6d，角膜完全混浊。至一周左右，炎症逐渐消退，疼痛减轻，角膜恢复透明，渗出物大部分被吸收。

慢性期（间歇期）：急性期过后，从眼温到外观似乎恢复正常，但病理过程并未完全结束，在眼内部还可看到巩膜萎缩并发生粘连，瞳孔边缘不整齐，晶状体前囊残留色素点，玻璃体内有时可看到絮状或线状混浊物。视网膜部分剥离，视神经乳头萎缩。视力减退。慢性病程长短不一，短的1~2周，长的数月甚至一年以上。多数病例经1~6个月再发。

复发期：间歇期后可复发。突然又出现上述急性炎症期的症状。眼内病变一天比一天严重，经多次反复发作，终至瞬膜暴露，眼球萎缩而失明。

c. 治疗。

治疗原则是消除炎症，促进渗出物吸收，防止虹膜粘连，提高机体抵抗力。

急性炎症期用灭菌生理盐水或硼酸水温敷，以促进渗出物吸收和消散。以后用可的松眼药水点眼，2~3次/d。

防止虹膜后粘连，用1%~2%阿托品溶液点眼，2~3次/d。瞳孔散大后，可改用0.5%的阿托品溶液点眼，直至炎症消失。在应用上述治疗的同时，肌内注射链霉素，每日5g，2次/d，连续7~10d。

为减轻疼痛和消除炎症，可用青霉素10万~20万IU、2%普鲁卡因溶液5~20mL，进行眼神经封闭。或用自家血进行眼睑皮下注射。

为增强机体抵抗力，可静脉注射25%葡萄糖注射液500mL和10%氯化钙溶液100~150mL。

中药治疗，用退翳散，菊花25g、龙胆25g、黄连30g、防风15g、木贼15g、蝉蜕20g、苍术15g、青葙子20g、木通20g、郁金25g、决明子20g、旋覆花15g、蛇蜕10g、大黄30g，研末，开水冲服。

中后期，应滋补肝肾，用明目地黄散，熟地60g、山药25g、丹皮20g、当归25g、五味子25g、柴胡20g、茯苓20g、泽泻15g，研末，开水冲服。

2. 鼻旁窦积脓

鼻旁窦积脓是指马属动物鼻旁窦内黏膜发生化脓性炎症并引起脓汁潴留在窦腔的病症。鼻旁窦是鼻腔周围头骨内的含气空腔，主要包括额窦、上颌窦、蝶腭窦、筛窦等。额窦和上颌窦积脓在临床上较为常见，马的发病率较高。

（1）病因　一般引起马属动物上颌窦炎和积脓的主要原因有牙齿疾病、额骨或上颌骨的骨折等；某些传染病、寄生虫病，如马腺疫、马鼻疽、放线菌病等，以及肿瘤、异物进入等也可引起。

（2）症状　病初一侧鼻孔流出少量的浆液性鼻液，常不能发现，直到额骨隆起或眶后憩室部的额骨增厚时才被发现。患病马属动物头部呈倾斜姿势，有时颌下淋巴结出现肿大。由于分泌物的潴留与黏膜的肥厚，会使呼吸受到影响，并发出鼻塞鼾音，在动物安静时发现鼻翼呈开张的状态，与健康侧形成明显对比。局部骨骼微膨隆，颜面较丑，其中幼驹较明显，同时骨骼也因脓液侵蚀而变软。随着病程的逐渐发展，分泌物转变为脓性黏液，排出量也增多，干涸后会在鼻周围黏附。常表现低头、摆头等动作，摆头时会从鼻孔中流出较多的脓性物。如果脓性鼻液中带有新鲜血液，提示窦内有骨折性损伤；混有草屑或饲料，提示龋齿或牙齿缺损与上颌窦相通；混有腐败血液则提示窦内有坏疽或恶性肿瘤。

马的上颌窦积脓常表现为一侧颌下淋巴结肿胀，可以移动，且无痛感，严重时由于波及鼻泪管，会出现流泪现象。导致骨质变软时，一侧局部肿胀而颜面变得隆起，叩诊有钝性浊音。

【2017年执业兽医资格考试真题】一病马，低头或摇头时，鼻孔流出脓性鼻液，临床检查发现，病马颜面侧方肿胀、隆起，叩诊浊音，经诊断为炎症性疾病。该炎症最常发生的部位是(　　)。

A. 额窦　　　　　B. 上颌窦　　　　　C. 蝶窦
D. 筛窦　　　　　E. 角窦

（3）治疗　治疗原则是抗菌消炎，必要时要对窦腔进行冲洗和引流。

急性窦炎，可全身应用敏感的抗生素，连用10~14d。用青霉素类、头孢菌素类，然后根据药敏试验结果变换抗生素。对于急性窦炎做局部处理，要选择适当位置进行手术。用吸引器或连接橡皮管的注射器吸出脓汁，再用0.1%高锰酸钾或新洁尔灭灌注冲洗。随后用微温的生理盐水冲洗，同时用灭菌纱布导入窦内吸干后，填入抗生素油剂纱布，如此处理直至化脓减少或停止。

中药治疗：辛夷散，辛夷45g、酒知母30g、沙参2g、木香9g、郁金15g、明矾9g，研细后开水冲服。连服3~5剂，重症4~6剂，然后隔天一剂，一般服 7~8 剂。

【2009 年执业兽医资格考试真题】马鼻旁窦蓄脓圆锯术后，局部最佳护理方法是(　　)。

A. 局部封闭　　B. 术部开放　　C. 密闭创口
D. 安置绷带　　E. 安装引流管

【2016 年执业兽医资格考试真题】马鼻旁窦手术的主要手术器械是(　　)。

A. 圆锯　　B. 线锯　　C. 摆锯
D. 钢锯　　E. 电烙铁

3. 面神经麻痹

面神经麻痹是指马属动物的第七对脑神经发生麻痹。麻痹时，由它分出的耳后神经、耳睑神经、颊上神经及颊下神经四支神经常受到影响，受这些神经支配的耳、眼睑、鼻、唇及颊部，也因此发生麻痹。

【2012 年执业兽医资格考试真题】面神经麻痹主要见于(　　)。

A. 牛　　B. 马　　C. 羊
D. 猪　　E. 猫

（1）病因　神经受风寒刺激、损伤和长期的病理性、机械性压迫（笼头、炎肿）等因素的影响，可导致神经组织的变性而发生机能障碍。

（2）症状

①周围性神经麻痹：多发生于一侧，由于一侧面神经或其一支的功能减退或丧失，打破了经常处于既矛盾又统一的两则肌肉的平衡状态，患侧肌肉因失去神经支配而松弛，使其出现耳朵耷拉、眼睑下垂、鼻孔塌陷、上唇或下唇向健侧歪斜。由于口唇不能合拢，饮水及采食都有困难，患侧咀嚼障碍，采食发出的音响降低。若损伤仅发生在颊部的面神经时，侧耳和眼睑并不出现松弛症状。

②中枢性神经麻痹：发生于两侧，即两侧面神经麻痹，使其支配的组织发生松弛，临床表现为两耳下垂、鼻孔塌陷、口唇不能闭合、流涎、不能用唇采食，两侧颊腔有大量食物残渣蓄积，呼吸、饮食都发生困难，病情比较严重。

（3）治疗　凡属于中枢性或全身性疾病引起的面神经麻痹，首先治疗其原发病。轻者可局部按摩和涂擦 10% 樟脑酒精局部刺激，每日三次；病情严重者可于面神经（耳下四横指处）皮下注射神经兴奋药，如 0.1%~2% 硝酸士的宁注射液 5~20mL 或 2% 樟脑注射液 10~20mL，隔日一次，5~8 次为一疗程。

针灸疗法：针灸开关、锁口、上关、下关等穴位，血针刺承浆穴。

用维生素 B_1 注射液，皮下或肌内注射，1 次/d，每次 100~150mg。

中药治疗：加味牵正散，白附子 25g、僵蚕 20g、全蝎 10g、天麻 20g、当归 30g、川芎 20g、白术 30g、党参 30g、防风 25g，研末，开水冲，加黄酒 250mL，口服。

4. 牙的常见疾病

（1）牙齿发生异常

①赘生齿或多生齿：在正常臼齿列前方的齿槽间隙，异常生长 1~2 个牙齿，常影响咀嚼，引起病马消化不良，可对该齿进行拔除或截断处理。

②换牙异常：由于乳齿到期不脱，永久齿不能取代，而从乳齿下方生长出的永久齿，可引起咀嚼障碍，此时应将乳齿拔除。

③牙齿失位：由于齿槽骨膜炎致使牙根松动或换牙异常，受乳齿的压迫，牙齿未能在固有部位生长而失位，导致咀嚼障碍，应施行拔牙术将失位的牙齿拔除。

（2）牙齿磨灭不整　马属动物上、下臼齿的咀嚼面，并非垂直正面相对。上臼齿的外缘向外向下超出下臼齿的外缘、下臼齿的内缘，向内向上超出上臼齿的内缘，咀嚼时不仅上下移动，而以横向运动为主，除了撞击捶捣外，还有锉磨碾压的机能。虽然上、下颌的宽度不同、齿列广度不等，但是牙齿的咀嚼面是一致的。但是由于各种因素的影响，牙齿不均等磨损时，可使咀嚼面发生异常，这种异常称为牙齿磨灭不整。常见的有以下几种。

①锐齿：下颌过度狭窄或经常限于一侧臼齿咀嚼而引起。上臼齿外缘及下臼齿内缘特别尖锐，而形成锐齿，多发生于老龄及患骨质病的马。

临床上，上齿锐缘易损伤马颊部黏膜，下齿锐缘易损伤舌的侧面。病马采食咀嚼缓慢，头偏向一侧，常间歇性用一则咀嚼，口角流涎，时常从口角吐出草团，或在颊部与臼齿间夹有饲草团。由于咀嚼不全，粪便内常有未消化的饲料，日久导致病马营养不良。

对过长的锐齿可施行截断术。病马站立保定，将头部呈三角形固定，装上开口器，将舌拉于健侧口角外，用齿刨的刃部对正牙尖锐部，对手柄用力冲击，即可将锐齿切除。切除后用齿锉锉平修整后的齿面，最后用 0.5%高锰酸钾溶液消毒病马口腔。若损伤齿龈或颊部黏膜，可在创面涂上碘甘油（9:1）。

②阶状齿：由于臼齿的齿质不同，牙齿发生异常，或因龋齿裂齿的缺损而发生。患齿咀嚼面高低不平，相对齿列面构成阶梯状。如过长齿延至对侧齿列，压迫对侧齿龈引起疼痛时，可妨碍咀嚼。对此过长的牙齿应当行截断术或拔牙术。

③波状齿：主要发生在第 3~4 臼齿处，以下颌第 4 臼齿为最短，上颌第四臼齿为最长。由于齿质不一样，致使咀嚼面磨损不均衡，造成上、下臼齿咀嚼面高低不平，呈波浪式，称为波状齿。一旦凹陷的臼齿磨成与齿龈相齐，则相对的长臼齿将压迫齿龈而产生疼痛，甚至引起齿槽骨膜炎。治疗方法同阶

状齿。

④滑齿：因齿质不良，釉质与牙质的硬度相似，形成同等程度的磨损，使牙齿的咀嚼失去皱壁面而变得平滑，从而导致咀嚼不全。无较好的治疗办法，只能加强饲养，给予柔软易消化的饲料。

(五) 马属动物四肢的疾病

1. 跛行概述

跛行是马属动物的肢蹄或其邻近部位因病而致四肢运动机能障碍。跛行不是一种独立的疾病，而是肢蹄疾病或某些疾病的一种临床症状。

(1) 跛行的原因

①四肢的运动及支柱器官的疼痛性疾患，如关节、肌腱、腱鞘、骨等急性炎症，均可引起跛行。

②由于慢性炎症的过程，形成关节粘连、腱及韧带挛缩，可引起跛行。

③神经麻痹和肌肉萎缩，则四肢肌肉功能障碍，影响四肢运动，出现跛行。

④某些疾病过程，常引起机能障碍，如软骨病、风湿病、布鲁氏菌病、睾丸炎等，均可引起跛行。

(2) 跛行的种类　主要根据患肢机能障碍的状态及步幅变化来确定。步幅是马属动物运动中，同侧一肢两蹄迹间的距离，这一距离又被对侧肢的蹄迹分为两个半步，蹄迹前方的半步称为前半步，后方的称为后半步。健康马属动物运动时，前后两个半步基本相等，当肢蹄患病时，两个半步发生明显的变化，据此将跛行分为以下几种。

①支跛：四肢运动机能在支柱阶段表现明显时，称为支柱跛行，简称支跛。其特征是患肢减负或免负体重，运步时球节下沉不充分，蹄踏地不确实，蹄音低。患肢因疼痛而缩短负重时间，使对侧健肢提前落地。侧方视诊呈后方短步，患部多在腕、跗关节以下，即"敢抬不敢踏，病痛腕跗下"。

【2010年、2015年执业兽医资格考试真题】马支跛的运步特征是(　　)。
A. 前方短步　　　B. 后方短步　　　C. 运步缓慢
D. 抬腿困难　　　E. 黏着步样

②悬跛：四肢的运动机能障碍，在空中悬垂阶段表现明显时，称为悬垂跛行，简称悬跛（运跛）。其特征是患肢举扬困难，运步缓慢，抬不高，迈不远，重者患肢拖拉前进。侧望呈前方短步，患部多在腕关节、跗关节以上，即"敢踏不敢抬，病痛上段待"。

常见于四肢上部的关节、伸肌、腱、黏液囊、筋膜以及分布于伸肌群的神经等疾病。

【2012年执业兽医资格考试真题】临床上确定悬跛的依据是( )。
A. 前方短步　　　　B. 运步缓慢　　　　C. 抬腿困难
D. 以上都是　　　　E. 以上都不是

【2018年执业兽医资格考试真题】上坡时行不会加重的是( )。
A. 前肢悬跛　　　　B. 前肢支跛　　　　C. 后肢支跛
D. 后肢混跛　　　　E. 后肢悬跛

③混跛：四肢运动机能障碍，在悬垂阶段和支柱阶段都有所表现时称为混合跛行，简称混跛。其特征是兼有支跛和悬跛的特征，站立时患肢免负体重，运步时抬不高，迈不远，举扬困难，前、后两个半步的变化不易明显区别。

患部有两种可能，一是在同一肢的上、下两个部位同时发病；二是发病部位在四肢上部关节内，如肩关节、髋关节等。

悬跛和支跛是跛行的基本类型。但实际上单纯的悬跛和支跛比较少见，而以悬跛为主的混跛或以支跛为主的混跛较多见。

④特殊跛行

a. 间歇性跛行。运动开始时运步正常，运动中突然发生跛行，经短时间休息后，跛行自行消失或减轻，再运动时可再次出现跛行。如运动栓塞、习惯性脱位和痛风等。

b. 紧张步样。四肢负重困难，表现急促短步，如蹄叶炎。

c. 黏着步样。表现缓慢短步而强扬，步态强拘，如风湿病、破伤风等。

d. 鸡步。患肢举扬不自然，后肢运步时呈现膝关节和跗关节高度屈曲，似鸡走路的姿势，多见于老龄马属动物。

（3）跛行的程度

①轻度跛行：全蹄面落地，负重时间短或肢体举扬稍困难。

②中度跛行：仅以蹄尖负重，负重时间短或患肢有明显的举扬障碍。

③重度跛行：患肢几乎或完全不能负重与举扬，运步时呈三肢跳跃或拖拉步样。

（4）跛行的诊断方法

①确定患肢：在问诊基础上，以视诊为主，观察四肢在站立或运步中所表现的异常状态，进而确定患肢。

a. 站立检查。使病马在平地上安静站立，从前后、左右对四肢的局部、负重状态、站立姿势，做全面、有比较地观察。

b. 运动检查。轻度跛行必须通过运动检查才能发现异常，确定患肢，并有助于判定患部。运动检查主要观察内容如下。

举扬和负重状态：判定是前方短步还是后方短步，以确定跛行种类，找出患肢。

点头运动：当一前肢发生支跛，健肢着地负重时，头向健侧低下；患病前肢着地负重时，则头向患侧高举。此种随运步而上下摆动头部的现象，称为点头运动，即"点头行、前肢痛""低在健，升在患"。

臀部升降运动：当一后肢发生支跛时，为使后躯重心移向对侧健肢，在健肢负重时，臀部显著下降，而患肢负重时臀部显著高举，称为臀部升降运动，即"臀升降，后肢痛""降在健，升在患"。

运动量对跛行程度的影响：当患关节扭伤、蹄叶炎等疼痛疾病时，跛行程度随运动量的增加而加剧；患风湿病时，跛行程度随运动量的增加而逐渐减至消失。

促使跛行症状典型化的方法如下。

圆圈运动：支跛患肢在内圈时跛行明显，悬跛患肢在外圈时跛行明显。

急速回转运动：快速直线运动中，使病马突然向内急转，则支跛患肢在回转侧时跛行明显，而悬跛患肢在外侧时，跛行加重。

软硬地运动：支跛患肢在硬地上运动时跛行明显，而悬跛患肢在软地上运动时跛行加重。

【2019年执业兽医资格考试真题】不能促使马跛行症状典型化的方法是（　　）。

A. 圆周运动　　　B. 乘挽运动　　　C. 软硬地运动
D. 上下坡运动　　E. 起卧运动

②寻找患部：确定患肢后，还必须根据运动检查时所确定的跛行类型和程度，有步骤、有重点地进行肢体的检查，找出患病部位。

a. 蹄部检查。

外部检查：主要注意蹄形有无变化；钉节位置；蹄底各部有无刺伤物及刺伤孔等。

蹄温检查：以手掌触摸蹄壁，以感知蹄温，并做对比检查。蹄内有急性炎症时，则蹄温显著升高。

痛觉检查：先用蹄钳敲打蹄壁、钉节和钉头，再钳蹄匣各部。病马拒绝敲打、钳压，肢体上部肌肉呈现收缩反应或抽动患肢时，则说明蹄内有疼痛性炎症。

b. 被动运动检查。人为地使病马关节、腱及肌肉等屈曲、伸展、内收、外转和旋转运动，观察其活动范围及疼痛情况、有无异常声响，进而发现患病部位。

c. 肢体各部的检查。使病马自然站立，由冠关节开始逐步向上触摸压迫各关节、屈腱、骨骼等部位，注意有无肿胀、增温、疼痛、变形等变化。

d. X射线检查。四肢疾病用X射线进行检查，可获得准确的诊断。常用于诊断关节反常、骨折、骨化性骨膜炎、蹄部骨病及蹄内异物等。

③做出诊断：将检查获得的材料进行认真分析对比，反复研究加以归纳总结，对疾病做出初步诊断，确定治疗措施。

2. 肌肉和关节疾病

（1）关节扭伤　关节扭伤是指在间接的机械外力作用下，关节发生瞬间的过度伸展、屈曲或扭转，引起韧带和关节囊发生损伤。

①病因：在使役或运动中由于蹬空、滑走、急转、急跪骤停、跳跃、跌倒、一肢陷入洞穴而急速拔出等，使关节伸、屈或扭转超越了生理的活动范围，引起关节周围韧带和关节囊的纤维剧伸，发生部分断裂。

②症状

a. 扭伤后立即出现跛行。上部关节扭伤时出现混跛，下部关节扭伤时为支跛。

b. 患部肿胀，但四肢上部呈关节扭伤时，由于肌肉丰满而肿胀不明显。

c. 患部热痛，触诊被损伤的关节侧韧带，有明显压痛点。

d. 转为慢性经过时，可继发骨化性骨膜炎，常在韧带、关节囊与骨的结合部受损并形成骨赘。

③治疗：原则是制止溢血和渗出，促进吸收，镇痛消炎，防止结缔组织增生，避免关节机能发生障碍。

a. 制止溢血和渗出。急性炎症初期 1~2d，用压迫绷带配合冷敷疗法，如用饱和硫酸镁溶液或2%乙酸铅溶液等，或用冷醋泥贴敷（即黄土用醋调成泥，加20%食盐），必要时静脉注射 10%氯化钙溶液或肌内注射维生素 K_3 等。

b. 促进吸收。当急性炎症得到缓和，渗出液减少时，改用热敷疗法，2~3 次/d，每次 1~2h；或用鱼石脂酒精外敷或涂抹中药四三一合剂（大黄 4 份、雄黄 3 份、冰片 1 份，研成细末，蛋清调和）。

关节内积血过多不能吸收时，需严格消毒后，在无菌条件下做穿刺抽取，同时向关节腔内注入 0.5%氢化可的松溶液或普鲁卡因青霉素。

c. 镇痛消炎。用 0.25%~0.5%普鲁卡因溶液加青霉素 40 万~80 万 IU 在患肢上方穴位（前肢抢风、后肢巴山和汗沟穴）注射；也可肌内或穴位注射安痛定 20~30mL。

局部炎症转为慢性时，可涂擦刺激剂，如碘樟脑醚合剂（碘片 20g、95%酒精 100mL、乙醇 60mL、精制樟脑 30g、薄荷脑 3mL、麻油 25mL）、松节油、四三一合剂，用毛刷在患部涂擦 5~10min，2 次/d。

d. 韧带断裂。可装固定绷带或用红外线照射。

e. 中药治疗。祛痛散，全当归 60g、鹤虱 30g、红花 30g、乳香 30g、没药 30g、血竭 30g，研末，加白酒 100mL，冲服。

（2）关节滑膜炎　关节滑膜炎是指关节囊滑膜层发生的渗出性炎症。

①病因：常因机械性损伤所引起，如常在不平坦的道路上负重役、长途奔走，幼驹过早使役、肢势不正及关节软弱等。

此外，副伤寒、腺疫、布鲁氏菌病及软骨症等疾病过程中，也可继发本病。

②症状

a. 急性关节滑膜炎。站立时，患病关节屈曲，减负体重。若为两肢同时发病，则不断交替站立负重。运动时关节屈伸不全，呈支跛或混跛。患肢关节肿大、热痛、压之有波动感，被动运动时剧烈疼痛。关节肿胀的部位依患病关节的不同而异，腕关节在前方，系关节在侧方，膝关节在上方，跗关节在前方。

b. 慢性关节滑膜炎。关节腔蓄积大量渗出物，关节囊高度肿大膨胀，触之有波动而无热痛，跛行不明显，但关节屈伸缓慢，不灵活，易疲劳。

③治疗：原则是制止渗出，促进吸收，消除积液，恢复机能。

a. 急性炎症初期，为制止渗出，关节扭伤的治疗可采用冷却疗法，并装压迫绷带或石膏绷带，同时配合封闭疗法。也可先无菌抽出渗出液，再用0.5%氢化可的松2.5~5mL、青霉素20万IU，在关节腔内或关节周围分点注射，隔日一次，连续3~4次，注射后装着压迫绷带。

b. 急性炎症缓和后，为促进吸收，用温热疗法或装热湿性压迫绷带，如饱和硫酸镁、饱和盐水、鱼石脂酒精绷带等。

c. 慢性炎症，可涂擦刺激剂（松节油）或进行热敷，装着压迫绷带。

d. 当关节内积液太多不易吸收时，可穿刺抽出，并注入氢化可的松或盐酸普鲁卡因青霉素，再包扎压迫绷带。

e. 静脉注射水杨酸钠制剂或10%氯化钙注射液100mL，连用数日，也有良好的辅助作用。

（3）脱臼　脱臼是指由于外力的作用，使关节头脱离关节窝，失去正常接触而出现移位。

①病因：主要是突然强烈的外力直接或间接作用于关节，使关节韧带和关节囊被破坏所致。

②症状

a. 关节脱臼的共同症状。关节异常固定，由于关节头离开关节窝而卡住，有关韧带和肌肉高度紧张，因其在异常位置而失去正常活动性，被动运动受限制，并出现抵抗。

关节变形，脱臼关节骨端向外突出，局部异常隆起或凹陷。患肢可呈延长或缩短。全脱臼时患肢缩短，不全脱臼时患肢延长。肢势改变，可出现内收、外展、屈曲或伸展等肢势。脱臼关节常有肿胀、疼痛及增温表现。伤后立即出现重度跛行机能障碍。

b. 马膝盖上方脱臼。其特征是患马强直，站立时膝关节、跗关节高度伸直向后方挺出，完全不能屈曲；运步时患肢不能提举、僵硬、伸长、蹄尖拖地或三肢跳跃前进；局部触诊可发现膝盖骨向上转位和膝内直韧带过度紧张。

③治疗：原则是整复、固定和恢复机能。

整复前，肌内注射二甲苯胺噻唑或做传导麻醉，以减少肌肉和韧带紧张、疼痛引起的抵抗，再灵活运用按、揣、揉、拉和抬等整复方法。整复后应安静1~2周，限制活动。为防止复发，下肢关节用固定绷带包扎3~4周，上肢关节可涂擦强刺激剂或在关节周围分点注射5%盐水5~10mL，或75%酒精5mL，或自家血20mL，引起关节周围急性肿胀，以达到固定的目的。

马的膝盖骨上方脱臼时，可使病马骤然急剧后退，趁关节伸展之际使其自然复位，或于臀部猛击一掌，使之突然前进，有时也可复位；或用圆绳一端在颈基部绕圈打结，另一端绳套在患肢系部，在用力向前方牵引的同时，术者以手掌用力向下推压移位的膝盖骨，并使病马急剧后退（或向后坐），使膝关节伸展向前挺出，在牵、压、退三者配合下使其复位；也可使患肢在上，做侧卧保定，全身麻醉后采取后肢前方转位法，用力向前牵引病马患肢，助手配合推压膝盖骨使其复位，然后再进行固定。

【2017年执业兽医资格考试真题】马，运动时突然滑倒，右侧股骨大转子明显突出，站立时患肢缩短，外展，蹄尖向外，飞端向内，运动时呈三肢跳跃，患肢向后拖曳前行。

1. 该马最可能发生（　　）。
A. 髋关节前方脱位　　B. 髋关节后方脱位　　C. 髋关节内方脱位
D. 股骨近端骨折　　　E. 股骨干骨折

2. 该病最佳的诊断方法是（　　）。
A. B型超声检查　　　B. X射线检查　　　C. 叩诊
D. 触诊　　　　　　　E. 他动运动

3. 治疗时，保定和麻醉的方法是（　　）。
A. 仰卧、全麻　　　　B. 仰卧、局麻　　　C. 侧卧、全麻
D. 侧卧、局麻　　　　E. 站立、局麻

【2020年执业兽医资格考试真题】驴6岁，突然发病，站立时后肢强直，呈向后伸直肢势，膝关节完全伸直而不能屈曲；运动时以蹄尖着地拖曳前进，同时患肢高度外展，他动时患肢不能屈曲。该病最可能的诊断是（　　）。
A. 跗关节炎　　　　　B. 髌骨内方脱位　　C. 髌骨上方脱位
D. 膝关节炎　　　　　E. 髌骨外方脱位

（4）屈腱炎　屈腱炎是指指（趾）深屈肌腱、指（趾）浅屈肌腱和韧带

发生的炎症。

①病因

a. 肢势不正（如卧系、系关节细弱等）、蹄形异常（如卧系蹄壁过长、蹄踵过低）、四肢负重不均衡、腱质发育或营养不良等，可因使役中肢体负重、屈腱过度伸展而发病。

b. 急剧运动、奔跑，在不平的道路上过度使役、跳跃，使屈腱过度延伸，均易发本病。

c. 屈腱受到挫伤、踢伤、打击等，以及附近组织炎症的蔓延也可引发本病。

d. 蟠尾丝虫的侵袭可诱发本病。

由于以上原因，使屈腱纤维发生部分断裂或过度伸张，局部呈现炎症变化。

②症状

a. 急性屈腱炎。突然发生不同程度的支跛，屈腱不敢伸张，系关节不敢下沉。站立时蹄尖着地，系部直立，患部增温，肿胀疼痛。背屈系关节使屈腱紧张时，疼痛比较明显。

b. 慢性屈腱炎。患腱变粗而硬固，弹性降低或消失。患部变硬、肥厚、不平坦、无痛、皮肤失去移动性。跛行轻微时，系关节不灵活，下沉不充分，向前突出，快步时跛行明显。久病者可引起腱性突球（滚蹄）。

③治疗：原则是制止溢血、渗出，促进吸收，防止腱囊继续断裂，恢复功能。

a. 急性炎症时，首先使病马安静，应用冷却疗法，进行冷敷或冷蹄浴。

b. 慢性炎症时，用氢化可的松 3~5mL 加等量 0.5%盐酸普鲁卡因溶液，分点注于患腱局部皮下，4~6d 一次，3~4 次为一疗程。

c. 对病程较长的慢性病例，用强刺激疗法（烧烙）治疗，同时注意矫正蹄形和肢势，进行适当削蹄，装蹄铁，防止滚蹄。

(5) 腱断裂　腱断裂是指腱的连续性遭到破坏而发生分离。马多见于指（趾）屈肌腱、跟腱、指总伸肌腱和跗前屈肌腱等部位。腱断裂可分为开放性腱断裂、非开放性腱断裂、全断裂和部分断裂。

①病因：开放性腱断裂多由镰刀、铁锹、锄头、犁铧等锐利的刃性物体损伤所引起。非开放性腱断裂是由于急跪、急停、滑走、跳跃障碍或能引起屈腱炎的因素等，使腱的牵张超越了弹性限度和韧性的生理范围。钝性物体的打击、冲撞、蹴踢等；附近组织的化脓性炎症、腱弹性降低、骨软化症等，均可引起腱断裂。

②症状

a. 屈腱全断裂。指（趾）深屈肌腱全断裂，突然呈重度支跛，站立时蹄踵着地，严重者蹄球着地、蹄底向前、蹄尖翘起、系关节明显下沉、系部呈水平状态。指（趾）浅屈肌腱全断裂，多发性在冠骨上端两侧或系关节后上方。系韧带断裂多在分支部。局部明显增温、肿胀和疼痛，触诊可感知腱的缺损（凹陷）。开放者，伤部出血并可摸到腱的断端。

b. 跟腱断裂。患肢前踏，不能负重，关节过度屈曲、下沉，跗骨极度倾斜，跟腱迟缓有凹陷。

c. 指总伸肌腱全断裂。突发悬跛，指关节伸张不全，提举困难，易磋跌；站立无异常，多发生于蹄骨伸腱突附着部，触诊蹄冠前中央部可发现疼痛性肿胀。

③治疗：原则是防止感染，缝合断端，合理固定，促进再生。

治疗腱断裂的关键是合理固定，可用石膏绷带、夹板绷带等。

腱的全断裂，包括开放性腱断裂，经一般外科处理后均可施行缝合术，使断端密接，促进修复。多采用皮外腱缝合法，局部常规消毒，用 1 号丝线距腱断端 5~8cm 处的肢体一侧，刺入皮肤达腱下，针再转向肢体后方刺透腱的全层并穿出皮肤，然后距此穿出点适当距离外，将针返回穿透皮肤及腱的全层后，再转向肢体另一侧，使针通过腱下穿出皮肤，距前一针缝合的 3~4cm 处，以同样方法再缝一针，将上述两针的线端分别在肢体两侧打结；断腱的另一端也按上法处理；最后将腱断端两侧的上、下线头分别拉紧拉结即可；最后装固定绷带，愈合后，拆除绷带和缝线。

开放性断裂，除局部消毒处理外，还可用抗生素控制感染并对症治疗。

腱断裂时，用碳纤维缝合，碳纤维可诱发腱的再生。用碳纤维缝合断腱，再包扎石膏绷带，腱的愈合很快。

病马要加强护理，防止患部活动。可配合矫形蹄铁，如装长连尾蹄铁，减少患腱紧张，经 2~3 周，可适当进行牵遛活动，以防肌肉萎缩和腱挛缩。

（6）腱鞘炎　腱鞘炎是指腱鞘部发生浆液性、浆液纤维素性及纤维素的炎症。多发生于指（趾）部和跗部腱鞘，以慢性者最常见。

①病因：基本同屈腱炎。

②症状

a. 指（趾）部腱鞘炎。球节部指（趾）屈肌腱鞘的炎症，以慢性浆液性炎较多见。炎性肿胀位于系关节两侧直上方和下方的系凹部，或后上方与系韧带、指（趾）浅屈肌腱之间。

急性时，局部热痛，柔软有波动，提举患肢压诊可感知内有渗出液流动。站立时患肢系关节掌屈，蹄角着地；运动时呈支跛，系关节强拘，活动性小。

慢性经过，无热痛，有明显的腱鞘肿胀和波动感，或腱鞘与腱粘连。触诊腱鞘壁显著肥厚而坚实，使系关节的运动发生障碍，易疲劳。

化脓性腱鞘炎跛行显著，局部变化明显，有时排出脓性液体，体温升高。

b. 跗部腱鞘炎。以趾长伸肌腱鞘多见，在跗关节前有长椭圆形肿胀，长达18cm，并被三条横韧带压隔成节段，肿胀波动，有热痛。站立时屈曲跗关节，运步时呈混合跛行。慢性炎症，肿胀无热痛。趾浅屈肌腱和跟腱的腱鞘炎时，呈两个肿胀，一个在跟腱上；另一个在其上方。

c. 腕部腱鞘炎。常为慢性浆液性炎，跛行较轻，可在腕部出现肿胀。

③治疗：当腱鞘内渗出液过多不易被吸收时，可无菌穿刺抽出后，注入2%~3%盐酸普鲁卡因溶液10~20mL、青霉素40万IU，再配合温敷，如未痊愈，可间隔3~4d再抽注一次；也可应用0.5%氢化可的松3~5mL、青霉素20万IU注入腱鞘炎内，3~5d一次，连续2~4次，并装着压迫绷带。

化脓性腱鞘炎应彻底排脓，并用抗菌药物。

(7) 黏液囊炎　黏液囊炎是指由于黏液囊受机械性作用引起的浆液性、浆液纤维素性、化脓性的炎症。临床上马、骡四肢的皮下黏液囊炎较多见，常呈慢性经过。

①病因：主要是黏液囊长期受机械性刺激所致，如与地面的压迫、摩擦、蹴踢、跌打、冲撞，以及挽具、饲槽、墙壁等的压迫与摩擦。此外，周围组织炎症的蔓延以及腺疫、副伤寒、布鲁氏菌病等发生过程中，也可引发本病。

②症状

a. 黏液囊炎的共同症状。急性经过时，黏液囊紧张膨胀、容积增大、热痛、有波动感、机能障碍。

b. 皮下黏液囊炎。轻微肿胀，界限不清，无波动感，机能障碍显著。慢性炎症时，患部呈无热无痛的局限肿胀，机能障碍不明显；若为浆液性炎症时，黏液囊显著增大、波动明显、皮肤可移动；若为浆液纤维素性炎症时，肿胀大小不等，在肿胀突处有波动，有的部位坚实微有弹性；若纤维组织增多时，则囊腔变小，囊壁明显肥厚，触诊硬固坚实，皮肤肥厚，甚至形成胼胝或骨化。

c. 肘结节皮下黏液囊炎。也称肘肿或肘头瘤，主要是慢性经过，肿胀大小不等、无痛、无跛行。但急性或化脓性炎症时，肘头部热痛，呈弥漫性肿胀，触诊较硬，如生面团样。运步时避免屈曲肘关节，悬跛明显。化脓性炎症继续发展形成溃疡，不断向外排脓，易形成瘘管。

【2016年执业兽医资格考试真题】肘头黏液囊炎的临床特点是(　　)。
A. 温热敏感　　　　B. 疼痛敏感　　　　C. 跛行明显
D. 生面团样　　　　E. 穿刺液不黏稠

d. 腕前皮下黏液囊炎。也称膝瘤或冠膝。患部呈渐进性无痛肿胀，外形可达排球大，有的极坚硬，有的柔软有波动，一般无跛行，但肿胀过大或形成胼胀时出现跛行。

③治疗：原则是除去病因，抑制渗出，促进吸收，消除积液。

若肿胀过大，渗出不易消除时，可穿刺抽出后注入10%碘酊，或5%硫酸铜溶液，或5%硝酸溶液等进行腐蚀。

若囊壁肥厚硬结，可以手术摘除。

发生化脓性黏液囊炎时，应早期切开，彻底排脓后，再按化脓创处理。

【2020年执业兽医资格考试真题】赛马，7岁，雄性，近1个多月来在右前肢肘头部逐渐形成一隆起，无热无痛，初期较软，后期变硬，轻度跛行，其余未见异常。

1. 该起最可能的诊断是( )。

A. 黏液囊炎　　　　B. 肿瘤　　　　C. 淋巴外渗

D. 脓肿　　　　　　E. 血肿

2. 姑息疗法时，患部穿刺放液后宜注入( )。

A. 氯丙嗪+普鲁卡因　B. 利多卡因+氯丙嗪　C. 自家血+可的松

D. 普鲁卡因+自家血　E. 可的松+普鲁卡因

3. 手术治疗时皮肤切口的最佳位置应在隆起部的( )。

A. 正上方　　　　　B. 正下方　　　　C. 正前方

D. 正后方　　　　　E. 后外侧

3. 骨折

骨折指在暴力作用下，骨的完整性被破坏，出现断裂、破碎的现象。

根据骨折部位是否与外界相通，可分为开放性骨折和非开放性骨折；根据骨折的程度，可分为完全性骨折和不完全性骨折。

（1）病因　主要是由于暴力作用，如打击、跌倒、冲撞、挤压、蹴踢、牵引及火器伤等，有时肌肉强烈的收缩、骨质疾病也可引起骨折。

（2）症状　骨折发生后疼痛剧烈，肌肉颤抖，出汗，表现不安或躲闪。骨裂时，指压患部呈线状疼痛区，称为骨折压痛线，依此可判定骨折的部位。因出血及渗出，骨折部呈明显肿胀。完全骨折时，因骨折断端移位，使骨折部位外形或解剖位置发生改变，患肢呈弯曲、缩短、延长等异常姿势。肢体全骨折时，活动远心端、可呈屈曲、旋转等异常活动，并可听到或感知骨断端摩擦音或冲击音；患肢突然发生重度跛行，表现不能屈伸或负重，呈三肢跳跃前进（不完全骨折跛行较轻）。肋骨骨折时呼吸困难；脊椎骨折时可发生神经麻痹及肢体瘫痪。开放性骨折时，创口裂开，骨折断端外露，常并发感染。

【2020年执业兽医资格考试真题】骨折的特有症状是( )。

A. 肿胀　　　　　　B. 异常活动　　　　C. 体温升高

D. 出血　　　　　　E. 疼痛

(3) 治疗　治疗原则是正确整复，合理固定，促进愈合，恢复机能。

【2016年执业兽医资格考试真题】 引起骨折延迟愈合的原因不包括(　　)。

A. 固定不确实　　B. 整复固定　　C. 局部化脓感染

D. 局部血循不良　　E. 骨折周围较大血肿

【2019年执业兽医资格考试真题】 关于骨折修复延迟愈合表述错误的是(　　)。

A. 骨折愈合速度比正常缓慢　　B. 局部无肿痛及异常活动

C. 整复不良延迟愈合　　D. 局部感染化脓延迟愈合

E. 局部血肿和神经损伤延迟愈合

①急救措施：骨折发生后，首先使病马安静，防止断端活动和严重并发症，用镇静和镇痛剂。再用简易夹板临时固定包扎骨折部；注意止血，预防休克。对开放性骨折，创伤内消毒止血，撒布消炎粉后，固定包扎，防止感染。

②治疗方法

a. 正确整复。病马侧卧保定，全身浅麻痹或局部浸润麻醉后，采取牵引、旋转或屈伸以及提拉、按压断端的方法，使两端正确对接，恢复正常的解剖学位置。

b. 合理固定。骨折断端复位后，装置石膏绷带或夹板绷带固定，马可吊在柱栏内。开放性骨折，创伤处理后，撒布抗菌药物，再装着固定绷带或有窗固定绷带。

c. 整复固定后，可注射抗菌、镇痛、消炎药物，补充钙制剂。

d. 中药治疗。接骨散，当归尾30g、乳香30g、没药30g、自然铜（煅）30g、土鳖虫30g、骨碎补30g、血竭30g、三七10g，研末，开水冲服。

【2010年执业兽医资格考试真题】 赛马，障碍赛时摔倒，左前肢支跛明显，前臂上部弯曲，他动运动有骨摩擦音，患部肿胀，未见皮肤损伤，全身症状不明显。

1. 本病最可能的诊断是(　　)。

A. 骨裂　　B. 腕关节脱位　　C. 肘关节脱位

D. 肩关节脱位　　E. 闭合性骨折

2. 本病的确诊方法是(　　)。

A. 触诊　　B. X射线检查　　C. 超声检查

D. 斜板试验　　E. 关节内窥镜检查

3. 本病最适宜的保守治疗方法是(　　)。

A. 绷带包扎　　B. 石蜡绷带　　C. 酒精热绷带

D. 石膏夹板绷带　　E. 复方乙酸铅绷带

4. 蹄部疾病

（1）蹄叶炎　蹄叶炎是指蹄壁真皮发生局限性或弥漫性的无菌性炎症。马属动物前蹄多发，有时四蹄同时发病。

①病因

a. 饲养失宜。长期饲喂过多的精料或饲料骤变且马属动物缺乏运动，可引起消化不良，产生有毒物质吸收后造成血液循环障碍，蹄真皮淤血、发炎。

b. 使役不当。如在硬地或不平道路上重度使役，或持续使役不休息，或长期休闲突然重役，均可使组织产生大量乳酸与二氧化碳，吸收后导致末梢血管淤血，引起蹄真皮的炎症。

c. 蹄形不正。如高蹄或低蹄，狭窄蹄或过长蹄等，使蹄机能严重障碍，造成蹄部血液循环不良而发病。

d. 继发于其他疾病。如胃肠炎或便秘、中毒、感冒及母马难产、胎衣不下等，也可引起本病。

在上述因素的作用下，蹄真皮毛细血管扩张、充血，血液停滞，血管壁通透增强，炎性渗出物聚积于真皮小叶和角质小叶之间，压迫真皮并引起剧痛。炎症继续发展，渗出液大量聚积压迫蹄骨，破坏真皮小叶与角质小叶结合，造成蹄骨变位下沉乃至蹄底穿孔，蹄前壁凹陷致蹄轮密集，蹄尖翘起，蹄匣变形而呈芜蹄。

②症状

a. 急性蹄叶炎。突然发病。

姿势变化：站立时，若两前蹄患病，前肢伸长、蹄踵负重、蹄尖翘起、病马高抬，两后肢伸于腹下，呈蹲坐姿势。站立过久时，常想卧地；若两后蹄患病，则头颈低下，两前肢后踏，两后肢诸关节屈曲稍前伸，以蹄踵负重，腹部蜷缩；若四蹄同时患病，初期四肢前伸，而后四肢频频交换负重，肢势常不一致，终因站立困难而卧倒。强迫运动时，均呈急速短促的紧张步样。

局部变化：可见病蹄指（趾）动脉快而有力，蹄温增高，敲打或钳压蹄壁，有明显疼痛反应，以蹄尖部尤甚。

全身变化：由于剧烈疼痛，引起肌肉颤抖，出汗、体温升高，脉搏增数，呼吸迫促，饮食减退。

b. 慢性蹄叶炎。病蹄热痛症状减轻，呈轻度跛行，病马渐瘦、生产性能下降。

【2010年、2015年执业兽医资格考试真题】马，5岁，精神沉郁，体温40℃，不愿站立和运动，驻立时，双前肢前伸，双后肢伸至腹下，以蹄踵着地。叩诊蹄壁敏感，根据临床表现诊断所患蹄病是(　　)。

A. 蹄裂　　　　　　B. 蹄白线裂　　　　C. 蹄叶炎

D. 蹄叉腐烂　　　　E. 蹄冠蜂窝织炎

【2020年执业兽医资格考试真题】阿拉伯马，12岁，跛行，不愿运动，两后蹄踵负重，步态紧张，蹄壁增温、敏感。X射线检查显示，蹄骨背侧缘与蹄壁背侧缘不平行，彼此之间出现夹角，蹄骨转位。该病最可能的诊断是（　　）。

A. 骨关节病　　　　B. 蹄叶炎　　　　C. 腐蹄病
D. 趾间蜂窝织炎　　E. 蹄关节脱位

③治疗：原则是除去病因，消炎镇痛，促进吸收，防止蹄骨变形。

放血疗法：为改善血液循环，发病36～48h用大宽针刺破蹄头血，放血50～100mL，然后用葡萄糖氯化钠注射液500mL、0.1%盐酸肾上腺素1～2mL，静脉注射。

冷敷及温热疗法：初期2～3d，可行冷敷或冷水浴蹄，每次30～60min，以后改用温敷或温水浴蹄。

封闭疗法：用0.5%盐酸普鲁卡因注射液30～40mL，分别在系部皮下指（趾）深屈肌腱内外侧注射，隔日一次。连用3～4次。

脱敏疗法：用盐酸苯拉明0.5～1g，口服，1～2次/d；或用10%氯化钙注射液100～150mL、10%维生素C注射液10～20mL，分别静脉注射；或皮下注射0.1%盐酸肾上腺素注射液3～5mL，1次/d。

为清理肠道和排出毒物，用缓泻剂，静脉注射乳酸钠、碳酸氢钠，也有较好的效果。

慢性蹄叶炎，应注意修整蹄形，防止芜蹄；若已成芜蹄者，配合使用矫正蹄铁。

（2）蹄底创伤　蹄底创伤是指由尖锐物体造成蹄真皮的损伤，包括蹄钉伤及蹄刺伤。

①病因：钉伤是装蹄铁时下钉不当所引起的，如蹄钉直接刺入蹄真皮（直接钉伤）或钉身靠近、弯曲压迫蹄真皮（间接钉伤）等。蹄底刺伤是铁钉、铁丝、碎铁片等尖锐物体刺入蹄底，损伤蹄深部组织所致。

②症状：直接钉伤表现为在装蹄铁后，病马呈疼痛不安，患肢挛缩，拔出蹄钉后，可从钉孔流出血液，有时钉尖带血。

间接钉伤常在装铁后2～3h，个别可长达月余，患肢站立时蹄尖着地，系部直立，有时表现挛缩，运动时呈中度支跛，用蹄钳敲打或钳压患蹄的钉头、钉节时，患肢疼痛挛缩，有时可压出污秽黑色液体，蹄温升高。

蹄底创伤患马常在运动中突然发生支跛，检查蹄底可发现刺入的异物或刺入孔，有时经削蹄后方能发现，钳压患部剧痛并流出污黑液体。

若蹄底创化脓感染，则出现重度支跛，站立时患肢挛缩，蹄温增高，钳压、敲打患部剧烈疼痛,肌肉颤抖;若脓汁蓄积且排出困难,常延至蹄冠缘或蹄踵,破溃而排出,可继发蹄冠蜂窝织炎。

重者体温升高,食欲减退,精神不振。

【2014年执业兽医资格考试真题】马3岁,装蹄5d后左前肢出现跛行,站立时不敢负重,运步时系部直立,触诊蹄温升高,指动脉脉搏亢进,叩击患部有疼痛反应。该病可能是( )。

A. 蹄变形　　　　B. 白线裂　　　　C. 蹄钉伤
D. 蹄叉腐烂　　　E. 蹄裂

【2010年、2015年执业兽医资格考试真题】马,4岁,体温40.1℃,四肢蹄冠先后出现圆枕形肿胀,触诊有热、痛,支跛,根据临床表现诊断,所患蹄病是( )。

A. 蹄裂　　　　　B. 蹄白线裂　　　C. 蹄叶炎
D. 蹄叉腐烂　　　E. 蹄冠蜂窝织炎

【2019年执业兽医资格考试真题】马,4岁,精神沉郁,食欲减退,体温升高,后肢全蹄冠呈圆枕状肿胀,热痛反应明显,患肢重度支跛。

1. 该病最可能的诊断是( )。

A. 蹄冠蜂窝织炎　　B. 蹄叶炎　　　　C. 蹄叉腐烂
D. 蹄底白线裂　　　E. 蹄关节脱位

2. 与该病发生无关的因素是( )。

A. 蹄冠表皮外伤　　　　　　　B. 附近组织化脓坏死
C. 蹄冠长时间在粪尿中浸泡　　D. 坏死杆菌浸入
E. 舍中过于干爽,软草过多

【2018年执业兽医资格考试真题】蹄冠蜂窝织炎的临床特点是( )。

A. 无热　　　　　B. 无痛　　　　　C. 无跛行
D. 重度支跛　　　E. 重度悬跛

③治疗:原则是除去蹄铁及刺伤物,防止感伤,彻底排脓,加强护理。

先清洗蹄部,去除蹄铁及刺伤物,再用1%~3%煤酚皂或0.1%福尔马林溶液彻底刷洗蹄底。

对直接钉伤者,拔出蹄钉后,向钉孔内注入碘酊即可。

间接钉伤及蹄底刺伤,经上述处理后,用蹄刀稍扩大创口,向创口内灌入3%双氧水冲洗后,再注入碘酊,最后用石蜡密封创口,用纱布包扎,防止感染,每隔3d换药一次。

当出现化脓时,用2%~3%煤酚皂、3%双氧水溶液彻底冲洗后,再用浸0.1%乳酸依沙吖啶溶液或磺胺乳剂的纱布块填充;也可撒布碘仿、碘仿磺胺粉(1∶9),最后按前述方法密封包扎,3~5d换药一次,直至化脓停止。

可配合应用安痛定或密封疗法；若体温升高，全身症状明显，应对症治疗并给予抗生素。

(3) 蹄叉腐烂　蹄叉腐烂是指蹄叉角质腐烂分解引起真皮发生的炎症，常见于马后蹄发病。

【2020年执业兽医资格考试真题】具有蹄叉的动物是(　　)。
A. 羊　　　　　B. 牛　　　　　C. 马
D. 猪　　　　　E. 犬

①病因：主要是圈舍内泥泞不洁，粪尿长期侵蚀使蹄角脆弱腐败分解，此外蹄叉过削、蹄踵过高、运动不足等，使蹄叉角质抵抗力减弱也可诱发本病。

②症状：病初从蹄叉中沟或侧沟开始，角质出现裂隙，形成分叶状或溃烂成大小不等的空洞，排出污黑色腐臭液体。病变侵害真皮，则出现跛行。在软地或沙地上行走时，跛行更明显。病情继续发展，角质发生块状脱落而使蹄真皮裸露，常出现颗粒状肉芽，易出血，并附有灰黑色恶臭分泌物，可继发蹄叉癌，影响患肢负重。

③治疗：原则是去除病因，改善蹄部卫生，彻底消除腐烂角质，防腐消炎。

首先清除腐烂角质，以2%煤酚皂溶液彻底清洗患部，擦干后涂碘酊，再撒布高锰酸钾粉、碘仿磺胺粉（1∶9）或水杨酸钠磺胺粉（1∶5）等，并填入浸有松馏油的纱布，最后用烙铁熔化石蜡灌注患蹄壳内，待石蜡凝固后解除保定。

若出现蹄叉瘤，用5%硝酸银溶液腐蚀，再用烙铁烧烙后，灌注石蜡于蹄壳内。必要时应用抗生素，防止感染。

(六) 疝

1. 概述

(1) 疝的概念　疝，是指马属动物的腹部器官从自然孔道或病理性破裂孔脱落至皮下或邻近的解剖腔内。

【2017年执业兽医资格考试真题】腹腔内的组织器官从异常扩大的自然孔道或病理性破裂孔脱至皮下或其他解剖腔的疾病称(　　)。
A. 疝　　　　　B. 肠套叠　　　C. 瘘
D. 挫伤　　　　E. 坏疽

(2) 疝的构成　疝由疝轮（孔）、疝内容物和疝囊三部分构成。

①疝轮（孔）：指腹壁病理性破裂孔或天然孔，如脐孔、腹股沟管，腹腔脏器经此孔脱至皮下或解剖腔内。

②疝内容物：通过疝轮脱至疝囊的脏器，如小肠、网膜、子宫等，以及少

量的疝液。

③疝囊：指包围疝内容物的外囊，主要由腹膜、腹壁筋膜、皮肤等构成。

（3）疝的分类　按疝向体表突出与否，可分为外疝（如脐疝）和内疝（如膈疝）；按解剖部位可分为腹股沟阴囊疝、脐疝、腹壁疝等；根据疝内容物活动性的不同，可分为可复性疝与不可复性疝。能通过压迫或体位的改变，使疝内容物通过疝孔还纳至腹腔的称为可复性疝，反之则称为不复性疝。当疝内容物嵌闭在疝孔内，脏器受压迫，血液循环受阻而发生淤血、炎症，甚至坏死，统称为嵌闭疝。

2. 外伤性腹壁疝

外伤性腹壁疝是指钝性暴力作用于马属动物的腹壁，使腹肌、腱膜、腹膜发生破裂，而皮肤保持其完整性，腹腔内脏器经腹肌的破裂孔脱落至皮下。

（1）病因　一般是强大钝性暴力作用于腹部，如马属动物被牛角抵伤、马踢和人为的木棍顶撞、木桩或车辕杆撞击等机械性的损伤均可引起。

（2）症状

①受伤后腹部突然出现局限性柔软、富有弹性及热痛的肿胀。

②发病 2~3d 患部出现炎性肿胀，使疝轮、疝内容物的临床特征不明显。

③炎症消退后，肿胀物界限清楚，触诊柔软，有收缩性，能触到疝轮，听诊时可听到肠蠕动音。

④当发生嵌闭性疝时，病马腹痛剧烈。

（3）治疗　原则是还纳内容物、密闭疝轮，消炎镇痛，严防腹膜炎和疝轮再次裂开。

①绷带压迫法：适用于刚发生的、较小的上腹部可复性疝。根据疝囊大小用竹片编一个竹帘，用绷带卷连接，长 15cm 左右，两端磨成钝圆，竹片的间隔为 0.5~1.0cm，另外准备一个厚棉垫。装着压迫绷带时，先在患部涂消炎剂；将疝内容物送回腹腔后，把棉垫覆盖在患部，将竹帘压在棉垫上；再用绷带将腹部缠绕固定。随着炎性肿胀的消退，疝轮即可自行修复愈合。随时检查压迫绷带使其保持在正确的位置上。经 15d 固定后，如已愈合即可解除压迫绷带。

②手术疗法

a. 常规外科手术术前准备及麻醉。

b. 切开疝囊还纳内容物。局部按常规外科手术处理，在疝囊纵轴上将皮肤捏起形成皱襞，切开疝囊，手指探查疝内容物有无粘连、坏死；将正常的疝内容物还纳腹腔，如脱出物与疝囊发生粘连时要小心剥离，用温生理盐水冲洗，撒上消炎药粉，再将脱出物送回腹腔。对于嵌闭性疝，切开疝囊后，如肠管变为暗紫色，疝轮紧紧钳住脱出的肠管，这时用手术剪扩大疝轮，用温生理盐水清洗温敷肠管，如果肠管颜色很快恢复正常，出现蠕动，可将肠管还纳腹腔；如已坏死，要在健康部位将坏死肠管切除，行肠管吻合术，再将其还纳腹腔。

c. 闭锁疝轮。依据各病例的具体情况，先缝合腹膜，再缝腹肌。如缝腹膜较困难时可将腹膜和腹膜肌一起缝合。对陈旧性腹壁疝闭合的，如疝轮瘢痕化、肥厚且硬固，发生的疝轮比较大，缝合后仍有撕裂的危险时，可采取皮外双纽扣缝合法闭合疝孔。

3. 脐疝

脐疝是指马属动物的腹腔脏器经扩大的脐孔落至皮下。多发生于幼驹，可分先天性和后天性两种。

（1）病因　先天性脐疝多因脐孔发育闭缩不全或没有闭缩，脐孔异常扩大，同时因腹压增加，以及内脏本身的重力等因素致病。后天性脐疝多因出生后脐孔闭缩不全，断脐时过度牵引，脐部化脓，以及腹内压增大，如便秘时的努责，肠臌气或用力过猛的跳跃等。

（2）症状

①脐孔部出现局限性、半圆形、柔软的肿胀。

②触诊无热无痛，有时可摸到脐孔，听诊时可听到肠蠕动音。

③若为嵌闭性疝时，触诊无可复性，病驹疼痛不安。

（3）治疗

①保守疗法：较小的脐疝用绷带压迫患部，使疝轮缩小、组织增生而治愈。用95%酒精、碘溶液或10%~15%氯化钠注射液在疝轮四周分点注射，每点3~5mL，促进疝轮愈合。

②手术疗法

a. 可复性脐疝。仰卧保定，局部常规外科处理。局麻后，在疝囊基部靠近脐孔处纵向切开皮肤，尽量不要切开腹膜，稍加分离并还纳内容物，在靠近脐孔处结扎腹膜，将多余部分切除，疝轮做纽扣状缝合，切除多余皮肤并结节缝合，涂碘酒，装保护绷带。

【2017年执业兽医资格考试真题】马驹脐疝修补术的适宜保定方式是（　　）。

A. 侧卧保定　　　B. 仰卧保定　　　C. 俯卧保定

D. 站立保定　　　E. 侧立保定

b. 嵌闭性脐疝。先在患部皮肤上切一小口（勿伤及内容物），手指探查内容物种类及有无粘连、坏死等病变；用手术剪按所需长度切开疝轮，暴露内容物，剥离粘连，如肠管坏死可将坏死切除并进行肠管吻合术，再将肠管送还腹腔并注入适量抗生素；疝轮袋口或纽扣状缝合，结节缝合皮肤，装压迫绷带。

4. 腹股沟阴囊疝

腹股沟疝是指马属动物腹腔脏器通过腹股沟管口脱落至鞘膜管内。当脏器脱落至鞘膜腔内，称为阴囊疝（鞘膜内疝）；当脏器经腹股沟前方腹壁破裂孔脱落至阴囊肉膜与总鞘膜之间，称为真性阴囊疝（鞘膜外疝）。临床上以阴囊疝多见，常发生于幼驹。

（1）病因

①先天性腹股沟管口过大。

②后天性腹压增高，使腹股沟管扩大所致，如爬跨、跳跃、后肢滑走或过度开张及努责等。

（2）症状

①可复性阴囊疝：幼驹多发，多为一侧性。患侧阴囊皮肤紧张、增大、下垂、无热痛、柔软、有弹性，压迫时肿胀缩小，内容物能还纳于腹腔，可摸到腹股沟外环，腹压增大，阴囊部膨大。如肠管进入阴囊部，可听见肠蠕动音。

②嵌闭性阴囊疝：患病马属动物突然腹痛，患侧阴囊增大，阴囊皮肤紧张、水肿、发凉，摸不到睾丸。运步时患侧后肢向外伸展，全身出汗，呼吸困难，体温升高，预后不良。

【2010年执业兽医资格考试真题】马，雄性，配种后第2天，一侧阴囊肿大，皮肤紧张发亮，出现浮肿；不愿走动，运步时两后肢开张，步态紧张，直肠检查，腹股沟内环内有肠管脱入。最可能的疾病是(   )。

A. 睾丸炎　　　　　B. 附睾　　　　　C. 阴囊积水

D. 睾丸肿瘤　　　　*E. 腹股沟阴囊疝*

（3）治疗　手术是治疗本病的主要方法。

【2017年执业兽医资格考试真题】马，呼吸25次/min，脉搏95次/min，排粪减少，阴囊肿大，触诊有热痛，不愿走动。直肠检查，腹股沟内有肠管脱入。该病的最佳治疗方法是(   )。

A. 热敷　　　　　　B. 激素疗法　　　　*C. 手术疗法*

D. 输液疗法　　　　E. 抗生素治疗

①腹股沟外环切开法：局部剪毛消毒及麻醉。先在患部表面将疝内容物送回腹腔，然后在患侧外环处与体轴平行切开皮肤，露出总鞘膜，将其剥离至阴囊底，提起睾丸及总鞘膜，将睾丸向同一方向捻转数圈。在靠近外环处贯穿结扎总鞘膜及精索，结扎线下方1~2cm处剪断总鞘膜，除去睾丸及总鞘膜，将断端塞入腹股沟管内。然后用结扎剩余的两个线头缝合外环，使其封闭并清理创部，撒消炎药粉、缝合皮肤、涂碘酊。为防止创液潴留，可在阴囊底部切一小口。

【2014年执业兽医资格考试真题】手术治疗马腹股沟阴囊疝的最佳切口部

位是( )。

    A. 腹股沟内环处   B. 腹股沟外环处   C. 阴囊颈部正外侧

    D. 阴囊底部正外侧   E. 阴囊体部正外侧

②阴囊底部切开法：先还纳疝内容物，纵行切开阴囊底部皮肤，剥离总鞘膜至外环处，提起睾丸捻转数圈、闭锁外环，用上述方法摘除睾丸和闭锁腹股沟外环。疝内容物发生嵌闭时，可切开疝囊和总鞘膜。按外伤性腹壁疝嵌闭或粘连的治疗方法进行处理，然后再用上述方法闭锁腹股沟外环。

（七）风湿病

风湿病是马属动物胶原组织的一种容易反复发作的急性或慢性非化脓性炎症，常侵害对称的骨骼肌、关节、蹄及心脏。本病在寒冷地区和寒冷季节发病率较高，容易复发。

1. 病因

风湿病是一种变态反应性疾病，与 A 型溶血性链球菌感染有关。马、骡圈舍阴冷潮湿、夜宿湿地、阴雨浇淋、夜露风霜、汗后风雨侵袭、劳累过度、营养缺乏、机体衰弱等，均可诱发本病。

【2012年执业兽医资格考试真题】下列哪种细菌与风湿病的发生密切相关？( )。

    A. 多杀巴氏杆菌   B. 溶血性链球菌   C. 绿脓杆菌

    D. 肺炎双球菌   E. 金黄色葡萄球菌

2. 症状

主要症状是马属动物发病的肌群、关节及蹄的疼痛和机能障碍。

①颈部风湿病：患部肌肉僵硬、疼痛。两侧肌肉风湿时，病马低头困难；一侧肌肉风湿时，头偏向一侧。

②肩臂部风湿病（前肢风湿）：患肢不敢负重、悬跛。两前肢同时发病时，病马头颈高举站立，两前肢前踏，两蹄踵着地。运步时步幅短缩，关节伸展不充分。

③腰背部风湿病：腰背部肌肉僵硬，站立时腰背部拱起，凹腰反射减弱或消失。行走时背腰不灵活，后躯强拘，步幅较短，站立与卧下时比较困难。

④臀股风湿病（后肢风湿）：患部肌肉僵硬、疼痛。后肢行走缓慢，跛行症状明显。

【2010年执业兽医资格考试真题】机体多肌群和关节发生疼痛的疾病是( )。

    A. 肌炎   B. 腱鞘炎   C. 风湿病

    D. 蹄叶炎   E. 黏液囊炎

3. 治疗

治疗原则是清除病因，解热镇痛。

（1）水杨酸钠疗法

①用撒乌安（10%水杨酸钠注射液150mL、40%乌洛托品注射液30mL、10%安钠咖注射液20mL），静脉注射，1次/d，连读5~7d。

②水杨酸钠、碳酸氢钠和自家血疗法，取10%水杨酸钠注射液200mL、5%碳酸氢钠注射液200mL，静脉注射，1次/d。自家血注射剂量，第1天为80mL，第3天为100mL，第5天为120mL，第7天为140mL，7d为一疗程。对急、慢性风湿病均有治疗效果。

（2）肾上腺皮质激素疗法　用2.5%醋酸可的松注射液200~750mg，1次/d，肌内注射；0.5%氢化可的松注射液200~750mg，静脉或肌内注射。

（3）抗生素疗法　急性风湿病初期，应用抗生素。用青霉素1600万IU、地塞米松10mL、0.9%氯化钠注射液1000mL，静脉注射，2次/d，连用3d。

【2015年执业兽医资格考试真题】治疗急性风湿病时，除应用解热镇痛药外，首选的抗菌药物是（　　）。

A. 链霉素　　　　　B. 青霉素　　　　　C. 甲硝唑

D. 利福平　　　　　E. 卡那霉素

（4）解热镇痛疗法　用30%安乃近20~30mL，肌内注射。

（5）穴位注射　用10%~25%葡萄糖注射液30~40mL、5%~10%当归注射液20~30mL，于前肢抢风穴、后肢百会穴、巴山穴、汗沟穴注射，隔日1次，3~4次为一疗程。

（6）中药治疗　防风散，防风30g、独活25g、羌活25g、连翘15g、升麻25g、柴胡20g、制附子15g、乌药20g、当归25g、葛根20g、山药25g、甘草15g，研末，开水冲服。

独活寄生汤，独活30g、桑寄生45g、秦艽30g、防风25g、细辛6g、当归30g、白芍25g、川芎15g、熟地黄45g、杜仲30g、牛膝30g、党参30g、茯苓30g、肉桂15g、甘草20g，水煎，去渣，灌服。

> 任务思考

（1）简述马属动物脓肿的治疗方法。

（2）简述马属动物新鲜创的特征。

（3）简述马属动物化脓感染创的治疗方法。

（4）简述马属动物休克发展的过程。

（5）结膜炎的治疗方法有哪些？

(6) 鼻旁窦积脓的症状有哪些？
(7) 马属动物牙齿磨灭不整常见的类型有哪些？
(8) 简述跛行诊断的方法。
(9) 简述马属动物蹄叉腐烂的治疗方法。
(10) 风湿病症状有哪些？

任务二　产科疾病

> 任务目标

(1) 掌握马属动物妊娠器官的组成及功能。
(2) 掌握马属动物发情与发情周期和马的妊娠鉴定技术。
(3) 掌握马属动物流产、妊娠浮肿、妊娠毒血症、产道损伤、子宫脱出、子宫内膜炎、产后感染、卵巢机能减退及萎缩、卵巢囊肿、乳腺炎、无乳或泌乳不足、漏乳、新生驹窒息、胎粪秘结、脐炎的病因、症状和治疗。
(4) 掌握马属动物难产的检查方法。
(5) 掌握马属动物手术助产前的准备工作和常见的难产救助方法。

> 必备知识

本任务主要介绍马属动物产科生理、妊娠期疾病、难产的检查和助产、产后期疾病、卵巢疾病、乳腺疾病、新生驹疾病。

(一) 马属动物产科生理

1. 妊娠器官

妊娠是指胎生动物的精子进入卵子后发生的一系列变化的过程。妊娠是从受精开始，经由受精卵阶段、胚胎阶段、胎儿阶段，直到分娩的整个生理过程。

马属动物的妊娠期可分三个阶段。第一阶段为胚胎早期，从排卵后几小时内发生受精开始，到合子的原始胚胎发育为止。第二阶段为胚胎期或器官生成期，此阶段胚胎迅速生长分化，其组织器官和系统已经形成，动物外形的主要特征已能辨认。第三阶段为胎儿期或胎儿生长期，这一阶段的主要特点是胎儿的生长和外形的改变。马的妊娠期为329~345d，平均为335d，其中马怀骡为321~374d，平均为351d；驴的妊娠期为350~396d，平均为370d，其中驴怀骡为340~406d，平均为364d。

（1）胎膜　胎膜是胎儿与母体之间交换营养物质、气体和代谢产物的一个暂时性器官，也称为胎衣。在胎儿生下后，胎膜也排出体外。胎膜包括卵黄囊、羊膜、尿膜、绒毛膜、脐带及胎儿胎盘。

①卵黄囊：在胚胎发育初期起着原始胎盘的作用，胎盘借卵黄囊和滋养层从子宫乳中吸收营养，脐带形成后卵黄囊萎缩并被包裹在脐带内。

②羊膜：最靠近胎儿的一层膜，它几乎是透明的，并于胎儿的脐孔处和胎儿的皮肤相连。羊膜与胎儿之间有一个腔，称为羊膜腔，腔内充满羊水。羊水具有缓冲外来压力，保护胎儿免受外界机械冲击，分娩时可帮助开张子宫颈口及润滑产道的作用。

③绒毛膜：胎膜的最外层，它包裹着胚胎和其他胎膜。绒毛膜上分布有许多绒毛，由于动物种类不同，绒毛膜上分布的绒毛情况也不同。马的绒毛膜上的绒毛呈均匀分布。

④尿膜：通过胎儿脐孔突出于羊膜与绒毛膜之间的一个囊。尿膜分为内外两层，内层与羊膜相粘连形成尿膜-羊膜，外层与绒毛膜相粘连形成尿膜-绒毛膜，尿膜囊内有尿水，因此尿膜囊可以看作是胚胎的体外膀胱。

⑤脐带：脐带是胎儿与其附属膜之间的联系物，又是胎儿附属膜的一部分，同时也是胎儿与母体之间进行物质交换的通道。脐带外膜是由羊膜形成的羊膜鞘，其内有脐血管、脐尿管及卵黄囊的遗迹。

（2）胎盘　胎盘是指尿膜-绒毛膜和子宫黏膜发生联系所形成的一种暂时性的"组织器官"。

尿膜-绒毛膜的绒毛部分为胎儿胎盘，子宫黏膜部分为母体胎盘。胎儿的血管和子宫血管各自分布到自身的胎盘上，并不直接相通，仅彼此发生物质交换，保证胎儿发育的需要。胎盘是母体与胎儿之间联系的纽带，它不仅是母子之间进行物质和气体交换的场所，还是一个具有多种功能的器官。

①胎盘类型：由于动物绒毛膜和子宫黏膜构造的多样性，故动物胎盘的形态和结构也有所不同。一般根据动物胎盘形态和组织结构的特点进行区分。

马的胎盘为弥散胎盘，其特点是绒毛大体上均匀分布于绒毛膜表面，绒毛深入到子宫内膜腺窝内，形成一个胎盘单位，或称微子叶，母体与胎儿在此发生物质交换。母体胎盘与胎儿胎盘结合较为疏松，彼此容易脱离。

【2019年执业兽医资格考试真题】属于弥散胎盘的动物是（　　）。

A. 马　　　　　　B. 牛　　　　　　C. 羊
D. 犬　　　　　　E. 猴

②胎盘的主要功能

a. 物质交换功能。通过胎盘将母体血液中的营养物质提供给胎儿，以满足其生长发育需要；并将胎儿在生长发育过程中的代谢产物通过胎盘排到其母体血液循环系统中，通过胎盘循环实现了妊娠期胎儿与母体之间的物质交换。

b. 胎盘屏障。胎盘可选择性地阻止或允许母体血液中的物质进入胎儿血液循环，为胎儿安全妊娠提供了保障。胎盘屏障作用可以有效地阻挡母体血液中一些对胎儿有害的物质，当然这种胎盘屏障作用也是有限的，只能防止部分病原体，药物和抗体通过母体血液循环可进入胎儿体内。

c. 分泌功能。胎盘还是妊娠期的一个重要内分泌器官，可合成分泌促乳素、孕激素、雌激素、促性腺激素等。

2. 发情与发情周期

（1）初情期　马驹在出生3月龄时，接近输卵管伞部的卵巢皮质向髓质生长，形成排卵凹。从出生到4月龄时，卵巢的形状从胎儿时的椭圆形变为成年期的豆形。6~9月龄时有些小马有卵泡发情。10~18月龄时营养良好的小马可达到初情期。

【2010年执业兽医资格考试真题】母马初情期的卵巢变化是（　　）。

A. 不排卵　　　　　B. 有黄体　　　　　C. 无卵泡发育

D. 有卵泡发育　　　E. 卵巢质地变硬

（2）发情季节　马（驴）是季节性多次发生情的动物，发情从3~4月开始，至深秋季节停止。在发情初期，排卵通常滞后于发情临床表现，此时配种受胎率较低。

【2015年执业兽医资格考试真题】某动物，6岁，4~11月出现6次发情，均未配种；12月至次年3月未发情。具有该发情特点的动物是（　　）。

A. 奶牛　　　　　　B. 山羊　　　　　　C. 马

D. 犬　　　　　　　E. 猫

（3）发情周期　母马平均为21（16~25）d，驴为23（20~28）d。一年的发情次数为3~6次。

（4）发情期　马为5~10d，驴为4~9d。

【2019年执业兽医资格考试真题】母马发情持续的时间为（　　）。

A. 5~10d　　　　　B. 11~15d　　　　　C. 16~20d

D. 21~25d　　　　 E. 26~30d

（5）发情鉴定　马（驴）的发情期长，所以必须掌握时间，在排卵前配种，以提高受胎率。马（驴）发情鉴定的方法有外部观察、试情、阴道检查及直肠检查法等。通常在外部观察的基础上，通过直肠检查卵泡发育情况为主，辅以其他鉴定法。

①外部观察：发情时母马（驴）表现不安，常后肢撑开，拱腰抬尾，阴门频频开闭，闪露阴蒂，有时排出少量混浊尿液或黄白色黏液。发情母马常脱群寻找公马，应注意观察以防走失。

驴的性兴奋比较明显，四肢撑开站立，头颈伸直，耳向后背，上、下颌频频开闭，有时还发出白齿相撞的声音，这种现象称为"拌嘴"。在人接近或压其后背时，表现更明显。

②直肠检查：马（驴）的成熟卵体积较大。在发育过程中卵泡的大小、形状、质地都发生明显的变化，并具有规律性。因此，直肠检查是马（驴）发情鉴定和确定排卵时间最准确的方法。

马（驴）配种时间以第三期和第四期发情最好。配后第 2 天再检查，如未排卵，须继续每天检查，马可隔日检查并输精。

(6) 产后发情　马产后第一次发情在分娩后 6~13d，平均在第 9 天，在产后第一次发情配种称为配血驹（配热胎），产后发情鉴定应在第 5 天开始进行，以免错过配种机会。马（驴）产后第一次发情时，因护驹心切，性行为表现不明显，因此必须通过直肠检查来确定。

3. 马的妊娠鉴定

从马属动物妊娠不同阶段移除孕体研究中发现，正在发育的孕体对妊娠识别相当重要，在妊娠第 10 天、15 天和 20 天时移去孕体，则分别在 22d、38d 和 49d 恢复发情。间情期的马，子宫液中有一种低分子质量的蛋白质，而在妊娠期间这种蛋白是一直存在的。马的孕体也能产生雌二醇和雌酮，妊娠马子宫膜分泌 $PGF_{2\alpha}$ 显著降低，而且马子宫静脉血液内 $PGF_{2\alpha}$ 的含量显著低于未孕马，早期妊娠子宫内，并没有发现任何 $PGF_{2\alpha}$ 整合物，但将子宫组织和孕体组织一起培养时，则 $PGF_{2\alpha}$ 合成降低，这种情况可能使黄体寿命延长。约半数驴有漏奶现象。

(1) 软产道的变化　马（驴）阴道壁松软和明显变短，黏膜潮红，黏液由原来的浓厚、黏稠变为稀薄、滑润，但无黏液外流现象，阴唇在产前十余个小时开始肿大。

(2) 骨盆韧带的变化　骨盆韧带在临近分娩时变得松软。在坐骨韧带软化的同时，荐髂韧带也变软，荐骨后端的活动性增大，荐坐韧带的后缘也变软，因臀肌肥厚，尾根活动性不明显。

(3) 精神状态的变化　母马（驴）在产前一般出现精神抑郁和徘徊不安等现象，有离群和寻找安静地方分娩的习惯，临产前食欲不振，粪、尿排泄量少而次数增多。体温在产前一个月开始发生变化，至产前 7~8d，可缓慢升高到 38~38.5℃，产前 12h，则又下降 0.5~1℃，分娩过程中或产后又恢复到 38~38.5℃，这种变化要做系统观察才能发现。

(4) 分娩过程　分娩过程是指从子宫开始出现阵缩到胎衣完全排出的整个过程。其中包括子宫开口期、胎儿产出期及胎衣排出期。

①子宫开口期：也称为宫颈开张期，是从子宫开始阵缩计算，至子宫颈充

分开张为止，这一期子宫颈变软扩张，一般仅有阵缩，没有努责。

子宫开口期中，孕马都是寻找不易受干扰的地方等待分娩，其表现是食欲减退，轻微不安，时起时卧，尾根抬起，常呈排尿姿势，并不时排出少量粪、尿，脉搏、呼吸加快。马在子宫开口期常较敏感，子宫收缩引起轻度疝痛现象，尾巴上下刷动，尾根时常举起或向一旁扭曲，胎儿产出前4h左右，肘后及腹肋部常出汗，脉搏增至60次/min，前蹄刨地，回顾腹部，有的做无目的的徘徊运动，有的蹲伏，叉开后肢努责，或卧地打滚，然后再站起来。

②胎儿产出期：从子宫颈充分开张，胎囊及胎儿进入盆腔，母马开始努责，到胎儿排出为止。

在胎儿产出期开始之前，阴道已大为缩短，子宫颈位于阴门之内不远处，质地很软，但并不开张。马的努责非常剧烈，常连续努责3~5次，休息2~3min，努责共约40次，开始努责时，母马卧下，有时由于阴门张开，子宫颈开始开放，可以看到尿膜-绒毛膜，经过数次努责，子宫颈内口附近的尿膜-绒毛膜脱离子宫颈黏膜，并带着尿水进入子宫颈，将子宫颈撑开。尿水流出后，尿膜、羊膜囊即露于阴门口上或阴门之外，颜色淡白、半透明，有弯曲的血管，透过它可以看到胎蹄和羊水。母马休息后，努责更为剧烈，使胎儿排出加快。尿膜羊膜囊往往在胎儿头颈和前肢排出过程中被撕破，或在胎儿排出后被撕破。排出胎儿后母马常不愿立即站起，这时如尿膜羊膜囊尚未破裂，应立即撕开，以免胎儿窒息。

③胎衣排出期：胎衣是胎膜的总称，胎衣排出期是指从胎儿排出算起，到胎衣完全排出为止。需要1.5h左右。

【2020年执业兽医资格考试真题】马胎衣排出的正常时间是(　　)。
A. 3.5~4h   B. 1.6~2h   C. 5min~1.5h
D. 2.5~5h   E. 4.5~5h

胎儿排出之后，产后马需安静下来，几分钟后，子宫再次出现阵缩，这时不再努责或偶有轻微努责。阵缩时间长，力量减弱，阵缩的间隔时间长。

4. 分娩

分娩是指妊娠期满，胎儿发育成熟，母体将胎儿及其附属物从子宫排出体外的生理过程。

(1) **分娩预兆**　随着胎儿发育成熟和分娩期逐渐接近，母马的精神状态、全身状况、生殖器官及骨盆部都发生一系列的变化，以适应排出胎儿以及哺育幼驹的需要，这些变化称为分娩预兆。根据预兆可以预测分娩时间，以便做好接产的准备工作。

(2) **乳房的变化**　马在产前数天乳头变粗大，开始漏乳后往往在当天或次日傍晚分娩。驴在产前3~5d乳头基部开始膨大，产前约2d整个乳头变粗大，呈圆锥状，起先在乳头中挤出的是黏稠、清亮的液体，以后即为白色初乳，子宫肌的收缩促使胎衣排出。马的胎盘属于上皮绒毛膜型，母马的胎盘组织结合比较疏松，胎衣容易脱落，胎衣排出较早。

(二) 马属动物妊娠期疾病

1. 流产

流产是指胚胎或胎儿与母体的正常生理关系被破坏，而使妊娠中断，胚胎在子宫内被吸收，或排出死亡的胎儿，或排出不足月的活胎。可分为普通性流产、传染性流产和寄生虫性流产。

(1) 病因

①普通流产

a. 饲养管理不当。饲料品质不良，缺乏某些营养物质；饲养不当，过食冰冻草料或过饮冰渣水而引起的流产。

b. 机械性损伤。如冲撞、拥挤、蹴踢、剧烈运动、跌倒、闪伤以及粗暴的直肠检查、阴道检查等均可引起子宫收缩而造成流产。

c. 习惯性流产。主要由子宫内膜的病变及子宫发育不全等引起。

d. 用药不当。母马怀孕时大量服用泻剂（尤其是大剂量使用盐类泻剂）、利尿剂、驱虫剂，误服子宫收缩药物、催情药和妊娠禁忌的其他药物等。

e. 继发于某些疾病。如子宫阴道疾病、胃肠炎、疝痛病、热性病及胎儿发育异常等。

f. 中毒性流产。霉玉米、重金属等中毒所引起的流产。

②传染性流产：如马媾疫、马传染性贫血等所引起的流产。

③寄生虫性流产：如马焦虫病等，因母马严重贫血，致使胎儿死亡而流产。

(2) 症状

①隐性流产：胚胎在子宫内被吸收称为隐性流产，无临床症状，配种后，经检查已怀孕，但过一段时间又出现发情，从阴门中流出较多分泌物。

②早产：有和正常分娩类似的前兆和过程，排出不足月的胎儿，称为早产。一般在流产发生前 2~3d，母马乳房肿胀，阴唇肿胀，乳头可挤出清亮乳汁，并出现腹痛、努责、从阴门流出分泌物和血液。

③小产：指排出死亡胎儿，是最常见的流产。

④延期流产：也称死胎停滞，胎儿死亡后久不排出，死胎在子宫内变成干尸或软组织被分解液化。早期不易被发现，但母马怀孕表现不见进展，而逐渐消退，也不发情，有时从子宫内排出污染不洁的恶臭液体，并含有胎儿组织碎片和骨片。

（3）治疗

①保胎、安胎：用黄体酮 50~100mg，肌内注射。

②促使胎儿排出：促进子宫颈口开张，可肌内注射乙烯雌酚和催产素。

③对延期流产的，应尽快排出胎儿和骨片，冲洗子宫并投入抗生素；必要时进行全身疗法。

④中药治疗：白术散，白术 40g、当归 30g、熟地 25g、党参 30g、陈皮 30g、紫苏 25g、黄芩 20g、阿胶珠 30g、砂仁 25g、白芍 20g、川芎 20g、桑寄生 25g、生姜 10g、炙甘草 20g，研细末，开水冲服。

2. 妊娠浮肿

妊娠浮肿是指在母马怀孕末期，在腹下、四肢和会阴部等处发生的非炎性水肿。如果浮肿面积小，症状轻，可视为正常现象，分娩后就会逐渐消失。多发生在分娩前一月内，分娩前 10d 最为严重。

（1）病因

①怀孕末期腹内压增高，乳房胀大，母马运动量减少，使腹下、乳房、后肢的静脉血流滞缓，引起淤血及毛细血管渗透压增高，导致发病。

②由于饲料中的蛋白质供应不足，孕马血浆蛋白浓度降低而发病。

（2）症状　浮肿常从腹下、乳房开始，可蔓延至胸前、后肢及阴门。肿胀呈扁平状，左右对称，触之无痛，皮温低，指压留痕，被毛稀少的部位皮肤紧张而有光泽。

（3）治疗　以改善饲养管理为主，给予蛋白质丰富的饲料，限制饮水，减少多汁饲料和食盐，尽可能增加运动。严重者用强心、利尿剂。静脉注射水肿灵（15%葡萄糖注射液 100mL、20%安纳咖注射液 10mL、5%氯化钙注射液 200mL、10%水杨酸钠注射液 100mL），1 次/d，连续 2~3d。

中药治疗：当归散，当归 45g、熟地黄 45g、白芍 30g、川芎 25g、枳实 15g、青皮 15g、红花 3g，研末，开水冲服。

3. 妊娠毒血症

妊娠毒血症是指马属动物在妊娠末期以产前顽固性不吃不喝为特征的一种代谢性疾病。常见于怀骡驹的驴和马，马怀马驹时也可发病，但驴怀驴驹时患病极少。多发生于产前数天至 1 个月以内，1~3 胎的最多，但发病率与年龄、营养、体形及配种公畜无明显关系，但膘情好，妊娠后不使役的马、驴易发本病。

（1）病因　胎儿过大是主要原因，本病的发生与缺乏运动、饲养管理不当有密切关系。怀骡驹时，胎儿具有杂种优势，生活能力强，发育迅速，体格较大，对母体的新陈代谢和内分泌系统的负荷加重。特别是在妊娠末期，胎儿生长迅速，代谢过程愈加旺盛，需要从母体摄取大量营养物质。如果母体因运动不足而消化、吸收机能降低，就不得不动用贮存的糖原、体脂、蛋白质和消耗自身必需营养物质，以满足胎驹的营养需要，致使母体代谢机能障碍。

（2）症状　临床上可分为轻型和重型两种。

①轻型：特点是食欲减退，不吃精料，只吃少量饲草，也有些仅吃少量精料，不吃草，采食时多时少，口色红干，口稍臭，舌无苔。排粪少，粪球干黑，有的带黏液；有的粪稀软，和用过泻下剂或骤然吃了较多的青草有关；少数病驴的粪时干时稀；也有排粪正常者，肠音很弱，在拉稀时呈水响音，尿少。

精神不振，呆立不愿活动，喜站于阴暗处或墙角，下唇不同程度地下垂。心音稍亢进，心跳 70 次/min 左右，体温正常。

②重症：特点是食欲废绝，有的病马对青草、胡萝卜、麸皮等尚能吃一两口，但咀嚼不利，常喜舐土，如给拌有食盐的麸皮，可多吃几口。口色暗红（少数病例口色微现黄色），口干涩，有的黏腻，有少数病例流涎，口恶臭，舌软无苔，少数有白苔，粪少，粪球干黑，晚期常拉黑粪水。

精神极为沉郁，耳耷头低，呆立于阴暗处，运步沉重无力，下唇松弛下垂，有的下唇肿胀，心跳 70~90 次/min，心音亢进，有时节律不齐。颈静脉波动明显，肠音很弱或废绝。

马由顽固性慢食发展到食欲完全废绝，有的突然食欲废绝，饮欲降低。可视黏膜呈红黄色或橘红色，口干舌燥，苔黄腻或白腻。严重时口内发黏，舌青黄或舌淡。初期腹胀，便干燥，粪球硬小，量很少，表面附淡黄色黏液。尿浓，色黄。后期粪呈稀糊状或黑水，尿清，量多。肠音极弱，甚至废绝。呼吸短浅，心音快而弱，有时节律不齐，体温一般正常，部分病例后期升高到 40℃以上。

【2016 年执业兽医资格考试真题】马，5 岁，妊娠 321d，体温不高，精神沉郁，饮、食欲废绝，粪球干黑，尿浓色黄，可视黏膜潮红。血液检查见血浆浑浊，呈暗黄色奶油状。该病最可能的诊断是（　　）。

A. 马巴贝斯虫病　　B. 溶血性贫血　　C. 营养性贫血

D. 酮病　　　　　　E. 妊娠毒血症

（3）治疗

①本病多伴有食滞性胃扩张，有时给以食醋灌肠，可产生良好效果。肾上腺皮质机能降低者，用氢化可的松注射液 500~600mg 加入 5%葡萄糖注射液，静脉注射。有酸中毒现象的，可加 5%碳酸氢钠溶液 150~250mL。

②因碘、磷等元素供应不足，引起甲状腺机能低下或脑垂体前叶、甲状腺本身和组织内的胆碱能分泌不足，用精制敌百虫 2.0g、10%葡萄糖注射液 1500mL、精制碘化钾 3.0g，混合静脉注射，1 次/d。对于浮肿型病例，以上药

方中加入20%安钠咖注射液10~20mL、25%硫酸镁注射液60~80mL。

③中药治疗

a. 脾胃虚弱型。精神不振，食欲减少，体温正常，口色淡，湿润，无苔，肠音弱，粪软带水。用泰山盘石散，党参30g、黄芪30g、当归30g、白芍30g、白术25g、黄芩20g、熟地25g、续断25g、砂仁20g、炙甘草10g、柴胡15g、青皮20g、枳壳20g，研末，开水冲服；粪便干燥者，加瓜蒌仁45g、蜂蜜60g；体温低，耳鼻、四肢凉者，加炙附子20g；食滞性胃扩张者，加山楂25g、麦芽25g、神曲25g、食醋120mL；拉稀严重者，加白术30g、茯苓45g。

b. 脾虚湿困型。腹部胀大下垂，口津滑流涎，唇下垂，耳鼻、四肢凉，运步无力，心悸，呆立不吃不喝，粪稀带黏液，尿少，腹水多。用加味实脾饮，苍术75g、薏米150g、党参90g、厚朴45g、草豆蔻30g、菖蒲20g、大腹皮60g、茯苓120g、柴胡20g、升麻15g、醋香附30g、陈皮15g、生麦芽60g、炙甘草30g，以上药水煎至1000mL，去渣，加氢氯噻嗪30片，口服。

c. 肝肾阴虚型。突然不吃不喝，头低耳耷，耳、鼻、四肢温热，粪便干黑，小便黄稠短少，体温略高，口色黄绛，舌干无苔，脉滑数。一贯煎加味，北沙参30g、麦冬30g、当归30g、生地黄45g、枸杞30g、川楝子15g、白术30g、柴胡15g、郁金25g。水煎、去渣、口服；少食腹胀者，加生麦芽30g、山楂30g、食醋120mL；预防流产，加白术25g、黄芩20g。

（三）马属动物的难产

分娩是妊娠马属动物难产的一种生理现象，这一过程能否正常进行，取决于产力、产道和胎儿等因素。正常情况下，三者总是相互协调的，从而使分娩能顺利地进行，如果其中如何一种因素发生异常，使胎儿不能顺利排出，造成胎儿的产出过程延迟或受阻，引起难产。根据难产的原因，可分为产力性难产、产道性难产和胎儿性难产。

1. 难产的检查

（1）病史调查

①了解马属动物是初产还是经产，怀孕是否足月或超过预产期。一般初产马属动物，常考虑产道是否狭窄，胎儿是否过大。经产马属动物，可考虑是否胎位、胎势不正、胎儿畸形或单胎动物怀双胞胎等。如果预产期不到，可能发生早产或小产。

②了解分娩开始的时间，努责的强度和频率，胎水是否排出，综合分析难产原因。

③分娩前是否患过阴道脓肿、阴门裂伤、骨盆骨折及其他产道疾病，患过上述疾病可引起产道狭窄，影响胎儿产出。

④分娩开始后是否经过治疗，如何治疗；治疗前胎儿的方向、位置及胎势如何；胎儿是否死亡，经过何种处理；以便在此基础上确定下一步救治措施。

（2）全身检查　首先检查妊娠马属动物体温、脉搏、呼吸、可视黏膜、精神状态及其是否站立，并了解其全身状况，作为选择助产的方法，确定全身综合治疗及判定预后的依据。如结膜苍白，表明有出血的可能，预后应慎重。

其次还要检查阴门及尾根两旁的荐坐韧带后缘是否松弛，向上提尾根时荐椎后端的活动程度如何，以便估计骨盆及阴门扩张的程度。

（3）产道的检查　产道的检查主要是查明软产道的松弛和滑润程度，有无损伤、水肿和狭窄，并要注意产道内液体的颜色和气味，子宫颈松软和开张程度，有无瘢痕，肿瘤及骨盆畸形等。

妊娠马属动物如果难产时间已久、产程过长，其软产道黏膜往往发生水肿，导致产道狭窄，妨碍助产。有时虽然难产时间不长，但由于胎水过早流失，造成黏膜表面干燥，也可导致产道水肿，甚至损伤和出血。产道的损伤一般可以触摸到，流出的血液颜色要比胎膜血管中的血液鲜红。产道的水肿或损伤，将给助产工作带来很大困难，有时甚至使手臂无法伸入子宫腔。强行助产会造成产道更大的损伤，应及时调整助产的方法。

（4）胎儿的检查　胎儿的检查包括胎势、胎向和胎位有无异常，胎儿是否存活，体形大小和进入产道的深浅，这些均是术前检查的重要内容。胎儿是否畸形，是否产生了气肿或腐败等也需检查。

检查前，术者手臂及马属动物阴门部均需消毒。如果胎膜未破，应隔着胎膜用手触摸胎儿的前置部分；如果胎膜已破，手伸入胎膜可直接触摸，这样既可以检查胎儿在宫腔内的状况，又能感觉出胎儿的滑润程度和胎儿是否存活。

检查胎儿的主要项目包括以下几项。

①胎儿是否异常：通过触摸其头、颈、胸、腹、臀或前后肢，弄清楚胎儿的胎势、胎向和胎位如何，预判产出时是否出现异常。

②胎儿的大小：检查胎儿的大小应和产道的大小比较，来确定是否容易矫正和拉出。

③胎儿进入产道的程度：如胎儿进入产道很深，不能推回；胎儿较小，异常不严重时，可先试行拉出；进入尚浅时，如有异常，应先矫正后再拉。

④胎儿的死活：对于助产方法的选择是有决定意义的。可根据以下检查内容来判断胎儿的死活。当正生时，术者可将手伸入胎儿口腔，注意有无吮吸动作，轻拉舌头，检查有无收缩；或用手指压眼球，注意有无反应；或牵拉、刺激前肢，注意有无向相反方向退缩；也可触诊颌外动脉或心区，检查有无波动。倒生时，最好是触诊脐带是否有动脉搏动；也可牵拉或刺激后肢，注意有无反射活动；或将食指伸入肛门，检查有无收缩反射。

在判定胎儿死活时,只要确定上述某一种生理活动,即可确定是活的胎儿。但判断胎儿死亡时,却不能单纯依据某一种生理活动的消失,而必须检查所有的活动,全部消失时,方能最终确定死亡。

2. 手术助产前的准备

根据对妊娠马属动物和胎儿检查的结果,及时制订助产计划、实施方案,并做好以下准备工作,以确保助产工作的顺利进行。

(1) 保定　难产时对妊娠马属动物保定的好坏是手术助产能否顺利进行的关键。通常以站立保定为宜,取前低后高姿势,便于使胎儿能够向前推入子宫,不致卡在子宫腔内,妨碍操作。如果妊娠马属动物不能站立,则可使其侧卧,至于侧卧于哪一方,以便于操作为原则。如果胎儿头颈于左侧,妊娠马属动物须右侧卧,反之则取左侧卧。侧卧保定时,也应将后躯垫高。

(2) 麻醉　为了抑制妊娠马属动物努责,便于操作,可给予镇静剂或硬膜外麻醉。

(3) 消毒　为了预防感染,助产前必须对产房、场地、妊娠马属动物外阴部、胎儿外露部分、助产所用器械和术者手臂进行严格消毒。

(4) 润滑产道　为了便于推回、矫正和拉出胎儿,尤其当胎水流尽、产道干燥、胎衣及子宫壁紧包着胎儿时,必须向产道及子宫内灌注温肥皂水或润滑油。如果一味地强行推、拉矫正,可能造成子宫脱出或产道破裂。

3. 常见难产的救助方法

由于发生的原因不同,临床上将难产分为产力性、产道性和胎儿性难产三种。前两种是母体异常引起的,后一种是胎儿异常所造成的。

【2019年执业兽医资格考试真题】马、牛发生产力性难产时,首选的助产手术是(　　)。

A. 牵引术　　　　B. 截胎术　　　　C. 矫正术
D. 剖宫产术　　　E. 药物助产术

(1) 妊娠动物异常引起的难产　妊娠马属动物阵缩及努责微弱,分娩时子宫及腹肌收缩无力,时间短,次数少,间隔时间长,以致不能将胎儿排出,称为阵缩及努责微弱。

①病因:原发性阵缩微弱,是由于长期舍饲、缺乏运动、饲料质量差、缺乏青绿饲料及矿物质、老龄体弱或过于肥胖的母马、患有全身性疾病、胎儿过大、胎水过多等。

继发性阵缩微弱,在分娩开始时阵缩努责正常。进入产出期后,由于胎儿过大、胎儿异常等原因长时间不能产出胎儿,腹肌及子宫长时间持续收缩,过度疲乏,最后导致阵缩努责微弱或完全停止。

②症状:妊娠马属动物怀孕期已满,具备分娩条件,分娩预兆已出现,但

阵缩力量微弱，努责次数减少，力量不足，长久不能将胎儿排出。

产道检查：子宫颈已松软开大，但开张不全，胎儿及胎囊进入子宫颈及骨盆腔。在这种情况下，常因胎盘血液循环减弱或停止，引起胎儿死亡。

③治疗：早期可使用催产药物，如脑垂体后叶素、麦角等。在产道完全松软，子宫颈已开张的情况下，则实施牵引术；胎位、胎向、胎势异常者，经整复后强行拉出；经助产不成功者，可实行剖宫产手术。

(2) 胎儿异常引起的难产

①胎儿过大

指妊娠母体的骨盆、软产道正常，胎位、胎向、胎势也正常，由于胎儿发育相对过大，不能顺利通过产道。

a. 病因。可能是妊娠马属动物或胎儿的内分泌机能紊乱，怀孕期过长，使胎儿发育过大。

b. 助产。胎儿过大的助产方法，就是人工强行拉出胎儿。强行拉出时必须注意，尽可能等到子宫颈完全开张后进行，必须配合动物努责，用力要缓和，边拉边扩张产道，边拉边上下摆动或略旋转胎儿。在助手配合下交替牵拉前肢，使胎儿肩围、骨盆围，呈斜向通过骨盆狭窄部。强行拉出确有困难且胎儿还存活时，应及时实施剖宫产手术。如果胎儿已死亡，则可行施截胎术。

【2012年执业兽医资格考试真题】对于胎位、胎势异常，矫正后不宜拉出的复杂难产，宜采用(　　)。

A. 剖宫产　　　　B. 截胎术　　　　C. 牵引术

D. 药物催产　　　E. 以上都不是

【2020年执业兽医资格考试真题】驴，7岁，难产。检查发现胎儿下位、纵向，双侧肩部前置，且胎儿已死。对该驴首选的助产方法是(　　)。

A. 矫正术　　　　B. 翻转母体　　　C. 截胎术

D. 牵引术　　　　E. 剖宫产术

②胎儿姿势不正

a. 胎儿头颈姿势不正。分娩时两前肢已进入产道，但是胎儿头部发生了异常，如胎头侧转、后抑、下弯及头颈扭转等，其中以胎头侧转、下弯多见。

诊断：胎头侧转时，可见由阴门伸出一长一短的两前肢，在骨盆前缘可摸到转向一侧的胎头或颈部，通常头是转向伸出较短前肢的一侧。胎头下弯时，在阴门处可见到两蹄尖，在骨盆前缘胎儿头向下弯于两前肢之间，可摸到胎头下弯的颈部。

助产：助产方法包括徒手矫正法和器械矫正法。

徒手矫正法：适应于病程短、侧转程度不大的病例。矫正前先用产科绳拴住两肢，然后术者手伸入产道，用食指、拇指握住两眼眶或用手握住鼻端，或用绳套住下颌将胎儿头拉至鼻端朝向产道,如果是头顶向下或偏向一侧,则把头拉向产道即可。

器械矫正法:徒手矫正有困难时,可借助器械矫正。用绳导把双股产科绳一端引过胎儿颈部,拉出,与绳的另一端穿单滑结,将其中一绳环绕过头顶推向鼻梁,另一绳环推向耳后由助手拉紧,术者用手护住胎儿鼻端,助手按术者指示向外拉,术者将胎头拉向产道。

马的胎儿胎头高度侧转时,往往用手摸不到胎头,须用双孔挺协助,先把产科绳的一端固定在双孔挺的一个孔上,另一端用绳导带入产道,绕过头颈屈曲部后带出产道,取下绳导,把绳穿过产科挺的另一孔。术者用手将产科挺带入产道,沿胎儿颈椎推至耳后,助手在外把绳拉紧并固定在挺柄上,术者手握胎儿鼻端,然后在助手配合下把胎头矫正后强行拉出。

b. 胎儿前肢姿势不正。有腕关节屈曲、肩关节屈曲、肘关节屈曲、两前肢压在胎头之上等。临床上常见的有前肢或两前肢腕关节屈曲。

诊断:一侧腕关节屈曲时,从阴道伸出一前肢。两侧腕关节屈曲时,两前肢均不见伸出产道。产道检查,只摸到正常胎头和弯曲的腕关节。肩关节屈曲时,前肢伸于胎儿腹下。检查时,只摸到胎头或屈曲的肩关节,有时胎头进入产道或露出于阴门,而不见前肢或蹄部。

助产:腕关节屈曲时,先将胎儿推回子宫,推的同时术者用手握住屈曲的肢体的掌部,一边尽量往里推,一边往上抬,再趁势下滑握住蹄部。在趁势上抬的同时,将蹄部拉出产道。

③胎位不正:下胎位或侧胎位。

a. 下胎位。有正生下胎位和倒生下胎位两种。

诊断:正生下胎位时,阴门露出两个蹄底向上的蹄子,产道检查可摸到腕关节、口唇或蹄部。倒生下胎位时,阴门露出两个蹄底向下的蹄子,产道检查可摸到跗关节、尾巴,甚至脐带。

助产:两种下胎位,均应将胎儿沿纵轴回转180°,使其变为上位或轻度侧位,再强行拉出;或者由术者先固定胎儿,然后翻转妊娠马属动物,以达到由下胎位变为上胎位的目的。

b. 侧胎位。有正产和倒产两种侧胎位。

诊断:正产侧胎位时,两前肢以上、下的位置伸出于阴门,产道检查可摸到侧胎位的头和颈。倒产时,则两后肢以上、下的位置伸于阴门外,产道检查,可摸到臀部、肛门及尾部。

助产:倒生的侧胎位,胎儿两髋关节之间的距离较妊娠马属动物骨盆入口的垂直径短,所以胎儿进入骨盆并无困难,或稍加处理,可将侧胎位胎儿变至上胎位而拉出。但正生侧位时,常由于胎头的妨碍,而难以通过骨盆腔,所以要矫正胎头，常推回胎儿，握上眼眶，将胎头扭正拉入骨盆入口，然后拉出胎儿。

【2016年执业兽医资格考试真题】母马分娩，努责强烈，未见胎儿产出。产道检查见两前肢和胎头已进入产道且伸直，胎儿的背部靠近母体的侧腹壁。分娩时胎儿的胎向、胎位是副鼻窦(　　)。

A. 纵向、倒生、上位　　　　B. 横向、正生、侧位
C. 横向、倒生、上位　　　　D. 纵向、正生、侧位
E. 纵向、倒生、下位

④胎向不正：胎儿身体的纵轴和妊娠马属动物的纵轴不呈平行状态。

a. 诊断。

腹部前置：横向或腹部前置的竖向，即胎儿的腹部朝向产道，胎儿呈横卧或犬坐姿势。分娩时两前肢或两后肢伸入产道，或四肢同时伸入产道。

背部前置：横向或背部前置的竖向，即胎儿的背部朝向产道，胎儿呈横卧或犬坐姿势，分娩时无任何肢体露出，产道检查，可骨盆入口处可摸到胎儿背部或颈部。

b. 助产。

腹部前置：先用产科绳拴住两前肢往外拉，同时将后肢及后躯推回子宫，使其变为正常胎位，而后强行拉出。

背部前置：将产科绳拴住胎儿头部向外拉，同时将后躯向里推；或将后躯向外拉，将前躯向里推，使其变为正生下胎位或倒生下胎位，再行矫正拉出。

(四) 马属动物产后期疾病

1. 产道损伤

产道损伤是指母马在分娩过程中发生的子宫、子宫颈、阴道、阴门等软产道的损伤。

(1) 病因　产道狭窄、胎儿过大及产道干燥时强行拉出胎儿，助产时使用产科器械失误，实施截胎术时对胎儿骨骼的断端处理或保护得不好，助产手法过猛等都可能使产道受到损伤。

(2) 症状　病马表现不安，尾根经常举起，频频摇尾，努责，阴门流出带血的黏液并有阴门损伤及阴唇肿胀。

产道检查，可发现损伤的部位及损伤的程度。轻者仅黏膜损伤，黏膜下发生血肿。如子宫颈损伤，常有出血，损伤严重者常造成阴道壁破裂。往往表现全身症状。

(3) 治疗　如胎衣尚未排出，应先助其排出胎衣，再使用子宫收缩药和局部止血药。

①轻度的阴道损伤，用0.1%高锰酸钾溶液冲洗，涂碘甘油或涂磺胺软膏。
②如有大出血时，宜先结扎血管，并及时使用止血药。
③当阴道壁破裂时，应用消毒药液冲洗后，缝合破裂口；并采取对症治疗。

2. 子宫脱出

子宫脱出是指子宫的部分或全部经由子宫颈、阴道脱出于阴门之外。

（1）病因

①常由于怀孕母马运动不足、劳役过度、营养不良等，骨盆韧带及会阴部结缔组织弛缓无力。

【2018年执业兽医资格考试真题】家畜子宫脱出的常见病因是（　　）。
A. 子宫弛缓　　　　B. 努责微弱　　　　C. 子宫肌收缩
D. 胎衣紧裹胎儿　　E. 胎儿过大

②胎儿过大、胎水过多，造成韧带持续伸张而发生子宫脱出。
③怀孕末期或产后母马取前高后低的床位，努责过度，腹压增大也可引起子宫脱出。
④难产、助产失误以及胎儿强拉出时将子宫带出。

（2）症状　马子宫完全脱出后，子宫内膜翻转在外，黏膜呈粉红色、深红色、紫红色。子宫脱出后，血液循环受阻，子宫黏膜发生水肿和淤血，黏膜变脆，极易损伤。有时发生高度水肿，子宫黏膜常被粪土、草渣污染。病马表现不安、拱腰、努责、排尿淋漓或排尿困难。脱出轻微者，一般不表现全身症状。脱出时间过久，黏膜发生干燥、龟裂乃至坏死。如肠管进入脱出的子宫腔内，则出现疝痛症状。子宫脱出时，卵巢系膜、子宫阔韧带被扯破，血管断裂，则表现贫血现象。

（3）治疗　子宫脱出后应及时整复，越早越好。否则子宫肿胀、损伤、污染严重，造成整复困难而预后不良。

①保定：站立保定，取前低后高姿势。
②麻醉：为减少努责，可肌内注射氯丙嗪或实施腰荐间隙硬膜外麻醉。
③消毒：用0.1%高锰酸钾溶液或1%乳酸依沙吖啶溶液清洗脱出的子宫。清除污染的粪便、草屑、泥土等污物。如有出血，应进行缝合、结扎止血。
④整复：由助手用消过毒的大搪瓷盘托起子宫至与阴门同高度，术者先从脱出的子宫基部缓慢往里推送，努责时停止推送，不努责时再推送。待大部分送回后。用拳头顶住，防止其努责时重新脱出。全部送回后，使子宫展开、复位，然后向子宫内投入抗生素药粉。
⑤固定：为防止病马因疼痛再行努责致使子宫再次脱出，需用0.25%普鲁卡因注射液40mL，分别在病马后海、会阴穴和阴门左右两侧各注射10mL，用

温水浸湿的纱布湿敷 5~7min 即可。

3. 子宫内膜炎

子宫内膜炎是指马属动物子宫黏膜发生的黏液性、化脓性炎症。

（1）病因

①分娩时，子宫黏膜受损伤而感染。

②继发于难产、子宫脱出等产科疾病和子宫复旧不全、胎腐败分解等。

③继发于布鲁氏菌病、马副伤寒、马媾疫等。

（2）症状

①急性子宫内膜炎：病马食欲不振，体温升高，拱背，努责，从阴门流出灰白色、含有絮状物的分泌物或脓性分泌物，卧下时排出量较多。

阴道检查，子宫颈外口肿胀、充血，有时可见到分泌物从子宫颈流出。

直肠检查，子宫角增大，子宫呈面团样，渗出物较多时触压有波动感。

②慢性子宫内膜炎：其特征是性周期不正常，有时表现发情，但屡配不孕。

阴道检查，黏膜充血，并不断排出透明、带絮状物的黏液。

③慢性化脓性子宫内膜炎：病马逐渐消瘦，阴唇脓肿，从阴门流出黄白色、黄色黏液性或脓性分泌物。

阴道检查，子宫颈外口充血，并黏附有脓性絮状黏液，子宫颈张开。如脓性物聚积于子宫内，称为子宫蓄脓。

直肠检查，子宫壁松弛，厚薄不均，收缩迟缓。子宫畜胀时，子宫体、子宫角明显增大，子宫壁紧张而有波动感。

（3）治疗　消除炎症，防止扩散，促进子宫机能恢复，冲洗子宫。

①急性、慢性黏液性子宫内膜炎，用温热的 1%氯化钠注射液 1000~5000mL，用子宫洗涤器反复冲洗，直到排出液透明为止，然后直肠按摩子宫，排出冲洗液，放入抗生素药粉，1 次/d。

②化脓性子宫内膜炎，用 0.2%乳酸依沙吖啶溶液反复冲洗，然后注入青霉素 80 万~120 万 IU。

4. 产后感染

产后感染是指母马分娩时，产道严重感染而继发全身性疾病，病程迅速。若不及时治疗，病马常在 1~2d 死亡。其主要是由病原微生物和其毒素侵入血液循环而起的全身性疾病，故又称为产后败血症。

（1）病因　由于难产、子宫内膜炎、胎儿腐败分解、助产不当、软产道损伤及感染而发生；或严重的子宫内膜炎、子宫颈炎及阴道炎、阴门炎并发本病；化脓性、坏死性乳腺炎也可继发本病。

主要是由溶血性链球菌、葡萄球菌、化脓棒状杆菌、大肠杆菌等混合感染所致。分娩时发生的创伤、生殖道黏膜淋巴管的扩张，给病原菌的侵入提供了条件。同时，分娩后母马抵抗力降低，也是其致病的条件。

(2) 症状　马、驴多为急性经过。本病发生后，除产道、子宫的局部炎症外，主要表现为全身症状，体温升高至 40~41℃，呈稽留热，精神沉郁，食欲废绝，喜饮水，脉搏快而弱，呼吸表浅。

病马常呈现腹膜炎症状，腹壁收缩，触诊敏感，排粪痛苦，以后出现腹泻，粪便有腥臭味。

(3) 治疗　原则是及时治疗原发病，抑制病原菌。

①局部疗法，按子宫内膜炎和产道损伤的方法治疗原发病，但严禁冲洗子宫，尽量减少对子宫和产道的刺激，以免感染扩散。为了排除子宫内的炎性产物，可肌内注射麦角制剂和催产素，向子宫内投入金霉素或土霉素。

②全身疗法，早期大剂量应用抗生素，可肌内注射青霉素 100 万~200 万 IU、链霉素 2~4g，必要时可采用抗生素和磺胺类药联合应用，以增疗效，直至体温恢复正常。

③静脉注射 5%葡萄糖氯化钠注射液，同时使用大剂量 B 族维生素、维生素 C，以促进血液中有毒物质排出和维持体液电解质平衡。

为了加强肝脏的解毒功能，防止酸中毒，可静脉注射 25%葡萄糖注射液 500~1000mL、碳酸氢钠注射液 300~500mL、10%氯化钙注射液 150mL 1 次/d。

④对症疗法：根据病情可采取强心、利尿、止泻等对症治疗。

(五) 马属动物卵巢疾病

1. 卵巢机能减退及萎缩

卵巢机能减退及萎缩是指马属动物卵巢机能暂时性紊乱，引起性欲缺乏、久不发情、卵泡发育中途停滞等，其机能长期衰退则引起的卵巢萎缩。

(1) 病因　由于子宫、卵巢疾病，饲养管理不当，使役过重等引起马属动物机体衰竭和消瘦。气候骤变、突然改变饲养环境也可引起卵巢机能暂时性减退。

(2) 症状　主要表现为性周期紊乱，发情不定期，发情症状不明显，或有发情表现但不排卵。直肠检查摸不到卵泡，有时一侧卵巢上有黄体残迹。

卵巢萎缩时长期不发情，卵巢质地变硬，体积缩小，形如鸽蛋大，卵巢上既无黄体也无卵泡，而且长期如此。

(3) 治疗

①治疗原发病：由生殖器官和其他器官疾病所致的，必须按原发病的治疗方法和措施治疗原发病。

②利用公马催情：将公马与母马同群放收或同圈饲养，促使母马发情，刺激卵巢代谢机能兴奋和旺盛，以致排卵。

③激素方法

a. 促卵泡激素。每次 200~300IU，每日或隔日一次。每次注射后做直肠检查，如效果不明显可连续应用，直至发情排卵为止。

b. 绒毛膜促性腺激素。每次肌内注射 10000~20000IU，必要时间隔 1~2d 再注射一次。

c. 雌激素。常用乙烯雌酚 20~25g，肌内注射；丙酸雌二醇 5~10mg，肌内注射，1 次/d。

d. 直肠按摩。通过直肠按摩子宫或经阴道按摩子宫颈，1 次/d，每次 5min，连续 3~5 次。

2. 卵巢囊肿

在马属动物卵巢组织内未破裂的卵泡或黄体，因其本身成分发生变性和萎缩，形成一球形空腔即囊肿，前者为卵泡囊肿，后者为黄体囊肿。一般在产后一个半月左右发生。

（1）病因

①舍饲期间运动不足，饲喂非全价饲料。特别是以精料为主的日粮中缺乏维生素 A 或有较多的糟粕、饼渣，造成酸度较高，易发本病。

②注射大剂量的孕马血清、人造雌酚或其他雌激素可引起卵泡滞留，而发生囊肿。

③母马产科疾病继发，如卵巢、子宫或其他部分的炎症、变性等。

④配种季节中使役过重，长期发情不予以配种，或在卵泡发育过程中外界温度突然变化，均可引起卵巢囊肿。

（2）症状　病马性行为反常，长时间不间断地发情，呈慕雄狂现象，表现高度性兴奋，性欲特别旺盛，久之食欲减退，逐渐消瘦。病马荐坐韧带松弛，在尾根与坐骨结节之间出现一凹陷。

发生黄体囊肿，骨盆及外阴部无变化，母马不发情。

直肠检查，可发现卵巢增大，变为球形，有一个或数个大而有波动的卵囊，其大小为 6~10cm。

（3）治疗　消除病因，改善饲养管理。根据病情，增加维生素类饲料。

①激素疗法

a. 促黄体激素 200~400IU，肌内注射，隔日一次，连用 2~3 次。

b. 黄体酮，每次 50~100mg，肌内注射，隔日一次，连用 5~7 次。

②手术疗法：通过直肠，用中指和食指夹住卵巢系膜，固定卵巢，再用拇指压迫囊肿，将其挤破，并压迫 5~10min，待囊肿局部形成凹陷，以达到止血的目的。

(六) 马属动物乳腺疾病

1. 乳腺炎

乳腺炎是指马属动物乳房由于各种致病因素的作用而乳房发生炎症变化，中兽医称之为奶痈、乳痈。根据症状和乳汁的变化可分为临床型和非临床型，而临床型又分为浆液性、卡他性、化脓性乳腺炎等。

(1) 病因　马属动物乳腺炎主要由多种非特定的细菌、支原体、真菌和病毒等病原微生物侵入所致。主要和饲养管理不当有关，如环境不定期消毒或不消毒、动物体表不清洁等，均可引发乳腺炎；饲料中缺乏必需的维生素或微量元素，导致自身抵抗力差、免疫力低，也可诱发乳房感染；部分产后疾病，或因外力作用而引起乳房或乳头的创伤、挫伤等也可引起本病。

(2) 症状　马属动物临床型乳腺炎，可见乳区肿胀、潮红、局部温度升高、疼痛，乳汁变性，体温升高，脉搏、呼吸均正常，食欲有一定的减退。乳房呈不同程度的肿胀，呈现面团状。乳房局部温度增高，发硬，皮肤发红，触诊疼痛，后肢运步强拘。乳汁中有絮状物或凝块，有的含橙黄色的脓性凝块，或者乳汁变稀，呈水样，颜色发黄或发红，也有的挤奶困难，挤不出乳汁。严重时伴发明显的全身症状，如精神沉郁、食欲不振、体温升高等。非临床型乳腺炎，肉眼观察乳汁无异常，通过实验室检查可发现病原菌和白细胞。

【2020年执业兽医资格考试真题】隐性乳腺炎诊断的主要依据是(　　)。
A. 乳汁含血液　　　　B. 体细胞计数　　　　C. 乳汁中可见絮状物
D. 乳房出现红、肿、热、痛　　　　　　　E. 乳上淋巴结肿胀

(3) 治疗　治疗原则是杀灭病原微生物，消除炎症，对症治疗。

①全身治疗：对临诊表现全身性反应的乳腺炎，可使用大剂量抗生素疗法，以防继发败血症或菌血症，如青霉素、链霉素、磺胺类药物等。

②对症治疗

a. 乳房内灌注药物。先挤干净患病乳区内的乳汁，清洗消毒乳头，用乳头针插入乳头管内，慢慢将药物注入乳房内，注入药物后用手指压住乳头管，用另一只手掌按乳头、乳池至腺泡管的顺序向上按摩乳房，使药物向上扩散至乳腺腺泡内并均匀分布。可使用中药制剂和中西药复方合剂，如乳炎康、氟苯尼考注射液、头孢类等。

b. 敷药治疗。为限制炎症发展，初期可用冷敷法，抑制乳房水肿，病后2~3d可改用温敷法。早期应用乳房基底封闭疗法也具有良好的疗效，在乳房基部注入含10万~20万 IU 青霉素的0.25%~0.5%普鲁卡因溶液100~150mL。为促进炎症产物吸收，也可局部应用10%~20%的硫酸镁溶液热敷或冷敷，并

涂鱼石脂软膏、樟脑软膏等，如乳房局部已化脓，要局部切开引流，按化脓创处理。

c. 中药疗法：蒲公英 60~120g、全瓜蒌 30g、乳香 30g、没药 30g、川芎 30g、红花 25g、生地黄 30g、续断 30g、金银花 30g、连翘 30g、当归 30g、甘草 15g，研末，开水冲，候温灌服，视病情每日 1 剂、连服数剂或隔日 1 剂。

2. 无乳或泌乳不足

无乳及泌乳不足是指马属动物在产后及泌乳期乳腺机能障碍，导致产乳量显著减少，甚至完全无乳。多发于体质瘦弱或初产的马属动物。

（1）病因　本病发生原因很多，如饲养不良、劳役过重、母体瘦弱、气血亏虚、难以产生乳汁；或过早配种、乳腺发育不良、激素及代谢紊乱，致使乳汁分泌机能障碍；或患有各种疾病，包括传染病、中毒症等均可引起气滞血瘀、乳汁凝滞；各种应激，包括严重的冷、热应激，惊吓等均可引发。

（2）症状　患病马属动物体质衰弱、乳房皱缩、不胀不痛、皮毛枯暗、精神稍差、食欲不振，口色淡白，脉沉细无力，挤压乳房少乳或无乳流出。

（3）治疗　首先加强饲养管理，给予易消化、富含蛋白质和多汁的饲草料。

对于初产马属动物无乳，可定时按摩乳房，并用催产素 60IU，静脉注射，1 次/d，连用 4d。

中药治疗：生乳散，黄芪 30g、党参 30g、白术 30g、阿胶 30g、王不留行 30g、当归 45g、通草 15g、川芎 15g、甘草 15g、续断 25g、杜仲 25g、木通 20g，共为末，开水冲，候温灌服。

3. 漏乳

漏乳是指马属动物在产后泌乳期中，由于乳头管关闭不充分而使乳汁自动流出或呈线状流出的病症。常多见于分娩前后，特别是膘情好的马属动物。

（1）病因　漏乳是乳头括约肌发育不全，乳头损伤及其炎症引起的括约肌萎缩、麻痹、弛缓的一种临床症状，也是乳头管内瘢痕性增生与产生新生物的一种症状。可能有遗传性，为先天性的乳头括约肌发育不良，也可能是由括约肌麻痹引起。

（2）症状　马属动物乳房胀满时，乳汁自行流出或呈线状大量流出，特别是在哺乳前更明显，乳汁成滴或成股地自行排出来；有些马属动物在卧下时，由于乳房受到压力而流出大量乳汁。由于乳汁自行流出，所以患病乳区的乳房松软，产奶量降低。

（3）治疗　由于乳头括约肌紧张力降低而出现乳溢者，预后良好；由于乳头括约肌麻痹、瘢痕及新生物造成的乳溢，预后不良。

乳头括约肌弛缓时，以拇指、食指及中指捏住乳头顶端，滚转着乳头顶端按摩捏揉，每次按摩 10～15min，效果较好。也可在乳头管周围注射适量的灭菌液体石蜡，机械性压迫乳头管腔。也可在其周围注射青霉素、高渗氯化钠注射液、酒精等，促使结缔组织增生以压缩乳头管腔。必要时对乳头管周围皮肤做口袋状缝合，以机械性促进肌肉神经组织的再生，提高括约肌的紧张度。

（七）新生驹疾病

1. 新生驹窒息

新生驹窒息是指新生驹出生后表现呼吸微弱或停止呼吸，但保持微弱的心跳的病症。

（1）病因

①分娩时胎儿胎盘脱离母体胎盘后，胎儿得不到充足的氧气而发生窒息。

②怀孕期间营养不良、劳逸过度、贫血及患心脏疾病等，致使血液内氧的供给不足，二氧化碳含量增加，刺激胎儿过早地发生呼吸作用，将羊水吸入呼吸道而发生窒息。

③倒生时脐带被压在胎儿和骨盆之间。有时因脐带缠绕在胎儿肢体上，导致脐带血液循环受阻而造成窒息。

④胎儿产出后，胎膜未破而又未被人工撕破，胎儿停止了胎盘循环，又不能发生呼吸作用而出现窒息。

（2）症状 根据发生窒息的程度不同，分为绀色窒息和苍白窒息。

①绀色窒息：是一种轻度窒息，即新生驹缺氧程度较轻，但血液中二氧化碳浓度较高，可视黏膜发绀，口和鼻腔充满黏液和羊水，舌垂于口外，呼吸微弱而急促，有时张口吸气，喉及气管有明显的湿啰音，四肢活动微弱，角膜反射尚有，心跳快而弱。

②苍白窒息：又称重度窒息，新生驹呈假死状态，缺氧程度严重，可视黏膜苍白，出现休克状态，全身松软。反射消失，呼吸停止，心脏跳动微弱，脉搏不感于手，生命垂危。

（3）治疗

①清除胎儿口、鼻内黏液，倒提胎儿后肢并抖动，用手掌拍击胸背部，促进黏液和羊水排出；或用细胶管插入胎儿鼻孔及气管中，用吸引器或橡皮球吸出黏液和羊水。

②进行人工呼吸，有节律地按压胸背部，使胸腔交替地扩张和缩小，使胎儿恢复呼吸动作。

③诱发呼吸反射，用浸有氨水的棉花或纱布，放在鼻孔上，让其吸入氨气，以刺激呼吸反射。

④在采取上述急救措施的同时，可肌内注射强心剂，如安钠咖、樟脑磺酸

钠、尼克刹米等；待窒息缓和后可静脉注射 10%葡萄糖注射液和 5%碳酸氢钠注射液，以纠正酸中毒。

【2012 年执业兽医资格考试真题】治疗新生仔畜窒息时的呼吸兴奋药是（　　）。

A. 尼可刹米　　　　B. 士的宁　　　　C. 地塞米松
D. 肾上腺素　　　　E. 咖啡因

2. 胎粪秘结

胎粪秘结是指新生仔畜出生后一天内不排粪的病症。

（1）病因

①初乳品质不良或出生后吃不到初乳。仔畜缺乏镁、钠、钾等微量元素，肠蠕动缓慢，致使胎粪不能排出。

②怀孕后母马营养不良，造成胎儿先天性发育不良、出生后体质虚弱等，也可引起胎粪秘结。

（2）症状　出生后一天内不排粪便，仔畜表现精神不振，吃奶次数减少，肠音微弱，拱背、努责，常做排粪动作。严重者出现腹痛，经常回头顾腹，后肢踢腹，不时起卧。后期精神萎靡，全身无力，卧地不起。

用手指伸入直肠检查，可掏出黑色干结、黏稠粪便。

（3）治疗

①用手指掏取结粪。应将手指涂上润滑油，伸入直肠缓慢取出硬结的粪球。

②用肥皂水深部灌肠，必要时 2~3h 后重复灌肠。也可向直肠内灌注液体石蜡 200~300mL。

③口服缓泻剂。液体石蜡 100~200mL、硫酸钠 50~100g，服药后按摩腹部，促进肠蠕动。

④对症治疗。如补液、解毒、强心、止痛，以提高机体抵抗力。

3. 脐炎

脐炎是指新生幼驹脐血管周围组织的炎症。

（1）病因　接产时对胎儿断脐后消毒不严，脐带被污染或脐尿瘘形成尿道浸润；脐带断端过长而被踩或被拉伤、咬伤等，使病原微生物入侵所致。

（2）症状　病初脐带残端潮湿、变粗、变黑，脐孔周围肿胀变硬、充血、发红、发热、疼痛，幼畜收腹拱腰、多卧少动，行动叉腿。脐带残端脱落后，脐孔形成溃疡，肉芽增生，有的有脓性分泌物或形成脓肿。严重时引起败血症或破伤风。体温升高，呼吸、心跳加快，脱水、代谢紊乱，全身状况恶化。

（3）治疗　首先做局部处理，剪净脐孔周围的被毛，创口涂以碘酊，用普鲁卡因青霉素分点或环状封闭。已化脓或局部坏死严重者，先用过氧化氢溶液冲洗，再用0.2%~0.5%的乳酸依沙吖啶溶液反复冲洗，最后撒布抗生素。局部形成脓肿者，可涂鱼石脂，脓成后切开排脓。创口闭合的可切开创口，撒布高锰酸钾粉，形成好氧环境，防止感染发生破伤风。为防止炎症扩散，可注射抗生素对症治疗。

任务思考

（1）简述胎盘的主要功能。
（2）简述马属动物分娩的过程。
（3）妊娠浮肿的症状有哪些？
（4）胎儿检查的主要内容包括哪些？
（5）简述子宫脱出的治疗方法。
（6）简述卵巢囊肿的发病原因。
（7）简述漏乳的治疗方法。
（8）简述脐炎的治疗方法。

技能训练

实操训练十五　创伤的诊断与防治技术

1. 技能目标

掌握创伤的临床诊断方法与防治技术，提升职业素质和能力。

2. 实训准备

大动物临床诊断实训室或门诊、马、常用保定器具、体温计、注射器、干棉球、碘酊棉球、酒精棉球、纱布块、手术剪、手术镊、止血钳、缝针、缝合线、绷带、创伤常规治疗的药品。

3. 训练方法

（1）在大动物门诊收集创伤的病例或由教师提前准备好模拟病例。

（2）将学生分为每组5人，以小组为单位进行创伤病例诊断与防治技术的训练，完成病例诊断与防治任务单（附录一）的内容。训练过程中对学生的具体要求同实操训练一。

（3）实训结束后，教师对各小组的训练过程进行分析与总结，并根据项目考核单（表3-1）进行考核，提高专业技术水平和职业素质。

表 3-1　　　　　　　　　创伤的诊断与防治技术项目考核单

大项内容	子项内容	考核标准	标准分	得分
诊断思路	症状收集	通过问诊了解受伤的时间、原因和应急处理措施等，从中搜集有诊断意义的词或词组，并阐明理由	5	
	相关检查	按照由外到内的顺序仔细检查创伤部位，可进一步进行相关的实验室检查	10	
	诊断意见	根据临床检查和实验室检查结果做出诊断，判断愈合方式，并阐明理由	10	
防治措施	防治原则	结合创伤病例及实际饲养管理情况，提出合理的防治原则	5	
	外科治疗	根据创伤病例的具体表现，选择正确的方法，合理对创伤进行清洗、消毒、清创、缝合、引流、包扎等治疗	25	
	术后护理	根据清创手术的具体情况，进行护理	10	
	预防建议	结合病例及饲养管理，提出合理地、切实有效地预防建议	5	
收尾工作	实验动物和实训室的处理	实训结束后实验动物解除保定并送回厩舍；实训室进行清扫、洗刷、消毒	2	
	医疗废弃物的处理	创伤处理过程中所产生的医疗废弃物有无按照要求进行无害化处理	3	
小结体会	体会	各小组成员对实训过程进行分析，成员之间互相提出各自不足之处以及优点，通过实操训练取长补短，不断提升自己的专业能力、专业素养	5	
	小结	对本次训练进行小结，并能够举一反三，对其他外科损伤性疾病进行诊治	5	
职业素养	学习与创新能力	具备通过搜集资料获取新知识、新技能及自主学习能力	2	
	社会能力	具备爱岗敬业、吃苦耐劳、严谨务实的精神	2	

续表

大项内容	子项内容	考核标准	标准分	得分
职业素养	交往合作能力	具备团队合作及妥善处理人际关系的能力	2	
	心理调适能力	充分展示成果，对结果分析评价具有较强的心理承受能力	2	
	信息分析处理与表达能力	运用所学专业知识，解决问题及对突发事件紧急处理的能力；执业兽医应具备较强的语言表达、沟通和协调能力	2	
合计			100	

被考核人：_____ 考核教师：_____ 日期：____年__月__日

4. 归纳总结

创伤是兽医临床诊疗工作中较为常见的外科病，属于开放性损伤，临床诊断并不困难，通过问诊、视诊、触诊和相关实验室检查即可确诊。难点在于其该选用哪种愈合方式，不同的愈合方式，外科处理措施稍有不同。主要掌握创伤临床诊断与防治的方法，在诊疗过程中要思路明确，整个诊疗的过程都需有据可依。

5. 实训报告

完成实训报告，并对本次实训的过程进行分析与小结。

实操训练十六　角膜炎的诊断与防治技术

1. 技能目标

掌握角膜炎的临床诊断方法与防治技术，提升学生职业素质和能力。

2. 实训准备

大动物临床诊断实训室或门诊，马、常用保定器具、体温计、注射器、干棉球、碘酊棉球、酒精棉球、纱布块、镊子、角膜炎常规治疗的药品。

3. 训练方法

（1）在大动物门诊收集角膜炎的病例或由教师提前准备好模拟病例。

（2）将学生分为每组5人，以小组为单位进行角膜炎病例诊断与防治技术的训练，完成病例诊断与防治任务单（附录一）的内容。训练过程中对学生的具体要求同实操训练一。

（3）实训结束后，教师对训练过程进行分析总结，并根据病例诊断与防治技术考核单（附录二）进行考核，提高专业技术水平和职业素质。

4. 归纳总结

角膜炎在兽医临床诊疗工作中是常见的眼科疾病之一，临床诊断并不困难，通过问诊、视诊、触诊检查即可确诊。难点在于区别其是否为继发性疾病，同时需要与其他眼科疾病进行鉴别诊断。如为继发性感染，在临床治疗的过程中还需要重点治疗其原发病。主要掌握角膜炎临床诊断与防治的方法，在诊疗过程中要思路明确，整个诊疗的过程都需有据可依。

5. 实训报告

完成实训报告，并对本次实训的过程进行分析与小结。

实操训练十七　蹄叶炎的诊断与防治技术

1. 技能目标

掌握蹄叶炎的临床诊断方法与防治技术，提升职业素质的能力。

2. 实训准备

大动物临床诊断实训室或门诊，马、常用保定器具、体温计、注射器、干棉球、碘酊棉球、酒精棉球、纱布块、X射线透视仪、蹄叶炎常规治疗的药品。

3. 训练方法

（1）在大动物门诊收集蹄叶炎的病例或者教师提前准备好模拟病例。

（2）将学生分为每组5人，以小组为单位进行蹄叶炎病例诊断与防治技术的训练，完成病例诊断与防治任务单（附录一）的内容。训练过程中对学生的具体要求同实操训练一。

（3）实训结束后，教师对训练过程进行分析总结，并根据病例诊断与防治技术考核单（附录二）进行考核，提高专业技术水平和职业素质。

4. 归纳总结

蹄叶炎在兽医临床诊疗工作中为常见蹄病之一，临床诊断并不困难，通过问诊、视诊、触诊、叩诊、X射线检查即可确诊。难点在于其治疗，急性和亚急性蹄叶炎需要去除病因、解除疼痛、改善循环、防止蹄骨转位；而慢性蹄叶炎的治疗首先要护蹄，然后再预防急性和亚急性蹄叶炎的发生。主要掌握蹄叶炎临床诊断与防治的方法，在诊疗过程中要思路明确，整个诊疗的过程都需有据可依。

5. 实训报告

完成实训报告，并对本次实训的过程进行分析与小结。

实操训练十八　脐疝的诊断与防治技术

1. 技能目标

掌握脐疝的临床诊断方法与防治技术，并提升学生的职业素质和能力。

2. 实训准备

大动物临床诊断实训室或门诊、幼驹、常用保定器具、体温计、注射器、干棉球、碘酊棉球、酒精棉球、纱布块、可移动式 X 射线透视仪、常见外科手术器械、脐疝常规治疗的药品。

3. 训练方法

（1）在大动物门诊收集脐疝的病例或者教师提前准备好模拟病例。

（2）将学生分为每组 5 人，以小组为单位进行脐疝病例诊断与防治技术的训练，完成病例诊断与防治任务单（附录一）的内容。训练过程中对学生的具体要求同实操训练一。

（3）实训结束后，教师对各小组的训练过程进行分析与总结，并根据项目考核单（表 3-2）进行考核，提高专业技术水平和职业素质。

表 3-2　　　　脐疝的诊断与防治技术项目考核单

大项内容	子项内容	考核标准	标准分	得分
诊断思路	症状收集	通过问诊了解脐疝的发病、饲养管理情况和病后采取的措施，从中搜集有诊断意义的词或词组，并阐明理由	10	
	相关检查	通过视诊、触诊、X 射线检查等方法进行临床检查，可进行相关的实验室检查	10	
	诊断意见	首先根据临床检查结果提出初步诊断意见，然后通过实验室检查结果给出确诊意见，同时提出关于脐疝相关疾病的鉴别诊断意见，并阐明理由	10	
防治措施	防治原则	结合脐疝病例及实际饲养管理情况，提出合理的防治原则	5	
	外科治疗	根据脐疝病例的具体表现，合理选择外科手术方法，并阐明理由	25	
	术后护理	根据脐疝病例手术的情况，进行护理	10	
	预防建议	结合病例及饲养管理，提出合理地、切实有效地预防建议	5	

续表

大项内容	子项内容	考核标准	标准分	得分
收尾工作	实验动物和实训室的处理	实训结束后实验动物解除保定并送回厩舍；实训室进行清扫、洗刷、消毒	2	
	医疗废弃物的处理	脐疝手术过程中所产生的医疗废弃物有无按照要求进行无害化处理	3	
小结体会	体会	各小组成员对实训过程进行分析，成员之间互相提出各自不足之处以及优点，通过实操训练取长补短，不断提升自己的专业能力、专业素养	5	
	小结	对本次训练进行小结，并能够举一反三，对其他疝病进行诊治	5	
职业素养	学习与创新能力	具备通过搜集资料获取新知识、新技能及自主学习能力	2	
	社会能力	具备爱岗敬业、吃苦耐劳、严谨务实的精神	2	
	交往合作能力	具备团队合作及妥善处理人际关系的能力	2	
	心理调适能力	充分展示成果，对结果分析评价有较强的心理承受能力	2	
	信息分析处理与表达能力	运用所学专业知识，解决问题及对突发事件紧急处理的能力；执业兽医应具备较强的语言表达、沟通和协调能力	2	
合计			100	

被考核人：_____　　考核教师：_____　　日期：____年___月___日

4. 归纳总结

脐疝主要发生在幼驹，一般为先天性。临床诊断并不困难，通过问诊、视诊、触诊、X射线检查即可确诊，需要和脐部肿瘤进行鉴别诊断。难点在于外科手术的治疗技术及术后护理。主要掌握脐疝临床诊断与防治的方法，在诊疗过程中要思路明确，整个诊疗的过程都需有据可依。

5. 实训报告

完成实训报告，并对本次实训的过程进行分析与小结。

实操训练十九　难产的诊断与防治技术

1. 技能目标

掌握难产的临床诊断方法与防治技术，提升职业素质能力。

2. 实训准备

大动物临床诊断实训室或门诊、马、常用保定器具、体温计、听诊器、叩诊器、可移动式 X 射线透视仪、B 型超声诊断仪、注射器、输液器、碘伏棉球、酒精棉球、纱布块、外科手术常用器械、难产常规治疗的药品。

3. 训练方法

（1）在大动物门诊收集难产的病例或由教师提前准备好模拟病例。

（2）将学生分为每组 5 人，以小组为单位进行难产病例诊断与防治技术的训练，完成病例诊断与防治任务单（附录一）的内容。训练过程中对学生的具体要求同实操训练一。

（3）实训结束后，教师对各小组的病例诊疗过程进行分析与总结，并根据项目考核单（表 3-3）进行考核，提高专业技术水平和职业素质。

表 3-3　　　　　　　　难产的诊断与防治技术项目考核单

大项内容	子项内容	考核标准	标准分	得分
诊断思路	症状收集	通过问诊了解妊娠马属动物的妊娠、分娩、饲养管理等情况以及采取的相关措施，从中搜集有诊断意义的词或词组，并阐明理由	10	
	相关检查	通过视诊、触诊、听诊、叩诊、直肠检查等方法进行临床检查，必要时进行 X 射线、超声和相关的实验室检查	10	
	诊断意见	先根据临床检查结果提出初步诊断意见，再通过 X 射线、超声和实验室检查结果给出确诊意见，并阐明理由	10	
防治措施	防治原则	结合难产病例以及实际饲养情况，提出合理地的防治原则	5	
	外科治疗	根据难产病例的具体表现，合理选择助产的方法，并进行助产手术的操作	25	

续表

大项内容	子项内容	考核标准	标准分	得分
防治措施	产后护理	根据助产手术的情况，进行护理	10	
	预防建议	结合病例及饲养管理，提出合理、切实有效的预防建议	5	
收尾工作	实验动物和实训室的处理	实训结束后实验动物解除保定并送回厩舍；实训室进行清扫、洗刷、消毒	2	
	医疗废弃物的处理	助产术过程中所产生的医疗废弃物有无按照要求进行无害化处理	3	
小结体会	体会	各小组成员对实训过程进行分析，成员之间互相提出各自不足之处以及优点，通过实操训练取长补短，不断提升自己的专业能力、专业素养	5	
	小结	对本次训练进行小结，并能够举一反三，对其他产科疾病进行诊治	5	
职业素养	学习与创新能力	具备通过搜集资料获取新知识、新技能及自主学习能力	2	
	社会能力	具备爱岗敬业、吃苦耐劳、严谨务实的精神	2	
	交往合作能力	具备团队合作及妥善处理人际关系的能力	2	
	心理调适能力	充分展示成果，对结果分析评价有较强的心理承受能力	2	
	信息分析处理与表达能力	运用所学专业知识，解决问题及对突发事件紧急处理的能力；执业兽医应具备较强的语言表达、沟通和协调能力	2	
	合计		100	

被考核人：_____ 考核教师：_____ 日期：____年___月___日

4. 归纳总结

难产是兽医临床诊疗工作中较为常见的产科疾病之一，临床诊断并不容易，可通过问诊、视诊、触诊、听诊、叩诊、直肠检查等临床检查得到初步诊断结果,再通过 X 射线检查、B 型超声、血液分析等进行确诊。难点在于其临床上常见有产力性、产道性和胎儿性难产,需要鉴别该病例属于哪种难产,以便选择合适的助产方法。主要掌握难产临床诊断与防治的方法,在诊疗过程中要思路明确,整个诊疗的过程都需有据可依。

5. 实训报告

完成实训报告,并对本次实训的过程进行分析与小结。

实操训练二十 子宫内膜炎的诊断与防治技术

1. 技能目标

掌握子宫内膜炎的临床诊断方法与防治技术,提升职业素质和能力。

2. 实训准备

大动物临床诊断实训室或门诊、马、常用保定器具、体温计、听诊器、叩诊器、可移动式 X 射线透视仪、B 型超声诊断仪、注射器、输液器、碘伏棉球、酒精棉球、纱布块、胶皮管、子宫内膜炎常规治疗的药品。

3. 训练方法

(1)在大动物门诊收集马子宫内膜炎的病例或由教师提前准备好模拟病例。

(2)将学生分为每组 5 人,以小组为单位进行马子宫内膜炎病例诊断与防治技术的训练,完成病例诊断与防治任务单(附录一)的内容。训练过程中对学生的具体要求同实操训练一。

(3)实训结束后,教师对训练过程进行分析总结,并根据病例诊断与防治技术考核单(附录二)进行考核,提高专业技术水平和职业素质。

4. 归纳总结

子宫内膜炎是兽医临床诊疗工作中较为常见的产后期疾病之一,临床诊断并不容易,可通过问诊、视诊、触诊、听诊、叩诊、阴道检查、直肠检查等临床检查得到初步诊断结果,再通过 X 射线检查、超声、子宫分泌物培养等实验室检查进行确诊。主要掌握子宫内膜炎临床诊断与防治的方法,在诊疗过程中要思路明确,整个诊疗的过程都需有据可依。

5. 实训报告

完成实训报告,并对本次实训的过程进行分析与小结。

实操训练二十一 乳腺炎的诊断与防治技术

1. 技能目标

掌握乳腺炎的临床诊断方法与防治技术,并提升学生的职业素质和能力。

2. 实训准备

大动物临床诊断实训室或门诊、马、常用保定器具、体温计、B 型超声诊断仪、注射器、输液器、碘伏棉球、酒精棉球、纱布块、乳头针、乳腺炎常规治疗的药品。

3. 训练方法

（1）在大动物门诊收集乳腺炎的病例或由教师提前准备好模拟病例。

（2）将学生分为每组 5 人，以小组为单位进行马支气管肺炎病例诊断与防治技术的训练，完成病例诊断与防治任务单（附录一）的内容。训练过程中对学生的具体要求同实操训练一。

（3）实训结束后，教师对训练过程进行分析总结，并根据病例诊断与防治技术考核单（附录二）进行考核，提高专业技术水平和职业素质。

4. 归纳总结

乳腺炎是兽医临床诊疗工作中较为常见的乳腺疾病之一，可通过问诊、视诊、触诊等临床检查得到初步诊断结果，再通过超声检查进行确诊。难点在于其存在非临床型乳腺炎（隐形乳腺炎），需要通过对马属动物的群体监测，对乳汁进行相关的实验室检查进行区别诊断。主要掌握乳腺炎临床诊断与防治的方法，在诊疗过程中要思路明确，整个诊疗的过程都需有据可依。

5. 实训报告

完成实训报告，并对本次实训的过程进行分析与小结。

思政小课堂

了解畜牧兽医相关法律法规

国家为了加强对动物防疫活动的管理，预防、控制、净化、消灭动物疫病，促进养殖业发展，防控人兽共患传染病，保障公共卫生安全和人体健康，制订了《中华人民共和国动物防疫法》。其内容包括动物疫病的预防、控制，动物疫情的报告、通报和公布，动物和动物产品的检疫，病死动物和病害动物产品的无害化处理，动物诊疗，兽医管理，监督管理，保障措施和法律责任等。与之配套的还有《兽药管理条例》《动物诊疗机构管理办法》《动物检疫管理办法》《兽用处方药和非处方药管理办法》《兽药生产质量管理规范》《执业兽医管理办法》《乡村兽医管理办法》等法律法规。

为了规范畜牧业生产经营行为，保障畜禽产品供给和质量安全，保护和合理利用畜禽遗传资源，培育和推广畜禽优良品种，振兴畜禽种业，维护畜牧业生产经营者的合法权益，防范公共卫生风险，促进畜牧业高质量发展，制定了《中华人民共和国动物畜牧法》。其内容包括畜禽遗传资源保护、种畜禽品种选育与生产经营、畜禽养殖、畜禽交易与运输、草原畜牧业、畜禽屠宰、保障措施。与之配套的还有《饲料和饲料添加剂管理条例》《畜禽标识和养殖档案管理办法》《饲料质量安全管理规范》《畜禽新品种配套系审定和畜禽遗传资源鉴定办法》《生鲜乳生产收购管理办法》等法律法规。

　　作为畜牧行业的从业人员，应加强行业法律法规的学习，不断自我提升，将理论和实际有机结合在一起，使所学既装在头脑中，又落实在行动中，达到知行合一、以知促行、以行求知的目的。应具有过硬的技术能力和扎实的理论基础，同时具有热爱祖国、诚实守信、遵纪守法的道德品质。将来在从事兽医行业时要公平竞争、遵纪守法、诚实守信。通过实践、实习活动，应认识到畜牧业蕴含的巨大经济价值和社会价值，懂得安全经营、规范生产、爱岗敬业、认真工作。

附　录

附录一　病例诊断与防治任务单

一、诊断思路

1. 从病例资料中找出或总结出 3~6 个对疾病有诊断意义的词或词组

序号	词或词组	阐明理由
1		
2		
3		
4		
5		
6		

2. 提出初步诊断意见

诊断意见

3. 为了确诊疾病，可做哪些实验室检查（如不需要则不填此项）

选取项目	选取理由	可能结果及分析

4. 确诊疾病

诊断结果

二、 防治措施

1. 防治原则

序号	防治原则
1	
2	
…	

2. 选取药物

序号	药物名称	阐明理由
1		
2		
…		

3. 处方

Rp：

4. 预防建议

序号	建议及理由
1	
2	
…	

三、体会与小结

体会	教师点评
小结	

附录二 病例诊断与防治技术考核单

大项内容	子项内容	考核标准	标准分	得分
诊断思路	症状收集	通过问诊对病马既往史、现病史进行调查，并了解周围养殖场有无相关的发病情况、饲养管理情况和发病后采取的相关措施，从中搜集有诊断意义的词或词组，并阐明理由	15	
	相关检查	通过视诊、触诊、听诊、叩诊、嗅诊等方法进行临床检查并加以判断，必要时可进一步进行相关实验室的检查	20	
	诊断意见	根据临床检查结果提出初步诊断意见，再通过实验室等检查结果进行确诊，并提出鉴别诊断，阐明理由	10	
防治措施	防治原则	结合病例及实际饲养情况，提出具有合理性、科学性、专业性的防治原则	5	
	选取药物	根据病例的具体表现，合理选择药物，并阐明理由	15	
	处方	根据所选取的药物，开具正规的处方	5	
	预防建议	结合病例及饲养管理，提出合理地、切实有效地预防建议	5	
收尾工作	实验动物和实训室的处理	实训结束后实验动物解除保定并送回厩舍；实训室进行清扫、洗刷、消毒	2	
	医疗废弃物的处理	诊疗过程中所产生的医疗废弃物有无按照要求进行无害化处理	3	
小结体会	体会	各小组成员对疾病的诊疗过程进行分析，成员之间互相提出各自不足及优点，通过技能训练来取长补短，不断提升自己的专业能力、专业素养	5	
	小结	对本次技能训练进行小结，能够举一反三，对类似的疾病进行诊断和防治	5	

续表

大项内容	子项内容	考核标准	标准分	得分
职业素养	学习与创新能力	具备通过搜集资料获取新知识、新技能及自主学习能力	2	
	社会能力	具备爱岗敬业、吃苦耐劳、严谨务实的精神	2	
	交往合作能力	具备团队合作及妥善处理人际关系的能力	2	
	心理调适能力	充分展示成果，对结果分析评价有较强的心理承受能力	2	
	信息分析处理与表达能力	运用所学专业知识，解决问题及对突发事件紧急处理的能力；执业兽医应具备较强的语言表达、沟通和协调能力	2	
合计			100	

被考核人：_____ 考核教师：_____ 日期：____年___月___日

参考文献

[1] 《2020年执业兽医资格考试应试指南》编写组. 2020年执业兽医资格考试（兽医全科类）应试指南[M]. 北京：中国农业出版社，2020.

[2] 斯普雷贝里，罗宾森. 现代马病治疗学[M]. 于康震，王晓钧，译.7版. 北京：中国农业出版社，2020.

[3] 刘焕奇. 马普通病学[M]. 北京：中国农业大学出版社，2017.

[4] 王建华. 兽医内科学[M].4版. 北京：中国农业出版社，2010.

[5] 王洪斌. 兽医外科学[M].5版. 北京：中国农业出版社，2011.

[6] 赵兴绪. 兽医产科学[M].5版. 北京：中国农业出版社，2016.

[7] 丁明星. 兽医外科学[M].2版. 北京：科学出版社，2019.

[8] 张金合，闫港. 马匹养护与疾病防治[M]. 北京：中国农业大学出版社，2020.

[9] 张文彬，周其珍. 马病[M]. 北京：中国农业大学出版社，2020.

[10] 唐兆新. 兽医内科学实验教程[M].2版. 北京：中国农业大学出版社，2020.

[11] 贾林军，许建国. 动物药理学[M]. 北京：中国轻工业出版社，2017.

[12] 王克和. 兽医内科学[M].7版. 北京：中国农业大学出版社，2020.

[13] 宋继忠，李广焱，孔繁利，等. 最新马病防治[M]. 北京：中国铁道出版社，2010.

[14] 魏锁成，马忠仁，陈士恩. 赛马的运步与肢蹄病诊疗[M]. 北京：科学出版社，2016.

[15] 石冬梅，周德忠. 动物普通病防治[M]. 北京：中国农业大学出版社，2017.

[16] 许建国，邓双义，蒋晓新. 畜牧兽医法律法规与职业道德[M].2版. 北京：中国轻工业出版社，2021.

[17] 张敏. 马病中兽医诊疗技术[M]. 北京：中国农业出版社，2021.

[18] 中国动物疫病预防控制中心. 马常见疾病防治技术[M]. 北京：化学工业出版社，2019.

[19] 林德贵. 兽医外科手术学[M].5版. 北京：中国农业出版社，2016.

[20] 韦旭斌，胡元亮. 马病妙方绝技[M]. 北京：中国轻工业出版社，2010.

[21] 李靖，孙忠超. 马场兽药规范使用手册[M]. 北京：中国农业出版社，2020.

[22] 泰勒，布拉齐尔，希利尔. 马兽医诊断技术[M]. 孙凌霜，李守军，译.2版. 北京：中国农业出版社，2019.

[23] 侯为农. 马病防治[M]. 西安：陕西科学技术出版社，2011.